# 회로이론

유 도 현 著

동일출판사

# 머리말

사회가 고도화됨에 따라서 전기, 전자 및 통신 분야에 대한 필요성이 증대하고 있는 가운데, 전기, 전자 및 통신 분야를 전공하는 독자들이 많은 시간을 학습에 투자해도 산업 현장에 취업하면 현장에 적응을 못하고 업무 능력이 저하되는 경우가 자주 발생한다. 따라서 본 교재는 이와 같은 불합리한 점을 바로 잡고자, 산업 현장에서 필요로 하는 내용을 학습하도록 하여 현장 적응력을 향상시키고자 하였다.

회로이론은 전기, 전자 및 통신 공학에서 가장 기본적인 학문으로서, 전기 공학과 관련된 전기 기사, 전기 산업기사 또는 기술직 공무원 시험에 있어서 대단히 중요한 과목이다. 회로 이론의 기본적인 개념은 수학적인 이론을 배경으로 하여 해석하는 관계로, 수학에 대한 지식이 부족한 경우에는 회로 이론의 정리 및 법칙을 이해하기가 힘들다. 이와 같은 상황을 고려하여, 본 교재에서는 회로 이론을 해석할 때, 이해도를 향상시키고자 수학적인 풀이 과정을 더욱 상세히 기재하였다.

본 교재는 전기 기사와 전기 산업기사의 취득을 목표로 하여 집필하였으며 그동안 출제되었던 기출 문제를 중심으로 문제를 작성하였다. 또한 회로 이론에 대한 정리 및 법칙을 학습한 후 학습 성취도를 평가하기 위해서, 각 내용을 학습하고 학습 내용을 반영한 예제를 제시하였다.

본 교재는 대학에서 학습 시, 주당 3시간 분량으로 2학기 동안 학습할 수 있도록 구성하였으며, 해석이 어려운 문제는 가급적이면 배제하고 기사 시험에 자주 출제되는 문제를 제시하여 기사나 취업 준비를 하는 독자들에게 실질적인 도움이 되도록 하였다.

마지막으로 교재가 나오기까지 많은 도움을 주신 동일출판사 정창희 대표이사님과 직원 분들께 감사드리고 교직 생활을 하면서 힘들 때 정신적으로 버팀목이 되어준 이중원 교수님에게도 고맙다는 말씀을 전해 드린다. 또한 어머니와 누님 내외, 장인 어른과 장모님의 지속적인 애정을 마음 깊이 새기고 있으며 어려울 때 많은 힘이 되어 준 아내와 가족들에게 저의 마음을 전한다.

저자 유도현 드림

# 차 례

## 1장 교류 회로의 기초 이론



## 2장 수동 소자와 능동 소자

## 3장 정현파 교류



## 4장 복소수로 표시한 교류 회로 해석

## 5장 회로의 교류 전력과 에너지



## 6장 회로망 해석법

## 7장 공진 회로



## 8장 3상 회로

## 9장 유도결합회로



## 10장 4단자망

## 11장 비정현 주기파



## 12장 회로의 과도 현상



## 연습문제 풀이

# 1장 교류 회로의 기초 이론

## 1 기본용어

### 1.1 전기적 성질에 따른 물질 구분

물질을 전기가 흐르는 정도에 따라서 분류하면, 도체(conductor)는 물질 내에서 원자와 원자사이를 자유롭게 이동할 수 있는 자유 전자(free electron)가 많은 물질, 즉 전류가 잘 흐르는 물질이라고 할 수 있으며 금속류가 대표적이다.

부도체(nonconductor) 또는 절연체(insulator)는 자유전자의 수가 거의 없어 전류가 흐르기 힘든 물질을 말하며 유리, 에보나이트 등이 있다. 또한 반도체(semiconductor)는 전류의 흐름 정도가 도체와 부도체의 중간적인 성질을 가진 물질로서 Si, SiC, GaAS 등이 있다.

### 1.2 전하와 전하량

전하(electric charge)는 물체가 띠고 있는 정전기의 양이고 모든 전기현상의 근원이 되는 것으로서, 물체가 전기적 성격을 띠게 하는 (+)전하인 양성자(proton)와 (−)전하인 전자(electron)를 말하며 단위는 쿨롱[Coulomb, C]이다. 전하량(quantity of electric charge)은 물체 또는 입자가 띠고 있는 전기의 양으로서, (−)전하인 전자의 전하량은 $-1.602\times10^{-19}$[C]이고 (+) 전하인 양성자의 전하량은 전자와 같은 크기를 가지나 부호는 반대이며 $1.602\times10^{-19}$[C] 이다.

또한 (−)전하인 전자 한 개의 질량은 $9.107\times10^{-31}$[kg] 이고, (+)전하인 양성자 한 개의 질량은 $1.6725\times10^{-27}$[kg]이다. 보통 전류가 흐른다고 하면 (+)전하가 움직이는 것으로 알고 있지만, (−)전하가 (+)전하보다 약 1,840배 가볍기 때문에 실질적으로는 질량이 가벼운

(−)전하인 전자가 움직인다. 하지만 회로를 해석할 때 전류의 방향은 (+)전하가 움직이는 것으로 정의한다.

전하 사이에는 흡입력과 반발력이 작용하는데, 흡입력(attractive force)은 다른 종류의 전하, 예를 들어 (+)전하와 (−)전하 사이에 서로 끌어당기는 힘이고, 반발력(repulsive force)은 같은 종류의 전하, 예를 들어 (+)전하와 (+)전하, (−)전하와 (−)전하에 있어서 2개의 전하 사이에 서로 반발하는 힘을 나타낸다. 이때 서로 다른 전하인 (+)전하와 (−)전하 사이에 작용하는 흡입력은 서로 동일하고, 서로 같은 전하인 (+)전하와 (+)전하, (−)전하와 (−)전하에 있어서 2개의 전하 사이에 작용하는 반발력도 서로 동일하다.

(a) 흡입력 (b) 반발력

**그림 1.1** 전하 사이에 작용하는 힘

## 1.3 전류

전류(electric current)는 전하의 흐름으로, 도체의 단면을 단위 시간에 이동하는 전하량이고 단위는 암페어[Ampere, A]이다. 1[A]는 매초 1[C]의 전하가 도체의 단면을 이동할 때 전류이다.

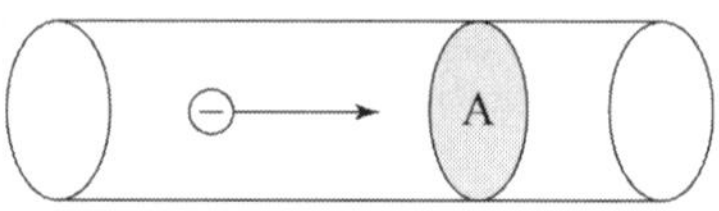


**그림 1.2** 도체의 단면을 흐르는 전하

전류는 직류(direct current, DC)와 교류(alternating current, AC)로 분류하는데, 직류는 이동하는 전하량이 시간적으로 불변할 경우의 전류로서, 일정한 시간 $t$초 동안에 $Q$[C]의 전하가 이동한다면 직류 $I$와 전하량 $Q$는

$$I = \frac{Q}{t}[\text{A}], \quad Q = It[\text{C}] \qquad \cdots\cdots (1.1)$$

이다.

교류는 이동하는 전하량이 시간적으로 변할 경우의 전류로서, 미소 시간 $dt$초 동안에 $dq$[C]의 전하가 이동한다면 교류 $i$와 전하량 $q$는

$$i = \frac{dq}{dt}[\text{A}], \quad q = \int i\,dt[\text{C}] \qquad \cdots\cdots (1.2)$$

이다.

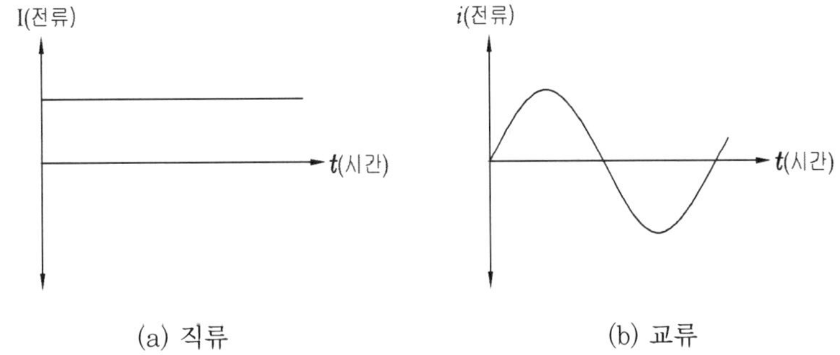


**그림 1.3** 직류와 교류

**예제 1.1** 도선에 $i = 1,000(2t + 3t^2)$[A]의 전류가 3초 동안 흘렀을 때, 도선을 통과한 전하량 $q$ [C]은?

풀이 $q = \int_0^t i\,dt = \int_0^3 1,000(2t + 3t^2)\,dt = 1,000\left[t^2 + t^3\right]_0^3 = 36,000[\mathrm{C}]$

**예제 1.2** 도선의 단면적에 $Q = 1,000$[C]의 전하량이 5초 동안 통과하였을 때, 도선에 흐르는 전류 $I$[A]는?

풀이 $I = \dfrac{Q}{t} = \dfrac{1,000}{5} = 200[\mathrm{A}]$

## 1.4 전압

그림 1.4와 같이 물이 수도관을 흐를 때 A지점은 B지점보다 수위가 높은 상태에서 A지점 수위와 B지점 수위 사이의 수위차가 클수록 수압도 커지고 물의 흐름 또는 물의 속도가 빠르게 된다.

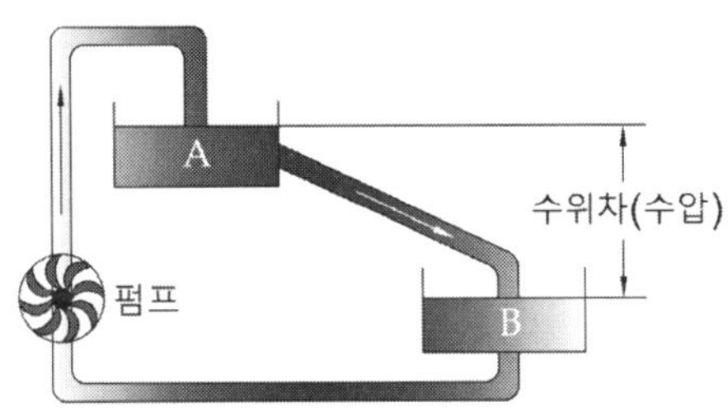


**그림 1.4** 전위차와 수위차

이를 전기 분야에 응용하면 A지점 전위(electric potential)와 B지점 전위의 전위차(electric potential difference)가 클수록 전압도 커지게 된다. 이를 요약하면 전위는 수위, 전위차는 수위차와 비교되고 전위차는 전압, 수위차는 수압이라고 할 수 있다.

그림 1.5는 평판 전하의 전압과 전하 밀도에 대한 개념을 나타낸 것으로서, 그림 1.5(a)에서 평판 A와 B가 면적은 동일하지만, 대전된 정전하 밀도가 서로 다른 경우, 평판 A는 B보다 정전하 밀도가 높다고 할 수 있다. 평판 A와 B를 연결한다면 그림 1.5(b)와 같이 2개의 평판에서 정전하 밀도가 동일하게 될 때까지 평판 A에서 B로 정전하인 전류가 이동한다고 할 수 있다.

또한 그림 1.5(a)와 비교하여 그림 1.5(c)의 평판 A는 전자 밀도가 낮고 평판 B는 전자 밀도가 높다고 할 수 있다. 실제로 회로 내에서는 정전하보다 1,840배 정도 가벼운 전자가 이동하기 때문에 평판 A와 B를 연결한다면 그림 1.5(d)와 같이 2개의 평판에서 전자 밀도가 동일하게 될 때까지 평판 B에서 A로 전자가 이동한다.

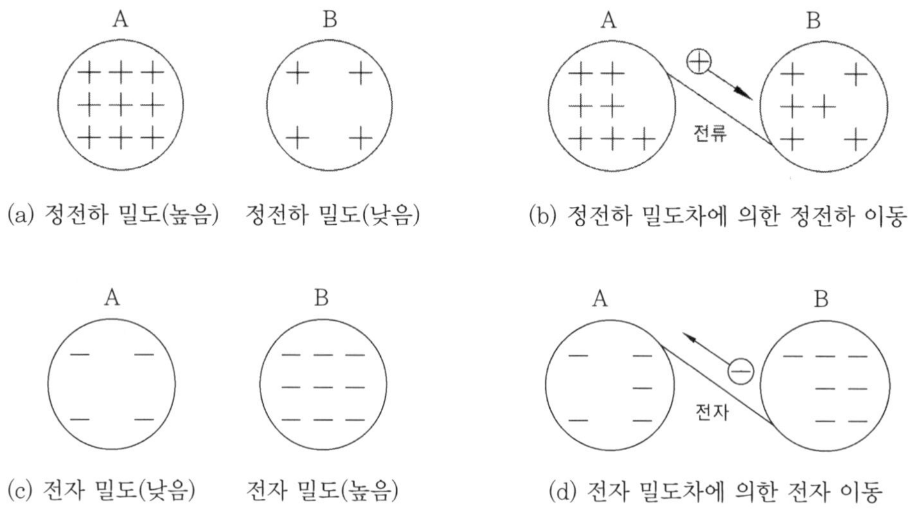


**그림 1.5** 정전하 밀도와 전자 밀도의 차이에 따른 전하 이동

그림 1.4로부터 수위가 높은 곳에서 수위가 낮은 곳으로 물이 흐른 후, 낮은 곳에 있는 물을 다시 수위가 높은 곳으로 올리고자 할 때에는 에너지가 필요하다. 예를 들어 양수발전소인 경우, 낮 동안에 수위가 높은 곳에 있는 물을 수위가 낮은 곳으로 흘리면서 발전기 터빈을 회전시켜 전기를 생산하여 수용처에 고가로 판매한다. 밤 동안에는 수위가 낮은 곳에 있는 물을 수위가 높은 곳으로 올리기 위해서는 심야의 저가 전기에너지를 이용한다. 따라서, 전압(voltage)은 전하를 한 지점에서 다른 지점으로 이동하는 데 필요한 에너지(일)로 정의할 수 있으며 단위는 [Volt, V]이다.

그림 1.6으로부터 1[V]는 1[C]의 전하를 운반하는데 필요로 하는 일이 1[J]인 경우에 두 점 사이의 전위차를 말하고, 2[V]는 1[C]의 전하를 운반하는데 필요로 하는 일이 2[J]인 경우에 두 점 사이의 전위차를 말한다.

$$V = \frac{W}{Q}[\mathrm{V}], \qquad W = QV[\mathrm{J}] \qquad \cdots\cdots (1.3)$$

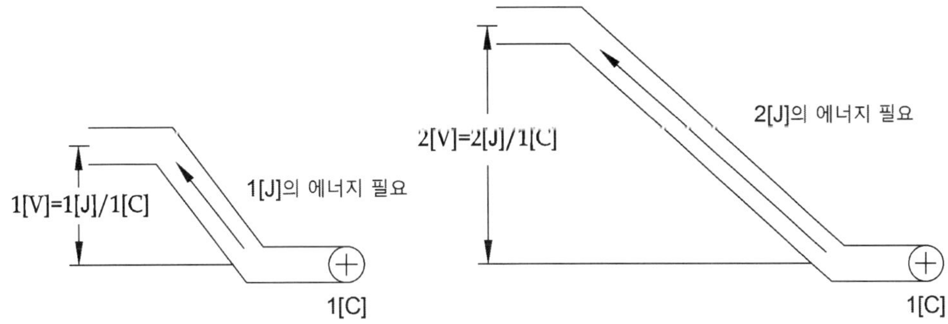


**그림 1.6** 전압의 정의

그림 1.7로부터 전하가 전원(electric source)인 건전지를 지나면서 에너지를 공급받아 전압이 상승하고 전하가 부하(electric load)인 전구를 지나면서 외부에 빛을 발생하여 에너지가 소비되면서 전압이 강하한다.

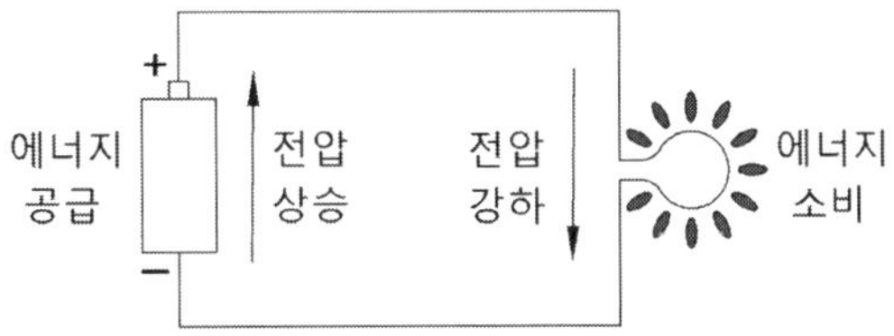


**그림 1.7** 전압 상승과 전압 강하

**예제 1.3** 도선 내의 두 점 사이에서 4[C]의 전하를 옮기는데 200[J]의 에너지가 필요한 경우, 두 점 사이의 전압 $V$[V]는?

풀이 $W = QV$[J]인 식으로부터 $V = \frac{W}{Q} = \frac{200}{4} = 50$[V]

## 1.5 전력과 전력량

전력(electric power)은 전기가 단위 시간에 하는 일의 양을 말하고 단위는 와트[Watt, W]이다. 예를 들어 1[W]는 매초 변환되는 에너지가 1[J]일 때의 전력이라고 할 수 있다.

변환되는 에너지 $W$[J]이 시간적으로 일정할 때, 전력의 평균값 $P$는

$$P = \frac{W}{t} = \frac{QV}{t} = VI\,[\mathrm{W}] \qquad \cdots\cdots (1.4)$$

이고, $t$초 동안에 변환되는 에너지 또는 전력량 $W$는

$$W = Pt = VIt\,[\mathrm{J}] \qquad \cdots\cdots (1.5)$$

이다. 변환되는 에너지가 시간적으로 변할 경우, 전력의 순시값 $p$는

$$p = \frac{dw}{dt} = vi\,[\mathrm{W}] \qquad \cdots\cdots (1.6)$$

이고, $t$초 동안에 변환되는 에너지 또는 전력량 $w$는

$$w = \int_0^t p\,dt = \int_0^t vi\,dt\,[\mathrm{J}] \qquad \cdots\cdots (1.7)$$

이다.

**예제 1.4** 전열기에 220[V]를 인가하여 15[A]의 전류가 흐를 때 이 전열기를 하루에 4시간씩 20일간 사용한다고 하면, 전열기의 전력 $P$[kW] 및 20일간의 전력량 $W$[kWh]는?

풀이 $P = VI$로부터 전력은 $P = VI = 220 \times 15 = 3{,}300$[W] $= 3.3$[kW]
$W = Pt$ 로부터 전력량은 $W = Pt = 3.3 \times 4 \times 20 = 264$[kWh]

**예제 1.5** 그림 1.8(a)와 같은 회로에 4[A]의 전류가 흐르고 있는 가운데, A와 C소자에서는 각각 매분 360[J], 480[J]의 에너지가 소비되고 B와 D소자에서는 각각 매분 600[J], 240[J]의 에너지가 발생하고 있다. 각 소자에서 발생 또는 소비되고 있는 전력 $P$[W]와 각 소자에서 상승 또는 강하되는 전압 $V$[V]는? 또한 각 소자에 극성을 표시하시오.

풀이 $P = \frac{W}{t}$[W]로부터 각 소자에서 발생 또는 소비되는 전력 $P$는

$$P_A = \frac{W_A}{t} = \frac{360}{60} = 6[\mathrm{W}](\text{전력 소비}), \quad P_B = \frac{W_B}{t} = \frac{600}{60} = 10[\mathrm{W}](\text{전력 발생})$$

$$P_C = \frac{W_C}{t} = \frac{480}{60} = 8[\text{W}](\text{전력 소비}),\quad P_D = \frac{W_D}{t} = \frac{240}{60} = 4[\text{W}](\text{전력 발생})$$

$V = \frac{P}{I}[\text{V}]$로부터 각 소자에서 상승 또는 강하되는 전압 $V$는

$$V_A = \frac{P_A}{I} = \frac{6}{4} = \frac{3}{2}[\text{V}](\text{전압 강하}),\quad V_B = \frac{P_B}{I} = \frac{10}{4} = \frac{5}{2}[\text{V}](\text{전압 상승})$$

$$V_C = \frac{P_C}{I} = \frac{8}{4} = 2[\text{V}](\text{전압 강하}),\quad V_D = \frac{P_D}{I} = \frac{4}{4} = 1[\text{V}](\text{전압 상승})$$

그림 1.8(b)에 각 소자에서의 극성을 표시하였다.

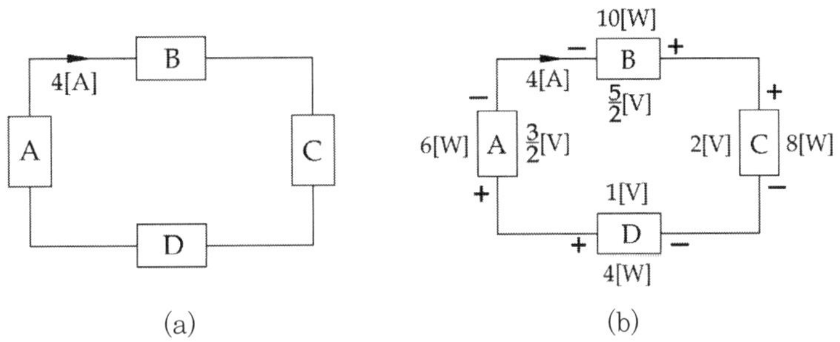


그림 1.8

# 2 기본 법칙

## 2.1 옴의 법칙

저항(resistance)은 전류의 흐름을 방해하는 요소이고 단위는 옴[Ohm, Ω]이다. 그림 1.9로부터 회로에 전압을 인가하여 전류가 흐를 때 저항이 클수록 저항 양단 간에 전압강하는 커지게 된다. 따라서 옴의 법칙(Ohm's law)은 "도체에 흐르는 전류는 인가한 전압에 비례하고 저항에 반비례한다"라고 말하고, 1[Ω]은 1[A]의 전류가 흐르기 위해서 1[V]의 전압을 인가할 때 도체의 저항값으로 정의할 수 있다. 따라서 옴의 법칙은

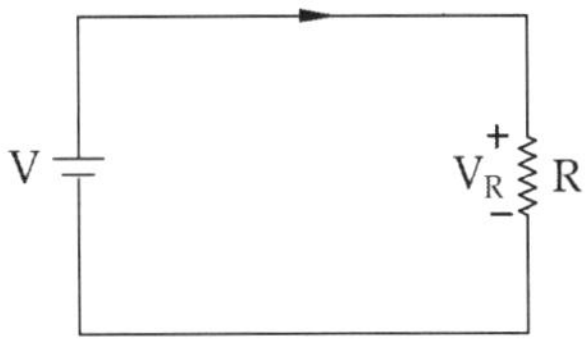


그림 1.9 옴의 법칙

$$R = \frac{V}{I}[\Omega], \qquad V = IR\,[\mathrm{V}] \qquad \cdots\cdots (1.8)$$

이다.

**예제 1.6** 12[V]의 건전지를 저항에 연결한 후, 전류를 측정하였을 때 0.3[A]를 나타냈다. 이때 저항 $R[\Omega]$은?

풀이 $R = \frac{V}{I}$ 로부터 $R = \frac{12}{0.3} = 40[\Omega]$

## 2.2 줄의 법칙

줄(Joule)열은 도체를 통과하는 자유 전자가 도체와 충돌하여 발생한 열에너지로서, 도체의 내부 입자와 자유 전자의 충돌은 도체의 전류 흐름을 방해하는 저항으로 작용한다. 따라서 줄의 법칙(Joule's law)은 "도체에 전류가 흐를 때 전류로 인하여 단위 시간 당 발생하는 열량은 $I^2R$ 에 비례한다"라고 말하고, 1[J]의 에너지는 1[Ω]의 저항에 1[A]의 전류가 1초 동안 흐를 때의 열에너지라고 정의할 수 있다.

따라서 줄의 법칙은

$$H = I^2Rt\,[\mathrm{J}] \qquad \cdots\cdots (1.9)$$

이고 여기서, $1[\mathrm{J}] = \frac{1}{4.2}[\mathrm{cal}] = 0.24[\mathrm{cal}]$이므로 식(1.9)는

$$H = 0.24\,I^2Rt[\mathrm{cal}] \qquad \cdots\cdots (1.10)$$

이다.

**예제 1.7** 1,000[W]의 전열기가 1시간 동안 동작하였을 때 발생한 열에너지 $H_e$[kJ]와 열량 $H_c$[kcal]는?

풀이 발생한 열에너지는 $H_e = I^2Rt = Pt$[J]로부터

$$H_e = 1{,}000 \times 3{,}600 = 3{,}600{,}000[\mathrm{J}] = 3{,}600[\mathrm{kJ}]$$

발생한 열량은 $H_c = 0.24\,I^2Rt = 0.24\,Pt$[cal]로부터

$$H_c = 0.24 \times 1{,}000 \times 3{,}600 = 864{,}000[\mathrm{cal}] = 864[\mathrm{kcal}]$$

## 2.3 키르히호프의 법칙

키르히호프의 법칙(Kirchhoff's law)은 2개 이상의 기전력이 존재하는 복잡한 회로에 대한 회로 해석이 가능하며 제 1법칙인 전류 법칙과 제 2법칙인 전압 법칙이 있다.

### (1) 키르히호프의 제 1법칙(Kirchhoff's Current Law : K.C.L)

그림 1.10으로부터 도선의 접합점 O에 유입되는 전류의 방향을 (+)로 하고 접합점 O로부터 유출되는 전류의 방향을 (−)로 하면

$$I_1 + I_2 - I_3 - I_4 + I_5 = 0 \qquad \cdots\cdots (1.11)$$

이다. 접합점에 유입하는 전류와 접합점으로부터 유출되는 전류를 구분하면

$$I_1 + I_2 + I_5 = I_3 + I_4 \qquad \cdots\cdots (1.12)$$

이다.

따라서 키르히호프의 제 1법칙인 전류 법칙은 "임의의 접합점에 유입하는 전류의 합은 접합점으로부터 유출되는 전류의 합과 같다"라고 한다. 이는 일정 시간 동안 접합점에 유입한 전하량만큼 전하가 유출되기 때문에 접합점에서는 전하가 축적되거나 발생할 수 없다는 것이며 이는 전하량 보존의 법칙에 근거한다.

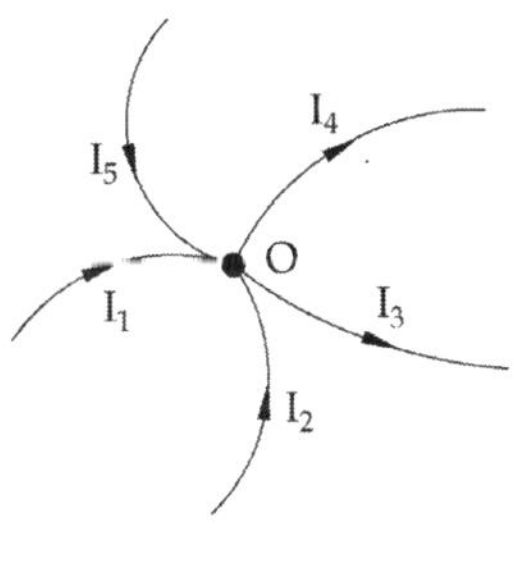


그림 1.10 키르히호프의 전류 법칙

**예제 1.8** 그림 1.11과 같은 회로에서 $R_2$에 흐르는 전류 $I_2$[A]은?

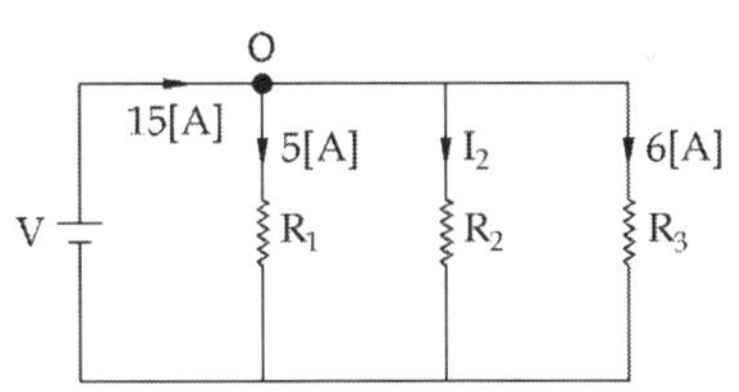


그림 1.11

풀이 O점에 유입하는 전류는 15[A]이고 O점으로부터 유출되는 전류는 5[A], $I_2$ 6[A]이므로

$$15 = 5 + I_2 + 6[\mathrm{A}]$$

$I_2$에 대해서 정리하면

$$I_2 = 15 - 5 - 6 = 4[\mathrm{A}]$$

### (2) 키르히호프의 제 2법칙(Kirchhoff's Voltage Law : K.V.L)

그림 1.12와 같은 회로 내에서 loop 방향인 시계 방향으로 한 바퀴 회전할 때 각 소자에서의 전압 상승을 (+), 전압 강하를 (−)로 하면

$$V_A - V_B - V_C + V_D = 0$$

$$V_A + V_D = V_B + V_C \qquad \cdots\cdots (1.13)$$

이다. 따라서 키르히호프의 제 2법칙인 전압 법칙은 "회로 내에서 loop를 돌려 한 바퀴 회전할 때 각 소자에서 전압 상승(기전력)의 총합은 전압 강하의 총합과 같다"라고 한다. 이는 전하가 각 소자를 흐르면서 에너지를 발생하거나 소비하는 가운데, 발생한 에너지량과 소비한 에너지량은 동일하며 이는 에너지 보존의 법칙에 근거한다.

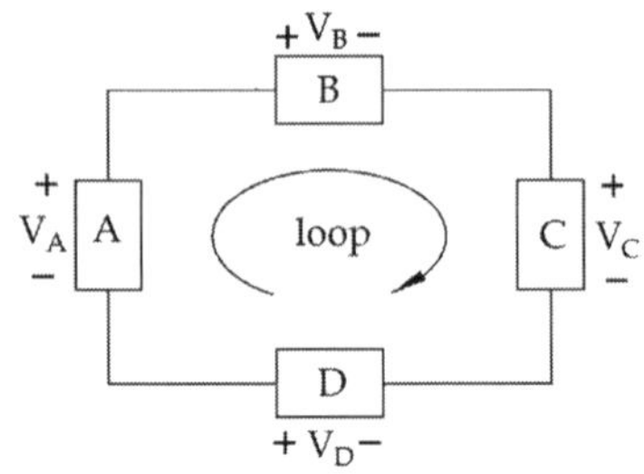

그림 1.12 키르히호프의 전압 법칙

**예제 1.9** 그림 1.13과 같은 회로에서 각 저항을 흐르는 전류 $I_1$, $I_2$, $I_3$[A]는?

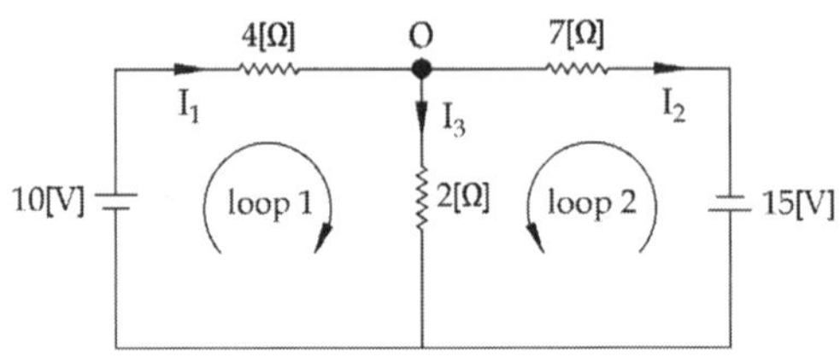

그림 1.13

풀이 K.C.L에 의해서 O점에 유입하는 전류 $I_1$과 O점으로부터 유출되는 전류 $I_2$, $I_3$는

$$I_1 = I_2 + I_3[\text{A}] \qquad \cdots\cdots ①$$

K.V.L에 의해서 loop 1 방향으로 일주하면서 전압 상승과 전압 강하의 합은

$$4I_1 + 2I_3 = 10[\text{V}] \qquad \cdots\cdots ②$$

K.V.L에 의해서 loop 2 방향으로 일주하면서 전압 상승과 전압 강하의 합은

$$-7I_2 + 2I_3 = -15[\text{V}] \qquad \cdots\cdots ③$$

식 ①, ②, ③을 연립하여 풀면

$$I_1 = \frac{12}{5}[\text{A}],\ I_2 = \frac{11}{5}[\text{A}],\ I_3 = \frac{1}{5}[\text{A}]$$

# 제 1 장 연습문제

1. 도체에 10[A]의 전류를 1분 동안 흘렸을 때, 도체를 통과한 전자의 수 $n$은?

정답 $n = 3.75 \times 10^{21}$[개]

2. 도선에 $i = 6t^2 + 2t$[A]의 전류가 2분 동안 흐를 때, 도선 속을 통과한 전하량 $q$[Ah]는?

정답 $q = 964$[Ah]

3. 저항 50[Ω]인 전열기에 10[A]의 전류를 2시간 동안 흘렸을 때, 이때의 전력 $P$ [W]와 전력량 $W$ [kWh]는?

정답 $P = 5{,}000$[W], $W = 10$[kWh]

4. 저항 회로에 200[V]의 전압을 20분 동안 인가하여 1,000[C]의 전하량이 이동하였다면, 이 회로에서의 전력 $P$[W]는?

정답 $P = \frac{500}{3}$[W]

5. 그림 1과 같은 회로에서 저항 $R_1$ 양단에 걸리는 전압 $E_1$[V]은?

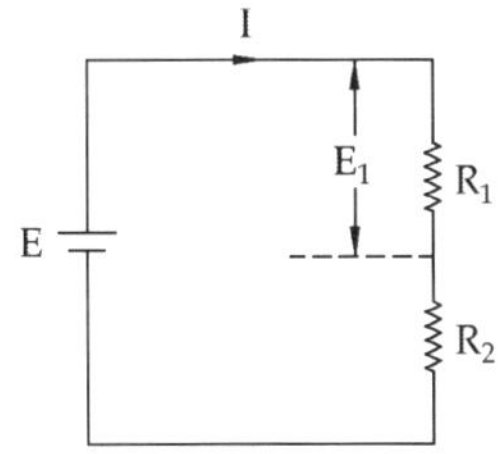


그림 1

정답 $E_1 = \frac{R_1}{R_1 + R_2} E$[V]

6. 직류 전원에 저항을 접속하여 전류가 흐른다고 할 때, 이 전류를 30[%] 증가시키려면 저항은 몇 배가 되어야 하는가?

정답 약 0.77배

7. 그림 2와 같은 회로에서 2개의 전원을 접속한 회로에 흐르는 전류 $I$ [A]는?

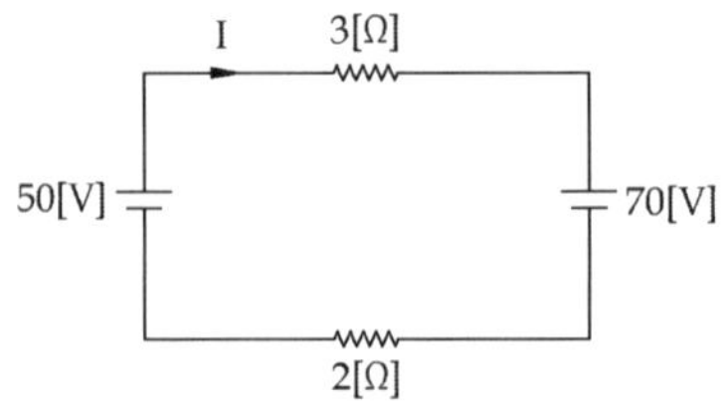


그림 2

정답 $I=-4$[A], $I$가 (−)이기 때문에 전류의 방향은 원래의 방향과 반대이다.

8. 그림 3과 같은 회로에서 각 저항에 흐르는 전류 $I_1$, $I_2$, $I_3$[A]는?

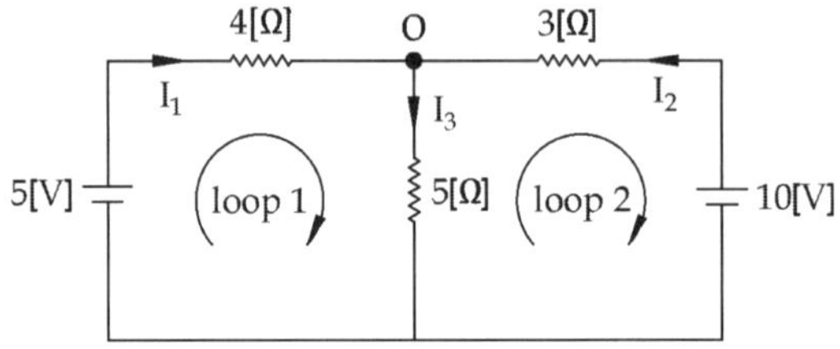


그림 3

정답 $I_1 = -\frac{10}{47}$[A], $I_2 = \frac{65}{47}$[A], $I_3 = \frac{55}{47}$[A]

# 2장 수동 소자와 능동 소자

## 1 수동 소자

그림 2.1에 표시된 수동 소자(passive element)는 전압원으로부터 에너지를 공급받는 소자를 말하고 전류가 소자에 흐르면 소자에서는 전류 방향으로 전압 강하가 발생한다. 대표적인 수동 소자는 저항, 인덕터, 커패시터 등이 있다.

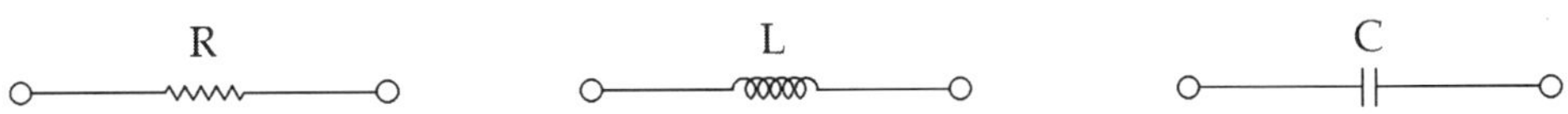


(a) 저항　　(b) 인덕터　　(c) 커패시터

**그림 2.1 수동 소자**

### 1.1 저항

#### 1.1.1 도체의 저항

도체 내에 전류를 흘리면 자유 전자가 흐르면서 원자와 충돌하는데, 충돌이 많아짐에 따라서 자유 전자의 이동이 어려워지게 되어 전류는 작게 흐른다. 이때 전류의 흐름을 방해하는 요소를 저항(resistance)이라고 한다. 저항은 인가한 전원 에너지를 열로 소비하는 수동 소자로서, 도체의 길이($l$)에 비례하고 도체의 단면적($A$)에 반비례한다. 이는

$$R = \rho \frac{l}{A} [\Omega] \qquad \cdots\cdots (2.1)$$

이고 여기서, $\rho$는 도체의 종류에 따라서 다르며 도체의 비저항(specific resistance), 저항률(resistivity) 및 고유 저항이라고도 하고 단위는 [Ω · m] 또는 [Ω · cm] 이다.

**예제 2.1** 단면적이 $A$이고 길이가 $l$인 도체를 잡아당겨서 길이를 $n$배로 증가시켰을 때, 도체의 저항 $R[\Omega]$은?

**풀이** $R=\rho\frac{l}{A}$인 식으로부터 도체의 길이가 $n$배된다면 단면적은 $\frac{1}{n}$배되기 때문에 도체의 길이를 $n$배로 증가시켰을 때의 저항 $R'$라고 하면

$$R'=\rho\frac{nl}{\frac{1}{n}A}=n^2\rho\frac{l}{A}=n^2R[\Omega]$$

도체의 저항은 도체를 $n$배로 증가시키기 전 저항과 비교하여 $n^2$배가 된다.

### (1) 저항의 직렬 접속

그림 2.2와 같이 $n$개의 저항이 직렬 접속(series connection)되어 있는 회로에 전압 $V_0$가 인가될 때, 키르히호프 제 2법칙(K.V.L)에 의해서 회로에 인가한 전압은 각 저항에서의 전압 강하의 총합과 같다. 이는

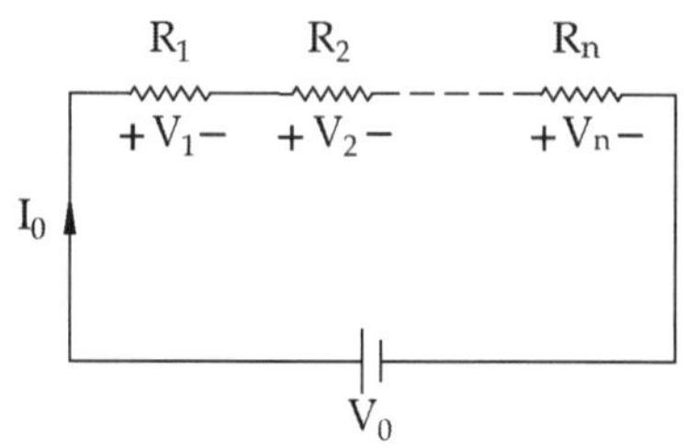


**그림 2.2** 저항의 직렬 접속

$$V_0=V_1+V_2+\cdots+V_n[\mathrm{V}] \qquad \cdots\cdots (2.2)$$

이고 저항이 직렬 접속인 상태에서는 전체 전류 $I_0$가 각 저항에 일정하게 흐르기 때문에 각 저항에서의 전압 강하는

$$V_1=I_0R_1[\mathrm{V}],\ V_2=I_0R_2[\mathrm{V}],\ \cdots,\ V_n=I_0R_n[\mathrm{V}] \qquad \cdots\cdots (2.3)$$

이다. 식 2.2에 식 2.3을 대입하면

$$\begin{aligned} V_0 &= I_0R_1+I_0R_2+\cdots+I_0R_n \\ &= I_0(R_1+R_2+\cdots+R_n) \\ &= I_0R_0\ [\mathrm{V}] \end{aligned} \qquad \cdots\cdots (2.4)$$

이고 따라서, 합성 저항 $R_0$는

$$R_0 = R_1 + R_2 + \cdots + R_n[\Omega] \qquad \cdots\cdots (2.5)$$

이다. 또한

$$V_1 : V_2 : \cdots : V_n = R_1 : R_2 : \cdots : R_n \qquad \cdots\cdots (2.6)$$

임을 알 수 있다.

**예제 2.2** 그림 2.3과 같은 회로에서 회로에 흐르는 전류 $I$[A]는?

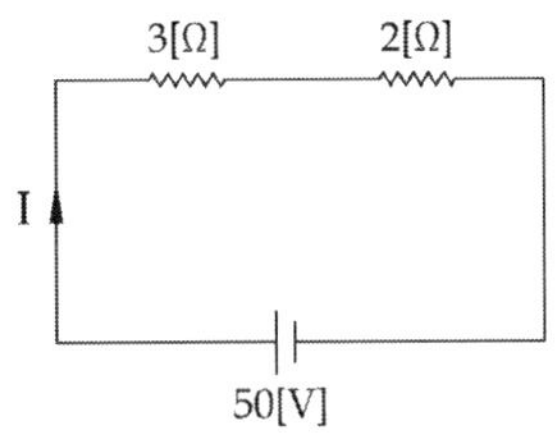


**그림 2.3**

풀이 저항 3[Ω]과 2[Ω]이 직렬 접속되어 있으므로 합성저항 $R$은

$$R = 3 + 2 = 5[\Omega]$$

전류 $I$는

$$I = \frac{E}{R} = \frac{50}{5} = 10[\mathrm{A}]$$

### (2) 저항의 병렬 접속

그림 2.4와 같이 $n$개의 저항이 병렬 접속(parallel connection)되어 있는 회로에 전압 $V_0$가 인가될 때, 키르히호프 제 1법칙(K.C.L)에 의해서 회로에 흐르는 전체 전류는 각 저항에 흐르는 전류의 총합과 같다. 이는

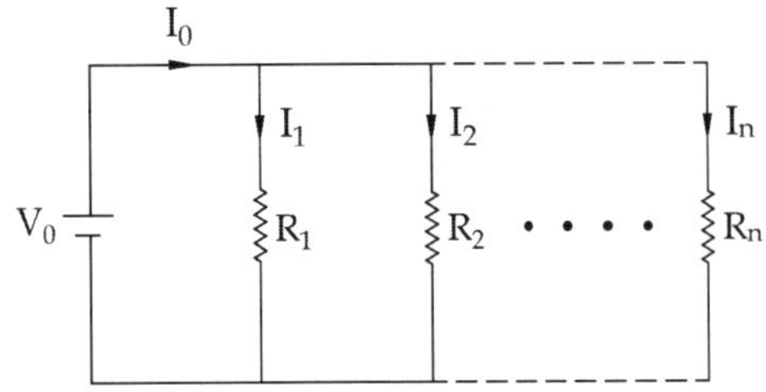


**그림 2.4** 저항의 병렬 접속

$$I_0 = I_1 + I_2 + \cdots + I_n \text{ [A]} \qquad \cdots\cdots (2.7)$$

이고 저항이 병렬 접속인 상태에서 각 저항에서의 전압 강하는 일정함과 동시에, 인가 전압 $V_0$와 동일하기 때문에 각 저항에 흐르는 전류는

$$I_1 = \frac{V_0}{R_1}\text{[A]},\ I_2 = \frac{V_0}{R_2}\text{[A]},\ \cdots,\ I_n = \frac{V_0}{R_n}\text{[A]} \qquad \cdots\cdots (2.8)$$

이다. 식 2.7에 식 2.8을 대입하면

$$I_0 = \frac{V_0}{R_1} + \frac{V_0}{R_2} + \cdots + \frac{V_0}{R_n} = \left(\frac{1}{R_1} + \frac{1}{R_2} + \cdots + \frac{1}{R_n}\right) V_0$$

$$= \frac{V_0}{R_0}\text{[A]} \qquad \cdots\cdots (2.9)$$

이고 여기서,

$$\frac{1}{R_0} = \frac{1}{R_1} + \frac{1}{R_2} + \cdots + \frac{1}{R_n} \qquad \cdots\cdots (2.10)$$

이다. 따라서, 합성 저항 $R_0$는

$$R_0 = \frac{1}{\frac{1}{R_1} + \frac{1}{R_2} + \cdots + \frac{1}{R_n}}[\Omega] \qquad \cdots\cdots (2.11)$$

이고 또한

$$I_1 : I_2 : \cdots : I_n = \frac{1}{R_1} : \frac{1}{R_2} : \cdots : \frac{1}{R_n} \qquad \cdots\cdots (2.12)$$

임을 알 수 있다.

**예제 2.3** 그림 2.5와 같은 회로에서
(1) 저항 4[Ω]에 흐르는 전류 $I_1$[A]은?
(2) a–b, b–c 간의 단자 전압 $V_1$, $V_2$[V]는?
(3) 저항 4[Ω]에서의 소비 전력 $P_1$[W]은?

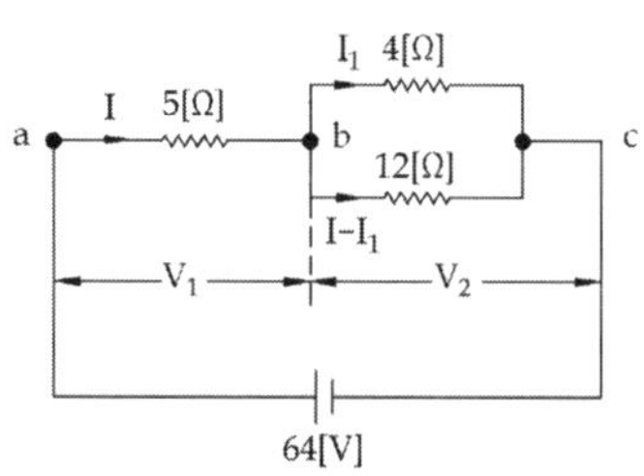


그림 2.5

풀이 (1) 회로 전체의 합성 저항 $R_{ac}$는

$$R_{ac}=R_{ab}+R_{bc}=5+\frac{4\times 12}{4+12}=5+\frac{48}{16}=5+3=8[\Omega]$$

전체 전류 $I$는

$$I=\frac{64}{R_{ac}}=\frac{64}{8}=8[\text{A}]$$

저항 4[Ω]과 12[Ω]에서의 전압 강하는 동일하므로

$$4I_1=12(I-I_1),\quad 4I_1=12I-12I_1,\quad 16I_1=12I$$

$$\therefore\ I_1=\frac{12}{16}I=\frac{12}{16}\times 8=6[\text{A}]$$

(2) $V_1 : V_2 = R_{ab} : R_{bc} = 5:3$

$$\therefore\ V_1=64\times\frac{5}{5+3}=40[\text{V}],\ V_2=64\times\frac{3}{5+3}=24[\text{V}]$$

(3) $P_1=V_2I_1=24\times 6=144[\text{W}]$

### 1.1.2 도체의 컨덕턴스

컨덕턴스(conductance) $G$는 저항 $R$과는 정반대의 개념으로서, 컨덕턴스가 클수록 도체에 전류가 더 잘 흐른다고 할 수 있고 컨덕턴스의 단위는 [℧]이다. 이는

$$G=\frac{1}{R}=\frac{1}{\frac{V}{I}}=\frac{I}{V}[℧] \qquad \cdots\cdots (2.13)$$

이고 컨덕턴스 $G$는 도체의 길이($l$)에 반비례하고 단면적($A$)에 비례하므로

$$G=\frac{1}{R}=\frac{1}{\rho\frac{l}{A}}=\frac{1}{\rho}\frac{A}{l}=\sigma\frac{A}{l}[℧] \qquad \cdots\cdots (2.14)$$

이다. 이때 $\sigma$는 $\rho$의 역수로서 도전율 또는 전기전도율(conductivity)라고 말하며 단위는 [℧/m] 또는 [℧/cm]이다.

#### (1) 컨덕턴스의 직렬 접속

그림 2.6과 같이 $n$개의 컨덕턴스가 직렬 접속되어 있는 회로에 전압 $V_0$가 인가될 때, 키르히호프 제 2법칙(K.V.L)에 의해서 회로에 인가한 전압은 각 컨덕턴스에서의 전압 강하의 총합과 같다. 이는

$$V_0=V_1+V_2+\cdots+V_n[\text{V}] \qquad \cdots\cdots (2.15)$$

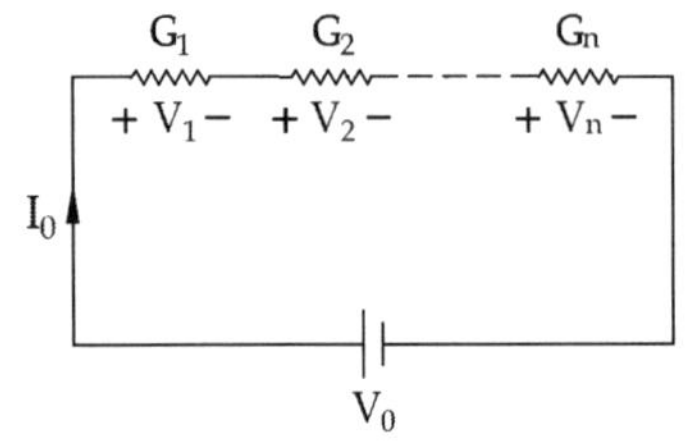


그림 2.6 컨덕턴스의 직렬 접속

이고 컨덕턴스가 직렬 접속인 상태에서는 전체 전류 $I_0$가 각 컨덕턴스에 일정하게 흐르기 때문에 각 컨덕턴스에서의 전압 강하는 $I=\frac{V}{R}=GV$ [A]로부터

$$I_0 = G_1 V_1 = G_2 V_2 = \cdots = G_n V_n [\text{A}] \qquad \cdots\cdots (2.16)$$

이다. 식 2.16을 전압 $V$에 대해서 정리하면

$$V_1 = \frac{I_0}{G_1}[\text{V}],\ V_2 = \frac{I_0}{G_2}[\text{V}],\ \cdots,\ V_n = \frac{I_0}{G_n}[\text{V}] \qquad \cdots\cdots (2.17)$$

이다. 식 2.15에 식 2.17을 대입하면

$$\begin{aligned} V_0 &= \frac{I_0}{G_1}+\frac{I_0}{G_2}+\cdots+\frac{I_0}{G_n} \\ &= \left(\frac{1}{G_1}+\frac{1}{G_2}+\cdots+\frac{1}{G_n}\right)I_0 = \frac{I_0}{G_0}[\text{V}] \end{aligned} \qquad \cdots\cdots (2.18)$$

이고 여기서,

$$\frac{1}{G_0}=\frac{1}{G_1}+\frac{1}{G_2}+\cdots+\frac{1}{G_n} \qquad \cdots\cdots (2.19)$$

이다. 따라서, 합성 컨덕턴스 $G_0$는

$$G_0 = \frac{1}{\frac{1}{G_1}+\frac{1}{G_2}+\cdots+\frac{1}{G_n}}[\mho] \qquad \cdots\cdots (2.20)$$

이고 또한

$$V_1 : V_2 : \cdots : V_n = \frac{1}{G_1}:\frac{1}{G_2}:\cdots:\frac{1}{G_n} \qquad \cdots\cdots (2.21)$$

임을 알 수 있다.

### (2) 컨덕턴스의 병렬 접속

그림 2.7과 같이 $n$개의 컨덕턴스가 병렬 접속되어 있는 회로에 전압 $V_0$가 인가될 때, 키르히호프 제 1법칙($K.C.L$)에 의해서 회로에 흐르는 전체 전류는 각 컨덕턴스에 흐르는 전류의 총합과 같다. 이는

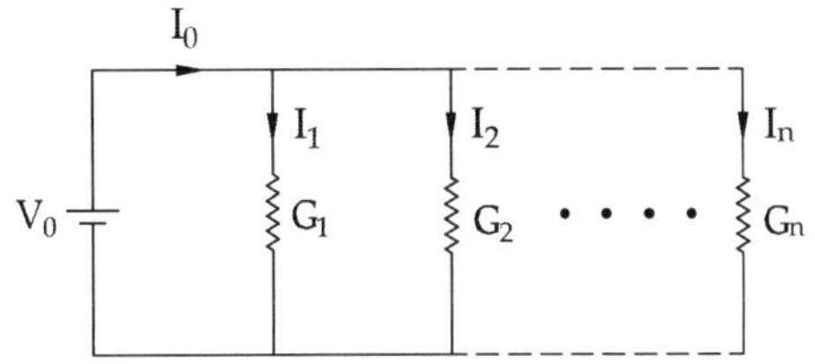


**그림 2.7** 컨덕턴스의 병렬 접속

$$I_0 = I_1 + I_2 + \cdots + I_n [\text{A}] \qquad \cdots\cdots (2.22)$$

이고 컨덕턴스가 병렬 접속인 상태에서 각 컨덕턴스에서의 전압 강하는 일정함과 동시에, 인가 전압 $V_0$와 동일하기 때문에 각 컨덕턴스에 흐르는 전류는 $I = GV[\text{A}]$로부터

$$I_1 = G_1 V_0 [\text{A}],\ I_2 = G_2 V_0 [\text{A}],\ \cdots,\ I_n = G_n V_0 [\text{A}] \qquad \cdots\cdots (2.23)$$

이다. 식 2.22에 식 2.23을 대입하면

$$\begin{aligned} I_0 &= G_1 V_0 + G_2 V_0 + \cdots + G_n V_0 \\ &= (G_1 + G_2 + \cdots + G_n) V_0 \\ &= G_0 V_0 [\text{A}] \end{aligned} \qquad \cdots\cdots (2.24)$$

이고 따라서, 합성 컨덕턴스 $G_0$는

$$G_0 = G_1 + G_2 + \cdots + G_n [\mho] \qquad \cdots\cdots (2.25)$$

이다. 또한

$$I_1 : I_2 : \cdots : I_n = G_1 : G_2 : \cdots : G_n \qquad \cdots\cdots (2.26)$$

임을 알 수 있다.

**예제 2.4** 그림 2.8과 같은 회로에서 합성 컨덕턴스 $G_{af}[℧]$는?

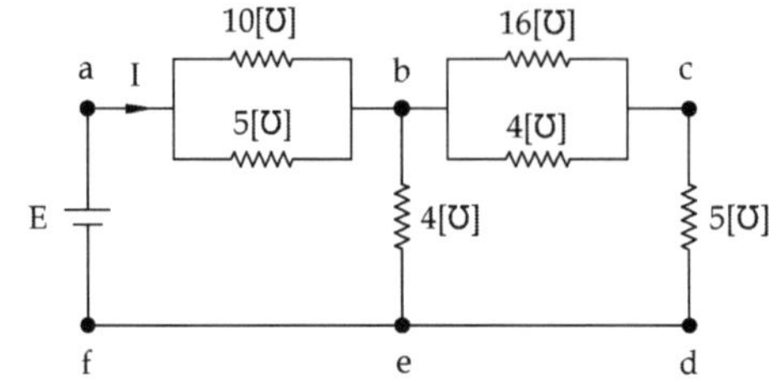


그림 2.8

**풀이** 그림 2.8로부터 단자 a–b 사이의 10[℧]와 5[℧]가 병렬 접속이고 단자 b–c 사이의 16[℧]와 4[℧]가 병렬 접속이기 때문에 그림 2.9(a)와 같이 변환되고

$$G_{ab} = 10+5 = 15[℧], \quad G_{bc} = 16+4 = 20[℧]$$

그림 2.9(a)로부터 $G_{bc}$와 $G_{cd}$가 직렬 접속이므로 그림 2.9(b)와 같이 변환된다.

$$G_{bd} = \frac{20\times 5}{20+5} = \frac{100}{25} = 4[℧]$$

그림 2.9(b)로부터 $G_{bd}$와 $G_{be}$는 병렬 접속이므로 합성 컨덕턴스 $G_{be}$는 그림 2.9(c)와 같이 변환되고

$$G_{be} = 4+4 = 8[℧]$$

그림 2.9(c)로부터 $G_{ab}$와 $G_{be}$는 직렬 접속이므로 합성 컨덕턴스 $G_{af}$는

$$G_{af} = \frac{15\times 8}{15+8} = \frac{120}{23}[℧]$$

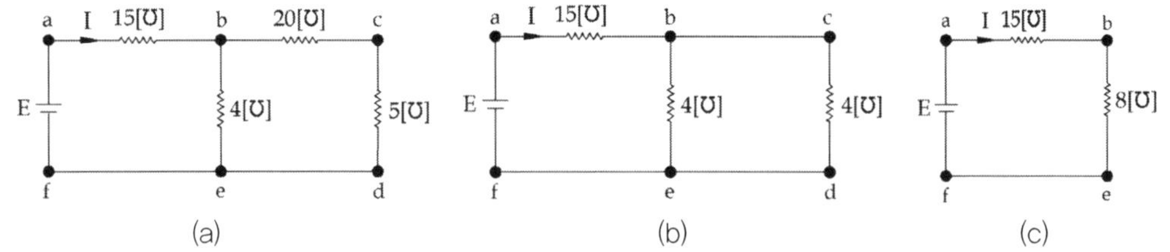


그림 2.9

## 1.2 인덕터

그림 2.10은 암페어의 오른 나사 법칙(Ampere's right handed screw rule)에 의해서 도선 내에 전류를 흘리면 도선 주변에 자기력선(magnetic field line)이 형성되는 것을 나타낸다. 이때 자기력선의 한 묶음을 자속(magnetic flux)이라 하는데 자속의 표시는 $\phi$로 나타내며 단위는 웨버[Weber, Wb]이다.

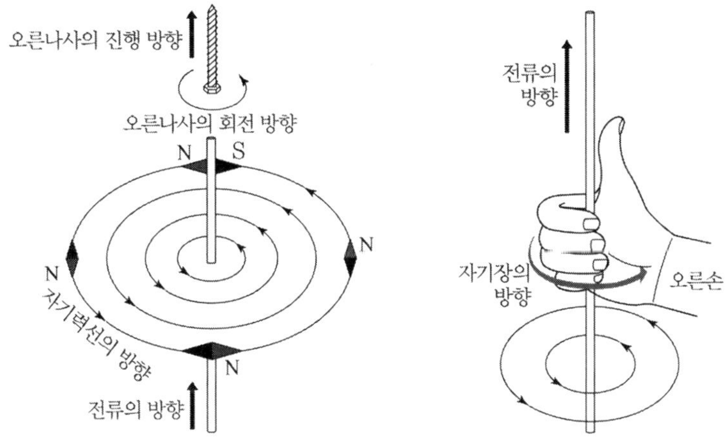


그림 2.10 암페어의 오른 나사 법칙에 따른 자기력선의 방향

자속이 도체와 쇄교(linkage)하는 수를 자속 쇄교수(number of flux linkage)라고 하며 단위는 웨버 · 턴[Wb · T]이다.

그림 2.11로부터 코일의 권수를 $n$, 전류 주변에서 발생하는 자속을 $\phi$라고 할 때 발생한 자속의 전부가 코일과 쇄교한다면 총 자속 쇄교수 $\lambda$는

$$\lambda = n\phi \text{ [Wb · T]} \qquad \cdots\cdots (2.27)$$

이다. 또한 자속 $\phi$는 전류 $i$에 비례하여 발생하기 때문에 자속 쇄교수 $\lambda$는

$$\lambda \propto i \qquad \cdots\cdots (2.28)$$

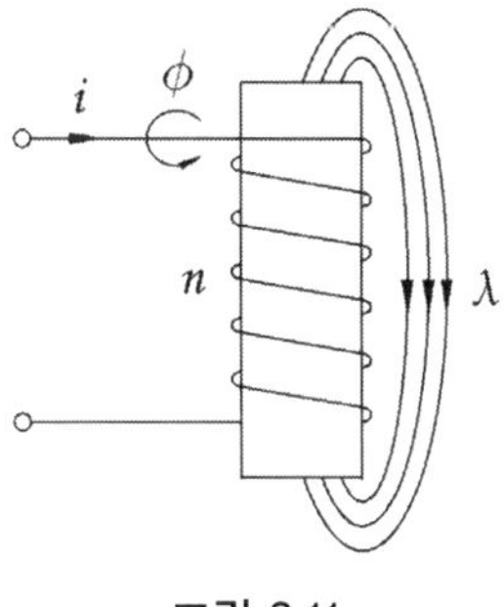


그림 2.11

이다. 이때의 비례 상수를 자기 인덕턴스(self inductance) 또는 유도 계수(coefficient of induction) $L$이라고 하고 단위는 헨리[henry, H]이다.

$$\lambda = Li \text{[Wb · T]} \qquad \cdots\cdots (2.29)$$

식 2.29를 $L$에 대해 정리하면

$$L\text{[H]} = \frac{\lambda}{i} = \frac{n\phi\text{[Wb · T]}}{i\text{[A]}} \qquad \cdots\cdots (2.30)$$

이고 여기서, 1[H]는 1[A]의 전류가 코일에 흘러 1[Wb · T]의 자속 쇄교수가 발생할 때, 코일의 인덕턴스를 말한다.

그림 2.12로부터 유도 기전력 $e$는 패러데이 법칙(Faraday's law)에 의해서 시간에 따른 자속 쇄교수의 변화를 방해하는 방향으로 발생하기 때문에

$$e = -\frac{d\lambda}{dt}\,[\mathrm{V}] \qquad \cdots\cdots (2.31)$$

로 나타낸다. 식 2.31에 식 2.29를 대입하면

$$e = -L\frac{di}{dt}\,[\mathrm{V}] \qquad \cdots\cdots (2.32)$$

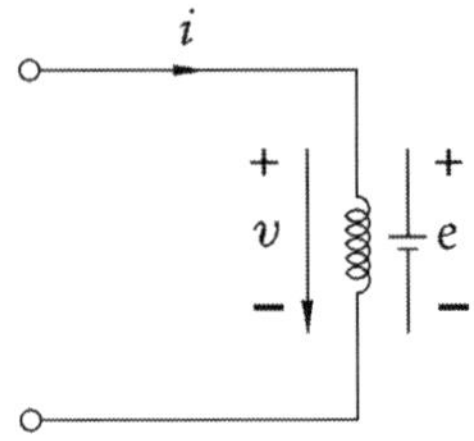

그림 2.12

이고 그림 2.12와 같이 유도 기전력의 방향은 유입 전류 $I$의 방향과 반대이기 때문에 유도 기전력의 방향을 (+)로 하면 전압 강하의 방향은 (−)라고 할 수 있다.

### 1.2.1 인덕터에 형성되는 유도 기전력

그림 2.13은 플레밍의 오른손 법칙(Fleming's right hand law)에 의해서 인덕터 자계 내의 코일에 흐르는 유도 전류의 방향이 결정되고, 렌츠의 법칙(Lenz's law)에 의해서 코일에서 발생하는 유도 기전력의 방향이 결정되는 것을 나타낸다.

그림 2.13(a)는 자석을 코일에 가까이할 때, 코일 내에서는 자석을 가까이 오지 못하게 유도 기전력($e$)이 형성되어 코일 내에서는 유도 전류가 아래쪽에서 위쪽으로 흐르는 것을 알 수 있다. 반면, 그림 2.13(b)는 자석을 코일로부터 멀리할 때, 코일 내에서는 자석을 멀리가지 못하게 유도 기전력이 형성되어 코일 내에서 유도 전류가 위쪽에서 아래쪽으로 흐르는 것을 알 수 있다. 이는 렌츠의 법칙인 "자속의 새로운 변화를 저지하는 방향으로 코일 내에서는 유도 기전력이나 유도 전류가 발생한다"라는 것과 일치한다.

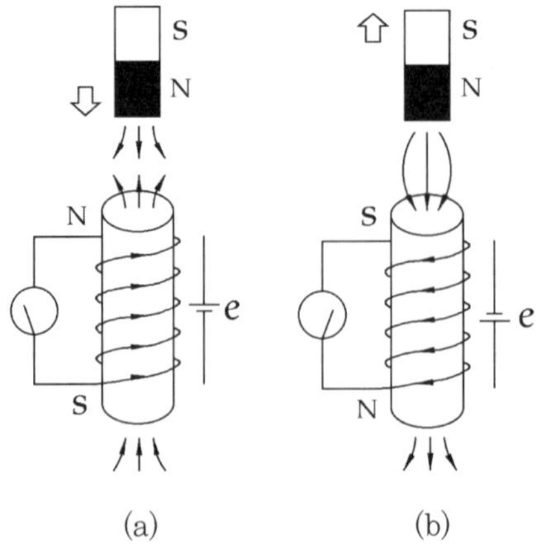

그림 2.13 유도 전류와 유도 기전력의 방향

### (1) 코일의 유입 전류가 증가 ($\frac{di}{dt} > 0$)

그림 2.14와 같이 코일에 유입하는 전류가 증가하면 코일과 쇄교하는 자속이 증가하는데, 이때 렌츠의 법칙에 의해서 자속의 증가를 저지하기 위해서 유도 기전력이 유입 전류의 증가를 저지하는 방향으로 형성된다.

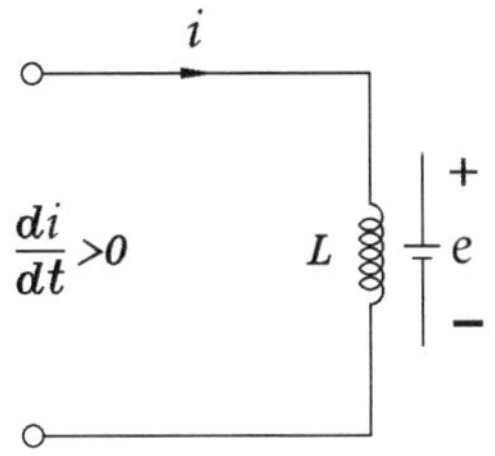


그림 2.14 유입 전류 증가 시, 유도 기전력

### (2) 코일의 유입 전류가 감소($\frac{di}{dt} < 0$)

그림 2.15와 같이 코일에 유입하는 전류가 감소하면 코일과 쇄교하는 자속이 감소하는데 이때 렌츠의 법칙에 의해서 자속의 감소를 저지하기 위해서 유도 기전력이 유입 전류의 감소를 저지하는 방향으로 형성된다.

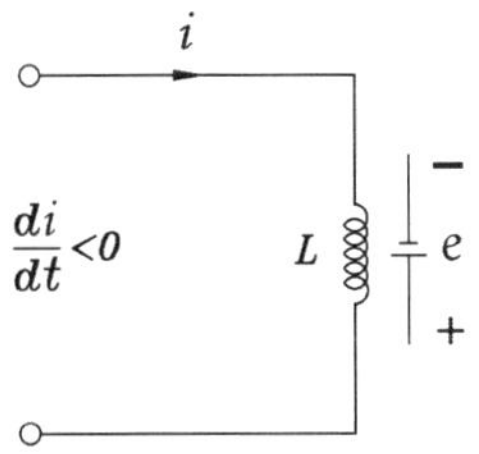


그림 2.15 유입 전류 감소 시, 유도 기전력

### (3) 코일의 유입 전류가 일정 ($\frac{di}{dt}=0$)

그림 2.16과 같이 코일에 유입하는 전류가 일정하면 코일과 쇄교하는 자속이 변화가 없기 때문에 코일에는 유도 기전력이 형성되지 않는다.

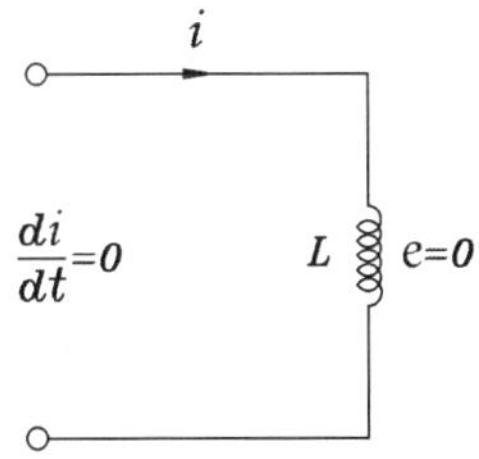


그림 2.16 유입 전류 변화가 없을 시, 유도 기전력

**예제 2.5** $L=30$[mH]인 코일에 흐르는 전류가 2초 동안 10[A]에서 20[A]로 증가하였을 때 코일에 발생하는 유도 기전력 $e$[V]은?

풀이 코일에 발생하는 유도 기전력은 $e=L\dfrac{di}{dt}$[V]로부터

$$e=30\times10^{-3}\times\frac{20-10}{2}=150\times10^{-3}=0.15[\text{V}]$$

**예제 2.6** $L=20$[H]인 코일에 그림 2.17과 같은 전류가 흐를 때,

(1) 코일 양단에서 형성되는 전압 강하 $v$[V]를 구하고 전압 강하 파형을 그래프로 나타내시오.

(2) 코일에서 형성되는 전력 $p$[W] 파형을 그래프로 나타내시오.

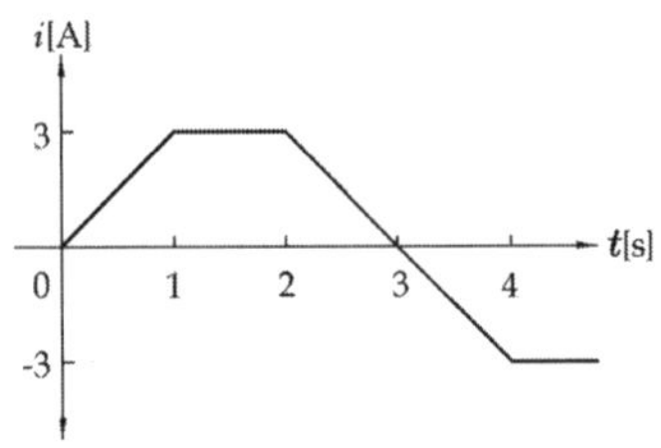

그림 2.17

풀이 (1) 코일 양단에 형성되는 전압 강하 $v=L\dfrac{di}{dt}$[V]로부터

0~1초 : $\dfrac{di}{dt}=\dfrac{3-0}{1-0}=3$, $v=20\times3=60$[V]

1~2초 : $\dfrac{di}{dt}=\dfrac{3-3}{2-1}=0$, $v=20\times0=0$[V]

2~4초 : $\dfrac{di}{dt}=\dfrac{-3-3}{4-2}=-3$, $v=20\times(-3)=-60$[V]

4초 이상 : $\dfrac{di}{dt}=0$, $v=20\times0=0$[V]

코일 양단에서 형성되는 전압 파형 그래프는 그림 2.18(a)와 같다.

(2) 코일에서 형성되는 전력 파형 그래프는 $p=vi$[W]로부터 그림 2.18(b)와 같다.

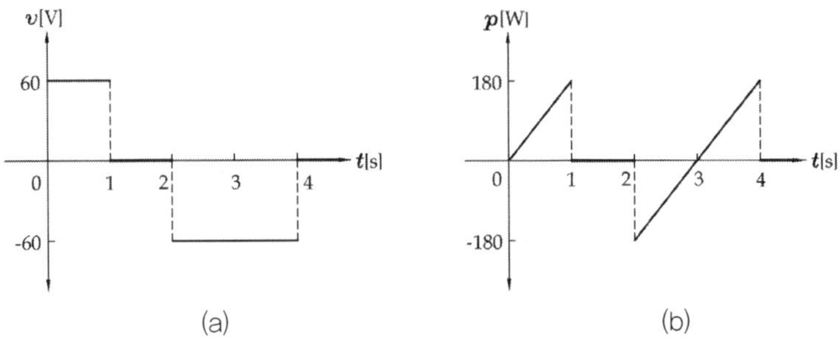

그림 2.18

### (4) 인덕터의 직렬 접속

그림 2.19와 같이 $n$개의 인덕터가 직렬 접속되어 있는 회로에 전압 $v_0$가 인가될 때, 키르히호프 제2법칙(K.V.L)에 의해서 회로에 인가한 전압은 각 인덕터에서의 전압 강하의 총합과 같다. 이는

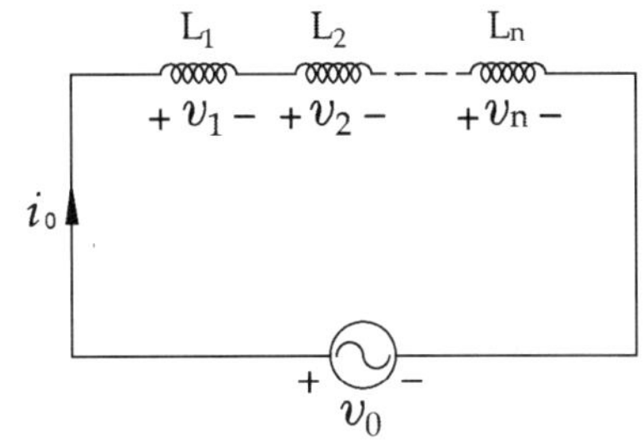


**그림 2.19** 인덕터의 직렬 접속

$$v_0 = v_1 + v_2 + \cdots + v_n[\mathrm{V}] \qquad \cdots\cdots (2.33)$$

이고 인덕터가 직렬 접속인 상태에서는 전체 전류 $i_0$가 각 인덕터에 일정하게 흐르기 때문에 각 인덕터에서의 전압 강하는

$$v_1 = L_1\frac{di_0}{dt}[\mathrm{V}],\ v_2 = L_2\frac{di_0}{dt}[\mathrm{V}],\ \cdots,\ v_n = L_n\frac{di_0}{dt}[\mathrm{V}] \qquad \cdots\cdots (2.34)$$

이다. 식 2.33에 식 2.34를 대입하면

$$\begin{aligned} v_0 &= L_1\frac{di_0}{dt} + L_2\frac{di_0}{dt} + \cdots + L_n\frac{di_0}{dt} \\ &= (L_1 + L_2 + \cdots + L_n)\frac{di_0}{dt} \\ &= L_0\frac{di_0}{dt}[\mathrm{V}] \end{aligned} \qquad \cdots\cdots (2.35)$$

이고 따라서, 합성 인덕턴스 $L_0$는

$$L_0 = L_1 + L_2 + \cdots + L_n[\mathrm{H}] \qquad \cdots\cdots (2.36)$$

이다.

**예제 2.7** 인덕턴스가 각각 10[mH], 20[mH], 30[mH]인 코일이 직렬 접속되어 있을 경우, 합성 인덕턴스 $L_0$[mH]는?

풀이 합성 인덕턴스 $L_0$는

$$L_0 = L_1 + L_2 + L_3 = 10 + 20 + 30 = 60[\text{mH}]$$

### (5) 인덕터의 병렬 접속

그림 2.20과 같이 $n$개의 인덕터가 병렬 접속되어 있는 회로에 전압 $v_0$가 인가될 때, 키르히호프 제 1법칙(K.C.L)에 의해서 회로에 흐르는 전체 전류는 각 인덕터에 흐르는 전류의 총합과 같다. 이는

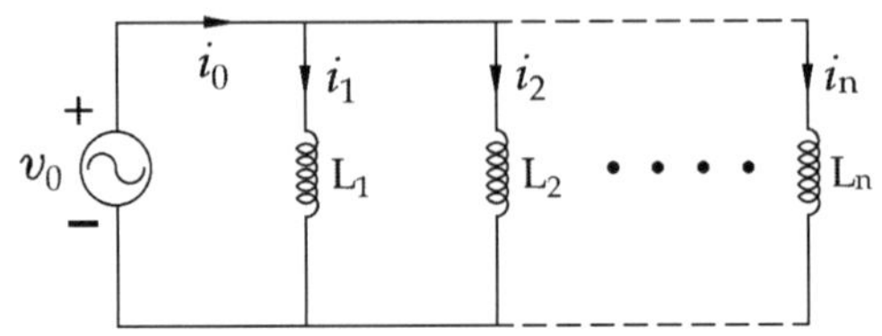


**그림 2.20** 인덕터의 병렬 접속

$$i_0 = i_1 + i_2 + \cdots + i_n[\text{A}] \qquad \cdots\cdots (2.37)$$

이고 인덕터가 병렬 접속인 상태에서 각 인덕터에서의 전압 강하는 일정함과 동시에, 인가 전압 $v_0$와 동일하기 때문에 각 저항에 흐르는 전류는 $v = L\dfrac{di}{dt}[\text{V}]$로부터 $i = \dfrac{1}{L}\int v\,dt[\text{A}]$인 식이 유도되어

$$i_1 = \frac{1}{L_1}\int v_0\,dt[\text{A}],\ i_2 = \frac{1}{L_2}\int v_0\,dt[\text{A}],\ \cdots,\ i_n = \frac{1}{L_n}\int v_0\,dt[\text{A}] \qquad \cdots\cdots (2.38)$$

이다. 식 2.37에 식 2.38을 대입하면

$$\begin{aligned} i_0 &= \frac{1}{L_1}\int v_0\,dt + \frac{1}{L_2}\int v_0\,dt + \cdots + \frac{1}{L_n}\int v_0\,dt \\ &= \left(\frac{1}{L_1} + \frac{1}{L_2} + \cdots + \frac{1}{L_n}\right)\int v_0\,dt \\ &= \frac{1}{L_0}\int v_0\,dt[\text{A}] \end{aligned} \qquad \cdots\cdots (2.39)$$

이고 여기서,

$$\frac{1}{L_0} = \frac{1}{L_1} + \frac{1}{L_2} + \cdots + \frac{1}{L_n} \qquad \cdots\cdots (2.40)$$

이므로 따라서, 합성 인덕턴스 $L_0$는

$$L_0 = \frac{1}{\frac{1}{L_1} + \frac{1}{L_2} + \cdots + \frac{1}{L_n}} [\mathrm{H}] \qquad \cdots\cdots (2.41)$$

이다.

**예제 2.8** 그림 2.21과 같은 회로에 있어서 합성 인덕턴스 $L_0$[H]는?

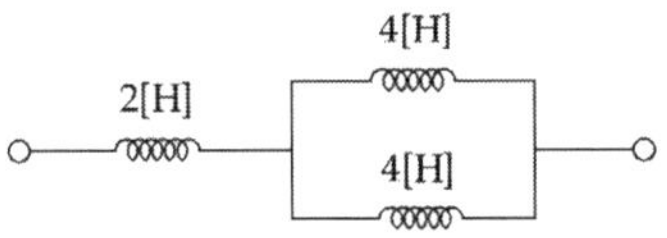


그림 2.21

풀이 합성 인덕턴스 $L_0$는

$$L_0 = 2 + \frac{4 \times 4}{4+4} = 4[\mathrm{H}]$$

## 1.3 커패시터

그림 2.22(a)로부터 2개의 전극판 사이에 절연체를 넣고 전압을 인가하지 않은 상태에서 그림 2.22(b)와 같이 스위치를 닫고 전압을 인가하면 A 전극판에 있는 전자가 B 전극판으로 이동한다. 이때 A 전극판은 전자수 감소로 인하여 (+)값을 갖게 되고 B 전극판은 전자수 증가로 인하여 (−)값을 갖게 된다.

그림 2.22(c)는 B 전극판으로 전자의 증가가 계속되어 커패시터의 양극판에 걸리는 전위차가 인가한 전압과 같게 되면 양극판에 충전이 완료되어 더 이상 전자의 이동이 없기 때문에 전류가 흐르지 않고 커패시터는 에너지를 그대로 저장하게 된다.

양극판 사이에 축적되는 전하량 $q$는 충전 초기에는 인가한 전압 $v$에 비례하는데 이때 양극판이 전하를 축적하는 능력을 커패시턴스(capacitance) 또는 정전용량(electric capacity) $C$라고 하고 단위는 패럿[farad, F]이다.

$$Q = CV[\mathrm{C}] \qquad \cdots\cdots (2.42)$$

식 2.42를 커패시턴스 $C$에 대해 정리하면

$$C[\mathrm{F}] = \frac{Q[\mathrm{C}]}{V[\mathrm{V}]} \qquad \cdots\cdots (2.43)$$

이고 따라서, 1[F]은 양극판에 1[V]의 전압을 인가하여 양극판에 축적되는 (+), (−) 전하량이 각각 1[C]이 될 때의 커패시터 용량을 말한다.

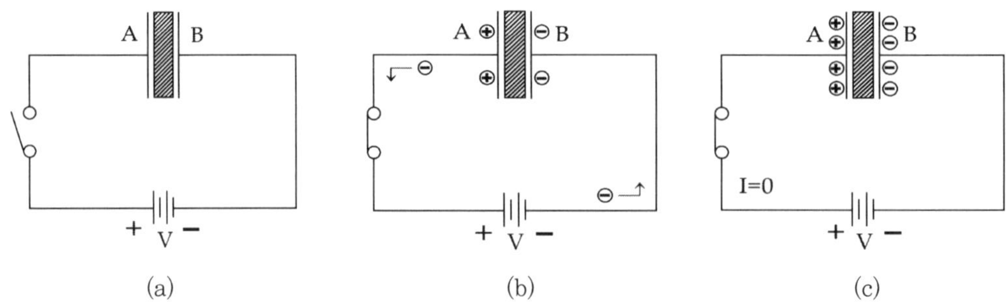


그림 2.22 커패시터의 전하 충전 원리

### 1.3.1. 커패시터의 정전용량

그림 2.23과 같은 커패시터에서 (+)와 (−) 전하가 충전되어 마주보는 면적이 A인 전극판 2개를 $d$만큼의 거리를 두고 배치시킨 후, 전압을 인가하면 커패시턴스 $C$ 값은 전극판끼리 마주보는 면적인 A와 전극판 사이에 삽입된 절연체의 유전율인 $\varepsilon$에 비례하고 전극판 간의 거리인 $d$에는 반비례한다.

$$C \propto \frac{\varepsilon A}{d}[\mathrm{F}] \qquad \cdots\cdots (2.44)$$

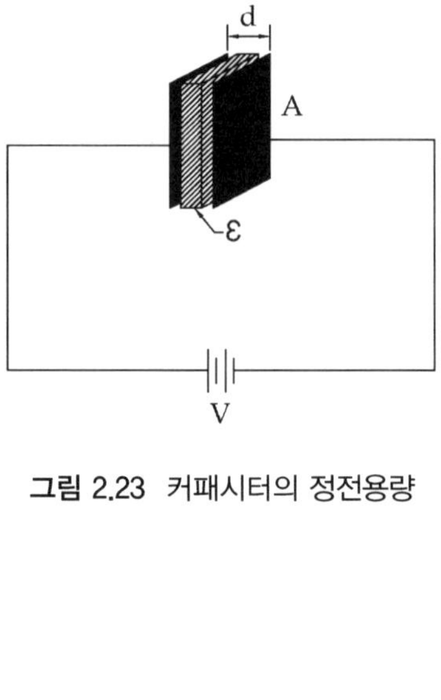


그림 2.23 커패시터의 정전용량

**예제 2.9** $C_1 = 10[\mu F]$인 커패시터의 극판 면적은 변화시키지 말고 양극판 사이의 간격만 2배로 증가시키면 $C_2[\mu F]$는?

풀이 양극판 사이의 간격을 2배로 증가시키기 전, 커패시터의 정전용량 $C_1$은

$$C_1 = \frac{\varepsilon A}{d} = 10\ [\mu F\ ]$$

양극판 사이의 간격을 2배로 증가시킨 후, 커패시터의 정전용량 $C_2$는

$$C_2 = \frac{\varepsilon A}{2d} = \frac{1}{2}\frac{\varepsilon A}{d} = \frac{1}{2}C_1 = \frac{1}{2} \times 10 = 5[\mu F\ ]$$

**예제 2.10** $C = 2[F]$인 커패시터 양단에 그림 2.24와 같은 전압 강하가 발생할 때,

(1) 전압 강하 방향으로 흐르는 전류 $i[A]$를 구하고 전류 파형을 그래프로 나타내시오.

(2) 커패시터에서 형성되는 전력 $p[W]$ 파형을 그래프로 나타내시오.

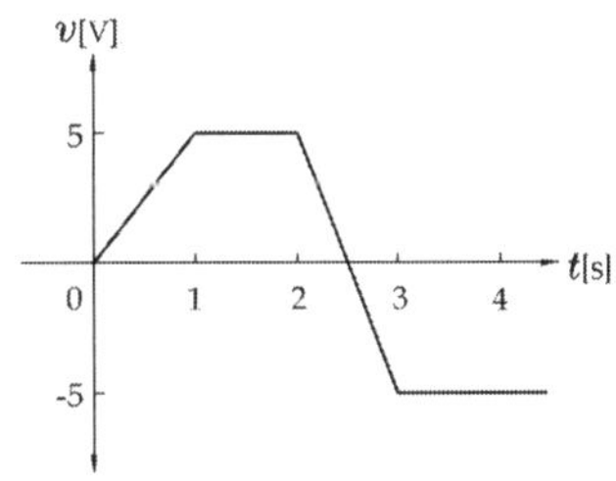

그림 2.24

풀이 (1) 전압 강하 방향으로 흐르는 전류는 $i = C\frac{dv}{dt}$[A]로부터

0~1초 : $\frac{dv}{dt} = \frac{5-0}{1-0} = 5,$  $i = 2 \times 5 = 10[A]$

1~2초 : $\frac{dv}{dt} = \frac{5-5}{2-1} = 0,$  $i = 2 \times 0 = 0[A]$

2~3초 : $\frac{dv}{dt} = \frac{-5-5}{3-2} = -10,$  $i = 2 \times (-10) = -20[A]$

3초 이상 : $\frac{dv}{dt} = 0,$  $i = 2 \times 0 = 0[A]$

전압 강하 방향으로 흐르는 전류는 그림 2.25(a)와 같다.

(2) 커패시터에서 형성되는 전력 파형 그래프는 $p = vi$ [W]로부터 그림 2.25(b)와 같다.

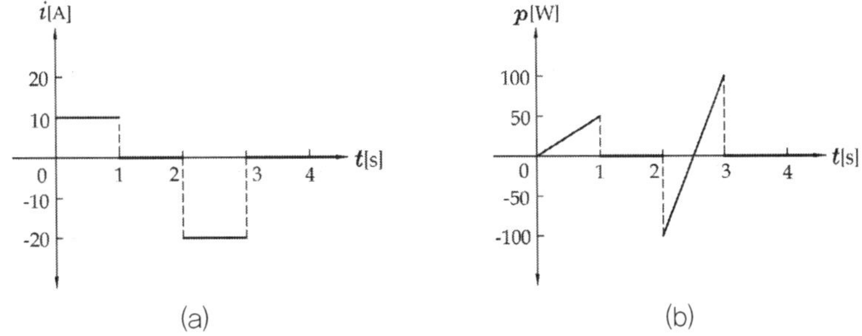

그림 2.25

### (1) 커패시터의 직렬 접속

그림 2.26과 같이 $n$개의 커패시터가 직렬 접속되어 있는 회로에 전압 $V_0$[V]가 인가될 때, 정전 유도(electrostatic induction) 현상에 의해서 각 커패시터에 축적되는 전하량은 동일하다. 이는

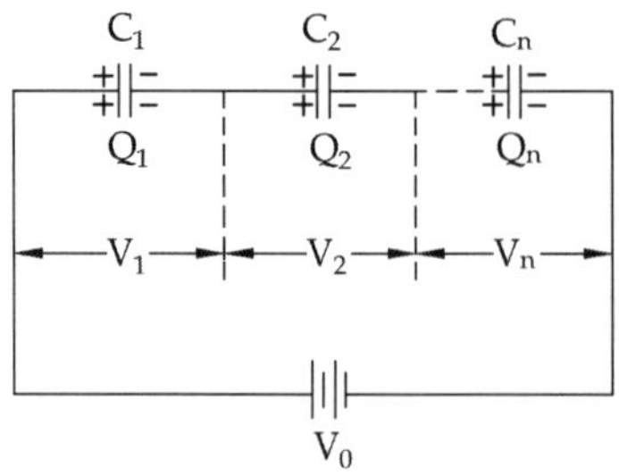


그림 2.26 커패시터의 직렬 접속

$$Q_0 = Q_1 = Q_2 = \cdots = Q_n \qquad \cdots\cdots (2.45)$$

이고 커패시터가 직렬 접속인 상태에서 각 커패시터에 축적된 전하량은

$$Q_0 = C_0 V_0[\mathrm{C}],\ Q_1 = C_1 V_1[\mathrm{C}],\ Q_2 = C_2 V_2[\mathrm{C}],\ \cdots,\ Q_n = C_n V_n[\mathrm{C}] \qquad \cdots\cdots (2.46)$$

이다. 전체 전압은 각 커패시터 양단에 걸리는 전압의 총합이므로

$$V_0 = V_1 + V_2 + \cdots + V_n[\mathrm{V}] \qquad \cdots\cdots (2.47)$$

이고 식 2.46을 전압에 대해서 정리하면

$$V_0 = \frac{Q_0}{C_0}[\mathrm{V}],\ V_1 = \frac{Q_1}{C_1}[\mathrm{V}],\ V_2 = \frac{Q_2}{C_2}[\mathrm{V}],\ \cdots,\ V_n = \frac{Q_n}{C_n}[\mathrm{V}] \qquad \cdots\cdots (2.48)$$

이다. 식 2.47에 식 2.48을 대입하면

$$\frac{Q_0}{C_0} = \frac{Q_1}{C_1} + \frac{Q_2}{C_2} + \cdots + \frac{Q_n}{C_n}[\mathrm{V}] \qquad \cdots\cdots (2.49)$$

이고 식 2.45와 같이 각 커패시터에 축적된 전하량은 동일하기 때문에

$$\frac{1}{C_0}Q_0 = \left(\frac{1}{C_1} + \frac{1}{C_2} + \cdots + \frac{1}{C_n}\right)Q_0[\mathrm{V}] \qquad \cdots\cdots (2.50)$$

이다. 여기서,

$$\frac{1}{C_0} = \left(\frac{1}{C_1} + \frac{1}{C_2} + \cdots + \frac{1}{C_n}\right) \quad \cdots\cdots (2.51)$$

이고 따라서, 합성 커패시턴스 $C_0$ 는

$$C_0 = \frac{1}{\frac{1}{C_1} + \frac{1}{C_2} + \cdots + \frac{1}{C_n}} [\mathrm{F}] \quad \cdots\cdots (2.52)$$

이다.

**예제 2.11** 그림 2.27과 같이 커패시터가 직렬로 접속된 회로에 220[V]의 직류 전압을 인가할 때,
(1) 회로에서 합성 커패시턴스 $C_0[\mu F]$는?
(2) 각 커패시터에 걸리는 단자 전압 $V_1$, $V_2$, $V_3$ [V]는?
(3) 전원으로부터 커패시터에 유입된 총 전하량 $Q_0$[C]은?

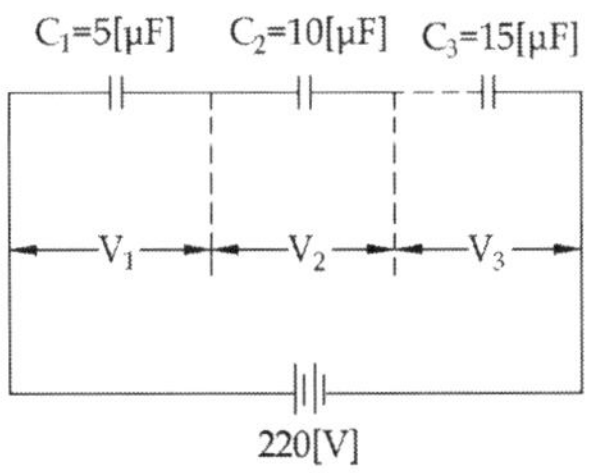


그림 2.27

**풀이** (1) 커패시터가 직렬로 접속된 회로에서의 합성 커패시턴스 $C_0$는

$$\frac{1}{C_0} = \frac{1}{C_1} + \frac{1}{C_2} + \frac{1}{C_3} = \frac{1}{5} + \frac{1}{10} + \frac{1}{15} = \frac{6+3+2}{30} = \frac{11}{30}$$

합성 커패시턴스 $C_0$는

$$C_0 = \frac{30}{11} [\mu\mathrm{F}]$$

(2) $V = \frac{Q}{C}$[V]인 식으로부터 $V$는 $C$에 반비례하므로

$$V_1 : V_2 : V_3 = \frac{1}{C_1} : \frac{1}{C_2} : \frac{1}{C_3} = \frac{1}{5} : \frac{1}{10} : \frac{1}{15} = \frac{6}{30} : \frac{3}{30} : \frac{2}{30} = 6 : 3 : 2$$

각 커패시터에 걸리는 전압 $V_1, V_2, V_3$는

$$V_1 = 220 \times \frac{6}{11} = 120[\mathrm{V}],\quad V_2 = 220 \times \frac{3}{11} = 60[\mathrm{V}],\quad V_3 = 220 \times \frac{2}{11} = 40[\mathrm{V}]$$

(3) 전원으로부터 커패시터에 유입된 총 전하량 $Q_0$는

$$Q_0 = C_0 V = \frac{30}{11} \times 10^{-6} \times 220 = 6 \times 10^{-4}[\mathrm{C}]$$

### (2) 커패시터의 병렬 접속

그림 2.28과 같이 $n$개의 커패시터가 병렬 접속되어 있는 회로에 전압 $V_0$[V]가 인가될 때, 회로에 축적된 전체 전하량은 각 커패시터에 축적된 전하량의 총합과 동일하다. 이는

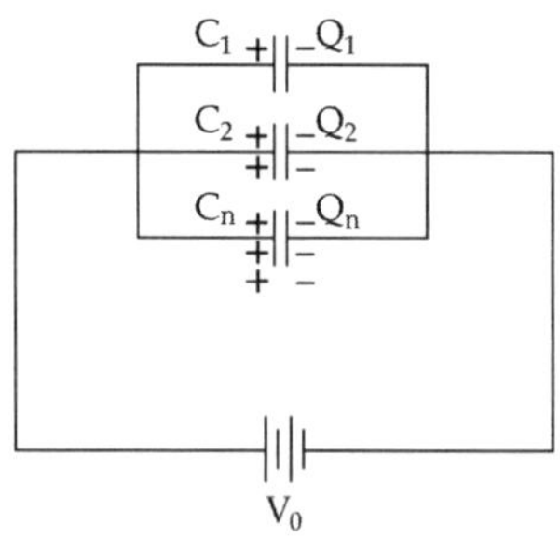


그림 2.28 커패시터의 병렬 접속

$$Q_0 = Q_1 + Q_2 + \cdots + Q_n[\mathrm{C}] \quad \cdots\cdots (2.53)$$

이고 각 커패시터는 병렬 접속되어 있으므로 커패시터 양단의 전위차는 전원 전압인 $V_0$와 같다. 따라서, 각 커패시터에 축적되는 전하량은

$$Q_0 = C_0 V_0[\mathrm{C}],\ Q_1 = C_1 V_0[\mathrm{C}],\ Q_2 = C_2 V_0[\mathrm{C}],\ \cdots,\ Q_n = C_n V_0[\mathrm{C}] \quad \cdots\cdots (2.54)$$

이고 식 2.53에 식 2.54를 대입하면

$$C_0 V_0 = C_1 V_0 + C_2 V_0 + \cdots + C_n V_0$$
$$C_0 V_0 = (C_1 + C_2 + \cdots + C_n) V_0\ [\mathrm{C}] \quad \cdots\cdots (2.55)$$

이다. 따라서, 합성 커패시턴스 $C_0$는

$$C_0 = C_1 + C_2 + \cdots + C_n[\mathrm{F}] \quad \cdots\cdots (2.56)$$

이다.

**예제 2.12** 그림 2.29(a)와 같이 커패시터가 접속되어 있을 때, 합성 커패시턴스 $C_0[\mu\mathrm{F}]$는?

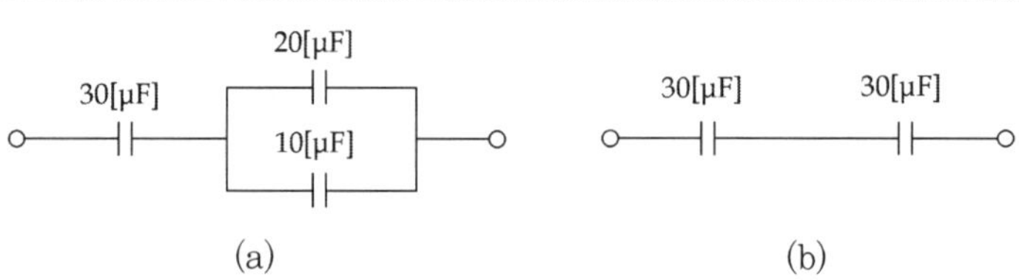


그림 2.29

풀이 그림 2.29(a)로부터 병렬 접속인 20[$\mu$F]와 10[$\mu$F]의 합성 커패시턴스 $C_p$는

$$C_p = 20 + 10 = 30[\mu F]$$

그림 2.29(b)로부터 직렬 접속인 30[$\mu$F]와 $C_p$의 합성 커패시턴스 $C_0$는

$$C_0 = \frac{1}{\frac{1}{30} + \frac{1}{C_p}} = \frac{1}{\frac{1}{30} + \frac{1}{30}} = \frac{30}{2} = 15[\mu F]$$

# 2 능동 소자

그림 2.30으로부터 능동 소자(active element)는 수동 소자인 부하에 에너지를 공급하는 전압원이나 전류원 같은 소자를 말하고 전류가 전압 전원이나 전류 전원에 흐르면 각 전원에서는 전류 방향으로 전압 상승이 발생한다. 대표적인 능동 소자는 전압원, 전류원 등이 있다.

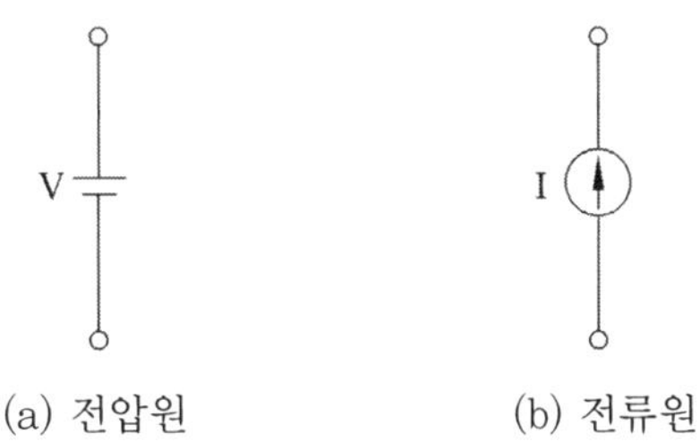


그림 2.30 능동 소자

## 2.1 전압원

### 2.1.1 전압원의 종류

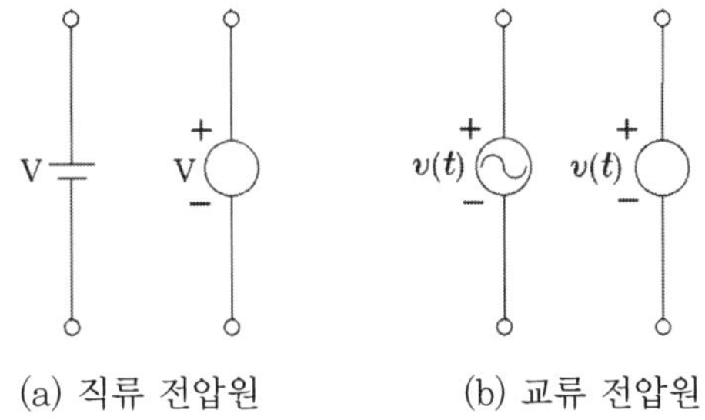


그림 2.31 전압원의 종류

그림 2.31은 전압을 부하에 공급하는 직류 전압원과 교류 전압원을 나타낸다.

### (1) 전압원의 직렬 접속

그림 2.32와 같이 $n$개의 전압원이 직렬 접속되어 있는 경우, 등가 전압원 $V_0$는 각 전압원의 총합과 같다.

$$V_0 = V_1 + V_2 + \cdots + V_n \text{ [V]} \qquad \cdots\cdots (2.57)$$

### (2) 전압원의 병렬 접속

그림 2.33과 같이 전압원 $V_1$과 $V_2$가 병렬 접속되어 있는 경우, 폐회로 내부에는 전류가 흐르지 말아야 한다. 그 이유는 각 전압원이 이상적인 전압원이라면 전압원의 내부 저항이 없기 때문에 폐회로 내부에 일단 전류가 흐르면 무한대의 전류가 흐르게 된다.

이로 인해 전압원이 발전기라면 발전기가 파괴되고 전압원이 전지라면 기전력이 급격히 소모되는 현상이 발생한다. 따라서 폐회로 내부에 전류가 흐르지 않기 위해서는 $V_1$과 $V_2$의 크기가 같아야 한다.

$$V_1 = V_2 \qquad \cdots\cdots (2.58)$$

또한 $n$개의 전압원이 병렬 접속인 경우에도 각 전압원의 크기는 같기 때문에 등가 전압원 $V_0$도 각 전압원의 크기와 같게 된다.

$$V_0 = V_1 = V_2 = \cdots = V_n \qquad \cdots\cdots (2.59)$$

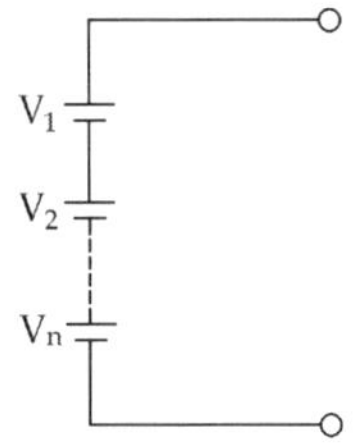


그림 2.32 전압원의 직렬 접속

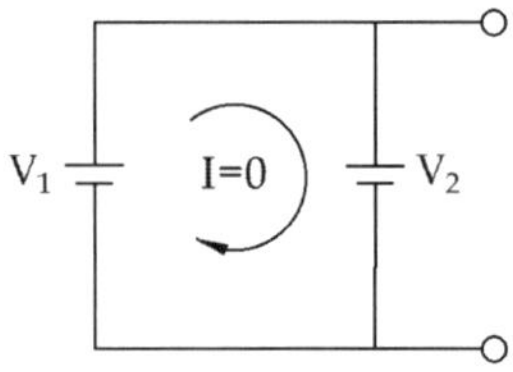


그림 2.33 전압원의 병렬 접속

## 2.2 전류원

### 2.2.1 전류원의 종류

그림 2.34는 전류를 부하에 공급하는 이상적인 직류 전류원과 교류 전류원을 나타낸다.

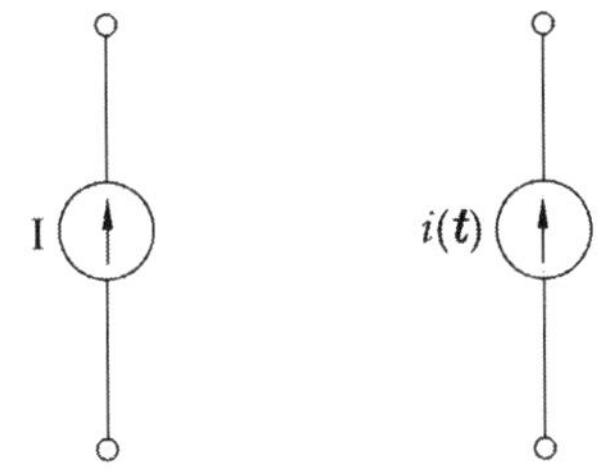


(a) 직류 전류원 (b) 교류 전류원

**그림 2.34** 전류원의 종류

#### (1) 전류원의 직렬 접속

그림 2.35와 같이 $I_1$과 $I_2$ 전류원이 직렬 접속되어 있는 경우, 키르히호프 제 1법칙(K.C.L)에 의해서 O점에 유입되는 전류는 O점으로부터 유출되는 전류와 같다.

$$I_1 = I_2 \qquad \cdots\cdots (2.60)$$

또한 $n$개의 진류원이 직렬 집속인 경우에도 각 전류원의 크기는 같기 때문에 등가 선류원 $I_0$도 각 전류원의 크기와 같게 된다.

$$I_0 = I_1 = I_2 = \cdots = I_n \qquad \cdots\cdots (2.61)$$

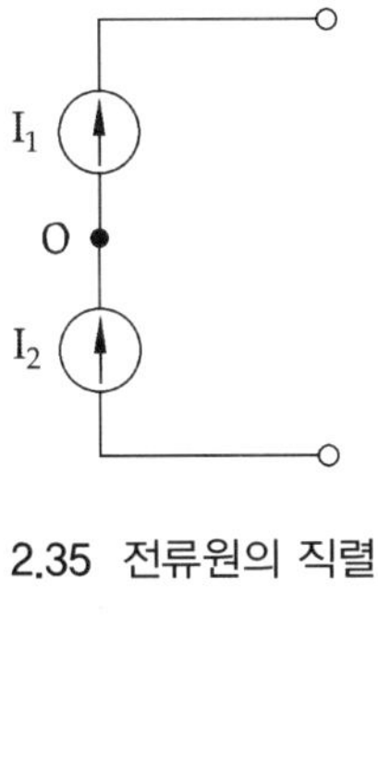


**그림 2.35** 전류원의 직렬 접속

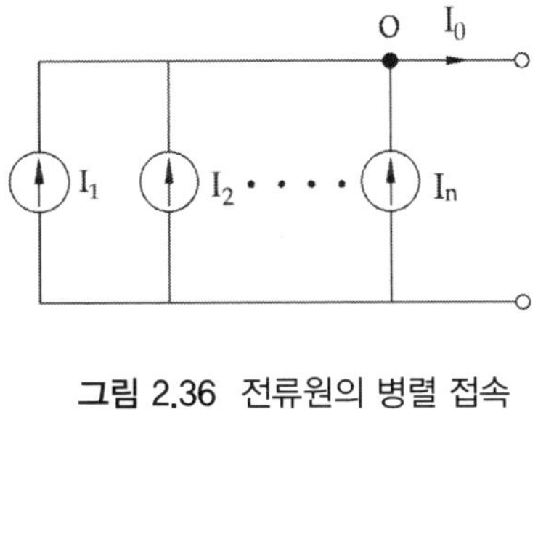


**그림 2.36** 전류원의 병렬 접속

### (2) 전류원의 병렬 접속

그림 2.36과 같이 $n$개의 전류원이 병렬 접속되어 있는 경우, 키르히호프 제 1법칙(K.C.L)에 의해서 O점에 유입되는 전류는 O점으로부터 유출되는 전류와 같다.

$$I_0 = I_1 + I_2 + \cdots + I_n [A] \quad \cdots\cdots (2.62)$$

**예제 2.13** 그림 2.37(a)와 같이 전류원과 저항이 병렬로 접속된 회로에서 각 저항을 흐르는 전류 $I_1$, $I_2$[A]는?

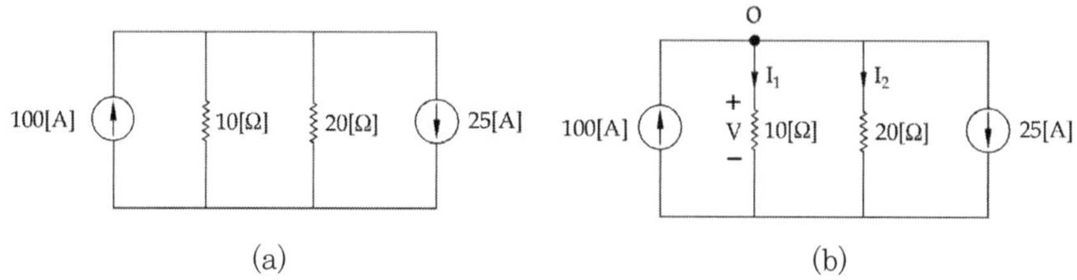


**그림 2.37**

풀이) 그림 2.37(b)로부터 저항 10[Ω]과 20[Ω]이 병렬 접속되어 있기 때문에 각 저항에 걸리는 전압 $V$는 모두 일정한 상태에서, $I_1$과 $I_2$는

$$I_1 = \frac{V}{10} [A], \quad I_2 = \frac{V}{20} [A] \quad \cdots\cdots ①$$

키르히호프 제 1법칙(K.C.L)에 의해서 O점에 유입되는 전류는 O점으로부터 유출되는 전류와 같기 때문에

$$100 = I_1 + I_2 + 25 \quad \cdots\cdots ②$$

식 ②에 식 ①을 대입하면

$$100 = \frac{V}{10} + \frac{V}{20} + 25 = \frac{3V}{20} + 25$$

로부터

$$V = 500[V]$$

따라서, $I_1$, $I_2$는

$$I_1 = \frac{500}{10} = 50[A], \quad I_2 = \frac{500}{20} = 25[A]$$

제 2 장

# 연습문제

1. 그림 1과 같은 회로에서 스위치 S를 on시켰을 때, 전류계의 지시값은 20[A]이라면 스위치 S를 off 시키면 전류계의 지시값은 몇 $I$[A]인가?

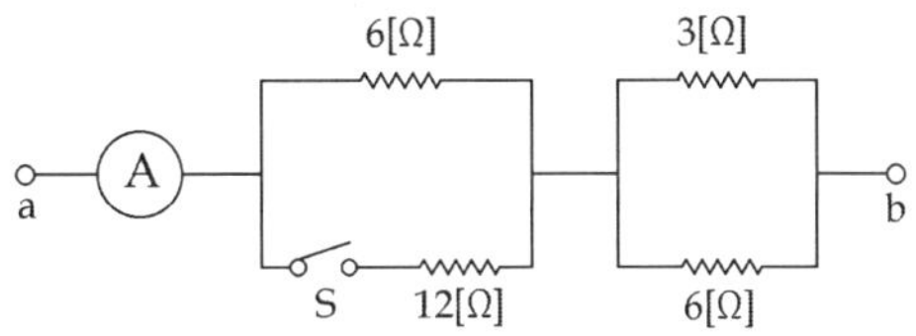


그림 1

정답 $I=15$[A]

2. 정격이 220[V] – 1[kW]인 전열기의 전열선이 20[%] 단선되어 나머지 80[%]만 사용하는 경우, 소비전력 $P'$[W]는?

정답 $P'=1.25$[kW]

3. 고유 저항 $\rho=2.62\times10^{-8}[\Omega\cdot\text{m}]$인 알루미늄 선을 사용하여 길이 $l=5$[m]로 저항 $R=50[\Omega]$을 만들고자 할 때, 알루미늄 선의 반지름 $r$[cm]은?

정답 $r=2.89\times10^{-3}$[cm]

4. 그림 2와 같이 각 저항값이 $r[\Omega]$인 회로에 있어서, 단자 ab간의 합성 저항 $R_{ab}[\Omega]$는?

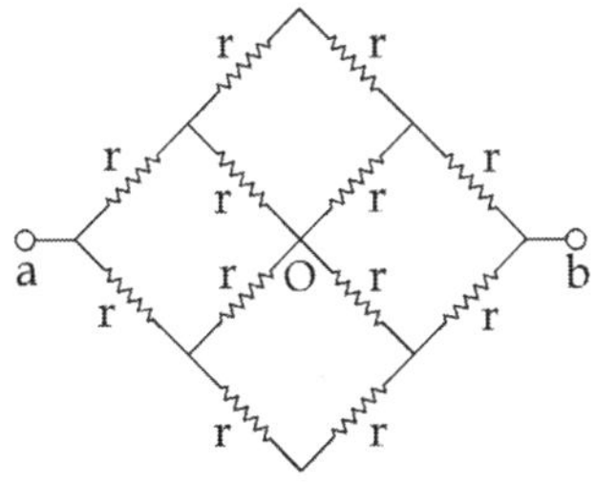


그림 2

정답 $R_{ab} = \frac{3r}{2}[\Omega]$

5. 그림 3과 같은 회로에서 컨덕턴스 $G_2$에서 소비되는 전력 $P_2$[W]는?

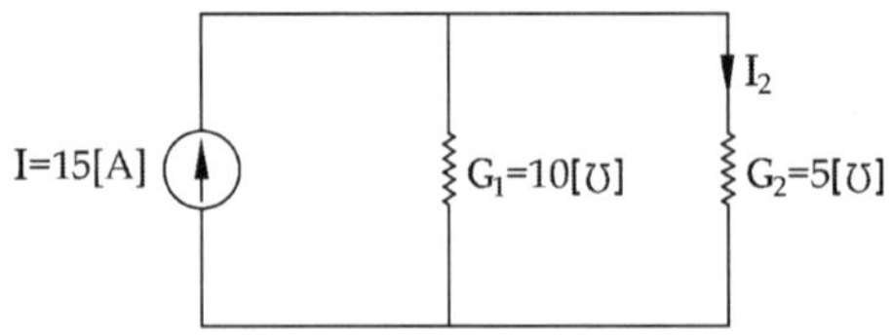


그림 3

정답 $P_2 = 5$[W]

6. 그림 4와 같은 회로에서 단자 ab간 합성 커패시턴스 $C_{ab}[\mu F]$는?

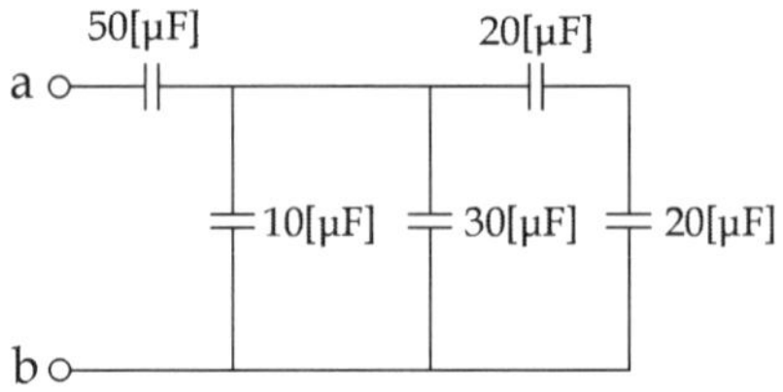


그림 4

정답 $C_{ab} = 25[\mu F]$

7. 코일에 매초 당 전류 $i = 10$ [A/s]가 흘러서 유기 전압 $e = 3$[V]가 발생하였을 때,
(1) 코일의 인덕턴스 $L$[H]은?
(2) 권수 $n = 100$[turn]인 코일에 1[A]의 전류가 흘러서 코일 주변에 발생하는 자속 $\phi$[Wb]?

정답 (1) $L = 0.3$[H]
(2) $\phi = 0.03$[Wb]

8. 그림 5(a)와 같은 회로에 그림 5(b)와 같은 전류 $i$ 파형이 흐를 때, 인덕터 $L$에 걸리는 전압 파형은?

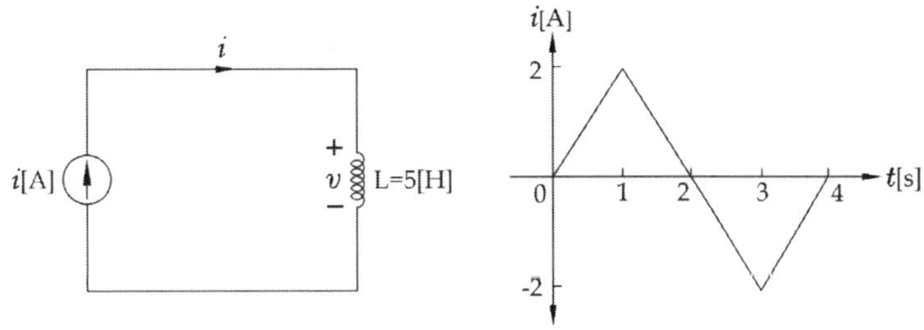


(a) (b)

그림 5

정답

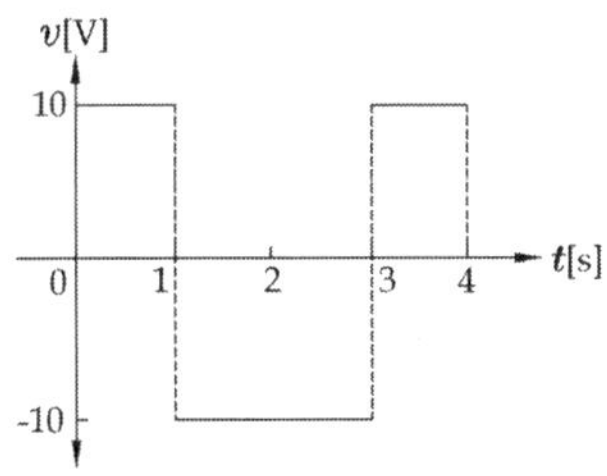


9. 그림 6(a)와 같은 회로에 그림 6(b)와 같이 커패시터 양단에 전압 강하 $v$가 걸릴 때, 커패시터 $C$에 흐르는 전류 파형은?

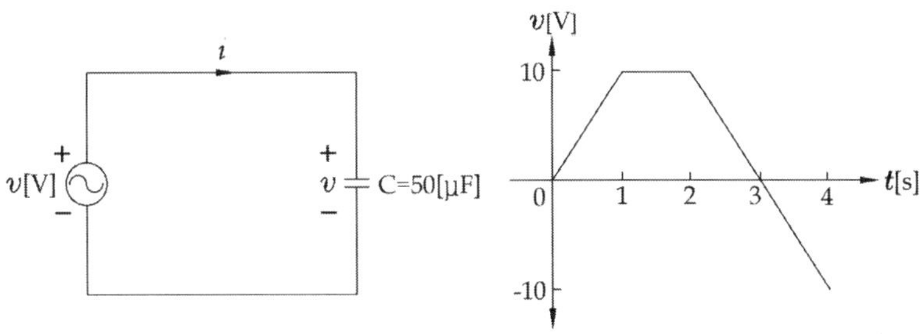


(a) (b)

그림 6

정답

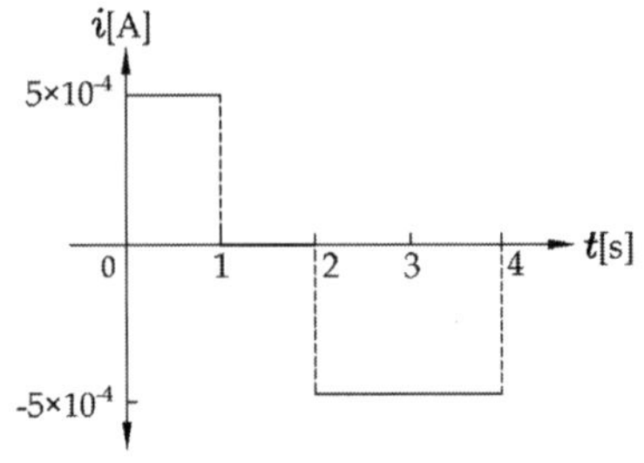


10. 그림 7과 같은 회로에서 20[Ω]에 흐르는 전류 $I$ [A]와 20[Ω]에 걸리는 전압 $V$ [V]는?

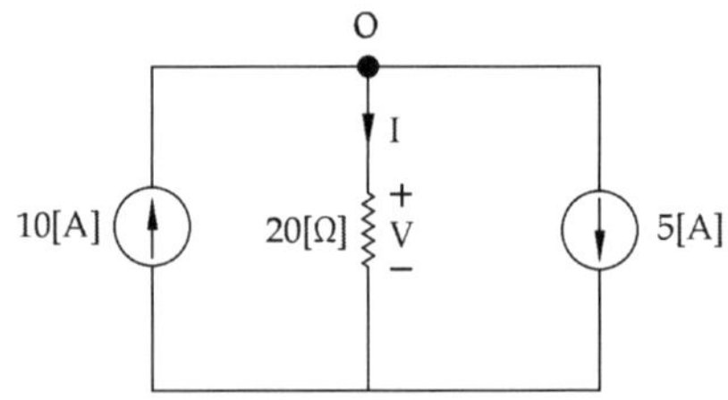


그림 7

정답 $I=5$[A], $V=100$[V]

11. 그림 8과 같은 회로에서 컨덕턴스 10[℧]에서 소비되는 전력 $P$ [W]는?

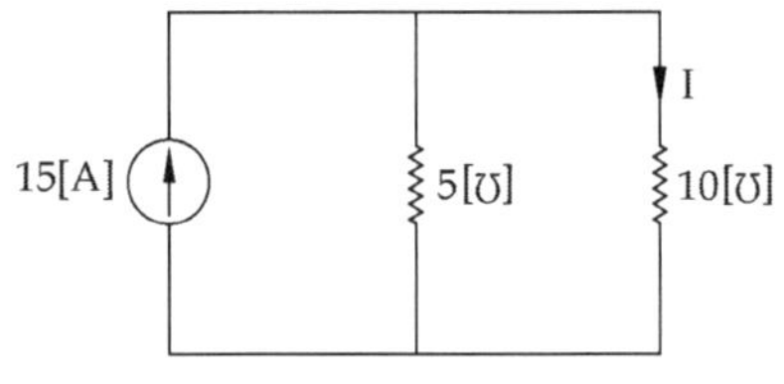


그림 8

정답 $P=10$[W]

# 3장 정현파 교류

## 1 정현파 교류의 발생

### 1.1 정현파 교류의 발생 원리

그림 3.1(a)는 정현파 교류(sinusoidal alternating current)를 발생시키는 2극 발전기로서, 자속 밀도가 $B[\mathrm{Wb/m^2}]$인 평등 자계 내부에 있는 전기자(armature)가 $\omega\,[\mathrm{rad/s}]$의 각속도(angle velocity)로 회전한다고 하면, 그림 3.1(b)에서와 같이 평등 자계 내부에서 전기자는 원운동을 하면서 회전한다고 볼 수 있다.

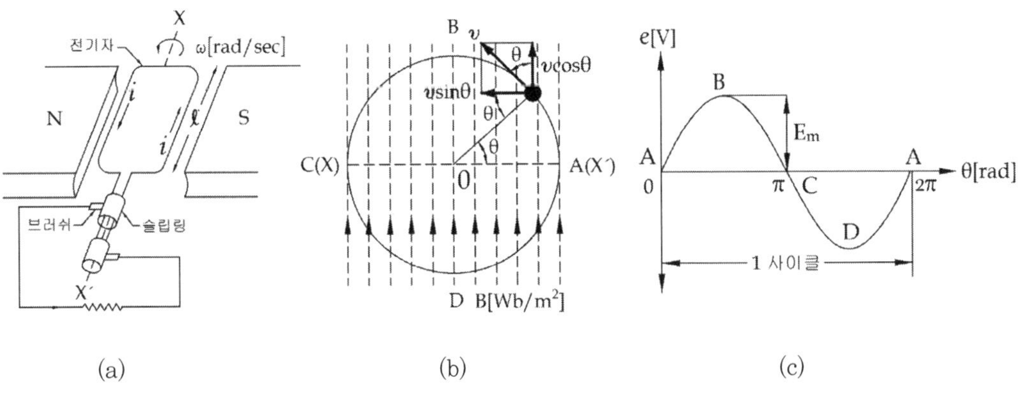


그림 3.1 정현파 교류의 발생 원리

전기자가 $\theta$만큼 회전하였을 때의 속도는 평등 자계와 평행인 성분인 $v\cos\theta$와 수직인 성분인 $v\sin\theta$로 나눌 수 있는데, 이중 매초 당 평등 자계를 $v\sin\theta$의 속도로 자르는 수직 성분에 의하여 정현파 교류가 발생한다. 자속 밀도가 $B$인 평등 자계 내부에서 매초 당 전기자의 한쪽에 의해서 잘리는 자속의 양은 $Blv\sin\theta[\mathrm{Wb}]$이고 전기자의 양쪽에 의해서 잘리는 자속의 양은 $2Blv\sin\theta$[Wb]임을 알 수 있다.

따라서, 전기자에 발생하는 유도 기전력(induced electromotive force) $e$는

$$e = 2Blv\sin\theta[\mathrm{V}] \qquad \cdots\cdots (3.1)$$

이고 그림 3.1(b)로부터 회전 각도 $\theta$는 전기자가 매초 당 회전한 각속도 $\omega$[rad/s]에 회전한 시간 $t$[s]를 곱한 것이므로

$$\theta = \omega t[\mathrm{rad}] \qquad \cdots\cdots (3.2)$$

이다. 따라서, 식 3.1에 식 3.2를 대입하면 전기자에 발생하는 유도 기전력 $e$는

$$e = 2Blv\sin\omega t[\mathrm{V}] \qquad \cdots\cdots (3.3)$$

이다.

그림 3.1(b)로부터 A지점은 그림 3.1(a)의 전기자가 회전하지 않은 상태이고, B지점은 전기자가 90도, C지점은 180도, D지점은 270도, 다시 A지점은 전기자가 360도 회전한 것을 알 수 있다.

그림 3.1(c)로부터 전기자가 회전하지 않은 회전 각도가 0인 경우에는 그림 3.1(b)의 A인 상태, 회전 각도가 90도인 경우에는 B인 상태, 회전 각도가 180도인 경우에는 C인 상태, 회전 각도가 270도인 경우에는 D인 상태, 회전각도가 360도인 경우에는 다시 A인 상태로 된다.

그림 3.1(c)의 그래프는 전기자가 한 바퀴 회전하여 발생하는 정현파 교류이며 식 3.1에서 $2Blv$를 정현파의 진폭(amplitude) 또는 최대값인 $E_m$이라고 한다. 따라서, 식 3.1은

$$e = E_m\sin\omega t[\mathrm{V}] \qquad \cdots\cdots (3.4)$$

라고도 할 수 있다. 또한, 그림 3.1(c)로부터 전기자가 0도로부터 360도까지 한번 회전하여 원래의 상태로 됨으로써 기전력 $e$ 파형이 시간에 따라서 변화하여 다시 처음 상태로 돌아갈 때까지를 1사이클(cycle)이라고 하고, 1초 당 반복되는 사이클 수인 $f$를 주파수(frequency)라고 한다. 또한, 1주기 동안 정현파 교류가 전파되는 공간적인 거리인 $\lambda$를 파장(wavelength)이라고 한다.

$$\lambda = \frac{C_0}{f}[\mathrm{m}] \qquad \cdots\cdots (3.5)$$

여기서, $C_0$는 진공 중에서의 광속($= 3\times 10^8$[m/s]) 이다.

## 1.2 정현파 교류의 주기와 위상

파형이 1사이클 변하는데 걸리는 시간을 주기(period)라고 하면 주기 $T$와 주파수 $f$는 다음과 같은 관계가 있다.

$$T = \frac{1}{f}[\mathrm{s}] \quad \cdots\cdots (3.6)$$

정현파 교류에 있어서 각속도 또는 각주파수(angle frequency) $\omega$는 1초 동안에 증가한 각도를 말하며 1주기 $T$초 동안에는 $2\pi$[rad]만큼 증가하므로 1초 동안에는 $\frac{2\pi}{T}$[rad]만큼 증가한다. 따라서, 각주파수 $\omega$는

$$\omega = \frac{2\pi}{T}[\mathrm{rad/s}] \quad \cdots\cdots (3.7)$$

이고 식 3.6과 식 3.7로부터

$$\omega = 2\pi f[\mathrm{rad/s}] \quad \cdots\cdots (3.8)$$

가 성립한다. 따라서, 식 3.4에 식 3.8을 대입하면 유도 기전력 $e$는

$$e = E_m \sin 2\pi f t[\mathrm{V}] \quad \cdots\cdots (3.9)$$

이다.

식 3.9와 같이 유도 기전력 $e$는 시간이 변화함에 따라서 달라지기 때문에 $e$를 순시값(instantaneous value)이라고 하며 순시값은 보통 $e$, $v$, $i$와 같이 소문자로 표시한다.

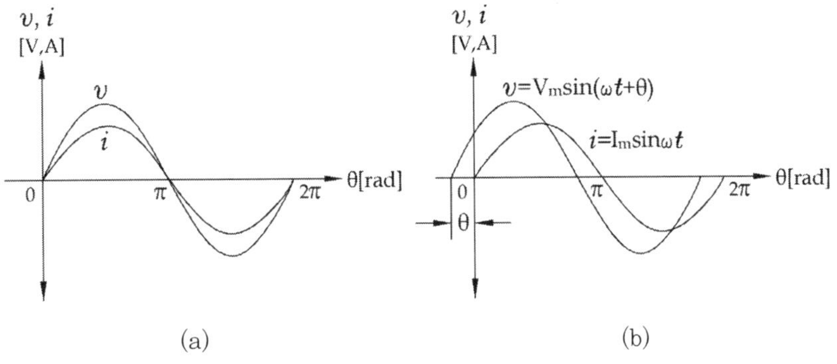


그림 3.2 정현파의 위상

그림 3.2는 정현파인 전압과 전류의 순시값을 나타낸 것으로서, 그림 3.2(a)는 전압과 전류의 초기 위상이 서로 같기 때문에 전압과 전류는 동상(inphase)이라고 하고 그림 3.2(b)는 전압은 전류보다 초기 위상이 $\theta$만큼 앞선 진상(leading phase)이라고, 전류는 전압보다 초기 위상이 $\theta$만큼 뒤진 지상(lagging phase)이라고 한다.

**예제 3.1** 3초에 3,000 사이클인 정현파 교류가 있을 때, 정현파 교류의 주파수 $f$[Hz]와 주기 $T$[ms]는?

**풀이** 정현파 교류가 3초에 3,000 사이클이라면 주파수 $f$는

$$f = \frac{3{,}000}{3} = 1{,}000[\text{Hz}]$$

주기 $T$는 주파수 $f$에 반비례하므로

$$T = \frac{1}{f} = \frac{1}{1{,}000} = 1[\text{ms}]$$

**예제 3.2** 정현파 교류 전류인 $i = 200\sin 377t$[A]의 최대값 $I_m$[A], 각주파수 $\omega$[rad/s], 주파수 $f$[Hz] 및 주기 $T$[ms]는?

**풀이** 식 3.9로부터 정현파 교류 전류의 일반식은 $i = I_m \sin \omega t = I_m \sin 2\pi f t$[A]이므로 정현파 교류 전류의 최대값은 $I_m = 200$[A], 각주파수는 $\omega = 377$[rad/s]이다.

주파수 $f$는

$$f = \frac{\omega}{2\pi} = \frac{377}{2\pi} \fallingdotseq 60[\text{Hz}]$$

주기 $T$는

$$T = \frac{1}{f} = \frac{1}{60} \fallingdotseq 16.7[\text{ms}]$$

**예제 3.3** 정현파 교류 전압인 $v = 200\sin\left(\omega t + \frac{\pi}{3}\right)$[V]와 정현파 교류 전류 $i = 50\cos\left(\omega t - \frac{2\pi}{3}\right)$[A] 사이의 위상차 $\theta$는?

**풀이** 정현파 교류 전류 $i$를 cos 함수에서 sin 함수로 변화시키면

$$i = 50\cos\left(\omega t - \frac{2\pi}{3}\right) = 50\sin\left(\omega t - \frac{2\pi}{3} + \frac{\pi}{2}\right) = 50\sin\left(\omega t - \frac{\pi}{6}\right)[\text{A}]$$

정현파 교류 전압 $v$와 전류 $i$ 사이의 위상차는

$$\theta = \frac{\pi}{3} - \left(-\frac{\pi}{6}\right) = \frac{\pi}{2}$$

## 1.3 정현파 교류의 평균값과 실효값

### 1.3.1. 정현파 교류의 평균값

정현파 교류 전압 $v(t)$의 평균값을 $V_{av}$라고 하면 평균값(average value)의 일반식은

$$V_{av} = \frac{1}{T}\int_0^T v(t)\,dt[\mathrm{V}] \qquad \cdots\cdots (3.10)$$

이다. 하지만, 그림 3.3으로부터 정현파 교류 전압의 평균값은 1주기 동안의 (+)파형과 (−)파형이 서로 대칭이기 때문에 0이 된다. 따라서, 평균값은 1주기가 아닌 반주기 동안의 파형을 $t$에 대해서 적분하면

$$V_{av} = \frac{1}{T/2}\int_0^{T/2} v(t)\,dt[\mathrm{V}] \qquad \cdots\cdots (3.11)$$

이고 식 3.11에 $v(t) = V_m \sin\omega t[\mathrm{V}]$를 대입하면

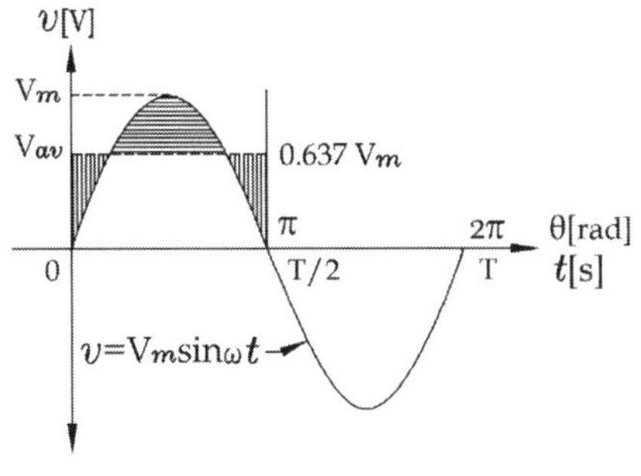


그림 3.3 정현파 교류의 평균값

$$\begin{aligned} V_{av} &= \frac{1}{T/2}\int_0^{T/2} V_m \sin\omega t\, dt \\ &= \frac{2V_m}{T}\int_0^{T/2} \sin\omega t\, dt = \frac{2V_m}{\omega T}\left[-\cos\omega t\right]_0^{T/2} \end{aligned}$$

$$= \frac{2V_m}{\omega T}\left\{-\cos\omega\frac{T}{2} - (-\cos 0)\right\}[\mathrm{V}] \qquad \cdots\cdots (3.12)$$

이다. 여기서, $\omega T = 2\pi$이기 때문에

$$V_{av} = \frac{2V_m}{2\pi}(-\cos\pi + \cos 0)[\mathrm{V}] \qquad \cdots\cdots (3.13)$$

이고 따라서, 평균값은

$$V_{av} = \frac{2}{\pi}V_m \fallingdotseq 0.637\,V_m[\mathrm{V}] \qquad \cdots\cdots (3.14)$$

이다.

한편, 정현파 교류 전압의 평균값을 각도인 $\theta$로 나타내기 위해서 식 3.10에서 적분 변수를 $\theta$에 대해서 적분하면

$$V_{av} = \frac{1}{2\pi}\int_0^{2\pi} v(\theta)\,d\theta[\mathrm{V}] \qquad \cdots\cdots (3.15)$$

이고 정현파 교류 전압의 일반식을 $v(\theta) = V_m \sin\theta[\mathrm{V}]$라고 하고 정현파 교류의 1주기 동안 (+)파형과 (−)파형이 서로 대칭이기 때문에 평균값을 구하기 위해서 반주기 동안의 파형을 $\theta$에 대해서 적분하면

$$\begin{aligned} V_{av} &= \frac{1}{\pi}\int_0^{\pi} V_m \sin\theta\,d\theta \\ &= \frac{V_m}{\pi}[-\cos\theta]_0^{\pi} \\ &= \frac{V_m}{\pi}\{-\cos\pi - (-\cos 0)\}[\mathrm{V}] \end{aligned} \qquad \cdots\cdots (3.16)$$

이다. 따라서 평균값은 식 3.14와 마찬가지로

$$V_{av} = \frac{2}{\pi}V_m \fallingdotseq 0.637\,V_m[\mathrm{V}] \qquad \cdots\cdots (3.17)$$

이다.

**예제 3.4** 정현파 교류 전압 $v = 62.8\sin\left(\omega t - \frac{\pi}{6}\right)$[V]의 평균값 $V_{av}$[V]은?

풀이 정현파 교류 전압의 평균값은 $V_{av} = \frac{2}{\pi} V_m$[V]으로부터 $V_m = 62.8$[V] 이므로

$$V_{av} = \frac{2}{\pi} \times 62.8 \fallingdotseq 39.98[\text{V}]$$

### 1.3.2. 정현파 교류의 실효값

정현파 교류의 실효값(root mean square value)은 회로에 각각 직류와 교류를 흘려서 소비된 전력이 동일하다고 가정하였을 때의 교류값으로서, 순시값 $v(t)$의 제곱에 대한 평균값의 제곱근을 의미하므로 r.m.s라고도 표시한다.

$$V = \sqrt{\frac{1}{T}\int_0^T v^2(t)\,dt}\ [\text{V}] \qquad \cdots\cdots (3.18)$$

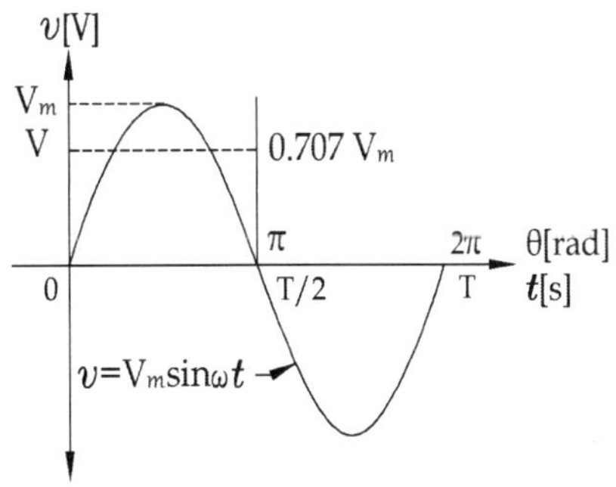


그림 3.4 정현파 교류의 실효값

정현파 교류 1주기 동안의 (+)파형과 (−)파형이 서로 대칭이기 때문에, 정현파 교류 전압의 실효값도 평균값과 마찬가지로 1주기가 아닌 반주기 동안의 파형을 $t$에 대해서 적분하면

$$V = \sqrt{\frac{1}{T/2}\int_0^{T/2} v^2(t)\,dt}\ [\text{V}] \qquad \cdots\cdots (3.19)$$

이고 식 3.19에 $v(t) = V_m \sin\omega t$ [V]를 대입하면

$$V = \sqrt{\frac{1}{T/2}\int_0^{T/2} V_m^2 \sin^2\omega t\,dt}$$

$$= \sqrt{\frac{2V_m^2}{T}\int_0^{T/2} \sin^2\omega t\,dt}\ [\text{V}] \qquad \cdots\cdots (3.20)$$

이다. 삼각함수 $\sin^2\theta = \frac{1}{2}(1-\cos 2\theta)$인 공식에 의해서

$$V = \sqrt{\frac{2V_m^2}{T}\int_0^{T/2}\frac{1}{2}(1-\cos 2\omega t)dt}$$

$$= \sqrt{\frac{V_m^2}{T}\int_0^{T/2}(1-\cos 2\omega t)dt}$$

$$= \sqrt{\frac{V_m^2}{T}\left[t-\frac{1}{2\omega}\sin 2\omega t\right]_0^{T/2}}$$

$$= \sqrt{\frac{V_m^2}{T}\left\{\left(\frac{T}{2}-\frac{1}{2\omega}\sin 2\omega\frac{T}{2}\right)-\left(0-\frac{1}{2\omega}\sin 0\right)\right\}}\ [\mathrm{V}] \qquad \cdots (3.21)$$

이며 여기서, $\omega T = 2\pi$이기 때문에

$$V = \sqrt{\frac{V_m^2}{2}}\ [\mathrm{V}] \qquad \cdots\cdots (3.22)$$

이고 따라서, 실효값은

$$V = \frac{1}{\sqrt{2}}V_m \fallingdotseq 0.707V_m\ [\mathrm{V}] \qquad \cdots\cdots (3.23)$$

이다. 한편, 정현파 교류 전압의 실효값을 각도인 $\theta$로 나타내기 위해서 식 3.18에서 적분 변수를 $\theta$에 대해서 적분하면

$$V = \sqrt{\frac{1}{2\pi}\int_0^{2\pi}v^2(\theta)d\theta}\ [\mathrm{V}] \qquad \cdots\cdots (3.24)$$

이고 정현파 교류 전압의 일반식을 $v(\theta) = V_m \sin\theta$[V]라고 하고 정현파 교류 1주기 동안의 (+)파형과 (−)파형이 서로 대칭이기 때문에 실효값을 구하기 위해서 반주기 동안의 파형을 $\theta$에 대해서 적분하면

$$V = \sqrt{\frac{1}{\pi}\int_0^{\pi}V_m^2\sin^2\theta\, d\theta}\ [\mathrm{V}] \qquad \cdots\cdots (3.25)$$

이다. 삼각함수 $\sin^2\theta = \frac{1}{2}(1-\cos 2\theta)$인 공식에 의해서

$$V = \sqrt{\frac{V_m^2}{2\pi}\int_0^{\pi}(1-\cos 2\theta)d\theta}$$

$$= \sqrt{\frac{V_m^{\ 2}}{2\pi}\left[\theta - \frac{1}{2}\sin 2\theta\right]_0^{\pi}}$$

$$= \sqrt{\frac{V_m^{\ 2}}{2\pi}\left\{\left(\pi - \frac{1}{2}\sin 2\pi\right) - \left(0 - \frac{1}{2}\sin 0\right)\right\}}\ [\mathrm{V}] \qquad \cdots\cdots (3.26)$$

가 되고 따라서, 실효값은

$$V = \frac{1}{\sqrt{2}} V_m \fallingdotseq 0.707 V_m \ [\mathrm{V}] \qquad \cdots\cdots (3.27)$$

이고 전압의 실효값은 전압의 크기라고도 한다.

**예제 3.5** 정현파 교류 전압의 최대값이 $220\sqrt{2}$[V]라면 평균값 $V_{av}$[V]과 실효값 $V$[V]은?

풀이) 정현파 교류 전압의 평균값 $V_{av}$는 식 3.14로부터

$$V_{av} = \frac{2}{\pi} V_m = \frac{2}{\pi} \times 220\sqrt{2} \fallingdotseq 198.07[\mathrm{V}]$$

정현파 교류 전압의 실효값 $V$는 식 3.23으로부터

$$V = \frac{1}{\sqrt{2}} V_m = \frac{1}{\sqrt{2}} \times 220\sqrt{2} = 220[\mathrm{V}]$$

**예제 3.6** 그림 3.5와 같은 삼각파의 평균값 $I_{av}$[A]와 실효값 $I$[A]은?

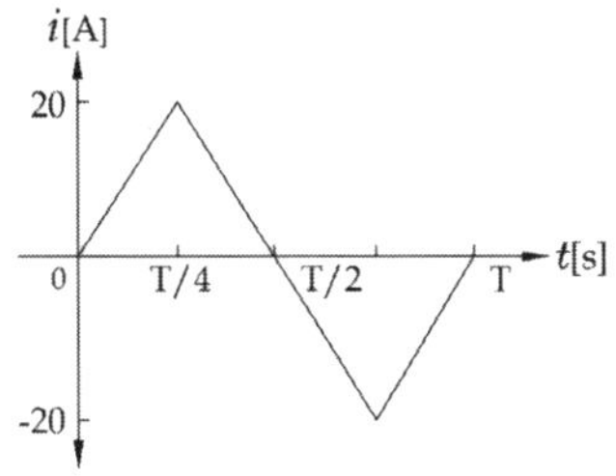


**그림 3.5**

풀이) 삼각파는 (+), (−)가 대칭이고 반주기도 좌, 우 대칭이므로 주기 $\frac{T}{4}$에 대한 평균값과 실효값을 구하고 전류는 $i = \frac{80}{T}t$[A] 이므로 평균값 $I_{av}$는

$$I_{av} = \frac{1}{T/4}\int_0^{T/4} i\,dt = \frac{1}{T/4}\int_0^{T/4}\frac{80}{T}t\,dt = \frac{320}{T^2}\left[\frac{1}{2}t^2\right]_0^{T/4} = \frac{320}{2T^2}\left\{\left(\frac{T}{4}\right)^2 - 0\right\}$$

$$= 10[\mathrm{A}]$$

실효값 $I$는

$$I=\sqrt{\frac{1}{T/4}\int_0^{T/4} i^2 dt}=\sqrt{\frac{4}{T}\int_0^{T/4}\left(\frac{80}{T}t\right)^2 dt}=\sqrt{\frac{25,600}{T^3}\int_0^{T/4} t^2 dt}$$

$$=\sqrt{\frac{25,600}{T^3}\left[\frac{1}{3}t^3\right]_0^{T/4}}=\sqrt{\frac{25,600}{3T^3}\left\{\left(\frac{T}{4}\right)^3-0\right\}}\fallingdotseq 11.55[\mathrm{A}]$$

**예제 3.7** 그림 3.6과 같은 반파 정류파의 평균값 $V_{av}$[V]와 실효값 $V$[V]는?

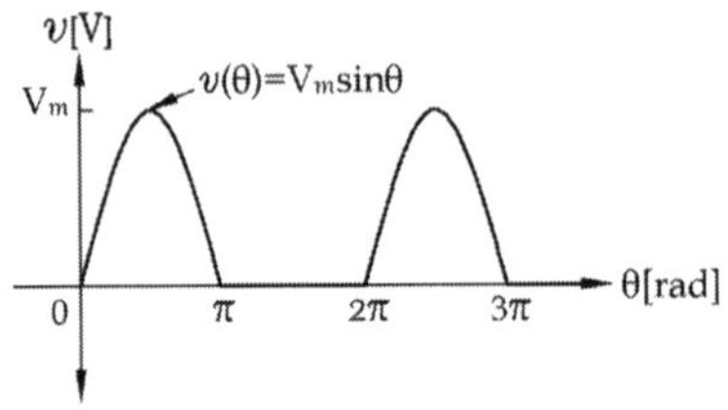


**그림 3.6**

풀이 반파 정류파는 $0\sim\pi$에 대한 평균값과 실효값을 구한다. 우선 평균값 $V_{av}$는

$$V_{av}=\frac{1}{2\pi}\int_0^{\pi} v\,d\theta=\frac{1}{2\pi}\int_0^{\pi} V_m \sin\theta\, d\theta=\frac{V_m}{2\pi}[-\cos\theta]_0^{\pi}$$

$$=\frac{V_m}{2\pi}\{-\cos\pi-(-\cos 0)\}=\frac{V_m}{\pi}[\mathrm{V}]$$

실효값 $V$는

$$V=\sqrt{\frac{1}{2\pi}\int_0^{\pi} v^2 d\theta}=\sqrt{\frac{1}{2\pi}\int_0^{\pi} V_m^2 \sin^2\theta\, d\theta}\ [\mathrm{V}]$$

삼각함수 $\sin^2\theta=\frac{1}{2}(1-\cos 2\theta)$인 공식에 의해서

$$V=\sqrt{\frac{V_m^2}{2\pi}\frac{1}{2}\int_0^{\pi}(1-\cos 2\theta)d\theta}=\sqrt{\frac{V_m^2}{4\pi}\left[\theta-\frac{1}{2}\sin 2\theta\right]_0^{\pi}}$$

$$=\sqrt{\frac{V_m^2}{4\pi}\left\{\left(\pi-\frac{1}{2}\sin 2\pi\right)-\left(0-\frac{1}{2}\sin 0\right)\right\}}=\frac{V_m}{2}[\mathrm{V}]$$

### 1.3.3 파고율과 파형률

사각파 또는 구형파(square wave)와 비교하여 비정현 주기파의 날카로운 정도를 나타내는 계수를 파고율(crest factor)이라고 하고, 비정현 주기파의 평평한 정도를 나타내는 계수를 파형률(form factor)이라고 할 때 다음과 같이 정의한다.

$$\text{파고율} = \frac{\text{최대값}}{\text{실효값}}, \quad \text{파형률} = \frac{\text{실효값}}{\text{평균값}} \qquad \cdots\cdots (3.28)$$

정현파 교류의 파고율과 파형률은

$$\text{파고율} = \frac{I_m}{I} = \frac{I_m}{\frac{1}{\sqrt{2}}I_m} = \sqrt{2} \fallingdotseq 1.414 \qquad \cdots\cdots (3.29)$$

$$\text{파형률} = \frac{I}{I_{av}} = \frac{\frac{1}{\sqrt{2}}I_m}{\frac{2}{\pi}I_m} = \frac{\pi}{2\sqrt{2}} \fallingdotseq 1.111 \qquad \cdots\cdots (3.30)$$

이다. 표 3.1은 여러 가지 주기파의 파고율과 파형률을 나타낸다.

**표 3.1** 주기파의 파고율과 파형률

| 파형 | | 평균값 | 실효값 | 파고율 | 파형률 |
|---|---|---|---|---|---|
| 사각파 | 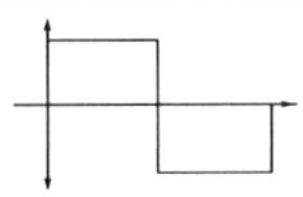 | $V_m$ | $V_m$ | 1 | 1 |
| 정현파 | 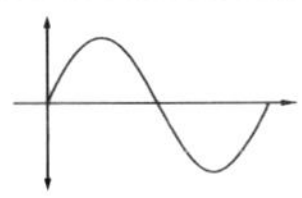 | $\frac{2}{\pi}V_m$ | $\frac{1}{\sqrt{2}}V_m$ | $\sqrt{2} \fallingdotseq 1.414$ | $\frac{\pi}{2\sqrt{2}} \fallingdotseq 1.111$ |
| 삼각파 | 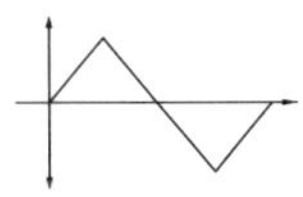 | $\frac{1}{2}V_m$ | $\frac{1}{\sqrt{3}}V_m$ | $\sqrt{3} \fallingdotseq 1.732$ | $\frac{2}{\sqrt{3}} \fallingdotseq 1.155$ |
| 반원파 | 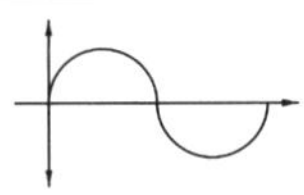 | $\frac{\pi}{4}V_m$ | $\sqrt{\frac{2}{3}}V_m$ | $\sqrt{\frac{3}{2}} \fallingdotseq 1.225$ | $\frac{4}{\pi}\sqrt{\frac{2}{3}} \fallingdotseq 1.040$ |

**예제 3.8** 그림 3.7과 같이 $v = 200\sin\theta$[V]인 반파 정류파의 파고율과 파형률을 구하시오.

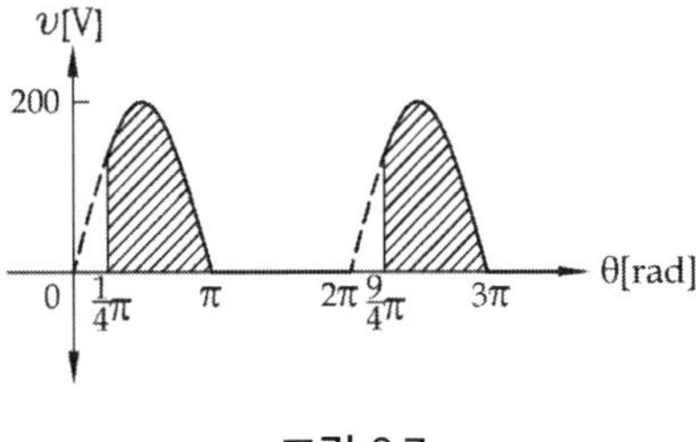


**그림 3.7**

풀이 반파 정류파는 $\frac{\pi}{4}\sim\pi$에 대한 평균값과 실효값을 구한다. 우선 평균값 $V_{av}$는

$$V_{av}=\frac{1}{2\pi}\int_{\pi/4}^{\pi}v\,d\theta=\frac{1}{2\pi}\int_{\pi/4}^{\pi}200\sin\theta\,d\theta$$
$$=\frac{200}{2\pi}[-\cos\theta]_{\pi/4}^{\pi}=\frac{100}{\pi}\left\{-\cos\pi-\left(-\cos\frac{\pi}{4}\right)\right\}$$
$$=\frac{100}{\pi}\left(1+\frac{1}{\sqrt{2}}\right)\fallingdotseq 54.34\,[\mathrm{V}]$$

실효값 $V$는

$$V=\sqrt{\frac{1}{2\pi}\int_{\pi/4}^{\pi}v^2\,d\theta}=\sqrt{\frac{1}{2\pi}\int_{\pi/4}^{\pi}200^2\sin^2\theta\,d\theta}\ [\mathrm{V}]$$

삼각함수 $\sin^2\theta=\frac{1}{2}(1-\cos 2\theta)$인 공식에 의해서

$$V=\sqrt{\frac{200^2}{2\pi}\frac{1}{2}\int_{\pi/4}^{\pi}(1-\cos 2\theta)\,d\theta}=\sqrt{\frac{10{,}000}{\pi}\left[\theta-\frac{1}{2}\sin 2\theta\right]_{\pi/4}^{\pi}}$$
$$=\sqrt{\frac{10{,}000}{\pi}\left\{\left(\pi-\frac{1}{2}\sin 2\pi\right)-\left(\frac{\pi}{4}-\frac{1}{2}\sin\frac{2\pi}{4}\right)\right\}}$$
$$=\sqrt{\frac{10{,}000}{\pi}\left(\pi-\frac{\pi}{4}+\frac{1}{2}\right)}=\sqrt{\frac{10{,}000}{\pi}\left(\frac{3\pi}{4}+\frac{1}{2}\right)}\fallingdotseq 95.35[\mathrm{V}]$$

따라서, 파고율과 파형률은

$$\text{파고율}=\frac{V_m}{V}=\frac{200}{95.35}\fallingdotseq 2.10,\qquad \text{파형률}=\frac{V}{V_{av}}=\frac{95.35}{54.34}\fallingdotseq 1.75$$

# 2 교류 회로의 전압과 전류 특성

## 2.1 저항 회로

그림 3.8(a)와 같이 저항 $R$의 회로에 정현파 교류 전류 $i=I_m\sin\omega t$[A]가 흐를 때, 저항 양단에서의 전압 강하 $v$는

$$v=Ri=RI_m\sin\omega t\ [\mathrm{V}] \qquad \cdots\cdots (3.31)$$

이고 식 3.31로부터 전압 $v$는 전류 $i$와 위상이 동상인 것을 알 수 있다.

여기서, 전압 $v$의 최대값 $V_m$을 $RI_m$이라고 하면

$$V_m=RI_m[\mathrm{V}],\qquad \frac{V_m}{I_m}=R[\Omega] \qquad \cdots\cdots (3.32)$$

이고 전압과 전류를 실효값으로 나타내면

$$V = RI\,[\mathrm{V}], \qquad \frac{V}{I} = R\,[\Omega] \qquad \cdots\cdots (3.33)$$

이다.

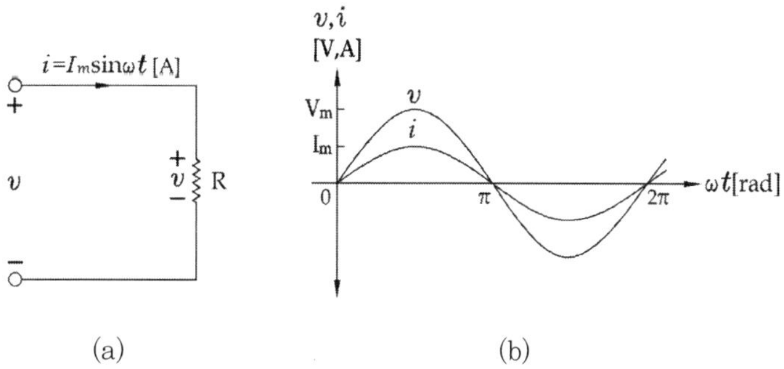


그림 3.8 저항 회로의 전압, 전류 특성

따라서, 저항 교류 회로에 대한 특성을 요약하면 다음과 같다.

① 전압과 전류는 동일 주파수의 정현파이다.

② 전압과 전류는 동상이다.

③ 전압과 전류의 최대값 또는 실효값의 비는 $R$ 이다.

**예제 3.9** 그림 3.9와 같이 $R_1$과 $R_2$가 직렬로 접속된 회로에 $i = 30\sqrt{2}\sin 377t$ [A]인 전류가 흐를 때

(1) 회로에 걸리는 전체 전압 $v$[V]와 전압의 크기 $V$[V]는?

(2) 저항 $R_2$에 걸리는 전압 $v_2$[V]와 전압의 크기 $V_2$[V]는?

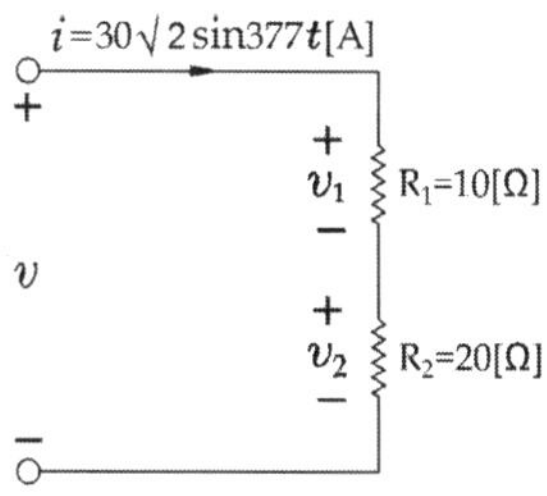


그림 3.9

풀이 (1) 저항 $R_1$과 $R_2$가 직렬 접속이므로 합성 저항 $R$은

$$R = R_1 + R_2 = 10 + 20 = 30[\Omega]$$

회로에 걸리는 전체 전압 $v$는

$$v = iR = 30\sqrt{2}\sin 377t \times 30 = 900\sqrt{2}\sin 377t[\mathrm{V}]$$

전체 전압의 크기 $V$는 전압의 실효값이므로

$$V = \frac{900\sqrt{2}}{\sqrt{2}} = 900[\mathrm{V}]$$

(2) 저항 $R_2$에 걸리는 전압 $v_2$는

$$v_2 = iR_2 = 30\sqrt{2}\sin 377t \times 20 = 600\sqrt{2}\sin 377t\,[\mathrm{V}]$$

저항 $R_2$에 걸리는 전압의 크기 $V_2$는

$$V_2 = \frac{600\sqrt{2}}{\sqrt{2}} = 600[\mathrm{V}]$$

## 2.2 인덕터 회로

그림 3.10(a)와 같이 인덕터 $L$의 회로에 정현파 교류 전류 $i = I_m \sin\omega t[\mathrm{A}]$가 흐를 때, 인덕터에서의 전압 강하 $v$는

$$v = L\frac{di}{dt} = L\frac{d}{dt}(I_m \sin\omega t) = \omega L I_m \cos\omega t$$
$$= \omega L I_m \sin(\omega t + 90°)[\mathrm{V}] \qquad \cdots\cdots (3.34)$$

이고 식 3.34로부터 전압 $v$는 전류 $i$보다 위상이 90° 빠른 것을 알 수 있다.

여기서, 전압 $v$의 최대값 $V_m$을 $\omega L I_m$이라고 하면

$$V_m = \omega L I_m[\mathrm{V}], \quad \frac{V_m}{I_m} = \omega L[\Omega] \qquad \cdots\cdots (3.35)$$

이고 전압과 전류를 실효값으로 나타내면

$$V = \omega L I[\mathrm{V}], \quad \frac{V}{I} = \omega L[\Omega] \qquad \cdots\cdots (3.36)$$

이다. 또한, $\omega L$은 주파수에 따라서 저항값이 변하기 때문에 교류 저항이라고 할 수 있으며 $X_L = \omega L$로 표시하고 $X_L$을 유도성 리액턴스(inductive reactance)라고 한다.

$$X_L = \omega L = 2\pi f L[\Omega] \qquad \cdots\cdots (3.37)$$

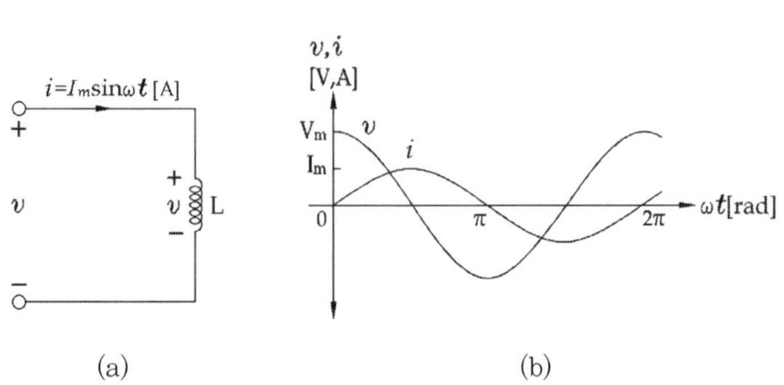


그림 3.10 인덕터 회로의 전압, 전류 특성

따라서, 인덕터 교류 회로에 대한 특성을 요약하면 다음과 같다.

① 전압과 전류는 동일 주파수의 정현파이다.

② 전압이 전류보다 위상이 90° 빠르다.

③ 전압과 전류의 최대값 또는 실효값의 비는 $\omega L$이다.

**예제 3.10** $L=30$[mH]인 인덕터에 $v=200\sqrt{2}\sin 200\pi t$[V]인 전압을 인가할 때 인덕터의 유도성 리액턴스 $X_L[\Omega]$, 전류의 실효값 $I$[A] 및 순시값 $i$[A]는?

풀이) 인덕터의 유도성 리액턴스 $X_L$은

$$X_L=\omega L=200\pi\times 30\times 10^{-3}\fallingdotseq 18.85[\Omega]$$

전류의 실효값 $I$는

$$I=\frac{V}{X_L}=\frac{200}{18.85}\fallingdotseq 10.61[\text{A}]$$

인덕터의 경우, 전류가 전압보다 위상이 90° 느리기 때문에 전류의 순시값 $i$는

$$i=10.61\sqrt{2}\sin\left(200\pi t-\frac{\pi}{2}\right)[\text{A}]$$

## 2.3 커패시터 회로

그림 3.11(a)와 같이 커패시터 $C$의 회로에 정현파 교류 전류 $i=I_m\sin\omega t$[A]가 흐를 때, 커패시터에서의 전압 강하 $v$는

$$v=\frac{1}{C}\int i\,dt=\frac{1}{C}\int I_m\sin\omega t\,dt=-\frac{1}{\omega C}I_m\cos\omega t$$

$$=\frac{1}{\omega C}I_m\sin(\omega t-90°)[\text{V}] \qquad \cdots\cdots (3.38)$$

이고 식 3.38로부터 전압 $v$는 전류 $i$보다 위상이 90° 느린 것을 알 수 있다.

여기서, 전압 $v$의 최대값 $V_m$을 $\frac{1}{\omega C}I_m$이라고 하면

$$V_m=\frac{1}{\omega C}I_m[\text{V}],\quad \frac{V_m}{I_m}=\frac{1}{\omega C}[\Omega] \qquad \cdots\cdots (3.39)$$

이고 전압과 전류를 실효값으로 나타내면

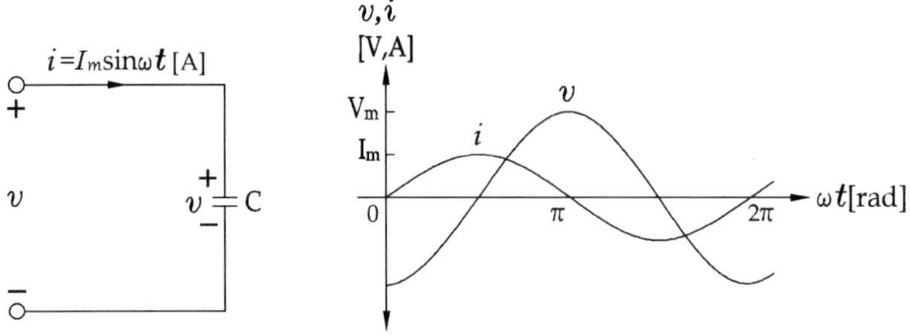


그림 3.11 커패시터 회로의 전압, 전류 특성

$$V=\frac{1}{\omega C}I[\mathrm{V}],\quad \frac{V}{I}=\frac{1}{\omega C}[\Omega] \quad \cdots\cdots (3.40)$$

이다. 또한, $\frac{1}{\omega C}$은 주파수에 따라서 저항값이 변하기 때문에 교류 저항이라고 할 수 있으며 $X_C=-\frac{1}{\omega C}[\Omega]$로 표시하고 $X_C$를 용량성 리액턴스(capacitive reactance)라고 한다.

인덕터는 전압이 전류보다 90° 앞서지만, 커패시터는 전압이 전류보다 90° 느리기 때문에 $X_C$를 (−)부호인 $X_C=-\frac{1}{\omega C}[\Omega]$로 표시한다.

$$|X_C|=\left|-\frac{1}{\omega C}\right|=\frac{1}{\omega C}[\Omega] \quad \cdots\cdots (3.41)$$

따라서, 커패시터 교류 회로에 대한 특성을 요약하면 다음과 같다.

① 전압과 전류는 동일 주파수의 정현파이다.
② 전압이 전류보다 위상이 90° 느리다.
③ 전압과 전류의 최대값 또는 실효값의 비는 $\frac{1}{\omega C}$이다.

**예제 3.11** $C=100[\mu\mathrm{F}]$인 커패시터에 $v=100\sqrt{2}\sin 377t$[V]인 전압을 인가할 때 커패시터의 용량성 리액턴스 $X_C[\Omega]$, 전류의 실효값 $I$[A] 및 순시값 $i$[A]는?

풀이 커패시터의 용량성 리액턴스 $X_C$는

$$X_C=-\frac{1}{\omega C}=-\frac{1}{377\times 100\times 10^{-6}}\fallingdotseq -26.53[\Omega]$$

전류의 실효값 $I$는

$$I = \frac{V}{X_c} = \frac{100}{|-26.53|} = \frac{100}{26.53} \fallingdotseq 3.77\,[\mathrm{A}]$$

커패시터의 경우, 전류가 전압보다 위상이 90° 빠르기 때문에 전류의 순시값 $i$는

$$i = -3.77\sqrt{2}\sin\left(377t + \frac{\pi}{2}\right)[\mathrm{A}]$$

## 2.4 RL 직렬 회로

그림 3.12(a)와 같이 저항 $R$과 인덕터 $L$이 직렬로 접속된 회로에 정현파 교류 전류 $i = I_m \sin\omega t$[A]가 흐를 때, 회로 전체의 전압 강하 $v$는 저항에서의 전압 강하 $v_R$과 인덕터에서의 전압 강하 $v_L$의 합이므로

$$v = v_R + v_L[\mathrm{V}] \qquad \cdots\cdots (3.42)$$

이다. 여기서, $v_R$과 $v_L$은

$$v_R = Ri = RI_m \sin\omega t[\mathrm{V}]$$

$$v_L = L\frac{di}{dt} = L\frac{d}{dt}(I_m \sin\omega t) = \omega L I_m \cos\omega t = X_L I_m \cos\omega t[\mathrm{V}] \qquad \cdots\cdots (3.43)$$

이고 식 3.42에 식 3.43을 대입하면

$$\begin{aligned} v &= RI_m \sin\omega t + X_L I_m \cos\omega t \\ &= I_m(R\sin\omega t + X_L\cos\omega t)[\mathrm{V}] \end{aligned} \qquad \cdots\cdots (3.44)$$

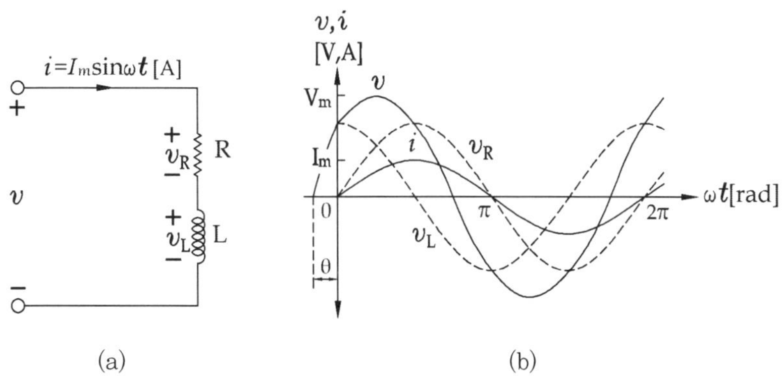


**그림 3.12** $RL$ 직렬 회로의 전압, 전류 특성

이다. 식 3.44는 삼각함수 $a\sin\omega t + b\cos\omega t = \sqrt{a^2+b^2}\sin(\omega t+\theta)$인 식으로부터

$$v = \sqrt{R^2 + X_L^2}\, I_m \sin(\omega t + \theta)[\mathrm{V}] \qquad \cdots\cdots (3.45)$$

$$\text{단, } \theta = \tan^{-1}\frac{X_L}{R} = \tan^{-1}\frac{\omega L}{R} \qquad \cdots\cdots (3.46)$$

이고 식 3.46으로부터 $\theta$의 값이 (+)이기 때문에 전압 $v$는 전류 $i$보다 위상이 $\theta$만큼 빠른 것을 알 수 있다.

여기서, 전압 $v$의 최대값 $V_m$을 $\sqrt{R^2 + X_L^2}\, I_m$이라고 하면

$$V_m = \sqrt{R^2 + X_L^2}\, I_m[\mathrm{V}],\ \ \frac{V_m}{I_m} = \sqrt{R^2 + X_L^2}\,[\Omega] \qquad \cdots\cdots (3.47)$$

이고 전압과 전류를 실효값으로 나타내면

$$V = \sqrt{R^2 + X_L^2}\, I[\mathrm{V}],\ \ \frac{V}{I} = \sqrt{R^2 + X_L^2}\,[\Omega] \qquad \cdots\cdots (3.48)$$

이다.

따라서, 저항과 인덕터 교류 회로에 대한 특성을 요약하면 다음과 같다.

① 전압과 전류는 동일 주파수의 정현파이다.

② 전압이 전류보다 위상이 $\theta$만큼 빠르다.

여기서, $\theta = \tan^{-1}\frac{X_L}{R}$이고 $\theta$의 범위는 $0° \le \theta \le 90°$인 상태에서 $\theta = 0°$는 $R$만 존재하는 회로이고 $\theta = 90°$는 $L$만 존재하는 회로이다.

③ 전압과 전류의 최대값 또는 실효값의 비는 $\sqrt{R^2 + X_L^2}$이다.

여기서, $\sqrt{R^2 + X_L^2}$는 직류 저항 $R$과 교류 저항 $X$가 결합된 합성 저항이며 이 합성 저항을 $Z$라고 표시하고 임피던스(impedance) $Z$의 크기라고 한다.

$$Z = \sqrt{R^2 + X_L^2}\,[\Omega] \qquad \cdots\cdots (3.49)$$

그림 3.13은 임피던스도(impedance diagram)라고 말하고 임피던스의 크기 $Z$ 및 위상차 $\theta$를 나타내는 가운데, 임피던스의 크기 $Z$를 사용하여 식 3.47과 식 3.48을 나타내면

$$Z = \frac{V_m}{I_m} = \frac{V}{I} = \sqrt{R^2 + X_L^2}\,[\Omega] \qquad \cdots\cdots (3.50)$$

이고 위상차 $\theta$는

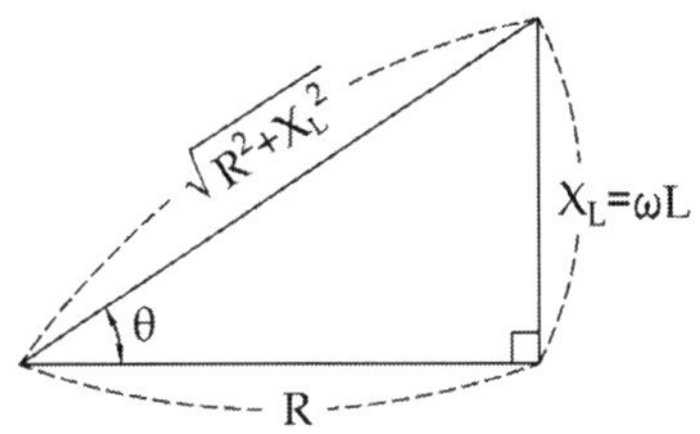


그림 3.13 $RL$ 회로의 임피던스도

$$\theta = (\text{전압의 위상}) - (\text{전류의 위상}) = \tan^{-1}\frac{X_L}{R} \quad \cdots\cdots (3.51)$$

이다.

**예제 3.12** $R = 30[\Omega]$, $L = 106$[mH]인 $RL$ 직렬 회로에 $V = 100$[V], $f = 60$[Hz]인 교류 전압을 인가할 때,
(1) 임피던스의 크기 $Z[\Omega]$와 위상차 $\theta$는?
(2) 전류의 실효값 $I$[A]와 순시값 $i$[A]는?

풀이 (1) 유도성 리액턴스 $X_L$은

$$X_L = 2\pi fL = 2\pi \times 60 \times 106 \times 10^{-3} \fallingdotseq 40[\Omega]$$

임피던스의 크기 $Z$는

$$Z = \sqrt{R^2 + X_L^2} = \sqrt{30^2 + 40^2} = 50[\Omega]$$

위상차 $\theta$는

$$\theta = \tan^{-1}\frac{X_L}{R} = \tan^{-1}\frac{40}{30} \fallingdotseq 53.13°$$

(2) 전류의 실효값 $I$는

$$I = \frac{V}{Z} = \frac{100}{50} = 2[\text{A}]$$

$RL$ 직렬 회로에서 전류의 위상은 전압보다 $\theta$만큼 느리므로 전류의 순시값 $i$는

$$i = 2\sqrt{2}\sin(2\pi ft - \theta) = 2\sqrt{2}\sin(2\pi \times 60t - 53.13°)$$
$$= 2\sqrt{2}\sin(377t - 53.13°)[\text{A}]$$

## 2.5 RC 직렬 회로

그림 3.14(a)와 같이 저항 $R$과 커패시터 $C$가 직렬로 접속된 회로에 정현파 교류 전류 $i = I_m \sin\omega t$[A]가 흐를 때, 회로 전체의 전압 강하 $v$는 저항에서의 전압 강하 $v_R$과 커패시터에서의 전압 강하 $v_C$의 합이므로

$$v = v_R + v_C [\mathrm{V}] \qquad \cdots\cdots (3.52)$$

이다. 여기서, $v_R$과 $v_C$는

$$\begin{aligned} v_R &= Ri = RI_m \sin\omega t [\mathrm{V}] \\ v_C &= \frac{1}{C}\int i\,dt = \frac{1}{C}\int I_m \sin\omega t\,dt = -\frac{1}{\omega C} I_m \cos\omega t \\ &= X_C I_m \cos\omega t\ [\mathrm{V}] \end{aligned} \qquad \cdots\cdots (3.53)$$

이고 식 3.52에 식 3.53을 대입하면

$$\begin{aligned} v &= RI_m \sin\omega t + X_C I_m \cos\omega t \\ &= I_m (R\sin\omega t + X_C \cos\omega t)[\mathrm{V}] \end{aligned} \qquad \cdots\cdots (3.54)$$

이다. 식 3.54는 삼각함수 $a\sin\omega t + b\cos\omega t = \sqrt{a^2+b^2}\sin(\omega t + \theta)$인 식으로부터

$$v = \sqrt{R^2 + X_C^2}\, I_m \sin(\omega t + \theta)[\mathrm{V}] \qquad \cdots\cdots (3.55)$$

$$\text{단, } \theta = \tan^{-1}\frac{X_C}{R} = \tan^{-1}\frac{-\dfrac{1}{\omega C}}{R} = -\tan^{-1}\frac{1}{R\omega C} \qquad \cdots\cdots (3.56)$$

이고 식 3.56으로부터 $\theta$의 값이 (−)이기 때문에 전압 $v$는 전류 $i$보다 위상이 $\theta$만큼 느린 것을 알 수 있다.

여기서, 전압 $v$의 최대값 $V_m$을 $\sqrt{R^2 + X_C^2}\, I_m$이라고 하면

$$V_m = \sqrt{R^2 + X_C^2}\, I_m [\mathrm{V}],\quad \frac{V_m}{I_m} = \sqrt{R^2 + X_C^2}\,[\Omega] \qquad \cdots\cdots (3.57)$$

이고 전압과 전류를 실효값으로 나타내면

$$V = \sqrt{R^2 + X_C^2}\, I [\mathrm{V}],\quad \frac{V}{I} = \sqrt{R^2 + X_C^2}\,[\Omega] \qquad \cdots\cdots (3.58)$$

이다.

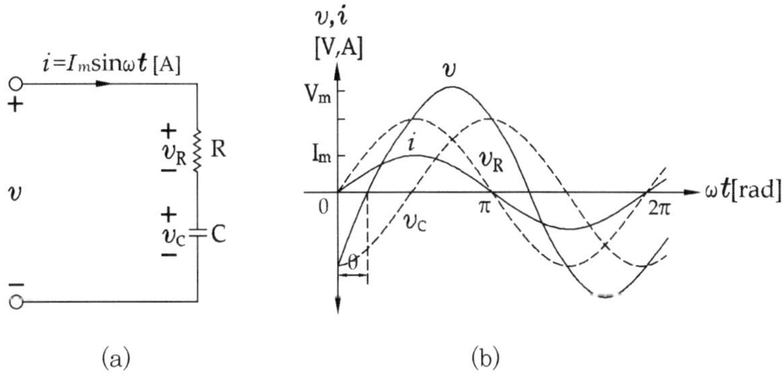


**그림 3.14** $RC$ 직렬 회로의 전압, 전류 특성

따라서, 저항과 커패시터 교류 회로에 대한 특성을 요약하면 다음과 같다.

① 전압과 전류는 동일 주파수의 정현파이다.

② 전압이 전류보다 위상이 $\theta$만큼 느리다.

여기서, $\theta = \tan^{-1}\dfrac{X_C}{R}$이고 $\theta$의 범위는 $-90° \le \theta \le 0°$인 상태에서, $\theta = 0°$는 $R$만 존재하는 회로이고 $\theta = -90°$는 $C$만 존재하는 회로이다.

③ 전압과 전류의 최대값 또는 실효값의 비는 $\sqrt{R^2 + X_C^2}$ 이다.

여기서, 임피던스의 크기 $Z$는

$$Z = \sqrt{R^2 + X_C^2}\,[\Omega] \qquad \cdots\cdots (3.59)$$

이고 그림 3.15의 임피던스도는 임피던스의 크기 $Z$ 및 위상차 $\theta$를 나타내는 가운데, 임피던스의 크기 $Z$를 사용하여 식 3.57과 식 3.58을 나타내면

$$Z = \frac{V_m}{I_m} = \frac{V}{I} = \sqrt{R^2 + X_C^2}\,[\Omega] \qquad \cdots\cdots (3.60)$$

이며 위상차 $\theta$는

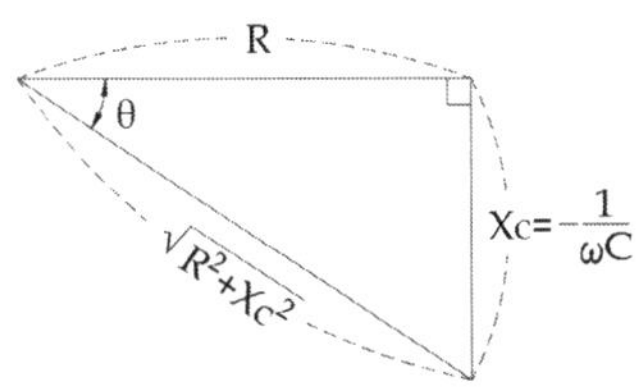


**그림 3.15** $RC$ 회로의 임피던스도

$$\theta = \tan^{-1}\frac{X_C}{R} \qquad \cdots\cdots (3.61)$$

이다.

**예제 3.13** $R = 50[\Omega]$, $C = 200[\mu F]$인 $RC$ 직렬 회로에 $v = 100\sqrt{2}\sin(500t + 40°)$[V]인 교류 전압을 인가할 때,
(1) 임피던스의 크기 $Z[\Omega]$과 위상차 $\theta$는?
(2) 전류의 실효값 $I$[A]와 순시값 $i$[A]는?

**풀이** (1) 용량성 리액턴스 $X_C$는

$$X_C = -\frac{1}{\omega C} = -\frac{1}{500 \times 200 \times 10^{-6}} = -10[\Omega]$$

임피던스의 크기 $Z$는

$$Z = \sqrt{R^2 + X_C^2} = \sqrt{50^2 + (-10)^2} \fallingdotseq 50.99[\Omega]$$

$X_C = -\dfrac{1}{\omega C} = -10[\Omega]$이므로 위상차 $\theta$는

$$\theta = \tan^{-1}\frac{X_C}{R} = \tan^{-1}\frac{(-10)}{50} = -\tan^{-1}\frac{10}{50} \fallingdotseq -11.31°$$

(2) 전류의 실효값 $I$는

$$I = \frac{V}{Z} = \frac{100}{50.99} \fallingdotseq 1.96[\text{A}]$$

$RC$ 직렬 회로에서 전류의 위상은 전압보다 $\theta$만큼 빠르므로 전류의 순시값 $i$는

$$\begin{aligned} i &= 1.96\sqrt{2}\sin(500t + 40° + \theta) \\ &= 1.96\sqrt{2}\sin(500t + 40° + 11.31°) \\ &= 1.96\sqrt{2}\sin(500t + 51.31°)[\text{A}] \end{aligned}$$

## 2.6 RLC 직렬 회로

그림 3.16과 같이 저항 $R$, 인덕터 $L$ 및 커패시터 $C$가 직렬로 접속된 회로에 정현파 교류 전류 $i = I_m \sin \omega t$[A]가 흐를 때, 회로 전체의 전압 강하 $v$는 저항에서의 전압 강하 $v_R$, 인덕터에서의 전압 강하 $v_L$ 및 커패시터에서의 전압 강하의 $v_C$ 합이므로

$$v = v_R + v_L + v_C\,[\text{V}] \qquad \cdots\cdots (3.62)$$

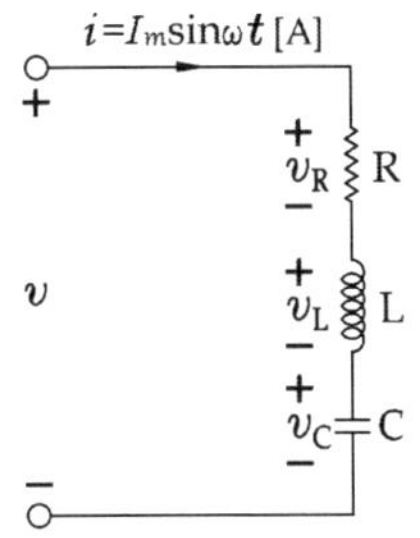


그림 3.16 $RLC$ 직렬 회로

이다. 여기서, $v_R$, $v_L$, $v_C$는

$$v_R = Ri = RI_m \sin \omega t[\mathrm{V}]$$

$$v_L = L\frac{di}{dt} = L\frac{d}{dt}(I_m \sin \omega t) = \omega L I_m \cos \omega t = X_L I_m \cos\omega t[\mathrm{V}]$$

$$v_C = \frac{1}{C}\int i\,dt = \frac{1}{C}\int I_m \sin\omega t\,dt = -\frac{1}{\omega C} I_m \cos \omega t$$

$$= X_C I_m \cos \omega t[\mathrm{V}] \qquad \cdots\cdots (3.63)$$

이고 식 3.62에 식 3.63을 대입하면

$$v = RI_m \sin \omega t + X_L I_m \cos \omega t + X_C I_m \cos \omega t$$

$$= I_m (R\sin \omega t + X_L \cos \omega t + X_C \cos \omega t)$$

$$= I_m \{R\sin\omega t + (X_L + X_C)\cos \omega t\}[\mathrm{V}] \qquad \cdots\cdots (3.64)$$

이다. $X_L + X_C$를 합성 리액턴스 $X$라고 하면

$$X = X_L + X_C = \omega L - \frac{1}{\omega C}[\Omega] \qquad \cdots\cdots (3.65)$$

이고 $v = I_m (R\sin \omega t + X\cos \omega t)$이므로 식 3.64는 식 3.65와 삼각함수 $a \sin\omega t + b\cos \omega t = \sqrt{a^2 + b^2}\sin(\omega t + \theta)$인 식으로부터

$$v = \sqrt{R^2 + X^2}\, I_m \sin(\omega t + \theta)[\mathrm{V}] \qquad \cdots\cdots (3.66)$$

$$\text{단, } \theta = \tan^{-1}\frac{X}{R} = \tan^{-1}\frac{X_L + X_C}{R} = \tan^{-1}\frac{\omega L - \frac{1}{\omega C}}{R} \qquad \cdots\cdots (3.67)$$

이다. 여기서, 전압 $v$의 최대값 $V_m$을 $\sqrt{R^2 + X^2}\, I_m$이라고 하면

$$V_m = \sqrt{R^2 + X^2}\, I_m \text{[V]}, \quad \frac{V_m}{I_m} = \sqrt{R^2 + X^2}\,[\Omega] \qquad \cdots\cdots (3.68)$$

이고 전압과 전류를 실효값으로 나타내면

$$V = \sqrt{R^2 + X^2}\, I \text{[V]}, \quad \frac{V}{I} = \sqrt{R^2 + X^2}\,[\Omega] \qquad \cdots\cdots (3.69)$$

이다.

따라서, 저항, 인덕터 및 커패시터 교류 회로에 대한 특성을 요약하면 다음과 같다.

① 전압과 전류는 동일 주파수의 정현파이다.

② 전압과 전류의 위상은 아래와 같이 합성 리액턴스 $X$의 부호에 따라서 결정된다.

i) $X = \omega L - \dfrac{1}{\omega C} > 0$인 경우

$X > 0$인 경우, 임피던스도는 그림 3.17(a)와 같고 $\theta$는 (+)이므로 회로는 전압의 위상이 전류보다 빠른 유도성 회로가 된다.

ii) $X = \omega L - \dfrac{1}{\omega C} < 0$인 경우

$X < 0$인 경우, 임피던스도는 그림 3.17(b)와 같고 $\theta$는 (−)이므로 회로는 전압의 위상이 전류보다 느린 용량성 회로가 된다.

iii) $X = \omega L - \dfrac{1}{\omega C} = 0$인 경우

$X = 0$인 경우, $\theta = 0$이므로 회로는 전압과 전류의 위상차가 없는 순저항 $R$만의 회로가 된다.

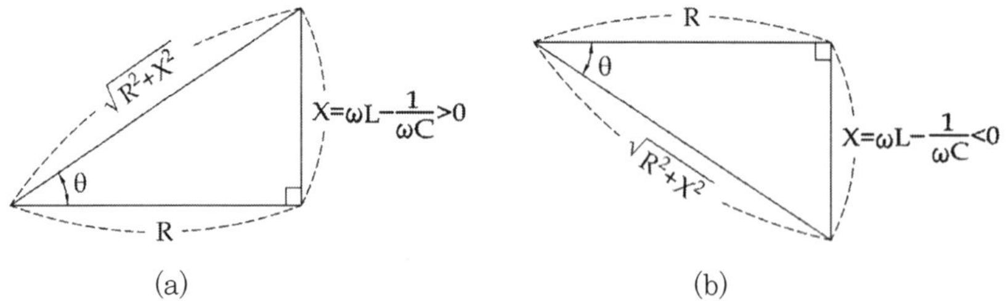


그림 3.17 $R-L-C$ 직렬 회로의 임피던스도

③ 전압과 전류의 최대값 또는 실효값의 비는 $\sqrt{R^2 + X^2}$이다.

여기서, 임피던스의 크기 $Z$는

$$Z = \frac{V_m}{I_m} = \frac{V}{I} = \sqrt{R^2 + X^2}\,[\Omega] \quad \cdots\cdots (3.70)$$

이고 위상차 $\theta$는

$$\theta = \tan^{-1}\frac{X}{R} \quad \cdots\cdots (3.71)$$

이다.

**예제 3.14** $R = 100[\Omega]$, $L = 20[\text{mH}]$, $C = 200[\mu\text{F}]$인 $RLC$ 직렬 회로에 $v = 100\sqrt{2}\sin 377t[\text{V}]$인 교류 전압을 인가할 때,

(1) 유도성 리액턴스 $X_L[\Omega]$과 용량성 리액턴스 $X_C[\Omega]$는?

(2) 임피던스의 크기 $Z[\Omega]$와 위상차 $\theta$는?

(3) 전류의 실효값 $I[\text{A}]$와 순시값 $i[\text{A}]$는?

풀이 (1) 회로의 유도성 리액턴스 $X_L$은

$$X_L = \omega L = 377 \times 20 \times 10^{-3} - 7.54[\Omega]$$

회로의 용량성 리액턴스 $X_C$는

$$X_C = -\frac{1}{\omega C} = -\frac{1}{377 \times 200 \times 10^{-6}} \fallingdotseq -13.26[\Omega]$$

(2) 회로의 리액턴스는 $X = X_L + X_C = 7.54 - 13.26 = -5.72[\Omega]$ 이므로 회로의 임피던스의 크기 $Z$는

$$Z = \sqrt{R^2 + X^2} = \sqrt{100^2 + (-5.72)^2} \fallingdotseq 100.16[\Omega]$$

위상차 $\theta$는

$$\theta = \tan^{-1}\frac{X}{R} = \tan^{-1}\left(\frac{-5.72}{100}\right) \fallingdotseq -3.27°$$

(3) 회로 전류의 실효값 $I$는

$$I = \frac{V}{Z} = \frac{100}{100.16} \fallingdotseq 1.00[\text{A}]$$

용량성 리액턴스 $X_C$가 유도성 리액턴스 $X_L$보다 크기 때문에 회로는 용량성이고 전류의 위상이 전압보다 빠르므로 전류의 순시값 $i$는

$$i = 1.00\sqrt{2}\sin(377t + 3.27°)[\text{A}]$$

# 제 3 장 연습문제

1. $v = 100\sqrt{2}\sin(500t + 30°)$[V]인 교류 전압이 있을 때, ① 전압의 진폭 $V_m$[V], ② 실효값 $V$[V], ③ 평균값 $V_{av}$[V], ④ 파고율, ⑤ 파형률, ⑥ 각주파수 $\omega$[rad/s], ⑦ 주파수 $f$[Hz], ⑧ 주기 $T$[s], ⑨ 편각은?

정답 ① $V_m$(진폭)$= 100\sqrt{2}$[V], ② $V$(실효값)$= 100$[V]
③ $V_{av}$(평균값)$= \dfrac{200\sqrt{2}}{\pi}$[V], ④ 파고율$= \sqrt{2}$
⑤ 파형률$= \dfrac{\pi}{2\sqrt{2}}$, ⑥ $\omega = 500$[rad/s]
⑦ $f = \dfrac{250}{\pi}$[Hz], ⑧ $T = \dfrac{\pi}{250}$[s], ⑨ 편각$= 30°$

2. 2개의 교류 전압 $v_1 = 100\sqrt{2}\sin(240\pi t + 30°)$[V]와 $v_2 = 200\sqrt{2}\cos(240\pi t - 30°)$[V] 간의 위상차를 시간으로 표시하면 몇 초[s]인가?

정답 $t = \dfrac{1}{1{,}440}$[s]

3. 그림 1과 같은 주기파에서 $t = 0 \sim 10$[ms]에서는 $v = 3 \times 10^5 (t - 0.01)^2$[V]이고 $t = 10 \sim 20$[ms]에서는 $v = 0$[V]일 때 이 전압의 평균값 $V_{av}$[V]는?

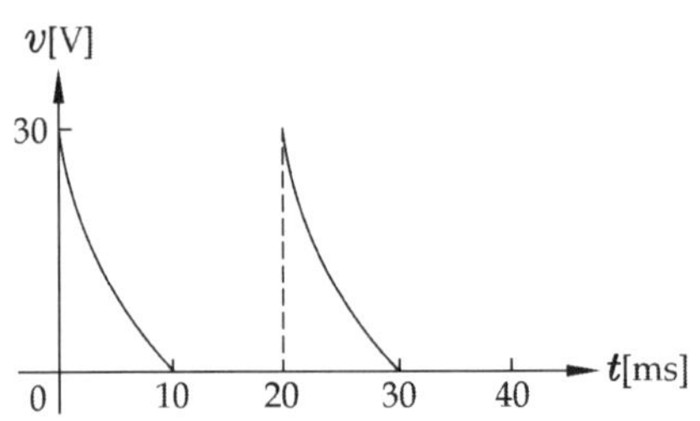

그림 1

정답 $V_{av} = 5$[V]

4. 그림 2와 같은 맥류 전류의 평균값이 20[A]라면, 전류의 실효값 $I$[A]는?

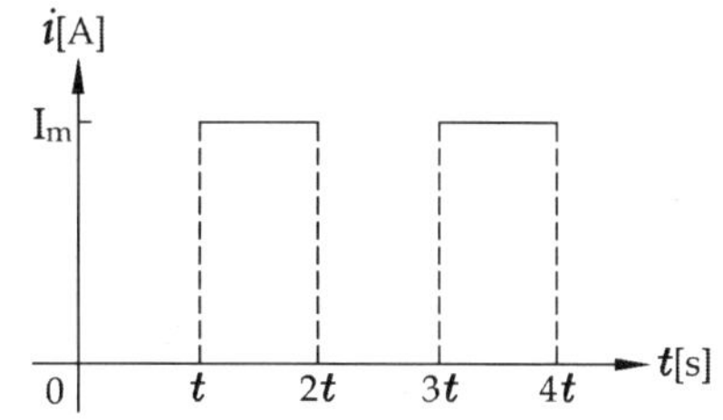

그림 2

정답 $I = 20\sqrt{2}$ [A]

5. 그림 3과 같은 전류 파형의 파고율과 파형률은?

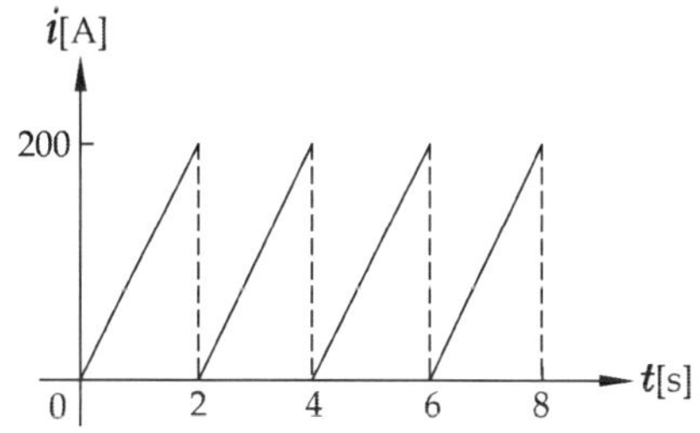

그림 3

정답 파고율 = 1.73, 파형률 = 1.15

6. $RL$ 직렬 회로에서 저항 30[$\Omega$], 인덕턴스 106[mH]라고 하면

(1) 주파수가 60[Hz]일 때, 임피던스의 크기 $Z$[$\Omega$]와 각도 $\theta$는?

(2) 회로에 주파수 60[Hz]인 교류 전압 200[V]를 인가할 때, 전류의 크기 $I$[A]와 전류의 순시값 $i$[A]는?

정답 (1) $Z = 50[\Omega]$, $\theta = 53.13°$

(2) $I = 4$[A], $i = 4\sqrt{2}\sin(377t - 53.13°)$[A]

7. $C = 100[\mu F]$인 회로에서 실효값 200[V], 주파수 60[Hz]인 교류 전압을 인가했을 때, 회로에 흐르는 전류의 순시값 $i$[A]은?

정답 $i = 7.54\sqrt{2}\sin(377t + 90°)$[A]

8. 커패시터 $C$ 만의 회로에 실효값 100[V], 주파수 60[Hz]인 교류 전압을 인가했을 때, 50[mA]의 전류가 흐른다면 회로에서 $C$ [$\mu$F]는?

정답 $C = 1.33[\mu F]$

9. 저항 30[$\Omega$], 인덕턴스 2[H], 커패시턴스 333[$\mu$F]인 $RLC$ 직렬 회로에 $v = 100\sin 50t$[V]인 교류 전압을 인가하였을 때, 회로에 흐르는 전류의 순시값 $i$ [A]는?

정답 $i = 2\sin(50t - 53.13°)$[A]

10. 그림 4와 같은 $RL$ 직렬 회로에 $V = 220$[V], $f = 60$[Hz]의 교류 전압을 인가하였을 때, 저항에 걸리는 전압 $V_R$[V]과 인덕터에 걸리는 전압 $V_L$[V]은?

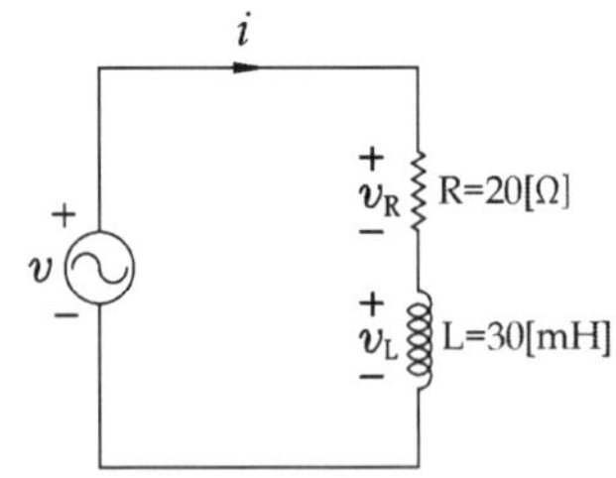


그림 4

정답 $V_R = 191.40$[V], $V_L = 108.24$[V]

11. 그림 5와 같은 $RL$ 병렬 회로에 $v = 150\sqrt{2}\sin 200\pi t$[V]의 교류 전압을 인가하였을 때, $i_R$, $i_L$, $i$[A]는?

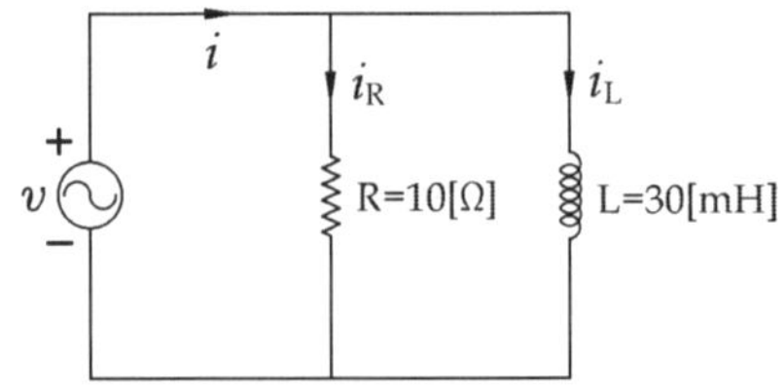


그림 5

정답 $i_R = 15\sqrt{2}\sin 200\pi t$[A]

$i_L = -7.96\sqrt{2}\cos 200\pi t$[A]

$i = 16.98\sqrt{2}\sin(200\pi t - 27.95°)$[A]

# 4장 복소수로 표시한 교류 회로 해석

## 1 복소수의 기본 원리

### 1.1 복소수의 표시

복소수(complex number)는 실수(real number)와 허수(imaginary number)를 포함하고 있는 가운데, 허수를 나타내는 기본 단위는 제곱하여 −1이 되는 수를 말하고 이를 $j$로 표시한다. 즉,

$$j=\sqrt{-1}\ ,\ \ j^2=-1 \qquad \cdots\cdots (4.1)$$

이고 그림 4.1에서 알 수 있듯이 복소 평면(complex plane)은 $X$축을 실수축, $Y$축을 허수축으로 하는 평면으로서 복소 평면 내에 있는 복소수 $A$는

$$\boldsymbol{A}=a+jb \qquad \cdots\cdots (4.2)$$

와 같이 직교좌표 형식으로 나타낼 수 있고 이때 $a$는 복소수 $\boldsymbol{A}$의 실수부, $b$는 허수부라고 말한다.

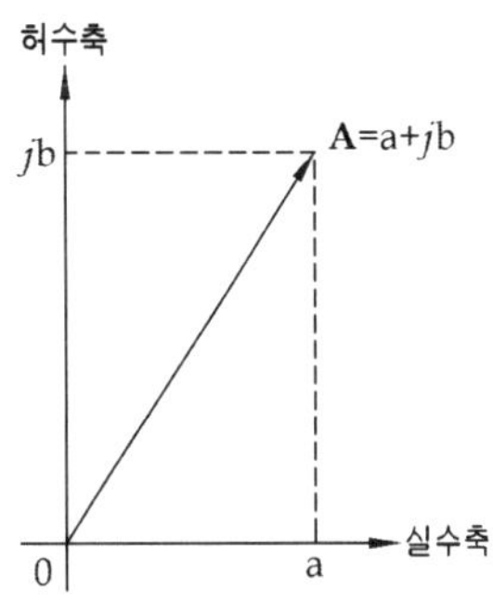


그림 4.1 복소 평면 내 복소수

### 1.2 복소수의 연산

2개의 복소수 $\boldsymbol{A}=a+jb$, $\boldsymbol{B}=c+jd$가 있을 때 사칙 연산은 아래와 같다.

① 덧셈 : $\boldsymbol{A}+\boldsymbol{B}=(a+jb)+(c+jd)=(a+c)+j(b+d)$

② 뺄셈 : $\boldsymbol{A}-\boldsymbol{B}=(a+jb)-(c+jd)=(a-c)+j(b-d)$

③ 곱셈 : $\boldsymbol{AB}=(a+jb)(c+jd)=(ac+j^2bd)+j(ad+bc)=(ac-bd)+j(ad+bc)$

④ 나눗셈 : $\dfrac{\boldsymbol{A}}{\boldsymbol{B}}=\dfrac{a+jb}{c+jd}=\dfrac{(a+jb)(c-jd)}{(c+jd)(c-jd)}=\dfrac{(ac-j^2bd)+j(bc-ad)}{c^2+d^2}$

$$=\frac{ac+bd}{c^2+d^2}+j\frac{bc-ad}{c^2+d^2} \quad \cdots\cdots (4.3)$$

## 1.3 공액 복소수

그림 4.2로부터 2개의 복소수 $a+jb$와 $a-jb$는 복소 평면 내에서 실수축에 대칭이라면 이때 2개의 복소수는 서로 공액(conjugate)상태라고 하고 복소수 $\boldsymbol{A}$ 의 공액 복소수는 $\boldsymbol{A}^*$ 라고 표시한다.

$$\boldsymbol{A}=a+jb,\ \ \boldsymbol{A}^*=a-jb \quad \cdots\cdots (4.4)$$

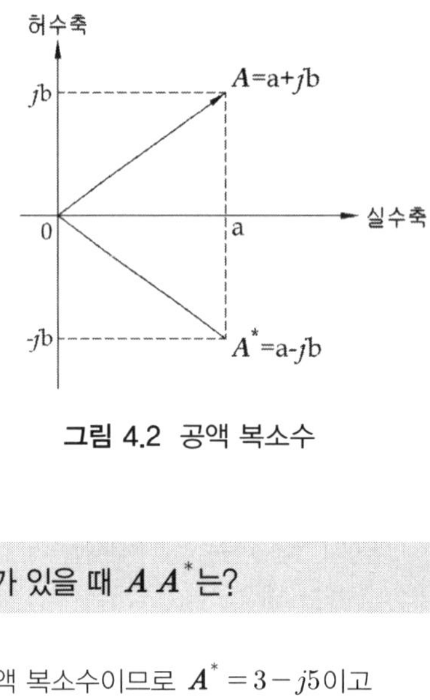


그림 4.2 공액 복소수

**예제 4.1** 복소수 $\boldsymbol{A}=3+j5$가 있을 때 $\boldsymbol{A}\boldsymbol{A}^*$는?

풀이 $\boldsymbol{A}^*$는 복소수 $\boldsymbol{A}$의 공액 복소수이므로 $\boldsymbol{A}^*=3-j5$이고
$\boldsymbol{A}\boldsymbol{A}^*=(3+j5)(3-j5)=9+25=34$

## 1.4 회전 연산자

그림 4.3으로부터 복소수 $\boldsymbol{A}=a+jb$ 에 $j$ 를 곱하면 $j\boldsymbol{A}=j(a+jb)=j^2b+ja=-b+ja$ 가 되어 복소수 $\boldsymbol{A}$ 가 원점을 중심으로 시계반대방향으로 90°만큼 회전하고 있고 이후, 복

소수 $\boldsymbol{A}$ 에 $j^2$, $j^3$을 곱함으로써 계속해서 시계반대방향으로 90°만큼 회전하는 것을 알 수 있다. 또한, $\boldsymbol{A} = a + jb$를 $j$로 나누면 $\dfrac{\boldsymbol{A}}{j} = \dfrac{a+jb}{j} = b + \dfrac{a}{j} = b + j\dfrac{a}{j^2} = b - ja$가 되어 복소수 $\boldsymbol{A}$ 가 원점을 중심으로 시계방향으로 90°만큼 회전하고 있고 이후, 복소수 $\boldsymbol{A}$ 를 $j^2$, $j^3$로 나눔으로써 계속해서 시계방향으로 90°만큼 회전하고 있다.

이로부터 알 수 있듯이 복소수 $\boldsymbol{A}$ 에 $j$를 곱하거나 나눔으로써 복소수 $\boldsymbol{A}$ 를 시계 반대 방향 또는 시계 방향으로 90°만큼 회전시키기 때문에 $j$를 회전 연산자(rotational operator)라고 한다.

$$j = 1\angle 90°, \quad \frac{1}{j} = -j = 1\angle -90° \qquad \cdots\cdots (4.5)$$

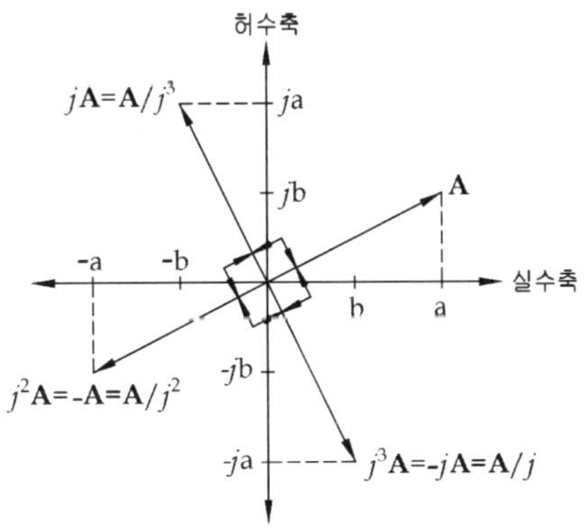


**그림 4.3** 회전 연산자

## 1.5 다양한 복소수 표시 방법

### 1.5.1 삼각함수 형식

그림 4.4는 원점으로부터 복소수 $\boldsymbol{A}$ 까지의 거리와 복소수 $\boldsymbol{A}$ 와 실수축 간의 각도로 나타낸 것이다.

원점으로부터 복소수 $\boldsymbol{A}$ 까지의 거리를 복소수 $\boldsymbol{A}$ 의 크기인 $A$라고 표시하면

$$A = \sqrt{a^2 + b^2} \qquad \cdots\cdots (4.6)$$

이고 복소수 $\boldsymbol{A}$ 와 실수축 간의 각도를 복소수 $\boldsymbol{A}$ 의

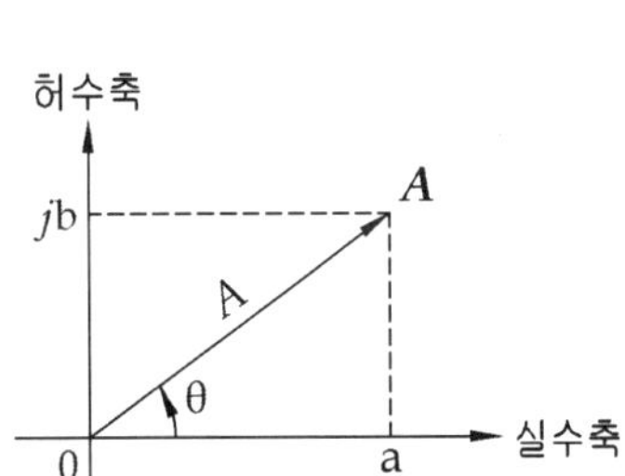


**그림 4.4** 복소수의 삼각함수 형식

편각(argument)인 $\theta$라고 표시하면

$$\theta = \tan^{-1}\frac{b}{a} \qquad \cdots (4.7)$$

이다.

또한, 그림 4.4로부터 $a = A\cos\theta$, $b = A\sin\theta$이므로 복소수 $\boldsymbol{A} = a + jb$는

$$\boldsymbol{A} = A(\cos\theta + j\sin\theta) \qquad \cdots\cdots (4.8)$$

로 나타낼 수 있고 식 4.8을 복소수의 삼각함수 형식이라고 한다.

**예제 4.2** 직교좌표 형식의 복소수 $\boldsymbol{A} = 2 + j9$, $\boldsymbol{B} = 5 + j15$가 있을 때, $\boldsymbol{A} + \boldsymbol{B}$를 삼각함수 형식으로 나타내시오.

**풀이** 2개의 직교좌표 형식인 복소수의 덧셈은

$$\boldsymbol{A} + \boldsymbol{B} = (2 + j9) + (5 + j15) = (2 + 5) + j(9 + 15) = 7 + j24 \qquad \cdots\cdots ①$$

식 ①을 삼각함수 형식으로 나타내려면 $\boldsymbol{A} + \boldsymbol{B}$의 크기인 $A + B$는

$$A + B = \sqrt{7^2 + 24^2} = 25$$

편각인 $\theta$는

$$\theta = \tan^{-1}\frac{24}{7} \fallingdotseq 73.74°$$

따라서, $\boldsymbol{A} + \boldsymbol{B}$를 삼각함수 형식으로 나타내면

$$\boldsymbol{A} + \boldsymbol{B} = 25(\cos 73.74° + j\sin 73.74°)$$

### 1.5.2 지수함수 형식

그림 4.5와 같이 복소수 $\boldsymbol{A}$의 실수축은 $a = A\cos\theta$, 허수축은 $b = A\sin\theta$인 가운데, 오일러의 공식(Euler's formula)인 $e^{j\theta} = \cos\theta + j\sin\theta$에 의해서

$$\boldsymbol{A} = A(\cos\theta + j\sin\theta) = Ae^{j\theta} \qquad \cdots\cdots (4.9)$$

로 나타낼 수 있고 식 4.9를 지수함수 형식이라고 한다.

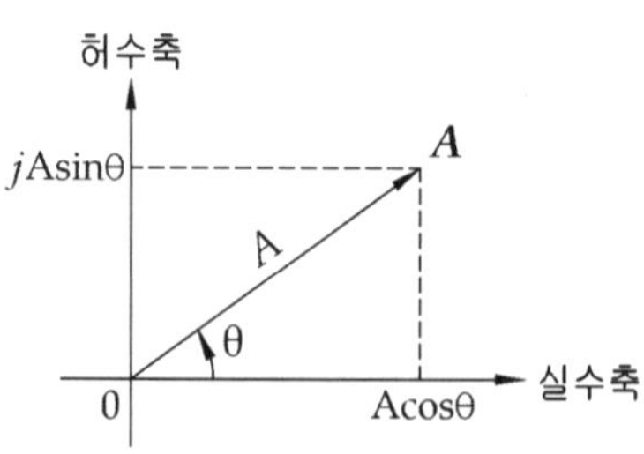


그림 4.5 복소수의 지수함수 형식

**예제 4.3** $\boldsymbol{Z} = 4 - j3[\Omega]$인 회로에 전압 $\boldsymbol{V} = 96 + j28$[V]인 전압을 인가하였을 때 전류 $\boldsymbol{I}$[A]를 지수함수 형식으로 나타내시오.

풀이 회로에 흐르는 전류 $\boldsymbol{I}$는

$$\boldsymbol{I} = \frac{\boldsymbol{V}}{\boldsymbol{Z}} = \frac{96 + j28}{4 - j3} = \frac{(96 + j28)(4 + j3)}{(4 - j3)(4 + j3)} = \frac{300}{25} + j\frac{400}{25} = 12 + j16[\text{A}]$$

전류의 크기 $I$는

$$I = \sqrt{12^2 + 16^2} = 20[\text{A}]$$

편각 $\theta$는

$$\theta = \tan^{-1}\frac{16}{12} \fallingdotseq 53.13°$$

따라서, 전류 $\boldsymbol{I}$를 지수함수 형식으로 나타내면

$$\boldsymbol{I} = 20\,e^{j53.13}[\text{A}]$$

### 1.5.3 극좌표 형식

그림 4.4와 같이 원점으로부터 복소수 $\boldsymbol{A}$ 까지의 거리인 $A$와 복소수 $\boldsymbol{A}$와 실수축 간의 각도인 편각 $\theta$를 각각

$$A = \sqrt{a^2 + b^2}, \ \theta = \tan^{-1}\frac{b}{a} \qquad \cdots\cdots (4.10)$$

라고 할 때 복소수 $\boldsymbol{A} = a + jb$는

$$\boldsymbol{A} = A\angle\theta \qquad \cdots\cdots (4.11)$$

로 나타낼 수 있고 식 4.11을 복소수의 극좌표 형식이라고 한다.

극좌표 형식으로 표시된 2개의 복소수 $\boldsymbol{A} = A\angle\theta_1$, $\boldsymbol{B} = B\angle\theta_2$를 삼각함수 형식으로 나타내면

$$\begin{aligned}\boldsymbol{A} &= A\angle\theta_1 = A(\cos\theta_1 + j\sin\theta_1)\\ \boldsymbol{B} &= B\angle\theta_2 = B(\cos\theta_2 + j\sin\theta_2)\end{aligned} \qquad \cdots\cdots (4.12)$$

이고 2개의 복소수를 곱하면

$$\begin{aligned}\boldsymbol{A}\boldsymbol{B} &= (A\angle\theta_1)(B\angle\theta_2)\\ &= \{A(\cos\theta_1 + j\sin\theta_1)\}\{B(\cos\theta_2 + j\sin\theta_2)\}\\ &= AB\{(\cos\theta_1\cos\theta_2 + j^2\sin\theta_1\sin\theta_2) + j(\sin\theta_1\cos\theta_2 + \cos\theta_1\sin\theta_2)\}\end{aligned} \qquad \cdots\cdots (4.13)$$

이다. 회전 연산자 $j=\sqrt{-1}$ 이고 $j^2=-1$ 이므로

$$\boldsymbol{A}\,\boldsymbol{B}=AB\{(\cos\theta_1\cos\theta_2-\sin\theta_1\sin\theta_2)+j(\sin\theta_1\cos\theta_2+\cos\theta_1\sin\theta_2)\} \qquad \cdots\cdots (4.14)$$

이다. 여기서, $\cos(\theta_1+\theta_2)=\cos\theta_1\cos\theta_2-\sin\theta_1\sin\theta_2$,

$\sin(\theta_1+\theta_2)=\sin\theta_1\cos\theta_2+\cos\theta_1\sin\theta_2$ 이므로

$$\boldsymbol{A}\boldsymbol{B}=AB\{\cos(\theta_1+\theta_2)+j\sin(\theta_1+\theta_2)\} \qquad \cdots\cdots (4.15)$$

이고 극좌표 형식으로 나타내면

$$\boldsymbol{A}\,\boldsymbol{B}=(A\angle\,\theta_1)(B\angle\,\theta_2)=AB\angle\,(\theta_1+\theta_2) \qquad \cdots\cdots (4.16)$$

이다. 따라서, 2개의 복소수를 곱하는 경우, 복소수의 크기는 2개 복소수의 크기를 곱하고, 복소수의 각도는 2개 복소수의 각도를 더하면 된다.

한편, 2개의 복소수를 나누면

$$\begin{aligned}\frac{\boldsymbol{A}}{\boldsymbol{B}}&=\frac{A\angle\,\theta_1}{B\angle\,\theta_2}=\frac{A(\cos\theta_1+j\sin\theta_1)}{B(\cos\theta_2+j\sin\theta_2)}\\&=\frac{A(\cos\theta_1+j\sin\theta_1)(\cos\theta_2-j\sin\theta_2)}{B(\cos\theta_2+j\sin\theta_2)(\cos\theta_2-j\sin\theta_2)}\\&=\frac{A\{(\cos\theta_1\cos\theta_2-j^2\sin\theta_1\sin\theta_2)+j(\sin\theta_1\cos\theta_2-\cos\theta_1\sin\theta_2)\}}{B(\cos^2\theta_2-j^2\sin^2\theta_2)}\end{aligned} \qquad \cdots\cdots (4.17)$$

이고 회전 연산자 $j^2=-1$ 이므로

$$\frac{\boldsymbol{A}}{\boldsymbol{B}}=\frac{A\{(\cos\theta_1\cos\theta_2+\sin\theta_1\sin\theta_2)+j(\sin\theta_1\cos\theta_2-\cos\theta_1\sin\theta_2)\}}{B(\cos^2\theta_2+\sin^2\theta_2)} \qquad \cdots\cdots (4.18)$$

이다.

여기서, $\cos\theta_2^{\,2}+\sin\theta_2^{\,2}=1$, $\cos(\theta_1-\theta_2)=\cos\theta_1\cos\theta_2+\sin\theta_1\sin\theta_2$,

$\sin(\theta_1-\theta_2)=\sin\theta_1\cos\theta_2-\cos\theta_1\sin\theta_2$ 이므로

$$\frac{\boldsymbol{A}}{\boldsymbol{B}}=\frac{A\{\cos(\theta_1-\theta_2)+j\sin(\theta_1-\theta_2)\}}{B} \qquad \cdots\cdots (4.19)$$

이고 극좌표 형식으로 나타내면

$$\frac{\boldsymbol{A}}{\boldsymbol{B}} = \frac{A}{B} \angle\, (\theta_1 - \theta_2) \qquad \cdots\cdots \ (4.20)$$

이다. 따라서, 2개의 복소수를 나누는 경우, 복소수의 크기는 어떤 1개의 복소수 크기를 다른 1개의 복소수 크기로 나누고 복소수의 각도는 어떤 1개의 복소수 각도에서 다른 1개의 복소수 각도를 빼면 된다.

**예제 4.4** 복소수 $\boldsymbol{A} = 2 - j2$ 를 극좌표 형식으로 나타내시오.

풀이

복소수 $\boldsymbol{A}$ 의 크기 $A$ 는

$$A = \sqrt{2^2 + (-2)^2} = 2\sqrt{2}$$

편각 $\theta$ 는

$$\theta = \tan^{-1}\left(\frac{-2}{2}\right) = \tan^{-1}(-1) = 315°$$

따라서, 복소수 $\boldsymbol{A}$ 를 극좌표 형식으로 나타내면

$$\boldsymbol{A} = 2\sqrt{2} \angle 315°$$

**예제 4.5** 회로에 $\boldsymbol{V} = 50 \angle 80°$[V]인 전압을 인가하여 $\boldsymbol{I} = 10 \angle 20°$[A]의 전류가 흐를 때, 임피던스 $\boldsymbol{Z}$ [Ω]를 직교좌표 형식으로 나타내시오.

풀이

임피던스 $\boldsymbol{Z}$ 는

$$\boldsymbol{Z} = \frac{\boldsymbol{V}}{\boldsymbol{I}} = \frac{50 \angle 80°}{10 \angle 20°} = 5 \angle 60° [\Omega]$$

임피던스 $\boldsymbol{Z}$ 를 직교좌표 형식으로 나타내면

$$\boldsymbol{Z} = 5 \angle 60° = 5(\cos 60° + j\sin 60°) = 5\left(\frac{1}{2} + j\frac{\sqrt{3}}{2}\right) = \frac{5}{2} + j\frac{5\sqrt{3}}{2} [\Omega]$$

## 1.6 정현파의 페이저 표시 방법

페이저(phasor)는 정현파를 크기와 위상으로 나타내는 것으로서, 그림 4.6과 같이 정현파 전압 $v_0$, $v_1$, $v_2$가 있을 때, $v_0$를 기준으로 $v_1$은 $v_0$보다 초기 위상이 빠르기 때문에 $\theta_1$으로, $v_2$는 $v_0$보다 초기 위상이 느리기 때문에 $-\theta_2$로 나타낸다.

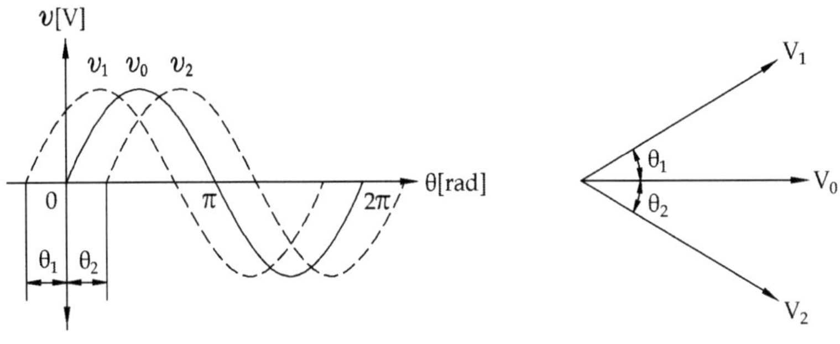


(a) 정현파 (b) 페이저도

**그림 4.6** 정현파의 페이저 표시

$$v_0 = \sqrt{2}\,V_0 \sin \omega t[\mathrm{V}]$$
$$v_1 = \sqrt{2}\,V_1 \sin(\omega t + \theta_1)[\mathrm{V}]$$
$$v_2 = \sqrt{2}\,V_2 \sin(\omega t - \theta_2)[\mathrm{V}] \quad \cdots\cdots (4.21)$$

식 4.21의 정현파 전압을 페이저로 나타내고자 할 때, 식 4.22와 같이 전압은 진하게 표시한 후, 크기와 각도로 나타내며 이때 크기는 실효값을 적용한다.

$$\boldsymbol{V_0} = V_0 \angle 0°[\mathrm{V}]$$
$$\boldsymbol{V_1} = V_1 \angle\ \theta_1[\mathrm{V}]$$
$$\boldsymbol{V_2} = V_2 \angle -\theta_2[\mathrm{V}] \quad \cdots\cdots (4.22)$$

**예제 4.6** 아래의 정현파 교류를 페이저로 표시하고 페이저도로 나타내시오.

(1) $v_1 = 50\sin\omega t[\mathrm{V}]$ (2) $v_2 = -100\sin\left(\omega t + \frac{\pi}{4}\right)[\mathrm{V}]$

(3) $i_1 = 10\sqrt{2}\sin\left(\omega t - \frac{\pi}{4}\right)[\mathrm{A}]$ (4) $i_2 = 20\sqrt{2}\cos\left(\omega t - \frac{\pi}{6}\right)[\mathrm{A}]$

풀이 각 정현파 교류를 페이저로 변환하면

(1) $v_1 = 50\sin\omega t$ 이므로 $\boldsymbol{V_1} = \frac{50}{\sqrt{2}} = 25\sqrt{2} \angle 0[\mathrm{V}]$

(2) $v_2 = -100\sin\left(\omega t + \frac{\pi}{4}\right) = 100\sin\left(\omega t + \frac{\pi}{4} + \pi\right) = 100\sin\left(\omega t + \frac{5}{4}\pi\right)$ 이므로

$$\boldsymbol{V_2} = \frac{100}{\sqrt{2}} \angle \frac{5}{4}\pi = 50\sqrt{2} \angle \frac{5}{4}\pi[\mathrm{V}]$$

(3) $i_1 = 10\sqrt{2}\sin\left(\omega t - \frac{\pi}{4}\right)$ 이므로 $\boldsymbol{I_1} = 10 \angle \left(-\frac{\pi}{4}\right)[\mathrm{A}]$

(4) $i_2 = 20\sqrt{2}\cos\left(\omega t - \frac{\pi}{6}\right) = 20\sqrt{2}\sin\left(\omega t - \frac{\pi}{6} + \frac{\pi}{2}\right) = 20\sqrt{2}\sin\left(\omega t + \frac{\pi}{3}\right)$ 이므로

$\boldsymbol{I_2} = 20 \angle \frac{\pi}{3}$[A]

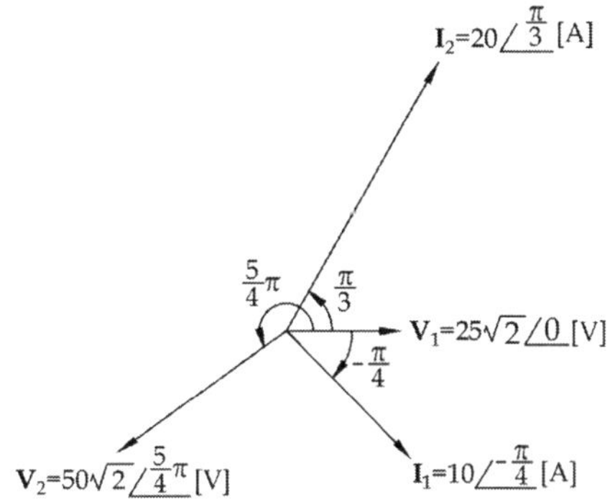


그림 4.7

# 2 복소 임피던스와 복소 어드미턴스

## 2.1 복소 임피던스

그림 4.8(a), (b)에서 복소 임피던스(complex impedance) 또는 임피던스는 회로에 페이저 전압 $\boldsymbol{V} = V\angle\alpha$[V]를 인가하여 페이저 전류 $\boldsymbol{I} = I\angle\beta$[A]가 흐를 때, 페이저 전류를 기준으로 하여 페이저 전압의 크기와 각도를 고려한 것이다. 또한, 복소 임피던스는 정현파 교류 전류가 흐르는 것을 방해하는 요소라고 할 수 있다.

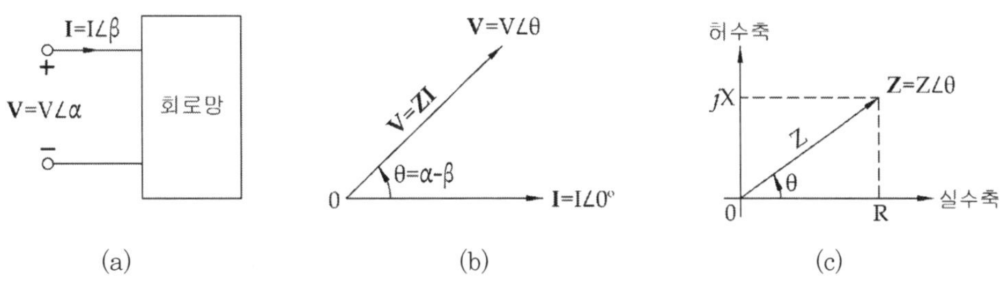


그림 4.8 복소 임피던스

복소 임피던스 $\boldsymbol{Z}$는

$$\boldsymbol{Z}=\frac{\boldsymbol{V}}{\boldsymbol{I}}=\frac{V\angle\alpha}{I\angle\beta}=\frac{V}{I}\underline{/\alpha-\beta}\,[\Omega] \quad \cdots\cdots (4.23)$$

이고 식 4.23으로부터 페이저 전압의 크기에 대한 페이저 전류의 크기 비율을 복소 임피던스의 크기 $Z=\frac{V}{I}[\Omega]$라고 하고 페이저 전류를 $\boldsymbol{I}=I\angle 0°$[A]으로 하였을 때 페이저 전압과 전류의 위상차를 $\theta=\alpha-\beta$ 라고 하면 페이저 전압은 $\boldsymbol{V}=V\angle\theta$[V]으로 나타낼 수 있기 때문에 식 4.23은

$$\boldsymbol{Z}=Z\angle\theta[\Omega] \quad \cdots\cdots (4.24)$$

으로 나타낼 수 있다.

그림 4.8(c)로부터 복소 임피던스 $\boldsymbol{Z}$는

$$\boldsymbol{Z}=R+jX\,[\Omega] \quad \cdots\cdots (4.25)$$

이고 복소 임피던스의 실수부는 저항 $R=Z\cos\theta[\Omega]$이고 허수부는 리액턴스 $X=Z\sin\theta$ $[\Omega]$이므로 식 4.25는

$$\boldsymbol{Z}=Z\cos\theta+jZ\sin\theta=Z(\cos\theta+j\sin\theta)[\Omega] \quad \cdots\cdots (4.26)$$

로 나타낼 수 있다.

여기서, 복소 임피던스의 크기 $Z$는

$$Z=\sqrt{R^2+X^2}\,[\Omega] \quad \cdots\cdots (4.27)$$

이고 편각 $\theta$는

$$\theta=\tan^{-1}\frac{X}{R} \quad \cdots\cdots (4.28)$$

이다.

**예제 4.7** 100[V]인 전압을 인가하여 50[A]의 전류가 흐르는 회로에서 전류의 위상이 전압보다 45°만큼 늦을 때, 페이저 전류를 기준으로 하여 전압-전류 페이저도를 표시하고 회로의 복소 임피던스를 복소 평면에 나타내시오.

풀이 그림 4.9(a)와 같이 페이저 전류를 기준으로 하여 페이저 전압을 나타내면 $\boldsymbol{I}=50\angle 0°$[A], $\boldsymbol{V}=100\angle 45°$[V] 이므로 회로의 복소 임피던스 $\boldsymbol{Z}$는

$$\boldsymbol{Z}=\frac{\boldsymbol{V}}{\boldsymbol{I}}=\frac{100\angle 45°}{50\angle 0°}=2\angle 45°[\Omega]$$

극좌표 형식인 복소 임피던스 $\boldsymbol{Z}=2\angle 45°[\Omega]$를 직각 좌표 형식으로 변환하면

$$\boldsymbol{Z}=2(\cos 45°+j\sin 45°)=2\left(\frac{\sqrt{2}}{2}+j\frac{\sqrt{2}}{2}\right)=\sqrt{2}+j\sqrt{2}[\Omega]$$

또한 전압과 전류의 위상차인 편각 $\theta$는

$$\theta=\tan^{-1}\frac{X}{R}=\tan^{-1}\frac{\sqrt{2}}{\sqrt{2}}=\tan^{-1}1=45°$$

따라서, 복소 임피던스 $\boldsymbol{Z}=R+jX[\Omega]$로부터 $R=\sqrt{2}[\Omega]$, $X=\sqrt{2}[\Omega]$이므로 회로의 복소 임피던스는 그림 4.9(b)와 같다.

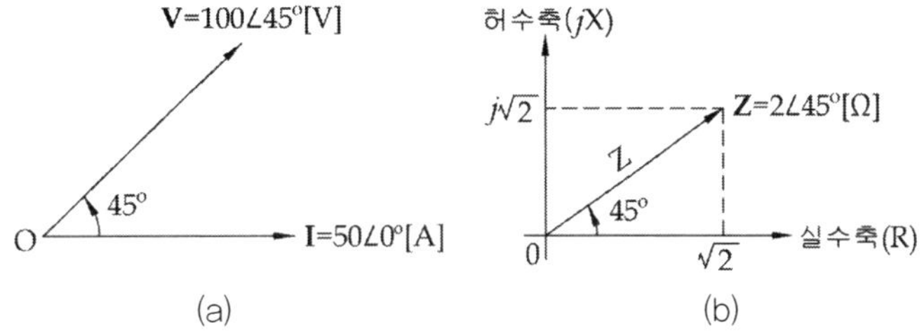


그림 4.9

### 2.1.1 복소 임피던스의 직렬 접속

그림 4.10과 같이 $n$개의 복소 임피던스가 직렬 접속되어 있는 회로에서 합성 임피던스 $\boldsymbol{Z}_0$는

$$\boldsymbol{Z}_0=\boldsymbol{Z}_1+\boldsymbol{Z}_2+\cdots+\boldsymbol{Z}_n[\Omega] \quad \cdots\cdots (4.29)$$

이다.

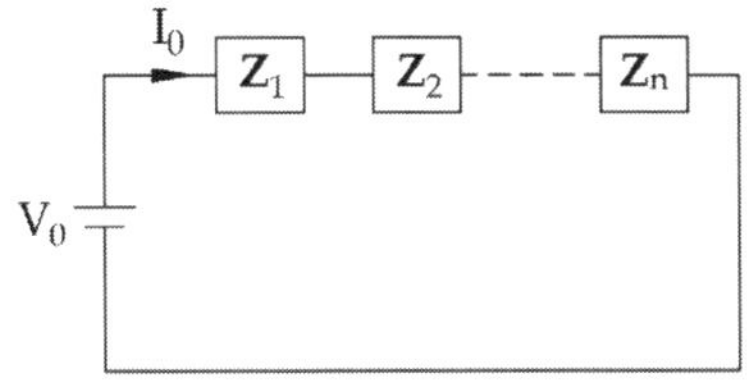


그림 4.10 복소 임피던스의 직렬 접속

**예제 4.8** $R=3[\Omega]$, $L=5[\text{H}]$, $C=\frac{1}{105}[\text{F}]$인 $R-L-C$ 직렬 회로에 $e=100\sin 5t[\text{V}]$인 전압을 인가하였을 때, 회로의 복소 임피던스 $\boldsymbol{Z}[\Omega]$는?

풀이) 전압 $e=100\sin 5t[\text{V}]$로부터 각주파수는 $\omega=5[\text{rad/s}]$이기 때문에 $X_L$과 $X_C$는

$$X_L=\omega L=5\times 5=25[\Omega]$$

$$X_C = -\frac{1}{\omega C} = -\frac{1}{5 \times \frac{1}{105}} = -\frac{105}{5} = -21[\Omega]$$

합성 리액턴스 $X$는

$$X = X_L + X_C = 25 - 21 = 4[\Omega]$$

따라서, 복소 임피던스 $\boldsymbol{Z}$는

$$\boldsymbol{Z} = R + jX = 3 + j4[\Omega]$$

### 2.1.2 복소 임피던스의 병렬 접속

그림 4.11과 같이 $n$개의 복소 임피던스가 병렬 접속되어 있는 회로에서 합성 임피던스 $\boldsymbol{Z}_0$는

$$\frac{1}{\boldsymbol{Z}_0} = \frac{1}{\boldsymbol{Z}_1} + \frac{1}{\boldsymbol{Z}_2} + \cdots + \frac{1}{\boldsymbol{Z}_n} \qquad \cdots\cdots (4.30)$$

또는

$$\boldsymbol{Z}_0 = \frac{1}{\frac{1}{\boldsymbol{Z}_1} + \frac{1}{\boldsymbol{Z}_2} + \cdots + \frac{1}{\boldsymbol{Z}_n}}[\Omega] \qquad \cdots\cdots (4.31)$$

이다.

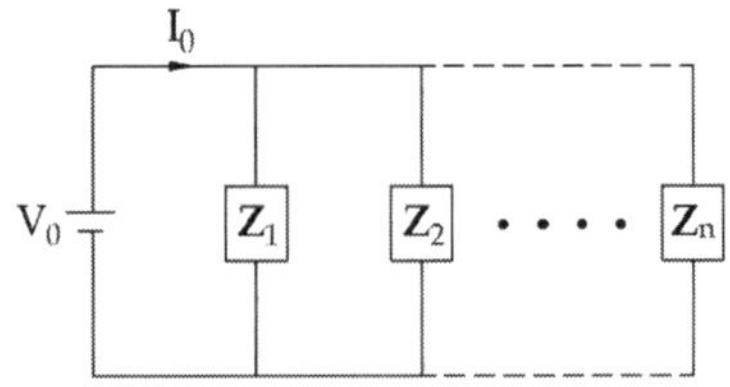


그림 4.11 복소 임피던스의 병렬접속

**예제 4.9** 그림 4.12와 같은 회로에서 복소 임피던스 $\boldsymbol{Z}_{ac}[\Omega]$는?

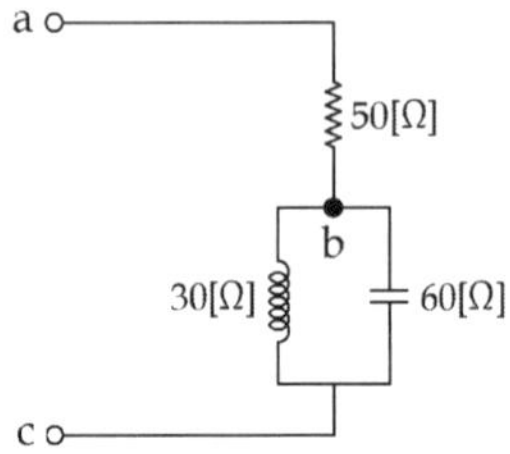


그림 4.12

풀이 복소 임피던스 $\boldsymbol{Z}_{ac}$는

$$\boldsymbol{Z}_{ac} = \boldsymbol{Z}_{ab} + \boldsymbol{Z}_{bc} = R + \frac{(jX_L)(jX_C)}{jX_L + jX_C} = 50 + \frac{(j30) \times (-j60)}{(j30) + (-j60)}$$

$$= 50 + \frac{(-j^2\,1{,}800)}{(-j30)} = 50 + j60[\Omega]$$

## 2.2 복소 어드미턴스

그림 4.13(a), (b)와 같이 복소 어드미턴스(complex admittance) 또는 어드미턴스는 회로에 페이저 전압 $\boldsymbol{V} = V\angle\alpha$[V]를 인가하여 페이저 전류 $\boldsymbol{I} = I\angle\beta$[A]가 흐를 때, 페이저 전압을 기준으로 하여 페이저 전류의 크기와 각도를 고려한 것이다. 또한, 복소 어드미턴스는 정현파 교류 전류를 흐르기 쉽게 한다는 요소라는 점에서 복소 임피던스와 반대 개념이고 표시는 임피던스 $\boldsymbol{Z}$의 역수인 $\boldsymbol{Y}$로 표시한다.

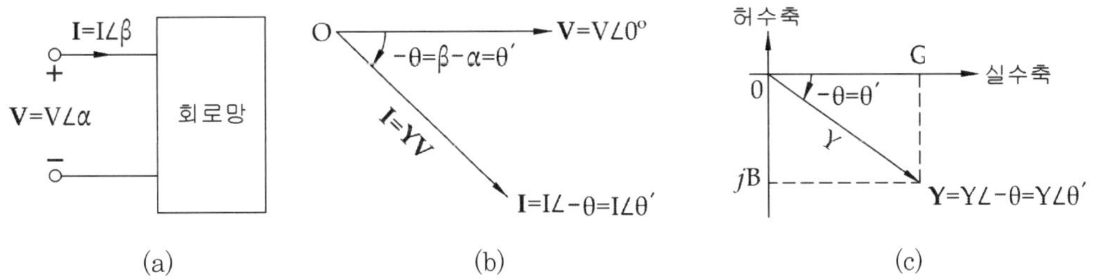


그림 4.13 복소 어드미턴스

복소 어드미턴스 $\boldsymbol{Y}$는

$$\boldsymbol{Y} = \frac{1}{\boldsymbol{Z}} = \frac{\boldsymbol{I}}{\boldsymbol{V}} = \frac{I\angle\beta}{V\angle\alpha}[\mho] \qquad \cdots\cdots (4.32)$$

이고 식 4.32로부터 페이저 전류의 크기에 대한 페이저 전압의 크기 비율을 복소 어드미턴스의 크기 $Y = \dfrac{I}{V}[\mho]$라고 하고 페이저 전압을 $\boldsymbol{V} = V\angle 0°$[V]으로 하였을 때 페이저 전압과 전류의 위상차를 $\theta' = -\theta = \beta - \alpha = -(\alpha - \beta)$ 라고 하면 페이저 전류는 $\boldsymbol{I} = I\angle -\theta = I\angle\theta'$[A]로 나타낼 수 있기 때문에

$$\boldsymbol{Y} = Y\angle -\theta = Y\angle\theta'[\mho] \qquad \cdots\cdots (4.33)$$

으로 나타낼 수 있다.

그림 4.13(c)로부터 복소 어드미턴스 $\boldsymbol{Y}$는

$$\boldsymbol{Y} = Y\angle\theta' = G + jB[\mho] \qquad \cdots\cdots (4.34)$$

이고 복소 어드미턴스의 실수부는 컨덕턴스(conductance) $G$라고 하고 $G = Y\cos\theta'[\mho]$이며 허수부는 서셉턴스(susceptance) $B$라고 하고 $B = Y\sin\theta'[\mho]$이라고 한다. 따라서, 식 4.34는

$$\boldsymbol{Y} = Y\cos\theta' + jY\sin\theta' = Y(\cos\theta' + j\sin\theta')[\mho] \qquad \cdots\cdots (4.35)$$

로 나타낼 수 있다.

복소 어드미턴스의 크기 $Y$는

$$Y = \sqrt{G^2 + B^2}[\mho] \qquad \cdots\cdots (4.36)$$

이고 편각 $\theta$는

$$\theta' = \tan^{-1}\frac{B}{G} \qquad \cdots\cdots (4.37)$$

이다.

또한, 복소 어드미턴스 $\boldsymbol{Y}$는 복소 임피던스 $\boldsymbol{Z}$의 역수이므로

$$\boldsymbol{Y} = \frac{1}{\boldsymbol{Z}} = \frac{1}{R + jX} = \frac{R}{R^2 + X^2} + j\frac{-X}{R^2 + X^2} = G + jB[\mho] \qquad \cdots\cdots (4.38)$$

이고 여기서, 컨덕턴스 $G$와 서셉턴스 $B$는

$$G = \frac{R}{R^2 + X^2}[\mho], \quad B = \frac{-X}{R^2 + X^2}[\mho] \qquad \cdots\cdots (4.39)$$

이라고 할 수 있다.

만약, 회로에 $R$만 존재하는 경우 $X = 0$이므로 식 4.39는

$$G = \frac{1}{R}[\mho] \qquad \cdots\cdots (4.40)$$

이고 회로에 $X$만 존재하는 경우 $R = 0$이므로 식 4.39는

$$B = -\frac{1}{X}[\mho] \qquad \cdots\cdots (4.41)$$

이다. 식 4.41로부터 유도성 서셉턴스(inductive susceptance) $B_L$과 용량성 서셉턴스(capacitive susceptance) $B_C$는

$$B_L = -\frac{1}{X_L} = -\frac{1}{\omega L}[\mho]$$

$$B_C = -\frac{1}{X_C} = -\frac{1}{-\frac{1}{\omega C}} = \omega C[\mho] \quad \cdots\cdots (4.42)$$

이다.

**예제 4.10** 200[V]인 전압을 인가하여 25[A]의 전류가 흐르는 회로에서 전류의 위상이 전압보다 45°만큼 늦을 때 페이저 전압을 기준으로 하여 전압-전류 페이저도를 표시하고 회로의 복소 어드미턴스를 복소 평면에 나타내시오.

풀이 그림 4.14(a)와 같이 페이저 전압을 기준으로 하여 페이저 전류를 나타내면 $\boldsymbol{V} = 200\angle 0°$[V], $\boldsymbol{I} = 25\angle -45°$[A]이므로 회로의 복소 어드미턴스 $\boldsymbol{Y}$는

$$\boldsymbol{Y} = \frac{\boldsymbol{I}}{\boldsymbol{V}} = \frac{25\angle -45°}{200\angle 0°} = 0.125\angle -45°[\mho]$$

극좌표 형식인 복소 어드미턴스 $\boldsymbol{Y}$를 직각 좌표 형식으로 변환하면

$$\boldsymbol{Y} = 0.125\{\cos(-45°) + j\sin(-45°)\} = 0.125(\cos 45° - j\sin 45°)$$

$$= 0.125\left(\frac{\sqrt{2}}{2} - j\frac{\sqrt{2}}{2}\right) = 0.088 - j0.088[\mho]$$

따라서, 복소 어드미턴스 $\boldsymbol{Y} = G + jB$로부터 $G = 0.088[\mho]$, $B = -0.088[\mho]$ 이므로 회로의 복소 어드미턴스는 그림 4.14(b)와 같이 나타낸다.

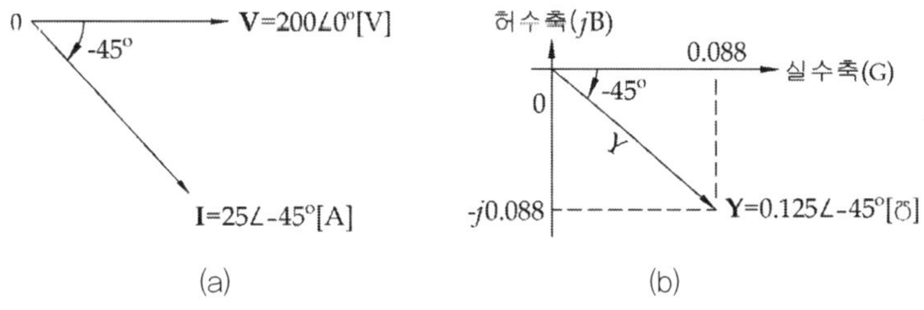


그림 4.14

### 2.2.1 복소 어드미턴스의 직렬 접속

그림 4.15와 같이 $n$개의 복소 어드미턴스가 직렬 접속되어 있는 회로에서 합성 어드미턴스 $\boldsymbol{Y}_0$는

$$\frac{1}{\boldsymbol{Y}_0} = \frac{1}{\boldsymbol{Y}_1} + \frac{1}{\boldsymbol{Y}_2} + \cdots + \frac{1}{\boldsymbol{Y}_n} \quad \cdots\cdots (4.43)$$

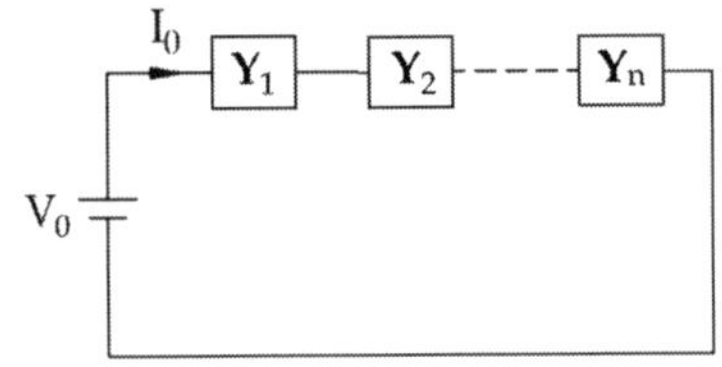


그림 4.15 복소 어드미턴스의 직렬접속

또는

$$Y_0 = \frac{1}{\frac{1}{Y_1} + \frac{1}{Y_2} + \cdots + \frac{1}{Y_n}} [℧] \qquad \cdots\cdots (4.44)$$

이다.

### 2.2.2 복소 어드미턴스의 병렬 접속

그림 4.16과 같이 $n$개의 복소 어드미턴스가 병렬 접속되어 있는 회로에서 합성 어드미턴스 $Y_0$는

$$Y_0 = Y_1 + Y_2 + \cdots + Y_n [℧] \qquad \cdots\cdots (4.45)$$

이다.

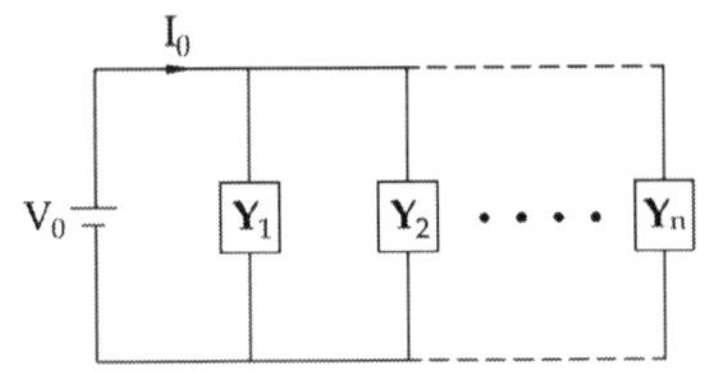


그림 4.16 복소 어드미턴스의 병렬 접속

**예제 4.11** $R = 25[\Omega]$, $X_L = 10[\Omega]$, $X_C = -50[\Omega]$인 $RLC$ 병렬 회로에서 복소 어드미턴스 $Y[℧]$는?

**풀이** 복소 어드미턴스 $Y$는

$$Y = G + jB = G + j(B_L + B_C) = \frac{1}{R} + j\left(-\frac{1}{X_L} - \frac{1}{X_C}\right)$$

$$= \frac{1}{25} + j\left(-\frac{1}{10} - \frac{1}{(-50)}\right) = \frac{1}{25} + j\left(\frac{-5+1}{50}\right) = \frac{1}{25} - j\frac{4}{50}$$

$$= 0.04 - j0.08[℧]$$

# 3 정현파 교류 회로의 페이저 해석

## 3.1 직렬 회로

그림 4.17(a), (b)와 같은 $RL$ 직렬 회로에서 회로의 복소 임피던스 $\boldsymbol{Z}$는

$$\boldsymbol{Z} = R + jX_L = R + j\omega L\,[\Omega] \quad \cdots\cdots (4.46)$$

이고 편각 $\theta$는

$$\theta = \tan^{-1}\frac{X_L}{R} = \tan^{-1}\frac{\omega L}{R} \quad \cdots\cdots (4.47)$$

이다. 그림 4.17(c)에서 저항 $R$과 인덕터 $L$의 단자 전압 $\boldsymbol{V}_R$, $\boldsymbol{V}_L$은

$$\boldsymbol{V}_R = R\boldsymbol{I}\,[\mathrm{V}], \quad \boldsymbol{V}_L = j\omega L\boldsymbol{I}\,[\mathrm{V}] \quad \cdots\cdots (4.48)$$

이고 전체 인가 전압 $\boldsymbol{V}$는

$$\boldsymbol{V} = \boldsymbol{V}_R + \boldsymbol{V}_L = R\boldsymbol{I} + j\omega L\boldsymbol{I}\,[\mathrm{V}] \quad \cdots\cdots (4.49)$$

이다. 복소 임피던스의 크기 $Z$는 식 4.46으로부터

$$Z = \sqrt{R^2 + (\omega L)^2}\,[\Omega] \quad \cdots\cdots (4.50)$$

이고 회로에 흐르는 전류의 크기 $I$는

$$I = \frac{V}{Z} = \frac{V}{\sqrt{R^2 + (\omega L)^2}}\,[\mathrm{A}] \quad \cdots\cdots (4.51)$$

이다.

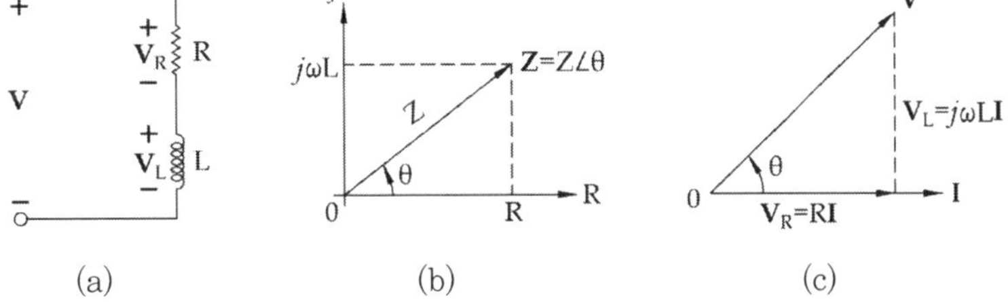


그림 4.17 직렬 회로의 페이저 해석

**예제 4.12** $R = 300[\Omega]$, $X_L = 400[\Omega]$인 $RL$ 직렬 회로에 실효값 200[V], 주파수 60[Hz]인 전압을 인가할 때, 복소 임피던스 $\boldsymbol{Z}[\Omega]$와 전류의 크기 $I$[A]는?

풀이 복소 임피던스 $\boldsymbol{Z}$는

$$\boldsymbol{Z} = R + jX_L = 300 + j400[\Omega]$$

복소 임피던스의 크기 $Z$는

$$Z = \sqrt{300^2 + 400^2} = 500[\Omega]$$

전류의 크기 $I$는

$$I = \frac{V}{Z} = \frac{200}{500} = 0.4[\text{A}]$$

**예제 4.13** 그림 4.18과 같이 $R = 200[\Omega]$, $L = 1.33$[H], $C = 13.26[\mu\text{F}]$인 $RLC$ 직렬 회로에 실효값 200 [V], 주파수 60[Hz]인 전압을 인가할 때, 복소 임피던스 $\boldsymbol{Z}[\Omega]$와 인덕터 $L$의 단자 전압의 크기 $V_L$[V]은?

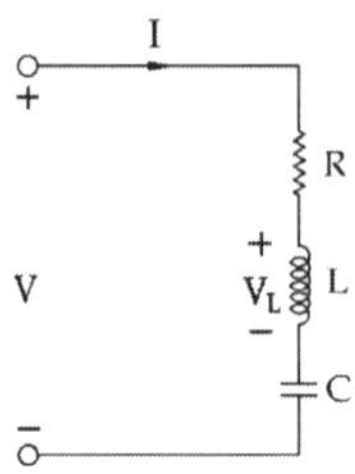


그림 4.18

풀이 복소 임피던스 $\boldsymbol{Z}$는

$$\boldsymbol{Z} = R + jX = R + j(X_L + X_C)[\Omega]$$

여기서, $X_L$과 $X_C$는

$$X_L = \omega L = 2\pi f L = 2\pi \times 60 \times 1.33 \fallingdotseq 500[\Omega]$$

$$X_C = -\frac{1}{\omega C} = -\frac{1}{2\pi f C} = -\frac{1}{2\pi \times 60 \times 13.26 \times 10^{-6}} \fallingdotseq -200[\Omega]$$

따라서, 복소 임피던스 $\boldsymbol{Z}$는

$$\boldsymbol{Z} = 200 + j(500 - 200) = 200 + j300[\Omega]$$

복소 임피던스의 크기 $Z$는

$$Z = \sqrt{200^2 + 300^2} \fallingdotseq 360.56[\Omega]$$

인덕터 $L$의 단자 전압의 크기 $V_L$은

$$V_L = IX_L = \frac{V}{Z}X_L = \frac{200}{360.56} \times 500 \fallingdotseq 277.35[\text{V}]$$

## 3.2 병렬 회로

그림 4.19(a)와 같은 병렬 회로에 복소 전압 $\boldsymbol{V}$를 인가하면 복소 임피던스 $\boldsymbol{Z}_1$, $\boldsymbol{Z}_2$에 흐르는 복소 전류 $\boldsymbol{I}_1$, $\boldsymbol{I}_2$는

$$\boldsymbol{I}_1 = \frac{\boldsymbol{V}}{\boldsymbol{Z}_1}[\mathrm{A}],\quad \boldsymbol{I}_2 = \frac{\boldsymbol{V}}{\boldsymbol{Z}_2}[\mathrm{A}] \qquad \cdots\cdots (4.52)$$

이고 전체 전류 $\boldsymbol{I}$는

$$\boldsymbol{I} = \boldsymbol{I}_1 + \boldsymbol{I}_2 = \frac{\boldsymbol{V}}{\boldsymbol{Z}_1} + \frac{\boldsymbol{V}}{\boldsymbol{Z}_2} = \left(\frac{1}{\boldsymbol{Z}_1} + \frac{1}{\boldsymbol{Z}_2}\right)\boldsymbol{V}\,[\mathrm{A}] \qquad \cdots\cdots (4.53)$$

이다. 합성 복소 임피던스 $\boldsymbol{Z}$는

$$\frac{1}{\boldsymbol{Z}} = \frac{1}{\boldsymbol{Z}_1} + \frac{1}{\boldsymbol{Z}_2} \qquad \cdots\cdots (4.54)$$

또는

$$\boldsymbol{Z} = \frac{1}{\dfrac{1}{\boldsymbol{Z}_1} + \dfrac{1}{\boldsymbol{Z}_2}}[\Omega] \qquad \cdots\cdots (4.55)$$

이고 복소 임피던스 $\boldsymbol{Z} = R + jX$로부터 회로 전체 전류의 크기 $I$와 편각 $\theta$는

$$I = \frac{V}{Z}[\mathrm{A}],\quad \theta = \tan^{-1}\frac{X}{R} \qquad \cdots\cdots (4.56)$$

이다.

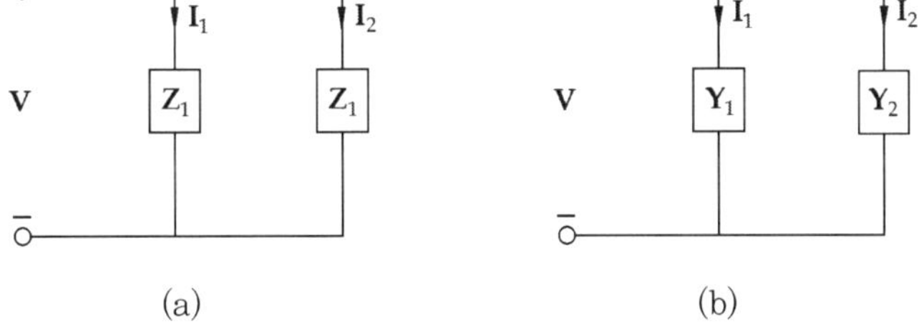


**그림 4.19** 병렬 회로의 페이저 해석

한편, 병렬 회로를 해석할 때, 임피던스 대신 어드미턴스로 바꾸어서 해석하는 것이 편리하다. 이를 위해서 그림 4.19(a)에서 복소 임피던스 $\boldsymbol{Z}$를 복소 어드미턴스 $\boldsymbol{Y}$로 변경한 그림 4.19(b)와 같은 병렬 회로에 복소 전압 $\boldsymbol{V}$를 인가하면 복소 어드미턴스 $\boldsymbol{Y}_1$, $\boldsymbol{Y}_2$에 흐르는 복소 전류 $\boldsymbol{I}_1$, $\boldsymbol{I}_2$는

$$\boldsymbol{I}_1 = \boldsymbol{Y}_1\boldsymbol{V}\,[\mathrm{A}],\quad \boldsymbol{I}_2 = \boldsymbol{Y}_2\boldsymbol{V}\,[\mathrm{A}] \qquad \cdots\cdots (4.57)$$

이고 전체 전류 $\boldsymbol{I}$는

$$\boldsymbol{I} = \boldsymbol{I}_1 + \boldsymbol{I}_2 = \boldsymbol{Y}_1\boldsymbol{V} + \boldsymbol{Y}_2\boldsymbol{V} = (\boldsymbol{Y}_1 + \boldsymbol{Y}_2)\boldsymbol{V}\,[\mathrm{A}] \qquad \cdots\cdots (4.58)$$

이다. 합성 복소 어드미턴스 $\boldsymbol{Y}$는

$$\boldsymbol{Y} = \boldsymbol{Y}_1 + \boldsymbol{Y}_2\,[\mho] \qquad \cdots\cdots (4.59)$$

이고 복소 어드미턴스 $\boldsymbol{Y} = G + jB$로부터 회로 전체 전류의 크기 $I$와 편각 $\theta$는

$$I = YV\,[\mathrm{A}],\quad \theta = \tan^{-1}\frac{B}{G} \qquad \cdots\cdots (4.60)$$

이다.

**예제 4.14** $R = 10[\Omega]$과 인덕터 $L$이 병렬 접속된 $RL$ 병렬 회로에 20[V]의 페이저 전압을 인가하였을 때, 10[A]의 페이저 전류가 흘렀다. 회로의 유도성 리액턴스 $X_L[\Omega]$은?

**풀이** 복소 어드미턴스 $\boldsymbol{Y}$는

$$\boldsymbol{Y} = \frac{\boldsymbol{I}}{\boldsymbol{V}} = G + jB_L[\mho]$$

복소 어드미턴스의 크기 $Y$는

$$Y = \frac{I}{V} = \sqrt{G^2 + B_L^{\,2}}\,[\mho] \qquad \cdots\cdots ①$$

컨덕턴스 $G$는 저항 $R$의 역수이므로

$$G = \frac{1}{R} = \frac{1}{10}[\mho] \qquad \cdots\cdots ②$$

유도성 서셉턴스 $B_L$은 유도성 리액턴스 $X_L$의 역수이면서 부호가 반대이므로

$$B_L = -\frac{1}{X_L}[\mho] \qquad \cdots\cdots ③$$

식 ①에 식 ②와 ③을 대입하면

$$Y = \frac{10}{20} = \frac{1}{2} = \sqrt{\left(\frac{1}{10}\right)^2 + \left(-\frac{1}{X_L}\right)^2}\,[\mho]$$

$$\frac{1}{X_L} = \sqrt{\left(\frac{1}{2}\right)^2 - \left(\frac{1}{10}\right)^2}$$

따라서, 유도성 리액턴스 $X_L$은

$$X_L = \frac{5\sqrt{6}}{6} \fallingdotseq 2.04[\Omega]$$

**예제 4.15** 그림 4.20(a)와 같은 $RLC$ 병렬 회로에 페이저 전압 $\boldsymbol{V} = 100\angle 0°$[V]을 인가할 때
(1) 회로의 합성 복소 어드미턴스 $\boldsymbol{Y}\,[\mho]$와 어드미턴스 삼각도를 구하시오.
(2) 회로의 전체 전류 $\boldsymbol{I}$[A]와 전류의 크기 $I$[A]를 구하고 전압과 전류의 페이저도를 구하시오.

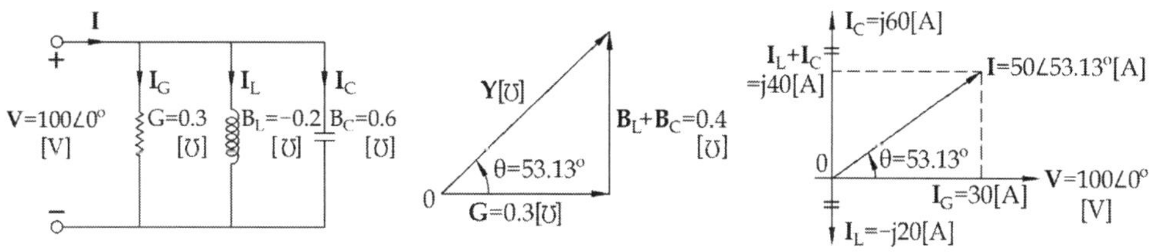


(a) 회로도 (b) 어드미턴스 삼각도 (c) 전압, 전류 페이저도

**그림 4.20**

풀이 (1) 그림 4.20(a)로부터 회로의 합성 복소 어드미턴스 $\boldsymbol{Y}$는

$$\boldsymbol{Y} = \boldsymbol{Y}_G + \boldsymbol{Y}_L + \boldsymbol{Y}_C = G + jB_L + jB_C$$
$$= 0.3 + j(-0.2) + j0.6 = 0.3 + j0.4[\mho]$$

편각 $\theta$는

$$\theta = \tan^{-1}\frac{B}{G} = \tan^{-1}\frac{0.4}{0.3} \fallingdotseq 53.13°$$

따라서, 어드미턴스 삼각도는 그림 4.20(b)와 같다.

② 그림 4.20(c)로부터 회로의 전체 전류 $\boldsymbol{I}$는

$$\boldsymbol{I} = \boldsymbol{I}_G + \boldsymbol{I}_L + \boldsymbol{I}_C = G\boldsymbol{V} + jB_L\boldsymbol{V} + jB_C\boldsymbol{V}$$
$$= 0.3\times 100 - j0.2\times 100 + j0.6\times 100$$
$$= 30 + j40[\text{A}]$$

전류의 크기 $I$는

$$I = \sqrt{30^2 + 40^2} = 50[\text{A}]$$

따라서, 전압과 전류의 페이저도는 그림 4.20(c)와 같다.

## 3.3 직병렬 회로

그림 4.21(a)와 같은 직병렬 회로에 복소 전압 $\boldsymbol{V}$를 인가하였을 때 회로의 합성 복소 임피던스 $\boldsymbol{Z}_{ac}$는

$$\boldsymbol{Z}_{ac} = \boldsymbol{Z}_{ab} + \boldsymbol{Z}_{bc}[\Omega] \qquad \cdots\cdots (4.61)$$

이다. 여기서 $\boldsymbol{Z}_{ab} = \boldsymbol{Z}_1[\Omega]$, $\boldsymbol{Z}_{bc} = \dfrac{\boldsymbol{Z}_2\boldsymbol{Z}_3}{\boldsymbol{Z}_2 + \boldsymbol{Z}_3}[\Omega]$이므로 식 4.61은

$$\boldsymbol{Z}_{ac} = \boldsymbol{Z}_1 + \frac{\boldsymbol{Z}_2\boldsymbol{Z}_3}{\boldsymbol{Z}_2 + \boldsymbol{Z}_3}[\Omega] \qquad \cdots\cdots (4.62)$$

이다.

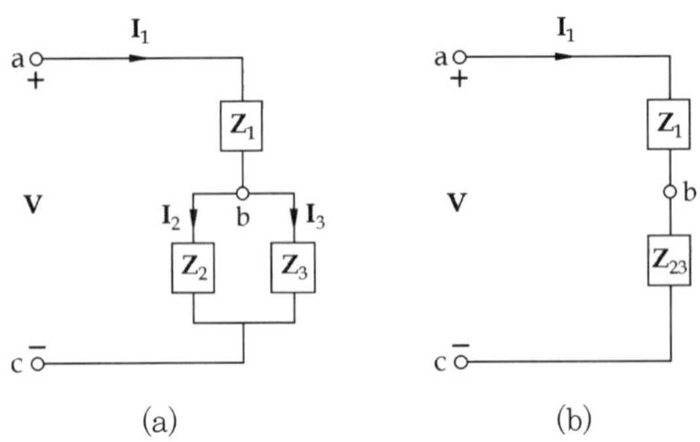


**그림 4.21** 직병렬 회로의 페이저 해석

회로 내 ab, bc간의 전압 강하는 각각 $\boldsymbol{V}_{ab}$, $\boldsymbol{V}_{bc}$이므로

$$\boldsymbol{V}_{ab} = \boldsymbol{Z}_{ab}\boldsymbol{I}_1[\mathrm{V}], \quad \boldsymbol{V}_{bc} = \boldsymbol{Z}_{bc}\boldsymbol{I}_1[\mathrm{V}] \qquad \cdots\cdots (4.63)$$

이고 그림 4.21(b)로부터 회로의 전체 전압 $\boldsymbol{V}_{ac}$는

$$\begin{aligned}\boldsymbol{V}_{ac} &= \boldsymbol{V}_{ab} + \boldsymbol{V}_{bc} = \boldsymbol{Z}_1\boldsymbol{I}_1 + \frac{\boldsymbol{Z}_2\boldsymbol{Z}_3}{\boldsymbol{Z}_2 + \boldsymbol{Z}_3}\boldsymbol{I}_1 \\ &= \left(\boldsymbol{Z}_1 + \frac{\boldsymbol{Z}_2\boldsymbol{Z}_3}{\boldsymbol{Z}_2 + \boldsymbol{Z}_3}\right)\boldsymbol{I}_1[\mathrm{V}]\end{aligned} \qquad \cdots\cdots (4.64)$$

이다.

**예제 4.16** 그림 4.22와 같은 회로에서 복소 전류의 크기 $I$[A]를 구하고 복소 전압과 전류 간의 위상차는?

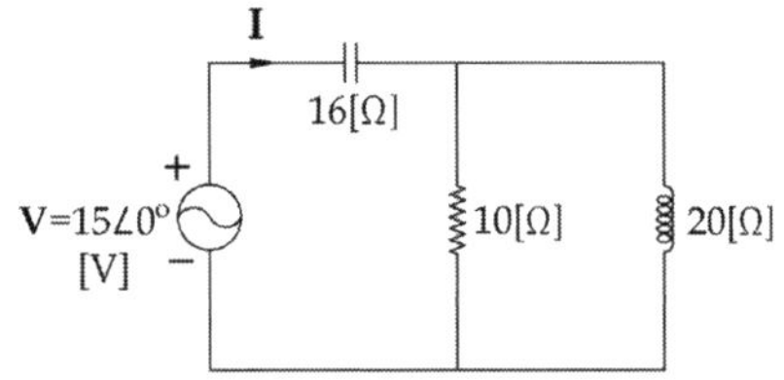


그림 4.22

풀이 회로의 전체 복소 임피던스 $\boldsymbol{Z}$는

$$\boldsymbol{Z}=jX_C+\frac{R\times jX_L}{R+jX_L}=-j16+\frac{10\times j20}{10+j20}=-j16+\frac{j200(10-j20)}{(10+j20)(10-j20)}$$

$$=-j16+\frac{4{,}000+j2{,}000}{100+400}=-j16+\frac{4{,}000}{500}+j\frac{2{,}000}{500}=8-j12[\Omega]$$

복소 임피던스의 크기 $Z$는

$$Z=\sqrt{8^2+(-12)^2}\fallingdotseq 14.42[\Omega]$$

따라서, 복소 전류의 크기 $I$는

$$I=\frac{V}{Z}=\frac{15}{14.42}\fallingdotseq 1.04[\text{A}]$$

복소 전압과 전류의 위상차 $\theta$는

$$\theta=\tan^{-1}\frac{X}{R}=\tan^{-1}\left(\frac{-12}{8}\right)\fallingdotseq -56.31°$$

# 4 브리지 회로와 사다리형 회로

## 4.1 브리지 회로

그림 4.23은 회로 내 $R$, $L$, $C$의 값을 측정할 수 있는 브리지 회로(bridge circuit)로서, 원리는 가변 임피던스의 변화에 의해서 b-d점 사이의 전위를 동일하게 하여 검류계(detector)인 D에 전류가 흐르지 않게 함으로써 $R$, $L$, $C$의 값을 알아내는 것이다.

b−d점 사이의 전위를 동일하게 하여 전류가 흐르지 않기 하기 위해서는 브리지 평형 상태가 되어야 하는데, 이는 a−b점 사이의 전위차와 a−d 사이의 전위차가 동일하고 b−c점 사이의 전위차와 d−c 사이의 전위차가 동일하여야 한다. 즉,

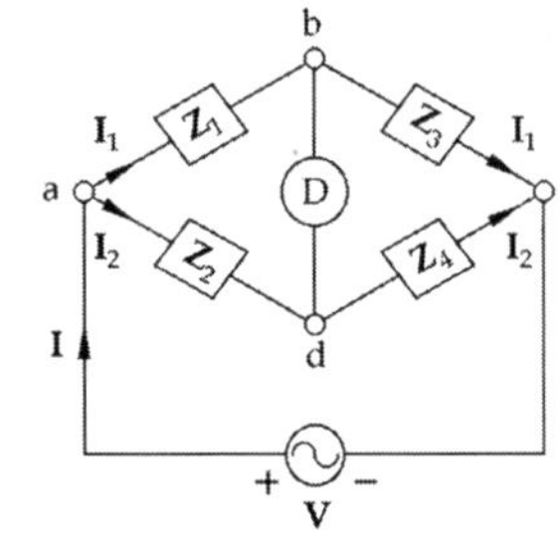


그림 4.23 브리지 회로

$$\boldsymbol{Z}_1\boldsymbol{I}_1 = \boldsymbol{Z}_2\boldsymbol{I}_2$$
$$\boldsymbol{Z}_3\boldsymbol{I}_1 = \boldsymbol{Z}_4\boldsymbol{I}_2 \qquad \cdots\cdots (4.65)$$

이고 이는

$$\frac{\boldsymbol{I}_1}{\boldsymbol{I}_2} = \frac{\boldsymbol{Z}_2}{\boldsymbol{Z}_1}, \quad \frac{\boldsymbol{I}_1}{\boldsymbol{I}_2} = \frac{\boldsymbol{Z}_4}{\boldsymbol{Z}_3} \qquad \cdots\cdots (4.66)$$

이다. 따라서, 브리지 회로의 평형 조건은

$$\boldsymbol{Z}_1\boldsymbol{Z}_4 = \boldsymbol{Z}_2\boldsymbol{Z}_3 \qquad \cdots\cdots (4.67)$$

이다.

**예제 4.17** 그림 4.24와 같은 브리지 회로에서 $R_1 = 20[\Omega]$, $R_2 = 300[\Omega]$, $R_3 = 150[\Omega]$, $L = 60[\mu\text{H}]$인 경우, 브리지 평형 조건에 의해서 검류계 D에 전류가 흐르지 않기 위한 $R[\Omega]$과 $C[\mu\text{F}]$값은?

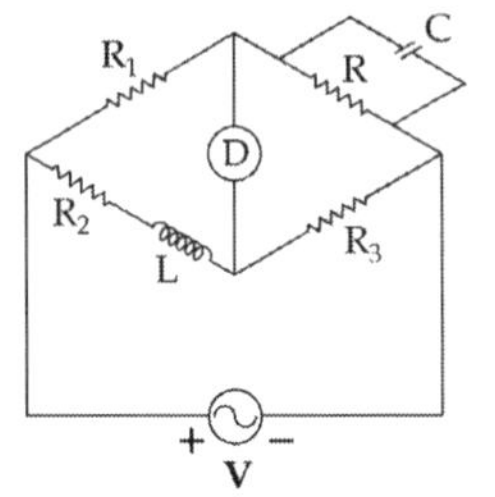


그림 4.24

**풀이** 그림 4.24에서 $RC$병렬 회로의 복소 임피던스는

$$\frac{R\times jX_C}{R+jX_C} = \frac{R\times\left(-j\dfrac{1}{\omega C}\right)}{R+\left(-j\dfrac{1}{\omega C}\right)} = \frac{-jR\dfrac{1}{\omega C}}{R-j\dfrac{1}{\omega C}} = \frac{-jR}{\omega CR-j1} = \frac{R}{1+j\omega CR}$$

브리지 회로의 평형 조건에 의해서

$$R_1R_3 = (R_2+j\omega L)\frac{R}{1+j\omega CR}$$

즉, $R_1R_3(1+j\omega CR) = R(R_2+j\omega L)$로부터

실수부는 $R_1R_3 = RR_2$, 허수부는 $\omega CRR_1R_3 = \omega LR$ 이 성립되어야 한다.

따라서, $R = \dfrac{R_1R_3}{R_2} = \dfrac{20\times150}{300} = 10[\Omega]$

$C = \dfrac{L}{R_1R_3} = \dfrac{60\times10^{-6}}{20\times150} = 0.02[\mu\text{F}]$

## 4.2 사다리형 회로

그림 4.25와 같이 복소 임피던스가 직렬 접속과 병렬 접속이 반복되는 회로를 사다리형 회로(ladder type circuit)라고 한다.

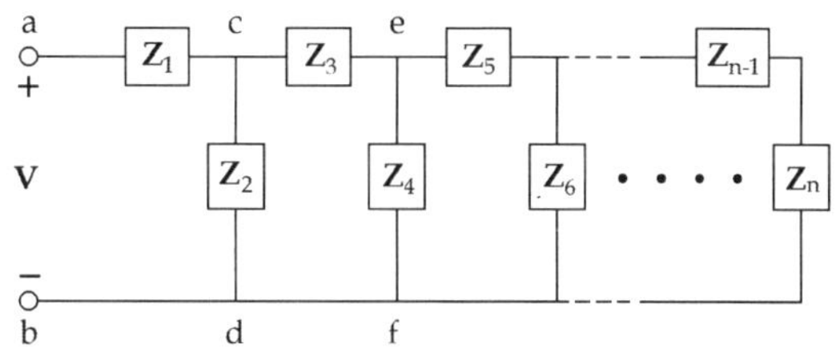


그림 4.25 사다리형 회로

회로의 단자 c−d점으로부터 오른쪽을 바라보았을 때의 복소 임피던스를 $\boldsymbol{Z}_2'$라고 하면, 단자 a−b점에서 오른쪽을 바라보았을 때의 전체 복소 임피던스 $\boldsymbol{Z}$는

$$\boldsymbol{Z} = \boldsymbol{Z}_1 + \frac{1}{\dfrac{1}{\boldsymbol{Z}_2} + \dfrac{1}{\boldsymbol{Z}_2'}}[\Omega] \quad \cdots\cdots (4.68)$$

이며 식 4.68에 $\dfrac{1}{\boldsymbol{Z}_2} = \boldsymbol{Y}_2$을 대입하면

$$\boldsymbol{Z} = \boldsymbol{Z}_1 + \frac{1}{\boldsymbol{Y}_2 + \dfrac{1}{\boldsymbol{Z}_2'}}[\Omega] \quad \cdots\cdots (4.69)$$

이다. 또한 단자 e−f점으로부터 오른쪽을 바라보았을 때의 복소 임피던스를 $\boldsymbol{Z}_4'$라고 하면, 단자 c−d점에서 오른쪽을 바라보았을 때의 전체 복소 임피던스 $\boldsymbol{Z}_2'$는

$$\boldsymbol{Z}_2' = \boldsymbol{Z}_3 + \frac{1}{\boldsymbol{Y}_4 + \dfrac{1}{\boldsymbol{Z}_4'}}[\Omega] \quad \cdots\cdots (4.70)$$

이며 식 4.69에 식 4.70을 대입하면

$$Z = Z_1 + \cfrac{1}{Y_2 + \cfrac{1}{Z_3 + \cfrac{1}{Y_4 + \cfrac{1}{Z_4'}}}} [\Omega] \quad \cdots\cdots (4.71)$$

이다. 이를 확장하면

$$Z = Z_1 + \cfrac{1}{Y_2 + \cfrac{1}{Z_3 + \cfrac{1}{Y_4 + \cfrac{1}{Z_5 + \cfrac{1}{Y_6 + \cdots}}}}} [\Omega] \quad \cdots\cdots (4.72)$$

이다.

**예제 4.18** 그림 4.26(a)와 같은 사다리형 회로에서 $R_1$에 흐르는 페이저 전류 $I_1$[A]는?

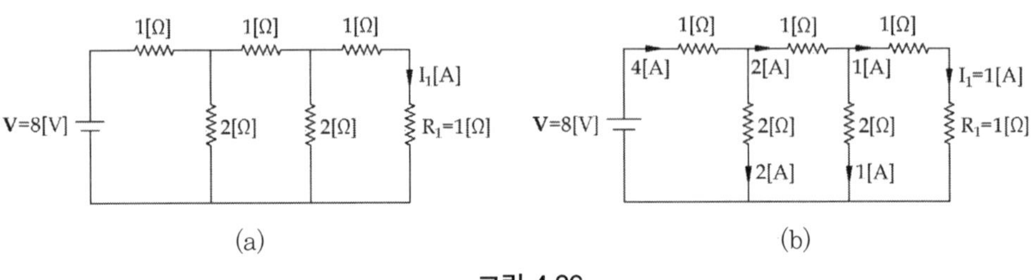


그림 4.26

풀이 그림 4.26(a)는 사다리형 회로이기 때문에 전체 저항 $R$은 식 4.72에 의해서

$$R = 1 + \cfrac{1}{\cfrac{1}{2} + \cfrac{1}{1 + \cfrac{1}{\cfrac{1}{2} + \cfrac{1}{1+1}}}} = 2[\Omega] \quad \cdots\cdots ①$$

전체 페이저 전류 $I$는

$$I = \frac{V}{R} = \frac{8}{2} = 4[\text{A}]$$

그림 4.26(b)와 같이 $R_1 = 1[\Omega]$에 흐르는 페이저 전류 $I_1$은 전체 페이저 전류인 4[A]가 각 지로의 저항에 반비례하여 분배되기 때문에

$$I_1 = 1[\text{A}]$$

# 제 4 장 연습문제

1. $A=15+j15$, $B=60\angle 60°$, $C=5e^{j0°}$일 때, $\frac{B+C}{A}$를 직교좌표 형식, $\frac{AB}{C}$를 극좌표 형식으로 나타내시오.

   정답 $\frac{B+C}{A}=2.90+j0.57$, $\frac{AB}{C}=180\sqrt{2}\angle 105°$

2. 복소수 전류 $I=-50e^{j\frac{\pi}{2}}$[A]를 정현파 교류의 순시값으로 표시하시오.

   정답 $i=50\sqrt{2}\sin\left(\omega t-\frac{\pi}{2}\right)$[A]

3. 정현파 교류 전류 $i_1=50\cos\left(\omega t+\frac{\pi}{3}\right)$[A]와 $i_2=20\sin\left(\omega t+\frac{\pi}{6}\right)$[A]를 합성할 때, 합성 전류의 크기 $I$[A]는?

   정답 $I=30.82$[A]

4. 정현파 교류 전압의 순시값 $v=150\sin\left(\omega t+\frac{\pi}{2}\right)$[V], 전류의 순시값 $i=15\sin\left(\omega t+\frac{\pi}{3}\right)$[A]일 때, 회로의 복소 임피던스 중 저항 $R$[Ω]과 리액턴스 $X$[Ω]는?

   정답 $R=5\sqrt{3}$[Ω], $X=5$[Ω]

5. 그림 1과 같은 $RLC$ 직렬 회로에 대한 복소 어드미턴스 Y를 구하고 복소 어드미턴스 회로도를 작성하시오.

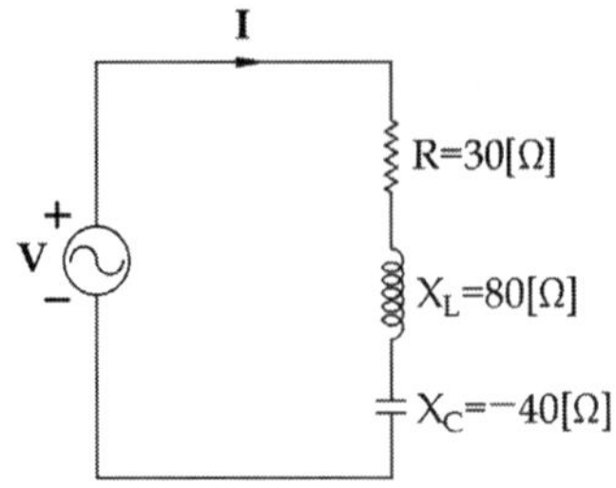


그림 1

정답 $Y = \frac{3}{250} - j\frac{4}{250}$ [℧]

복소 어드미턴스 회로도는 다음과 같다.

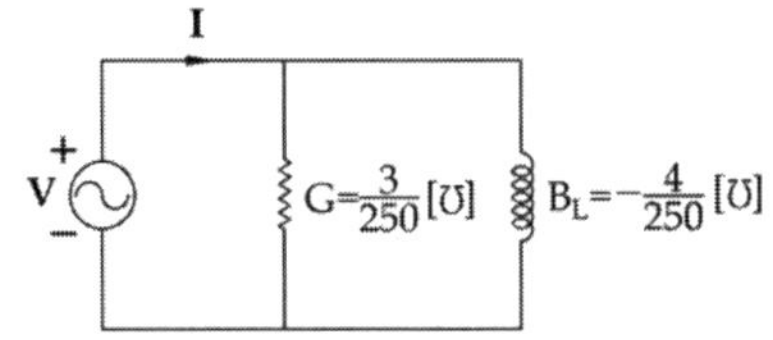


6. 그림 2와 같은 $RLC$ 병렬 회로에서 회로에 흐르는 페이저 전류 $I$ [A]는?

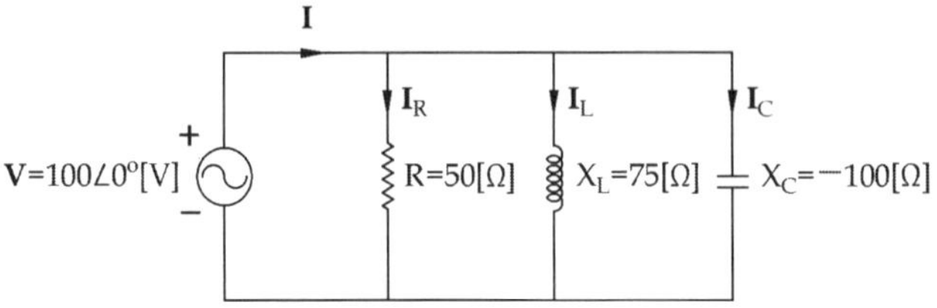


그림 2

정답 $I = 2 - j\frac{1}{3}$ [A]

7. 그림 3과 같은 회로에서 페이저 전류 $I$의 최대값[A]은?

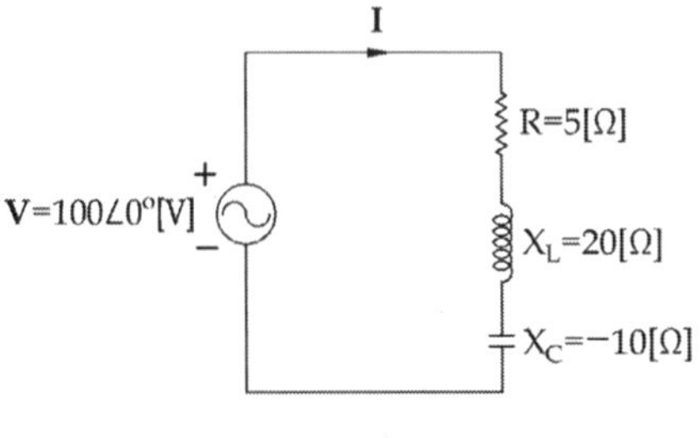


그림 3

정답 $I_m = 4\sqrt{10}$ [A]

8. 그림 4와 같은 회로에서 복소 어드미턴스 $Y$ [℧]는?

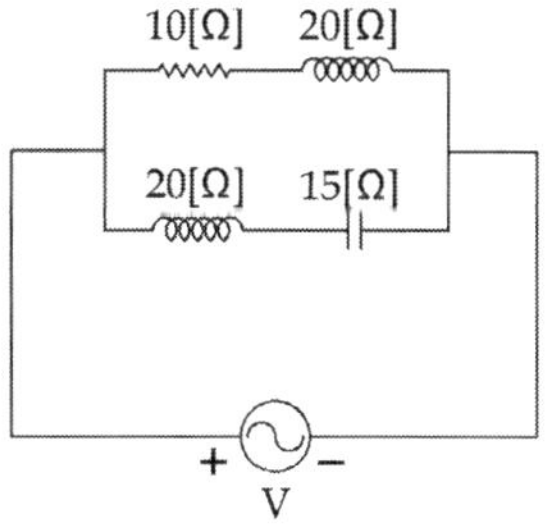


그림 4

정답 $Y = -\frac{1}{50} - j\frac{6}{25}$ [℧]

9. 그림 5로부터 회로에 인가하는 페이저 전압과 회로에 흐르는 페이저 전류가 동상이기 위한 용량성 리액턴스 $X_C$[Ω]의 값은?

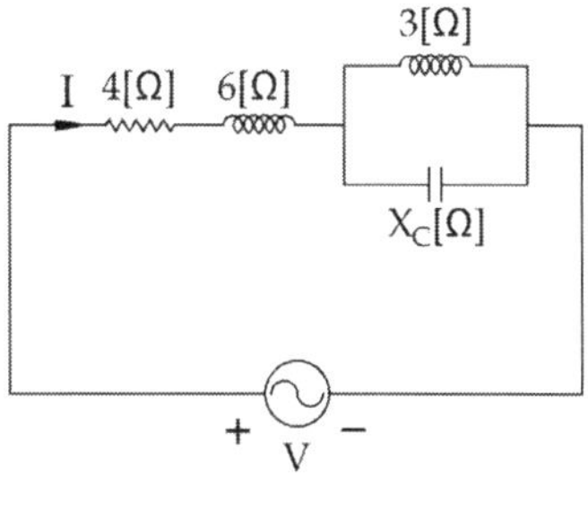


그림 5

정답 $X_C = -2$[Ω]

10. 그림 6과 같이 2개의 복소 임피던스 $Z_1 = 6 + j5$[Ω], $Z_2 = 2 - j1$[Ω]가 직렬 접속된 회로에 $v = 200\sin 377t$[V]인 정현파 교류 전압을 인가할 때, 회로에 흐르는 전류의 순시값 $i$ [A]는?

정답 $i = 10\sqrt{5}\sin(377t - 26.57°)$[A]

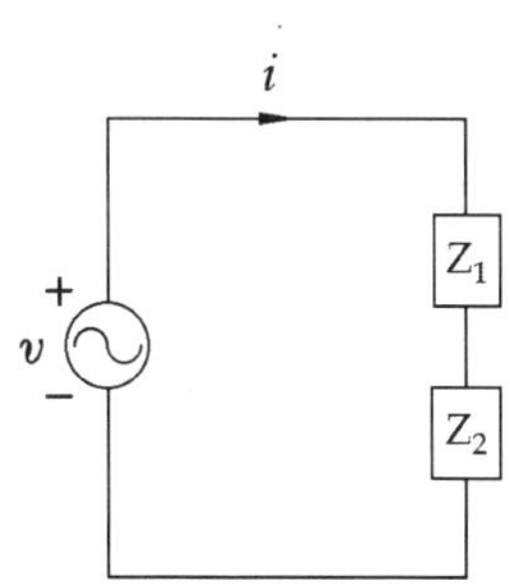


그림 6

11. 그림 7로부터 $R=1[\Omega]$인 저항이 무한히 접속되어 있을 때, 단자 a-b 간의 합성 저항 $R_{ab}$ $[\Omega]$는?

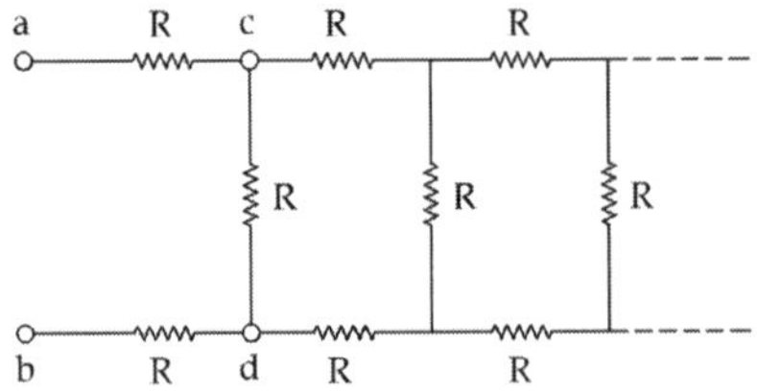


그림 7

정답 $R_{ab}=1+\sqrt{3}\ [\Omega]$

12. 그림 8로부터 브리지 회로가 평형 상태일 때, 회로에 흐르는 전류 $I$[A]는?

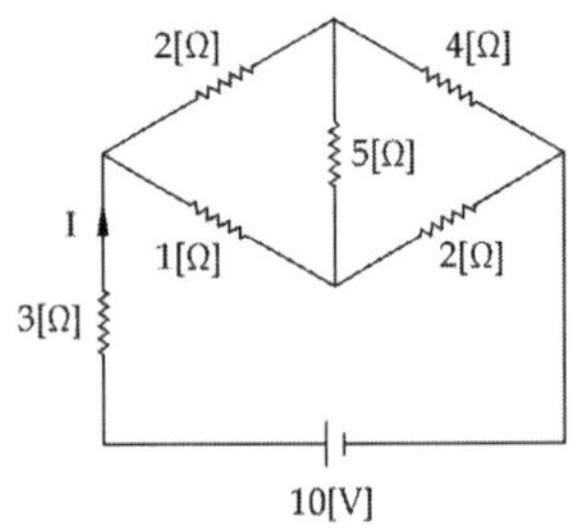


그림 8

정답 $I=2$[A]

# 5장 회로의 교류 전력과 에너지

## 1 회로에서의 전력과 에너지

### 1.1 저항에서의 전력과 에너지

그림 5.1(a)와 같은 저항만의 회로에

$$v = \sqrt{2}\, V \sin \omega t [\mathrm{V}] \quad \cdots\cdots (5.1)$$

의 정현파 교류 전압을 인가하면 그림 5.1(b)와 같이 저항만의 회로에서는 전압과 전류의 위상이 동상이기 때문에 회로에 흐르는 전류 $i$ 는

$$i = \sqrt{2}\, I \sin \omega t [\mathrm{A}] \quad \cdots\cdots (5.2)$$

이다. 이때, 그림 5.1(c)와 같이 저항만의 회로에서의 순시 전력 $p$ 는

$$p = vi = 2\, VI \sin^2 \omega t [\mathrm{W}] \quad \cdots\cdots (5.3)$$

이고 삼각 함수 $\cos 2\theta = 1 - 2\sin^2\theta$ 인 식으로부터 식 5.3은

$$p = VI(1 - \cos 2\omega t) [\mathrm{W}] \quad \cdots\cdots (5.4)$$

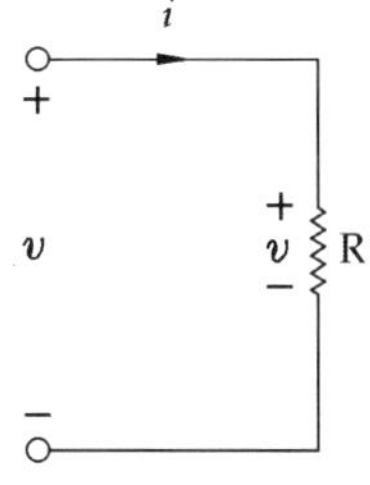


(a)

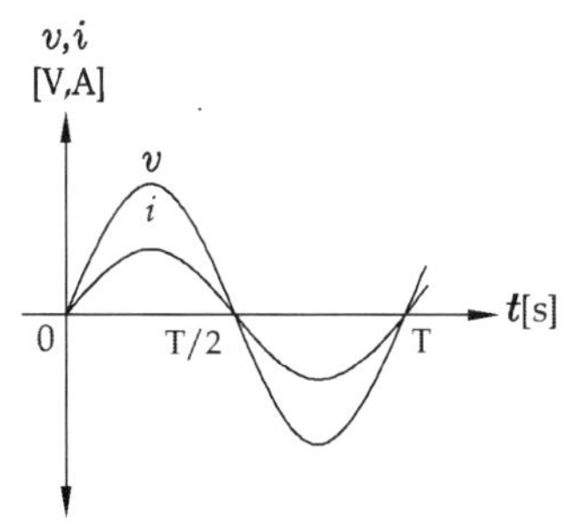


(b)

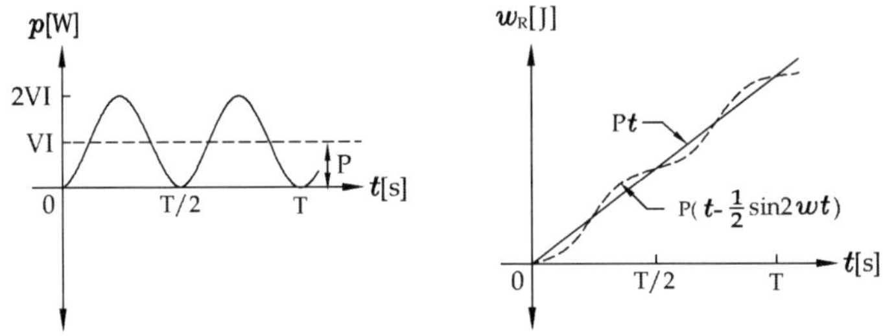


(c) (d)

**그림 5.1** 저항 회로에서의 전력과 에너지

이다. 식 5.4로부터 순시 전력의 주파수는 정현파 전압과 전류 주파수의 2배가 되는 것을 알 수 있다.

평균 전력(average power) $P$는 순시 전력 $p$의 한 주기 동안 평균값이므로

$$P=\frac{1}{T}\int_0^T p\,dt$$
$$=\frac{1}{T}\int_0^T VI(1-\cos 2\omega t)dt=\frac{VI}{T}\left[t-\frac{1}{2\omega}\sin 2\omega t\right]_0^T$$
$$=\frac{VI}{T}\left\{\left(T-\frac{1}{2\omega}\sin 2\omega T\right)-\left(0-\frac{1}{2\omega}\sin 0\right)\right\}[\mathrm{W}] \qquad \cdots\cdots (5.5)$$

이다. 여기서, $\omega T=2\pi$이므로 평균 전력 $P$는

$$P=VI\,[\mathrm{W}] \qquad \cdots\cdots (5.6)$$

이고 $V=IR\,[\mathrm{V}]$, $I=GV\,[\mathrm{A}]$인 식으로부터

$$P=I^2R=GV^2[\mathrm{W}] \qquad \cdots\cdots (5.7)$$

이 된다. 그림 5.1(c)에서 보면 순시 전력 $p$는 항상 $p \geq 0$이고 평균 전력 $P$도 항상 $P>0$인데, 이는 전원이 저항 $R$에 공급되면 저항에서는 전력이 소비되는 것과 동시에 열로 에너지가 소비되는 것을 알 수 있다.

따라서, 그림 5.1(d)와 같이 $0\sim t$ 동안 저항에서 소비되는 에너지 $w_R$은

$$w_R=\int_0^t p\,dt=\int_0^t VI(1-\cos 2\omega t)\,dt[\mathrm{J}] \qquad \cdots\cdots (5.8)$$

이고 식 5.8에 식 5.6을 대입하면

$$w_R = \int_0^t P(1-\cos 2\omega t)\,dt = P\left[t - \frac{1}{2\omega}\sin 2\omega t\right]_0^t$$

$$= P\left\{\left(t - \frac{1}{2\omega}\sin 2\omega t\right) - \left(0 - \frac{1}{2\omega}\sin 0\right)\right\}$$

$$= P\left(t - \frac{1}{2\omega}\sin 2\omega t\right)[\mathrm{J}] \qquad \cdots\cdots (5.9)$$

이다. 여기서, $t \gg \frac{1}{2\omega}\sin 2\omega t$ 이므로 식 5.9는

$$w_R = Pt[\mathrm{J}] \qquad \cdots\cdots (5.10)$$

이고 $P = VI[\mathrm{W}]$, $V = IR[\mathrm{V}]$, $I = GV[\mathrm{A}]$인 식으로부터

$$w_R = VIt = I^2Rt = GV^2t[\mathrm{J}] \qquad \cdots\cdots (5.11)$$

이다.

**예제 5.1** 그림 5.2와 같은 회로에서 $R_2$에서 소비되는 전력 $P[\mathrm{W}]$는?
(단, $R_1 = 5[\Omega]$, $R_2 = 2[\Omega]$, $R_3 = 3[\Omega]$, $R_4 = 6[\Omega]$)

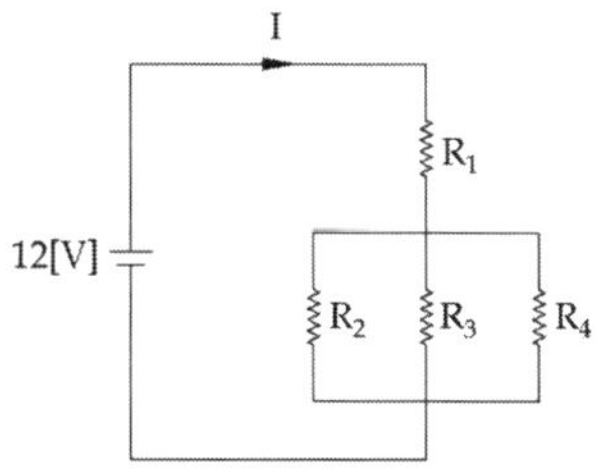


**그림 5.2**

풀이 병렬 접속된 $R_2$, $R_3$, $R_4$에서의 합성 저항 $R$은

$$\frac{1}{R} = \frac{1}{R_2} + \frac{1}{R_3} + \frac{1}{R_4} = \frac{1}{2} + \frac{1}{3} + \frac{1}{6} = \frac{3+2+1}{6} = 1$$

따라서, $R = 1[\Omega]$

병렬 접속된 $R_2$ 양단에 걸리는 전압 $V$는

$$V = \frac{R}{R_1 + R} \times 12 = \frac{1}{5+1} \times 12 = 2[\mathrm{V}]$$

따라서, $R_2$에서 소비되는 전력 $P$는

$$P = \frac{V^2}{R_2} = \frac{2^2}{2} = 2[\mathrm{W}]$$

## 1.2 인덕터에서의 전력과 에너지

그림 5.3(a)와 같은 인덕터만의 회로에

$$v = \sqrt{2}\,V\sin\left(\omega t + \frac{\pi}{2}\right) = \sqrt{2}\,V\cos\omega t[\mathrm{V}] \qquad \cdots\cdots (5.12)$$

의 정현파 교류 전압을 인가하면 인덕터만의 회로에서는 그림 5.3(b)와 같이 전류가 전압보다 위상이 $\frac{\pi}{2}$만큼 느리기 때문에 회로에 흐르는 전류 $i$는

$$i = \sqrt{2}\,I\sin\omega t[\mathrm{A}] \qquad \cdots\cdots (5.13)$$

이다.

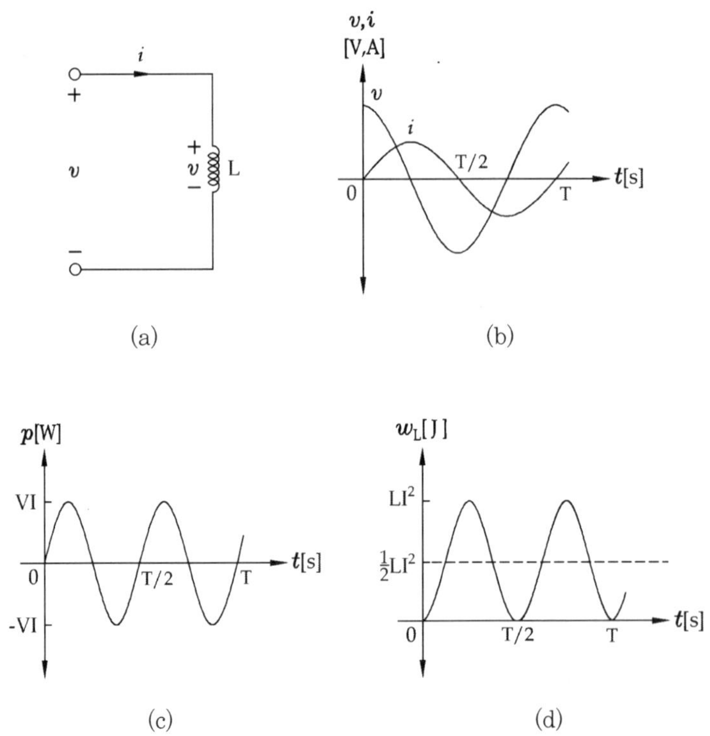


**그림 5.3** 인덕터 회로에서의 전력과 에너지

이때, 그림 5.3(c)와 같이 인덕터만의 회로에서의 순시 전력 $p$는

$$p = vi = 2\,VI\sin\omega t\cos\omega t[\mathrm{W}] \qquad \cdots\cdots (5.14)$$

이고 삼각 함수 $\sin 2\theta = 2\sin\theta\cos\theta$인 식으로부터 식 5.14는

$$p = VI\sin 2\omega t[\mathrm{W}] \qquad \cdots\cdots (5.15)$$

이다. 식 5.15로부터 순시 전력의 주파수는 정현파 전압과 전류 주파수의 2배가 되는 것을 알 수 있다.

평균 전력 $P$는 순시 전력 $p$의 한 주기 동안 평균값이므로

$$\begin{aligned} P &= \frac{1}{T}\int_0^T p\,dt \\ &= \frac{1}{T}\int_0^T VI\sin 2\omega t\,dt = \frac{VI}{T}\left[-\frac{1}{2\omega}\cos 2\omega t\right]_0^T \\ &= \frac{VI}{T}\left\{-\frac{1}{2\omega}\cos 2\omega T - \left(-\frac{1}{2\omega}\cos 0\right)\right\}[\mathrm{W}] \end{aligned} \qquad \cdots\cdots (5.16)$$

이다. 여기시, $\omega T - 2\pi$ 이므로

$$P = 0[\mathrm{W}] \qquad \cdots\cdots (5.17)$$

이 된다. 그림 5.3(c)에서 보면 순시 전력이 $p > 0$인 경우에는 전원으로부터 인덕터에 전원이 공급되고 있는 것이고 $p < 0$인 경우에는 인덕터로부터 전원으로 전력을 반환하고 있는 것이기 때문에 결론적으로 인덕터 자체 내에서는 전력 소비가 없다는 것을 알 수 있다. 이는 인덕터가 저항 $R$처럼 전원으로부터 전력을 공급받음과 동시에 전력을 소비하는 것이 아니라, 전원으로부터 공급받은 전력을 에너지 형태로 인덕터에 축적하고 난 다음, 다시 전원으로 반환히는 것이디.

따라서, 그림 5.3(d)와 같이 인덕터에 전류가 흘러 인덕터 주변에 자계(magnetic field)가 형성되는데 이때, 인덕터에 축적되는 에너지를 자기 에너지(magnetic energy) $w_L$이라고 하면

$$w_L = \frac{1}{2}Li^2[\mathrm{J}] \qquad \cdots\cdots (5.18)$$

이고 식 5.18에 식 5.13을 대입하면

$$w_L = \frac{1}{2}L(\sqrt{2}I\sin\omega t)^2 = LI^2\sin^2\omega t[\mathrm{J}] \qquad \cdots\cdots (5.19)$$

이다. 여기서, 삼각 함수 $\sin^2\theta = \frac{1}{2}(1-\cos 2\theta)$인 식으로부터 식 5.19는

$$w_L = \frac{1}{2}LI^2(1-\cos 2\omega t)[\mathrm{J}] \qquad \cdots\cdots (5.20)$$

이다.

한 주기 동안 인덕터에 축적되는 평균 축적 에너지 $W_L$은

$$W_L = \frac{1}{T}\int_0^T w_L dt$$

$$= \frac{1}{T}\int_0^T \frac{1}{2}LI^2(1-\cos 2\omega t)dt = \frac{LI^2}{2T}\left[t - \frac{1}{2\omega}\sin 2\omega t\right]_0^T$$

$$= \frac{LI^2}{2T}\left\{\left(T - \frac{1}{2\omega}\sin 2\omega T\right) - \left(0 - \frac{1}{2\omega}\sin 0\right)\right\}$$

$$= \frac{1}{2}LI^2[\text{J}] \qquad \cdots\cdots (5.21)$$

이다.

**예제 5.2** $L = 50$[mH]인 회로에 $V = 100$[V], $f = 60$[Hz]인 정현파 교류 전압을 인가할 때, 인덕터에 축적되는 평균 축적 에너지 $W_L$[J]은?

풀이 인덕터에서의 유도성 리액턴스 $X_L$은

$$X_L = \omega L = 2\pi f L = 2\pi \times 60 \times 50 \times 10^{-3} \fallingdotseq 18.85[\Omega]$$

회로에 흐르는 전류 $I$는

$$I = \frac{V}{X_L} = \frac{V}{2\pi f L} = \frac{100}{2\pi \times 60 \times 50 \times 10^{-3}} \fallingdotseq \frac{100}{18.85} = 5.31[\text{A}]$$

따라서, 평균 축적 에너지 $W_L$은

$$W_L = \frac{1}{2}LI^2 = \frac{1}{2} \times 50 \times 10^{-3} \times 5.31^2 \fallingdotseq 0.70[\text{J}]$$

**예제 5.3** 인덕터 $L$인 회로에 순시값 $i = \sqrt{2}I\sin 2\pi ft$[A]인 정현파 교류 전류가 흐를 때, 인덕터에 축적되는 에너지 $w_L$[J]은?

풀이 코일에 축적되는 에너지 $w_L$은

$$w_L = \frac{1}{2}Li^2 = \frac{1}{2}L(\sqrt{2}I\sin 2\pi ft)^2 = \frac{1}{2}L(2I^2\sin^2 2\pi ft) = LI^2\sin^2 2\pi ft \text{ [J]}$$

여기서, 삼각 함수 $\sin^2\theta = \frac{1}{2}(1-\cos 2\theta)$인 식으로부터

$$w_L = \frac{1}{2}LI^2(1-\cos 4\pi ft)[\text{J}]$$

## 1.3 커패시터에서의 전력과 에너지

그림 5.4(a)와 같은 커패시터만의 회로에

$$v = \sqrt{2}\, V \sin \omega t [\mathrm{V}] \quad \cdots\cdots (5.22)$$

의 정현파 교류 전압을 인가하면 커패시터만의 회로에서는 그림 5.4(b)와 같이 전류가 전압보다 위상이 $\frac{\pi}{2}$만큼 빠르기 때문에 회로에 흐르는 전류 $i$ 는

$$i = \sqrt{2}\, I \sin\left(\omega t + \frac{\pi}{2}\right) = \sqrt{2}\, I \cos \omega t [\mathrm{A}] \quad \cdots\cdots (5.23)$$

이다. 이때, 그림 5.4(c)와 같이 커패시터만의 회로에서의 순시 전력 $p$는

$$p = vi = 2\, VI \sin \omega t \cos \omega t [\mathrm{W}] \quad \cdots\cdots (5.24)$$

이고 삼각 함수 $\sin 2\theta = 2 \sin\theta \cos\theta$인 식으로부터 식 5.24는

$$p = VI \sin 2\omega t [\mathrm{W}] \quad \cdots\cdots (5.25)$$

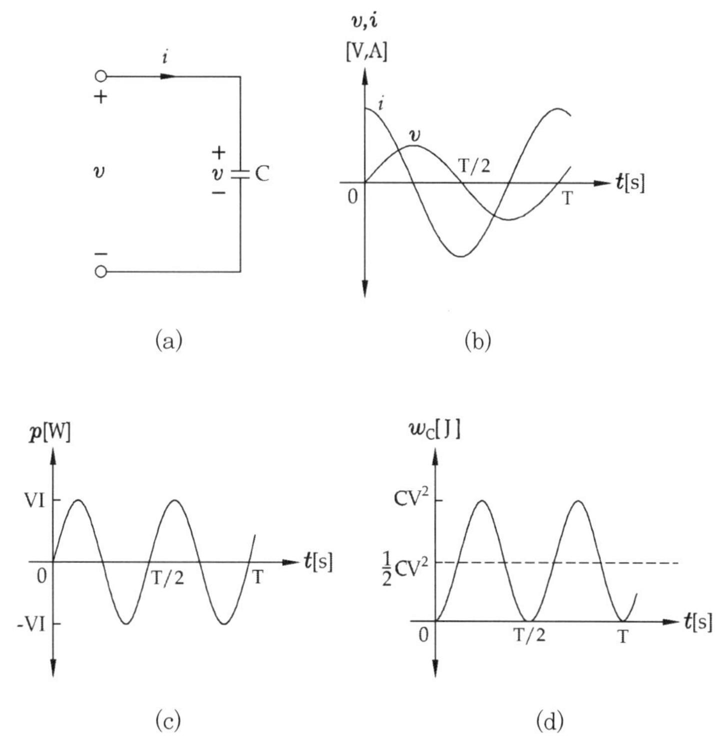


**그림 5.4** 커패시터 회로에서의 전력과 에너지

이다. 식 5.25로부터 순시 전력의 주파수는 정현파 전압과 전류 주파수의 2배가 되는 것을 알 수 있다.

평균 전력 $P$는 순시 전력 $p$의 한 주기 동안 평균값이므로

$$
\begin{aligned}
P &= \frac{1}{T}\int_0^T p\,dt \\
&= \frac{1}{T}\int_0^T VI\sin 2\omega t\,dt = \frac{VI}{T}\left[-\frac{1}{2\omega}\cos 2\omega t\right]_0^T \\
&= \frac{VI}{T}\left\{-\frac{1}{2\omega}\cos 2\omega T - \left(-\frac{1}{2\omega}\cos 0\right)\right\}[\mathrm{W}] \qquad \cdots\cdots (5.26)
\end{aligned}
$$

이다. 여기서, $\omega T = 2\pi$이므로

$$P = 0[\mathrm{W}] \qquad \cdots\cdots (5.27)$$

이 된다. 그림 5.4(c)에서 보면 순시 전력이 $p > 0$인 경우에는 전원으로부터 커패시터에 전원이 공급되고 있는 것이고 $p < 0$인 경우에는 커패시터로부터 전원으로 전력을 반환하고 있는 것이기 때문에 결론적으로 커패시터 자체 내에서는 전력 소비가 없다는 것을 알 수 있다. 이는 커패시터가 인덕터 $L$과 마찬가지로, 전원으로부터 공급받은 전력을 에너지 형태로 커패시터에 축적하고 난 다음, 다시 전원으로 반환하는 것이다.

따라서, 그림 5.4(d)와 같이 커패시터에 전류가 흘러 커패시터 주변에 전계(electric field)가 형성되는데 이때, 커패시터에 축적되는 에너지를 정전 에너지(electrostatic energy) $w_C$라고 하면

$$w_C = \frac{1}{2}Cv^2[\mathrm{J}] \qquad \cdots\cdots (5.28)$$

이고 식 5.28에 식 5.22를 대입하면

$$w_C = \frac{1}{2}C(\sqrt{2}\,V\sin\omega t)^2 = CV^2\sin^2\omega t[\mathrm{J}] \qquad \cdots\cdots (5.29)$$

이다. 여기서, 삼각 함수 $\sin^2\theta = \frac{1}{2}(1-\cos 2\theta)$인 식으로부터 식 5.29는

$$w_C = \frac{1}{2}CV^2(1-\cos 2\omega t)[\mathrm{J}] \qquad \cdots\cdots (5.30)$$

이다.

한 주기 동안 커패시터에 축적되는 평균 축적 에너지 $W_C$는

$$\begin{aligned} W_C &= \frac{1}{T}\int_0^T w_C\, dt \\ &= \frac{1}{T}\int_0^T \frac{1}{2}CV^2(1-\cos 2\omega t)dt = \frac{CV^2}{2T}\left[t-\frac{1}{2\omega}\sin 2\omega t\right]_0^T \\ &= \frac{CV^2}{2T}\left\{\left(T-\frac{1}{2\omega}\sin 2\omega T\right)-\left(0-\frac{1}{2\omega}\sin 0\right)\right\} \\ &= \frac{1}{2}CV^2[\mathrm{J}] \end{aligned} \quad \cdots\cdots (5.31)$$

이다.

**예제 5.4** $C=2[\mu\mathrm{F}]$인 회로에 $V=50[\mathrm{V}]$인 정현파 교류 전압을 인가할 때, 커패시터에 축적되는 평균 축적 에너지 $W_C$[J]는?

풀이) 커패시터에 축적되는 평균 축적 에너지 $W_C$는

$$W_C = \frac{1}{2}CV^2 = \frac{1}{2}\times 2\times 10^{-6}\times 50^2 = 2.5\times 10^{-3}[\mathrm{J}]$$

**예제 5.5** 커패시턴스 $C=10[\mathrm{F}]$인 회로에 그림 5.5(a)와 같은 삼각파 교류 전압을 인가하였을 때, 커패시터에 흐르는 전류 $i$[A], 순시 전력 $p$[W] 및 축적 에너지 $w$[J]는?

풀이) 그림 5.5(b)와 같이 커패시터에 흐르는 전류는 $i=C\dfrac{dv}{dt}$[A]로부터

$$0\sim 2\text{초}:\ \frac{dv}{dt}=\frac{2-0}{2-0}=1,\qquad i=10\times 1=10[\mathrm{A}]$$

$$2\sim 4\text{초}:\ \frac{dv}{dt}=\frac{0-2}{4-2}=-1,\qquad i=10\times(-1)=-10[\mathrm{A}]$$

$$4\sim 6\text{초}:\ \frac{dv}{dt}=\frac{2-0}{6-4}=1,\qquad i=10\times 1=10[\mathrm{A}]$$

$$6\sim 8\text{초}:\ \frac{dv}{dt}=\frac{0-2}{8-6}=-1,\qquad i=10\times(-1)=-10[\mathrm{A}]$$

그림 5.5(c)에는 커패시터에서 형성되는 순시 전력 $p=vi$[W]인 파형 그래프를, 그림 5.5(d)에는 커패시터에 축적되는 에너지 $w=\dfrac{1}{2}Cv^2$[W]인 파형을 나타낸다.

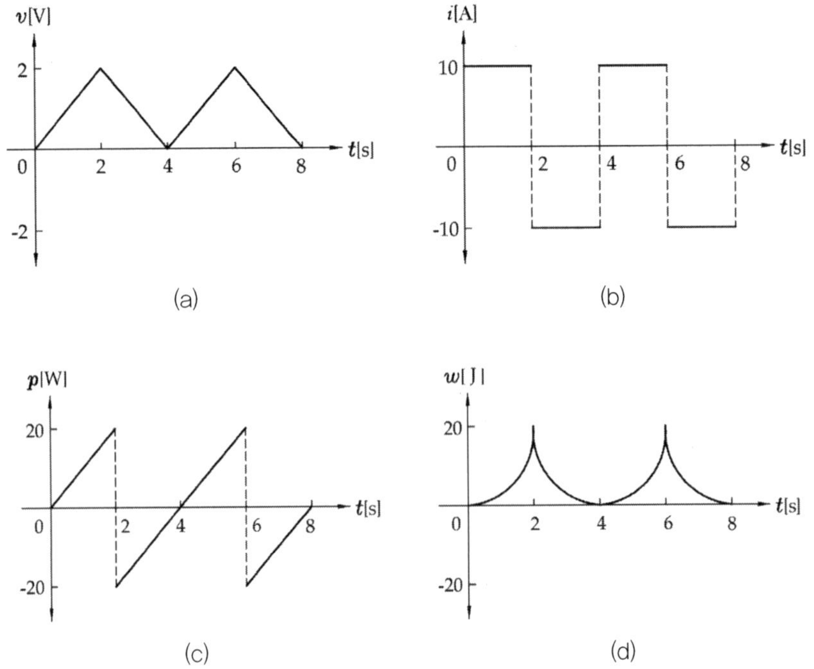


그림 5.5

## 2 일반적인 회로에서의 전력과 역률

그림 5.6은 임피던스 $\boldsymbol{Z} = Z\angle\theta[\Omega]$인 $RLC$ 회로에 $v = \sqrt{2}\,V\sin(\omega t+\theta)[\mathrm{V}]$인 전압을 인가하면 일반적인 회로인 경우에는 전류 $i$ 가 $v$ 보다 $\theta$ 만큼 느리기 때문에

$$i = \sqrt{2}\,I\sin\omega t[\mathrm{A}] \qquad \cdots\cdots (5.32)$$

인 전류가 회로에 흐른다.

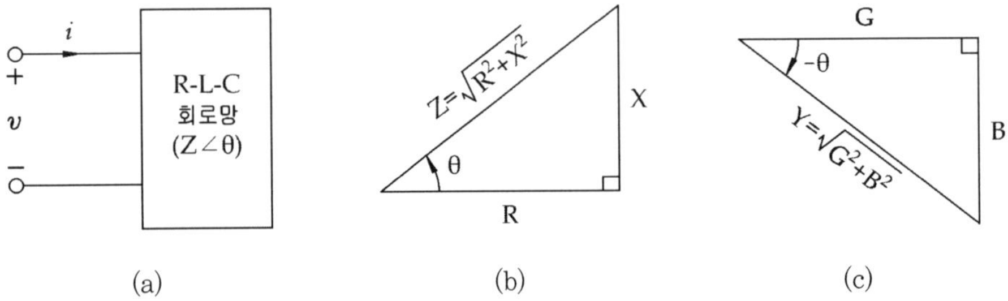


그림 5.6 일반적인 $RLC$ 회로 및 임피던스 삼각도와 어드미턴스 삼각도

회로에서 소비되는 순시 전력 $p$는

$$p = vi = 2VI\sin(\omega t + \theta)\sin\omega t [\text{W}] \qquad \cdots\cdots (5.33)$$

이다. 여기서, 삼각 함수 $\sin\theta_1 \sin\theta_2 = -\frac{1}{2}\{\cos(\theta_1 + \theta_2) - \cos(\theta_1 - \theta_2)\}$인 식으로부터 식 5.33은

$$p = VI\cos\theta - VI\cos(2\omega t + \theta) [\text{W}] \qquad \cdots\cdots (5.34)$$

이고 식 5.34에서 $VI\cos\theta$는 시간에 관계없는 일정한 값을 가지며 $VI\cos(2\omega t + \theta)$는 시간에 따라서 변하는 정현파 교류를 나타낸다.

그림 5.7(a)는 정현파 교류 전압 $v$와 전류 $i$를 나타낸다. 그림 5.7(b)는 회로에서의 순시 전력 $p$를 나타낸 것으로서 그림 5.7(a)에서 전압과 전류의 부호가 서로 같은 경우에는 순시 전력 $p > 0$이며 이는 전원으로부터 회로망에 전원이 공급되고 있는 반면, 전압과 전류의 부호가 서로 다른 경우에는 순시 전력 $p < 0$이며 이는 회로망으로부터 전원으로 전력을 반환하고 있는 것이다.

그림 5.7(b)와 같이 일반적인 회로인 경우에는 순시 전력 $p > 0$인 부분이 $p < 0$인 부분보다 크기 때문에 전원으로부터 회로에 전원이 공급된다고 할 수 있으며 이는 일반적인 회로에서는 평균 전력 $P \geq 0$임을 알 수 있다.

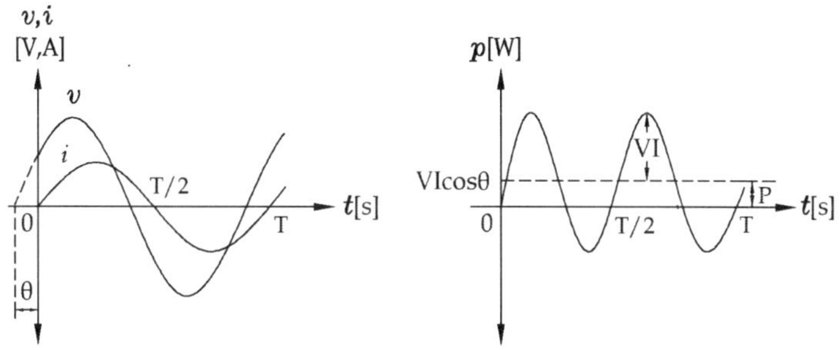


(a) (b)

**그림 5.7** 일반적인 회로에서의 전력

식 5.34로부터 평균 전력 $P$는

$$P = \frac{1}{T}\int_0^T p\,dt$$

$$= \frac{1}{T}\int_0^T \{VI\cos\theta - VI\cos(2\omega t + \theta)\}dt$$

$$= \frac{VI}{T}\left[\cos\theta \cdot t - \frac{1}{2\omega}\sin(2\omega t+\theta)\right]_0^T$$

$$= \frac{VI}{T}\left[\cos\theta \cdot T - \frac{1}{2\omega}\sin(2\omega T+\theta) - \left(\cos\theta \cdot 0 - \frac{1}{2\omega}\sin\theta\right)\right]$$

$$= VI\cos\theta[\mathrm{W}] \qquad \cdots\cdots (5.35)$$

이다.

직류 회로에서 전력은 전압 × 전류로 나타내지만, 교류 회로에서 전력은 전압과 전류의 곱에 역률(power factor, $p.f$)이라고 하는 $\cos\theta$를 곱하기 때문에 역률 $p.f$는

$$p.f = \cos\theta = \frac{P}{VI}\times 100[\%] \qquad \cdots\cdots (5.36)$$

이다. 또한, $\theta$는 $-90° \le \theta \le 90°$이기 때문에 역률은

$$0 \le p.f \le 1 \qquad \cdots\cdots (5.37)$$

이고 $\theta > 0$인 경우에는 전압을 기준으로 전류의 위상은 전압보다 느리기 때문에 이때의 역률을 지상 역률(lagging power factor)이라고 하며 $\theta < 0$인 경우에는 전압을 기준으로 전류의 위상은 전압보다 빠르기 때문에 이때의 역률을 진상 역률(leading power factor)이라고 한다.

그림 5.6(b)에서 나타낸 임피던스 삼각도와 그림 5.6(c)에서 나타낸 어드미턴스 삼각도로부터 역률을 표시하면

$$p.f = \cos\theta = \frac{R}{Z} = \frac{G}{Y} \qquad \cdots\cdots (5.38)$$

이고 식 5.38에 의해서 평균 전력 $P$를 나타내면

$$P = VI\cos\theta = VI\frac{R}{Z} = I^2R[\mathrm{W}] \qquad \cdots\cdots (5.39)$$

$$P = VI\cos\theta = VI\frac{G}{Y} = V^2G[\mathrm{W}] \qquad \cdots\cdots (5.40)$$

이다.

**예제 5.6** 정격이 100[V], 1[kW]인 냉장고의 역률이 80[%]일 때, 냉장고에 흐르는 전류 $I_{80}$[A]은? 만약, 역률이 100[%]라면 냉장고에 흐르는 전류 $I_{100}$[A]은?

풀이 평균 전력 $P = VI\cos\theta$인 식으로부터 전류 $I$는

$$I = \frac{P}{V\cos\theta}[\text{A}]$$

역률이 80[%]일 때, 냉장고에 흐르는 전류 $I_{80}$은

$$I_{80} = \frac{1{,}000}{100 \times 0.8} = 12.5[\text{A}]$$

역률이 100[%]일 때, 냉장고에 흐르는 전류 $I_{100}$은

$$I_{100} = \frac{1{,}000}{100 \times 1} = 10[\text{A}]$$

따라서, 역률이 100[%]일 때가 80[%]일 때보다 전류가 2.5[A] 감소한다.

**예제 5.7** $R = 30[\Omega]$, $L = 0.106[\text{H}]$인 $RL$ 직렬 회로에 $v = 200\sqrt{2}\sin 377t[\text{V}]$인 전압을 인가할 때,

(1) 회로의 역률 $p.f$ 는?

(2) 회로에 공급되는 순시 전력의 최대값 $p_{\max}$[W]와 평균 전력 $P$ [W]는?

풀이 (1) 회로의 유도성 리액턴스 $X_L$은

$$X_L = \omega L = 377 \times 0.106 \fallingdotseq 40[\Omega]$$

회로의 임피던스 $\boldsymbol{Z}$는

$$\boldsymbol{Z} = R + jX_L = 30 + j40[\Omega]$$

임피던스의 크기 $Z$는

$$Z = \sqrt{R^2 + X_L^2} = \sqrt{30^2 + 40^2} = 50[\Omega]$$

회로의 역률 $p.f$는

$$p.f = \cos\theta = \frac{R}{Z} = \frac{30}{50} = 0.6$$

(2) 회로에 흐르는 전류의 크기 $I$는

$$I = \frac{V}{Z} = \frac{200}{50} = 4[\text{A}]$$

순시 전력의 최대값 $p_{\max}$는 식 5.34에 의해서

$$p_{\max} = VI\cos\theta + VI = VI(\cos\theta + 1) = 200 \times 4 \times (0.6 + 1) = 1{,}280[\text{W}]$$

평균 전력 $P$는 식 5.35에 의해서

$$P = VI\cos\theta = 200 \times 4 \times 0.6 = 480[\text{W}]$$

## 3 회로의 유효 전력, 무효 전력 및 피상 전력

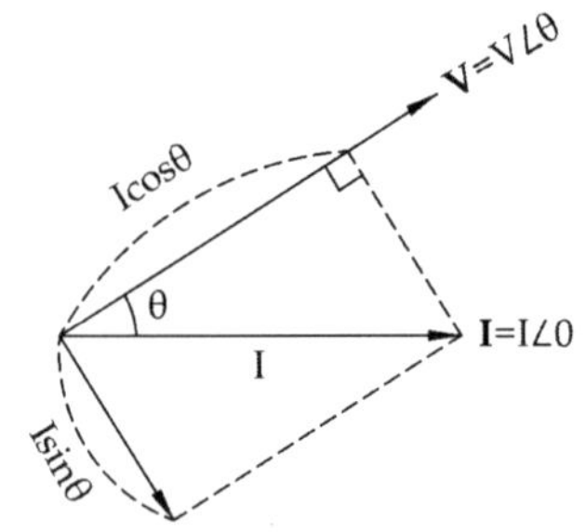


그림 5.8 유효 전력과 무효 전력

일반적인 회로인 경우에는 유도성 회로이기 때문에 페이저 전압 $\boldsymbol{V}$의 위상이 페이저 전류 $\boldsymbol{I}$보다 $\theta$ 만큼 빠르다. 그림 5.8은 페이저 전압과 페이저 전류를 나타낸 것으로서 페이저 전류를 분해하면 페이저 전압과 동상인 $I\cos\theta$ 성분과 페이저 전압과 90° 위상차를 갖는 $I\sin\theta$ 성분으로 나눌 수 있다.

여기서, $I\cos\theta$는 평균 전력(유효 전력) $P= VI\cos\theta$에 기여하는 성분이기 때문에 유효 전류(active current)라고 하며 $I\sin\theta$는 평균 전력에 기여하지 않는 성분이기 때문에 무효 전류(reactive current)라고 한다.

유효 전류는 전압과 동상인 전류로서 저항 만의 회로에 흐르는 전류이고 무효 전류는 전압과 90°의 위상차를 갖는 전류로서 인덕터 $L$과 커패시터 $C$에 흐르는 전류라고 할 수 있다.

무효 전력은 $P_r$로 나타내고 단위는 바아르[Voltampere reactive, Var]라고 하는 가운데, 유효 전력 $P$와 무효 전력 $P_r$은

$$P = VI\cos\theta[\mathrm{W}],\ P_r = VI\sin\theta[\mathrm{Var}] \qquad \cdots\cdots (5.41)$$

이다. 또한, 무효 전력과 관련된 계수인 $\sin\theta$를 무효율(reactive factor, $r.f$)이라 하고 식 5.41로부터 무효율 $r.f$는

$$r.f = \sin\theta = \frac{P_r}{VI}\times 100[\%] \qquad \cdots\cdots (5.42)$$

이다. 그림 5.6(b)에서 나타낸 임피던스 삼각도와 그림 5.6(c)에서 나타낸 어드미턴스 삼각도로부터 무효율 $r.f$를 표시하면

$$r.f = \sin\theta = \frac{X}{Z} = -\frac{B}{Y} \qquad \cdots\cdots (5.43)$$

이고 식 5.43에 의해서 무효 전력 $P_r$을 나타내면

$$P_r = VI\sin\theta = VI\frac{X}{Z} = I^2X[\mathrm{Var}] \qquad \cdots\cdots (5.44)$$

$$P_r = VI\sin\theta = VI\left(-\frac{B}{Y}\right) = -V^2B[\mathrm{Var}] \qquad \cdots\cdots (5.45)$$

이다.

피상 전력(apparent power)은 전압과 전류의 위상차는 고려하지 않고 단순히 전압과 전류의 실효값(크기)을 곱하여 표시하는 전력으로서 $P_a$로 나타내고 단위는 볼트암페어[Voltampere, VA]라고 한다.

$$P_a = VI\,[\mathrm{VA}] \qquad \cdots\cdots (5.46)$$

여기서, 식 5.46은 $V = ZI\,[\mathrm{V}]$, $I = YV\,[\mathrm{A}]$인 식에 의해서

$$P_a = I^2 Z = V^2 Y\,[\mathrm{VA}] \qquad \cdots\cdots (5.47)$$

로 표시할 수 있다.

그림 5.9로부터 피상 전력 $P_a$를 구하면

$$P_a{}^2 = P^2 + P_r{}^2 = (VI\cos\theta)^2 + (VI\sin\theta)^2 = (VI)^2\,[\mathrm{VA}] \qquad \cdots\cdots (5.48)$$

이고 피상 전력의 크기 $P_a$는

$$P_a = \sqrt{P^2 + P_r^2}\,[\mathrm{VA}] \qquad \cdots\cdots (5.49)$$

이다.

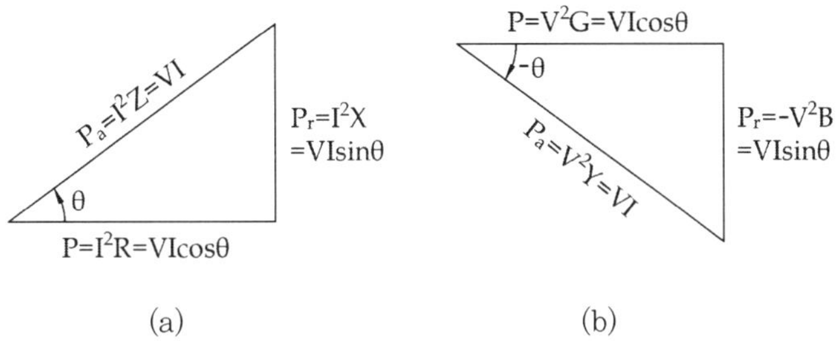


**그림 5.9** 임피던스와 어드미턴스 전력 삼각도

**예제 5.8** $R = 4[\Omega]$, $X_L = 3[\Omega]$인 $R-L$ 직렬 회로에 $\boldsymbol{V} = 200\angle 0°[\mathrm{V}]$인 전압을 인가할 때, 회로에서 소비되는 전력 $P\,[\mathrm{kW}]$는?

풀이 회로의 임피던스 $\boldsymbol{Z}$는

$$\boldsymbol{Z} = R + jX_L = 4 + j3\,[\Omega]$$

임피던스의 크기 $Z$는

$$Z = \sqrt{R^2 + X_L^2} = \sqrt{4^2 + 3^2} = 5\,[\Omega]$$

회로에 흐르는 전류의 실효값 $I$는

$$I = \frac{V}{Z} = \frac{200}{5} = 40[\text{A}]$$

따라서, 회로에서 소비되는 전력 $P$는

$$P = I^2 R = 40^2 \times 4 = 6{,}400[\text{W}] = 6.4[\text{kW}]$$

**예제 5.9** $P_a = 50[\text{kVA}]$인 부하의 역률이 0.6일 때, 무효 전력 $P_r[\text{kVar}]$은?

풀이 무효율 $\sin\theta$는 $\sin^2\theta + \cos^2\theta = 1$로부터

$$\sin\theta = \sqrt{1-\cos^2\theta} = \sqrt{1-0.6^2} = 0.8$$

따라서, 무효 전력 $P_r$은

$$P_r = VI\sin\theta = P_a \sin\theta = 50 \times 0.8 = 40[\text{kVar}]$$

**예제 5.10** $R = 30[\Omega]$, $L = 106.16[\text{mH}]$인 $RL$ 직렬 회로에 $V = 200[\text{V}]$, $f = 60[\text{Hz}]$인 정현파 교류 전압을 인가했을 때, 회로의 피상 전력 $P_a[\text{VA}]$는?

풀이 회로의 유도성 리액턴스 $X_L$은

$$X_L = \omega L = 2\pi f L = 2\pi \times 60 \times 106.16 \times 10^{-3} \fallingdotseq 40[\Omega]$$

임피던스 $\boldsymbol{Z}$는

$$\boldsymbol{Z} = R + jX_L = 30 + j40[\Omega]$$

임피던스의 크기 $Z$는

$$Z = \sqrt{R^2 + X^2} = \sqrt{30^2 + 40^2} = 50[\Omega]$$

회로에 흐르는 전류 $I$는

$$I = \frac{V}{Z} = \frac{200}{50} = 4[\text{A}]$$

회로의 피상 전력 $P_a$는

$$P_a = VI = 200 \times 4 = 800[\text{VA}]$$

## 4 회로의 복소 전력

복소 전력(complex power)은 회로에 공급되는 유효 전력을 실수부로, 무효 전력을 허수부로 하는 전력을 말하고 $\boldsymbol{P}_a$로 나타내며

$$\boldsymbol{P}_a = P + jP_r = VI\cos\theta + jVI\sin\theta[\text{VA}] \quad \cdots\cdots (5.50)$$

식 5.50으로부터 복소 전력 $\boldsymbol{P}_a$를 극좌표 형식으로 나타내면

$$\boldsymbol{P}_a = VI\angle\theta[\text{VA}] \quad \cdots\cdots (5.51)$$

이고 식 5.51로부터 복소 전력 $\boldsymbol{P}_a$를 지수함수 형식으로 나타내면

$$\boldsymbol{P}_a = VIe^{j\theta}[\text{VA}] \quad \cdots\cdots (5.52)$$

이다. 또한, 식 5.50으로부터 복소 전력 $\boldsymbol{P}_a$를 임피던스 형식으로 나타내면

$$\boldsymbol{P}_a = I^2R + jI^2X = I^2\boldsymbol{Z}\,[\text{VA}] \quad \cdots\cdots (5.53)$$

이고 복소 전력 $\boldsymbol{P}_a$를 어드미턴스 형식으로 나타내면

$$\boldsymbol{P}_a = V^2G + jV^2(-B) = V^2Y^*[\text{VA}] \quad \cdots\cdots (5.54)$$

이다. 여기서,

$$I^2 = \boldsymbol{I}\boldsymbol{I}^* \quad \cdots\cdots (5.55)$$

이므로 식 5.53은

$$\boldsymbol{P}_a = \boldsymbol{I}\boldsymbol{I}^*\boldsymbol{Z} = \boldsymbol{V}\boldsymbol{I}^*[\text{VA}] \quad \cdots\cdots (5.56)$$

이다. 따라서, 유효 전력 $P$는 복소 전력 $\boldsymbol{P}_a$의 실수부, 무효 전력 $P_r$은 복소 전력 $\boldsymbol{P}_a$의 허수부이므로

$$P = Re(\boldsymbol{P}_a),\ P_r = Im(\boldsymbol{P}_a) \quad \cdots\cdots (5.57)$$

이다.

**예제 5.11** 회로에 200 ∠ 60°[V]인 정현파 교류 전압을 인가하여 50 ∠ 30°[A]의 전류가 흘렀을 때 회로에서 소비되는 유효 전력 $P$[W], 무효 전력 $P_r$[Var], 피상 전력 $P_a$[VA] 및 역률 $p.f$ 는?

풀이 복소 전력 $\boldsymbol{P}_a$는 식 5.56으로부터

$$\boldsymbol{P}_a = \boldsymbol{VI}^* = (200\angle 60°) \times (50\angle -30°) = 10{,}000\angle 30°[\mathrm{VA}]$$

복소 전력 $\boldsymbol{P}_a$를 직교좌표 형식으로 나타내면

$$\boldsymbol{P}_a = 10{,}000\angle 30° = 10{,}000\cos 30° + j10{,}000\sin 30°$$
$$= 10{,}000 \times \frac{\sqrt{3}}{2} + j10{,}000 \times \frac{1}{2} = 5{,}000\sqrt{3} + j5{,}000[\mathrm{VA}]$$

식 5.57로부터 복소 전력 $\boldsymbol{P}_a$의 실수부는 유효 전력 $P$, 허수부는 무효 전력 $P_r$ 이므로

$$P = 5{,}000\sqrt{3}[\mathrm{W}],\quad P_r = 5{,}000[\mathrm{Var}]$$

피상 전력 $P_a$는

$$P_a = \sqrt{(5{,}000\sqrt{3})^2 + 5{,}000^2} = 10{,}000[\mathrm{VA}]$$

역률 $p.f$는

$$p.f = \cos\theta = \frac{P}{P_a} = \frac{5{,}000\sqrt{3}}{10{,}000} = \frac{\sqrt{3}}{2}$$

## 5 회로의 역률 개선

일반적으로 모터 코일 등을 사용하여 제작되는 전기 기기는 유도성 부하이기 때문에 전류가 전압보다 위상이 늦는 지상 역률(lagging power factor)이다. 이와 같은 지상 역률로 인하여 역률이 낮아지는데 이는

$$I = \frac{P}{V\cos\theta}[\mathrm{A}] \qquad \cdots\cdots (5.58)$$

인 식으로부터 부하에 일정한 전력 $P$를 공급하고 전압도 일정하게 $V$만큼 인가한다면 지상 역률인 $\cos\theta$의 역률이 낮기 때문에 전류 $I$를 많이 흘려야 한다.

이럴 경우, 전기 기기에서는 열손실이 많아지게 되고 선로에서는 전압 강하가 증가하여 전압 변동률이 커지게 된다. 이와 같은 상황을 개선하기 위하여 그림 5.10(a)와 같이 지상 전류가 흐르는 유도성 부하에 병렬로 커패시터 $C$를 접속하여 지상 전류를 상쇄하는 진상 전류가 커패시터에 흐르게 함으로써 그림 5.10(b)와 같이 부하 전류 $\boldsymbol{I}$의 위상을 전압 $\boldsymbol{V}$의 위상에 가깝게 한다.

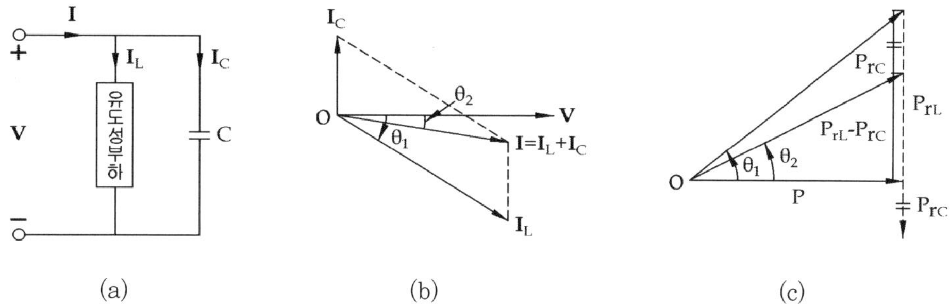


그림 5.10 회로의 역률 개선

이와 같이 부하 전류의 위상을 전압의 위상과 거의 일치하도록 하여 역률을 1에 가깝게 하게 하는 것을 역률 개선이라고 한다. 역률이 개선됨으로써 부하 전류가 감소하게 되어 설비 용량을 늘리지 않고도 부하의 증설이 가능해지는 장점이 있다.

역률 개선을 위하여 연결하는 커패시터의 용량은 그림 5.10(c)로부터

$$\tan\theta_1 = \frac{P_{rL}}{P}, \quad \tan\theta_2 = \frac{P_{rL}-P_{rC}}{P} \qquad \cdots\cdots (5.59)$$

이고 $\tan\theta_2$에 $\tan\theta_1$을 대입하면

$$\tan\theta_2 = \tan\theta_1 - \frac{P_{rC}}{P} \qquad \cdots\cdots (5.60)$$

이다. 역률 보상용 커패시터의 용량인 $P_{rC}$에 대해서 정리하면

$$P_{rc} = P(\tan\theta_1 - \tan\theta_2)[\text{VA}] \qquad \cdots\cdots (5.61)$$

이 되고 $\tan^2\theta = \sec^2\theta - 1$인 식으로부터

$$P_{rc} = P\left(\sqrt{\frac{1}{\cos^2\theta_1}-1} - \sqrt{\frac{1}{\cos^2\theta_2}-1}\right)[\text{VA}] \qquad \cdots\cdots (5.62)$$

인 식이 유도된다.

여기서, $P_{rC}$ : 역률 보상용 커패시터의 용량[VA]

$P$ : 부하의 유효 전력[W]

$\cos\theta_1$ : 역률 개선 전의 역률

$\cos\theta_2$ : 역률 개선 후의 역률 …… (5.63)

**예제 5.12** 피상 전력 $P_a = 20$[kVA], 지상 역률 80[%]인 3상 평형 부하에 역률 보상용 커패시터를 병렬로 접속하여 역률을 95[%]까지 개선하고자 한다. 이때 역률 보상용 커패시터의 용량 $P_{rC}$[VA]는?

**풀이** 식 5.62로부터 역률 보상용 커패시터의 용량 $P_{rc}$는

$$P_{rc} = P\left(\sqrt{\frac{1}{\cos^2\theta_1} - 1} - \sqrt{\frac{1}{\cos^2\theta_2} - 1}\right)$$

$$= 20 \times 0.8 \times \left(\sqrt{\frac{1}{0.8^2} - 1} - \sqrt{\frac{1}{0.95^2} - 1}\right) \fallingdotseq 6.74[\text{kVA}]$$

## 6 최대 전력 전송

일반적으로 발전소에서 수용가로 전력을 전송 시, 송전 선로에서 Joule열로 약 40[%] 정도의 전력 손실이 발생한다. 이와 같은 손실을 방지하기 위해서는 수용가로 최대의 전력을 전송할 수 있는 조건을 찾아내는 것이 필요하다.

그림 5.11에서 회로의 전원을 제거하고 부하 측에서 전원 측을 바라보았을 때, 전원 측 임피던스를 $\boldsymbol{Z}_S$, 부하 측의 임피던스를 $\boldsymbol{Z}_L$이라고 하면

$$\boldsymbol{Z}_S = R_S + jX_S[\Omega], \ \boldsymbol{Z}_L = R_L + jX_L[\Omega] \qquad \cdots\cdots (5.64)$$

일 때, 전원 측에서 부하 측으로 최대의 전력을 전송할 수 있는 조건은 다음과 같다.

회로에 흐르는 전류 $\boldsymbol{I}$는

$$\boldsymbol{I} = \frac{\boldsymbol{V}_S}{\boldsymbol{Z}} = \frac{\boldsymbol{V}_S}{\boldsymbol{Z}_S + \boldsymbol{Z}_L} = \frac{\boldsymbol{V}_S}{(R_S + R_L) + j(X_S + X_L)}[\text{A}] \qquad \cdots\cdots (5.65)$$

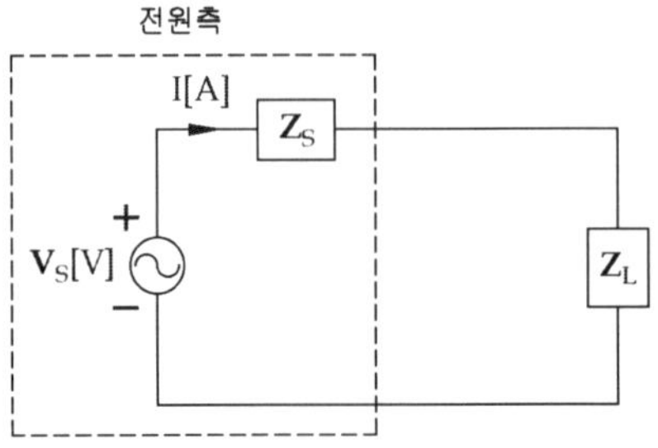


그림 5.11 최대 전력 전송

이고 전류의 크기 $I$는

$$I = \frac{V_S}{Z} = \frac{V_S}{\sqrt{(R_S + R_L)^2 + (X_S + X_L)^2}} [\text{A}] \quad \cdots\cdots (5.66)$$

이다. 부하 측에 공급되는 전력 $P_L$은

$$P_L = I^2 R_L = \frac{{V_S}^2 R_L}{(R_S + R_L)^2 + (X_S + X_L)^2} [\text{W}] \quad \cdots\cdots (5.67)$$

인 가운데, 부하 측에 공급되는 전력 $P_L$이 최대가 되기 위한 조건은 식 5.67로부터

$$X_S + X_L = 0,\ X_L = -X_S \quad \cdots\cdots (5.68)$$

을 만족해야 한다.

또한, $\left(\frac{a}{x}\right)' = \frac{a'x - ax'}{x^2} = \frac{x-a}{x^2}$인 미분 공식에 의해서 식 5.67에서 $X_L = -X_S$ 조건 하에 $R_L$을 미분 변수로 하여 미분함으로써 $P_L$의 최대값을 구할 수 있다. 즉,

$$d\left\{\frac{R_L}{(R_S + R_L)^2}\right\} / dR_L = \frac{(R_S + R_L)^2 - 2R_L(R_S + R_L)}{(R_S + R_L)^4}$$

$$= \frac{R_S - R_L}{(R_S + R_L)^3} = 0 \quad \cdots\cdots (5.69)$$

이고 $R_S - R_L = 0$ 즉, $R_L = R_S$인 조건 하에서 부하 측에 공급되는 전력 $P_L$은 최대가 된다. 요약하면 부하 측에 최대로 전력을 공급하는 조건은

$$R_L = R_S,\quad X_L = -X_S \quad \cdots\cdots (5.70)$$

이고 이는 전원 측의 임피던스와 부하 측의 임피던스는 서로 공액 관계임을 알 수 있다.

$$\boldsymbol{Z}_L = \boldsymbol{Z}_S^* \quad \cdots\cdots (5.71)$$

따라서, 부하 측에 최대로 전력을 공급하는 조건에 의해서 전원 측으로부터 부하 측에 공급되는 최대 전력 $P_{Lmax}$는 식 5.67과 식 5.70에 의해서

$$P_{Lmax} = \frac{V_S^2}{4R_S} [\text{W}] \quad \cdots\cdots (5.72)$$

이 된다.

**예제 5.13** 그림 5.12와 같은 회로에서 부하 측에 최대 전력이 공급되기 위한 부하 측의 임피던스 $Z_L[\Omega]$은?

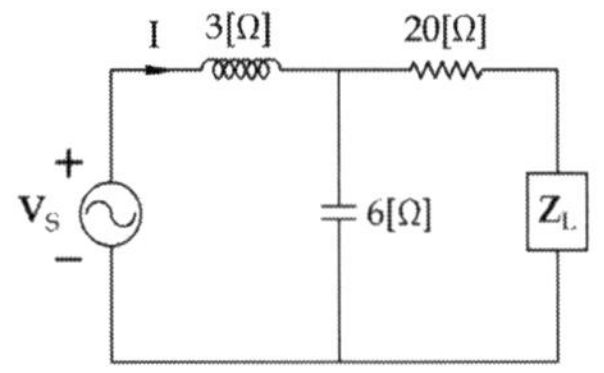


그림 5.12

풀이 전원 측의 임피던스 $Z_S$는 전압 $V_S$를 단락하고 부하 측에서 전원측을 바라보았을 때의 임피던스이므로

$$Z_S = 20 + \frac{j3 \times (-j6)}{j3 + (-j6)} = 20 + \frac{(-j^2 18)}{(-j3)} = 20 + j6[\Omega]$$

부하 측에 전력이 최대로 전송되기 위한 조건은 식 5.71과 같이 $Z_L = Z_S^*$ 이므로

$$Z_L = Z_S^* = 20 - j6\ [\Omega]$$

# 제 5 장 연습문제

1. 그림 1로부터 전력 소비가 가장 많은 저항은?

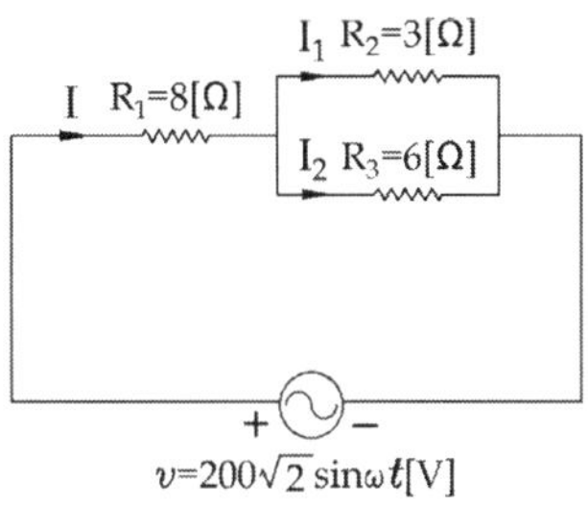


그림 1

정답 $R_1$

2. $RL$ 직렬 회로에 직류 전압 200[V]를 인가하여 1,000[W]의 전력이 소비되었고 주파수 60 [Hz]인 교류 전압 300[V]를 인가하여 1,440[W]가 소비되었다. 이때, 저항 $R\,[\Omega]$과 인덕턴스 $L$ [mH]은?

정답 $R = 40[\Omega]$, $L = 79.6$[mH]

3. $RC$ 병렬 회로에 주파수 60[Hz]인 전압 200[V]를 인가하여 유효 전력 2,000[W], 무효 전력 −1,000[Var]가 소비되었다. 이 때, 저항 $R\,[\Omega]$과 커패시턴스 $C\,[\mu\mathrm{F}]$는?

정답 $R = 20[\Omega]$, $C = 66.31[\mu\mathrm{F}]$

4. 회로에 전압 200[V]를 인가하여 전류 30[A]가 흐르고 유효 전력 4.8[kW]의 전력이 소비되었을 때, 회로의 리액턴스 $X\,[\Omega]$는?

정답 $X = 4[\Omega]$

5. 역률 0.8인 회로에서 소비되는 유효 전력이 1,600[W]일 때, 무효 전력 $P_r$ [Var]은?

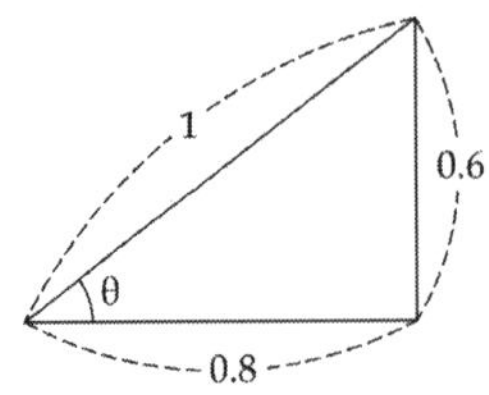


그림 2

정답 $P_r = 1,200$[Var]

6. 회로에 전압 125[V]를 인가하여 회로에서 유효 전력 200[W], 무효 전력 150[Var]이 소비될 때, 회로에 흐르는 전류 $I$[A]는?

정답 $I = 2$[A]

7. 그림 3과 같은 $RL$ 병렬 회로에 전압 200[V]를 인가하여 회로에서 유효 전력 2[kW]가 소비되고 역률 85[%]일 때, 저항 $R$ [Ω]과 리액턴스 $X_L$[Ω]은?

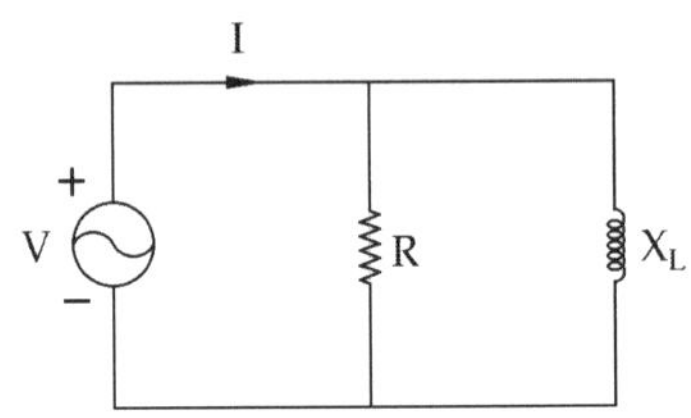


그림 3

정답 $R = 20$[Ω], $X_L = 32.27$[Ω]

8. 회로에 페이저 전압 $V = 100\angle 60°$[V]를 인가하여 페이저 전류 $I = 10\angle 30°$[A]가 흐를 때, 아래 항목에 대해서 답하시오.

(1) 회로의 복소 전력 $P_a$[VA]
(2) 회로의 유효 전력 $P$[W]
(3) 회로의 무효 전력 $P_r$[Var]
(4) 회로의 피상 전력 $P_a$[VA]
(5) 회로의 역률 $p.f$
(6) 회로의 무효율 $r.f$

정답 (1) $\boldsymbol{P}_a = 1{,}000\angle 30°$[VA] (2) $P = 500\sqrt{3}$ [W]
(3) $P_r = 500$ [Var] (4) $P_a = 1{,}000$[VA]
(5) $p.f = 0.866$ (6) $r.f = 0.5$

9. 역률 $\cos\theta = 0.8$ 인 유도성 부하 600[kW]에 전력을 공급하고 있을 때, 역률 개선을 위하여 300[kVA]의 커패시턴스를 접속한다면, 역률은 몇 [%]로 개선되는가?

정답 97[%]

10. 회로의 유효 전력이 40[W], 무효 전력 30[Var]일 때, 역률은 몇 [%]인가?

정답 80[%]

11. 전원 전압 $V_S$[V]가 인가되는 회로에서, 부하인 저항 $R_L[\Omega]$이 전원의 내부 저항 $R_S[\Omega]$의 4배가 된다면, 부하 저항에서 소비되는 전력 $P_L$[W]은 최대 전송 전력 $P_{L\max}$[W]의 몇 배인가?

정답 0.64배

12. 정현파 전원 전압의 최대값이 $V_{mS}$[V]이고 전원 측 내부의 임피던스는 $Z = R_S + jX_S[\Omega]$일 때, 부하에 전송되는 최대 전력[W]은?

정답 $P_{L\max} = \dfrac{V_{mS}^{2}}{8R_S}$[W]

# Memo

# 6장 회로망 해석법

## 1 행렬

### 1.1 행렬의 용어

행렬(matrix)은 연립방정식을 해석할 때 유용하게 활용되는 것으로서, 행(row)이 $m$행이고 열(column)이 $n$열인 행렬은

$$\begin{bmatrix} a_{11} & a_{12} & \cdots & a_{1n} \\ a_{21} & a_{22} & \cdots & a_{2n} \\ \vdots & \vdots & \vdots & \vdots \\ a_{m1} & a_{m2} & \cdots & a_{mn} \end{bmatrix} \qquad \cdots\cdots (6.1)$$

와 같이 나타내고 $a_{12}$는 1행 2열을 나타내는 원소이고 $a_{21}$은 2행 1열을 나타내는 원소이다.

또한, 행의 수 $m$과 열의 수 $n$이 같은 행렬을 정방 행렬(square matrix)이라고 하는 가운데, $a_{11}$, $a_{22}$, ⋯, $a_{mn}$과 같이 행렬의 맨 위 왼쪽부터 맨 아래 오른쪽까지 대각선에 있는 원소를 대각원(diagonal element)이라고 하고 행렬의 대각원 원소가 모두 1이고 다른 원소들은 0일 때를 식 6.2와 같은 단위 행렬(unit matrix)이라고 한다.

$$\begin{bmatrix} 1 & 0 & 0 & 0 \\ 0 & 1 & 0 & 0 \\ 0 & 0 & 1 & 0 \\ 0 & 0 & 0 & 1 \end{bmatrix} = [1] \qquad \cdots\cdots (6.2)$$

### 1.2 행렬의 연산

행렬을 연산하는 방법은 덧셈, 뺄셈, 곱셈 및 나눗셈이 있다.

### (1) 행렬의 덧셈

행렬 $[A]$와 행렬 $[B]$를 더하면 식 6.3과 같이 $[A]$행렬과 $[B]$행렬의 동일한 행과 동일한 열을 합친 것으로 나타낸다.

$$[A]+[B]=\begin{bmatrix} a_{11} & a_{12} \\ a_{21} & a_{22} \end{bmatrix}+\begin{bmatrix} b_{11} & b_{12} \\ b_{21} & b_{22} \end{bmatrix}=\begin{bmatrix} a_{11}+b_{11} & a_{12}+b_{12} \\ a_{21}+b_{21} & a_{22}+b_{22} \end{bmatrix} \quad \cdots\cdots (6.3)$$

### (2) 행렬의 뺄셈

행렬 $[A]$에서 행렬 $[B]$를 빼면 식 6.4와 같이 $[A]$행렬에서 $[B]$행렬의 동일한 행, 동일한 열 원소를 뺀 것으로 나타낸다.

$$[A]-[B]=\begin{bmatrix} a_{11} & a_{12} \\ a_{21} & a_{22} \end{bmatrix}-\begin{bmatrix} b_{11} & b_{12} \\ b_{21} & b_{22} \end{bmatrix}=\begin{bmatrix} a_{11}-b_{11} & a_{12}-b_{12} \\ a_{21}-b_{21} & a_{22}-b_{22} \end{bmatrix} \quad \cdots\cdots (6.4)$$

### (3) 행렬의 곱셈

행렬 $[A]$와 행렬 $[B]$를 곱하면 식 6.5와 같이 $[A]$행렬의 행 원소와 $[B]$행렬의 열 원소를 곱하여 합한 것으로 나타낸다.

$$\begin{aligned}[A][B]&=\begin{bmatrix} a_{11} & a_{12} \\ a_{21} & a_{22} \end{bmatrix}\begin{bmatrix} b_{11} & b_{12} \\ b_{21} & b_{22} \end{bmatrix} \\ &=\begin{bmatrix} a_{11}b_{11}+a_{12}b_{21} & a_{11}b_{12}+a_{12}b_{22} \\ a_{21}b_{11}+a_{22}b_{21} & a_{21}b_{12}+a_{22}b_{22} \end{bmatrix} \quad \cdots\cdots (6.5)\end{aligned}$$

### (4) 행렬의 나눗셈

행렬 $[A]$와 행렬 $[B]$가 $[A][B]=[1]$인 관계에 있을 때, 행렬 $[B]$는 행렬 $[A]$의 역행렬(inverse matrix)이라고 하고 $[B]=[A]^{-1}$로 나타낸다. 이때 행렬 $[A]$의 역행렬인 행렬 $[B]$이 각 원소는

$$b_{ij}=\frac{\Delta_{ji}}{|A|}=\frac{(-1)^{j+i}M_{ji}}{|A|} \quad \cdots\cdots (6.6)$$

이고 여기서, $|A|$는 행렬 $[A]$의 행렬식, $\Delta_{ji}$는 행렬식 $|A|$의 $j$행 $i$열을 제외한 소행렬식 $M_{ji}$에 $(-1)^{j+i}$를 곱한 것으로 여인수(cofactor)라고 한다.

따라서, 행렬 $[A]=\begin{bmatrix} a_{11} & a_{12} \\ a_{21} & a_{22} \end{bmatrix}$의 역행렬인 $[B]=\begin{bmatrix} b_{11} & b_{12} \\ b_{21} & b_{22} \end{bmatrix}$는

$$[B]=[A]^{-1}=\frac{1}{|A|}\begin{bmatrix} \Delta_{11} & \Delta_{21} \\ \Delta_{12} & \Delta_{22} \end{bmatrix}$$

$$= \frac{1}{\begin{vmatrix} a_{11} & a_{12} \\ a_{21} & a_{22} \end{vmatrix}} \begin{bmatrix} (-1)^{1+1}M_{11} & (-1)^{2+1}M_{21} \\ (-1)^{1+2}M_{12} & (-1)^{2+2}M_{22} \end{bmatrix}$$

$$= \frac{1}{a_{11}a_{22} - a_{12}a_{21}} \begin{bmatrix} a_{22} & -a_{12} \\ -a_{21} & a_{11} \end{bmatrix} \qquad \cdots\cdots (6.7)$$

이다.

**예제 6.1** 행렬 $[A]$와 행렬 $[B]$를 합친 $[A]+[B]$를 구하시오.

$$[A] = \begin{bmatrix} 2 & 1 \\ 3 & 4 \end{bmatrix}, \quad [B] = \begin{bmatrix} 4 & 6 \\ 1 & 5 \end{bmatrix}$$

**풀이** 행렬 $[A]$와 행렬 $[B]$를 더하면

$$[A]+[B] = \begin{bmatrix} 2 & 1 \\ 3 & 4 \end{bmatrix} + \begin{bmatrix} 4 & 6 \\ 1 & 5 \end{bmatrix} = \begin{bmatrix} 2+4 & 1+6 \\ 3+1 & 4+5 \end{bmatrix} = \begin{bmatrix} 6 & 7 \\ 4 & 9 \end{bmatrix}$$

**예제 6.2** 행렬 $[A]$와 행렬 $[B]$를 곱한 $[A][B]$를 구하시오.

$$[A] = \begin{bmatrix} 3 & 6 \\ 2 & 4 \end{bmatrix}, \quad [B] = \begin{bmatrix} 6 & 2 \\ 7 & 4 \end{bmatrix}$$

**풀이** 행렬 $[A]$와 행렬 $[B]$를 곱하면

$$[A][B] = \begin{bmatrix} 3 & 6 \\ 2 & 4 \end{bmatrix} \begin{bmatrix} 6 & 2 \\ 7 & 4 \end{bmatrix} = \begin{bmatrix} 3\times6+6\times7 & 3\times2+6\times4 \\ 2\times6+4\times7 & 2\times2+4\times4 \end{bmatrix} = \begin{bmatrix} 60 & 30 \\ 40 & 20 \end{bmatrix}$$

**예제 6.3** 행렬 $[A]$의 역행렬인 행렬 $[B]$를 구하시오.

$$[A] = \begin{bmatrix} 2 & 1 & 5 \\ 4 & 3 & 7 \\ 5 & 1 & 6 \end{bmatrix}$$

**풀이** 행렬 $[B]$는 행렬 $[A]$의 역행렬이기 때문에 $[B]=[A]^{-1}$인 식이 성립하고

$$[B] = [A]^{-1} = \frac{1}{|A|} \begin{bmatrix} \Delta_{11} & \Delta_{21} & \Delta_{31} \\ \Delta_{12} & \Delta_{22} & \Delta_{32} \\ \Delta_{13} & \Delta_{23} & \Delta_{33} \end{bmatrix}$$

$$= \frac{1}{\begin{vmatrix} 2 & 1 & 5 \\ 4 & 3 & 7 \\ 5 & 1 & 6 \end{vmatrix}} \begin{bmatrix} (-1)^{1+1}M_{11} & (-1)^{2+1}M_{21} & (-1)^{3+1}M_{31} \\ (-1)^{1+2}M_{12} & (-1)^{2+2}M_{22} & (-1)^{3+2}M_{32} \\ (-1)^{1+3}M_{13} & (-1)^{2+3}M_{23} & (-1)^{3+3}M_{33} \end{bmatrix}$$

$$= \frac{1}{(36+35+20)-(75+14+24)} \begin{bmatrix} \begin{vmatrix} 3 & 7 \\ 1 & 6 \end{vmatrix} & -\begin{vmatrix} 1 & 5 \\ 1 & 6 \end{vmatrix} & \begin{vmatrix} 1 & 5 \\ 3 & 7 \end{vmatrix} \\ -\begin{vmatrix} 4 & 7 \\ 5 & 6 \end{vmatrix} & \begin{vmatrix} 2 & 5 \\ 5 & 6 \end{vmatrix} & -\begin{vmatrix} 2 & 5 \\ 4 & 7 \end{vmatrix} \\ \begin{vmatrix} 4 & 3 \\ 5 & 1 \end{vmatrix} & -\begin{vmatrix} 2 & 1 \\ 5 & 1 \end{vmatrix} & \begin{vmatrix} 2 & 1 \\ 4 & 3 \end{vmatrix} \end{bmatrix}$$

$$= \frac{1}{-22} \begin{bmatrix} 11 & -1 & -8 \\ 11 & -13 & 6 \\ -11 & 3 & 2 \end{bmatrix}$$

따라서, 행렬 $[B]$는

$$[B] = \frac{1}{22} \begin{bmatrix} -11 & 1 & 8 \\ -11 & 13 & -6 \\ 11 & -3 & -2 \end{bmatrix}$$

# 2 회로망 해석

## 2.1 회로망의 용어

회로망을 해석하는 방법은 키르히호프 제 1법칙인 전류 법칙(K.C.L)에 의해서 독립적인 전류 방정식을 세우고 키르히호프 제 2법칙인 전압 법칙(K.V.L)에 의해서 독립적인 전압 방정식을 세움으로써 회로망의 전압과 전류를 구하는 것이다. 따라서 그림 6.1은 독립적인 전류 방정식과 전압 방정식을 세우기 위해서 알아야 할 회로망에 대한 기본적인 용어에 대해서 설명한다.

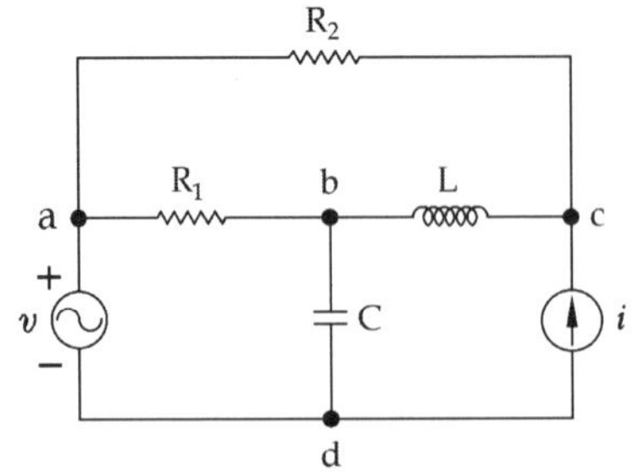


**그림 6.1** 회로망의 기본 용어

① 절점 또는 마디(node)

: 3개 이상의 소자가 연결된 점(예 : a점, b점, c점, d점)

② 지로 또는 가지(branch) : 절점과 절점을 잇는 선
(예 : $a-R_1-b$, $a-R_2-c$, $a-v-d$, $b-L-c$, $b-C-d$, $c-i-d$)
③ 폐로 또는 루프(loop) : 지로를 여러 개 연결하여 작성된 닫힌 회로
(예 : $a-R_1-b-C-d-v-a$, $b-L-c-i-d-C-b$, $a-R_2-c-L-b-R_1-a$)

## 2.2 회로망 해석법

### 2.2.1 지로 해석법

지로 해석법(branch analysis)은 회로망의 각 지로에 흐르는 전류 또는 각 지로에 걸리는 전압을 미지수로 한 후, 키르히호프 제 1법칙인 전류 법칙(K.C.L)에 의해서 전류 방정식을 세우고 키르히호프 제 2법칙인 전압 법칙(K.V.L)에 의해서 전압 방정식을 세워서 전류나 전압을 구하는 방법이다.

그림 6.2로부터 K.C.L에 의해서 절점 b에서의 전류 방정식은 식 6.8과 같이 나타나고 K.V.L에 의해서 루프 $l_1$과 $l_2$에서의 전압 방정식은 식 6.9와 6.10과 같이 나타난다.

$$\boldsymbol{I}_2+\boldsymbol{I}_3=\boldsymbol{I}_1[\mathrm{A}] \quad \cdots\cdots (6.8)$$

$$\boldsymbol{Z}_1\boldsymbol{I}_1+\boldsymbol{Z}_3\boldsymbol{I}_3=\boldsymbol{V}_1[\mathrm{V}] \quad \cdots\cdots (6.9)$$

$$\boldsymbol{Z}_2\boldsymbol{I}_2-\boldsymbol{Z}_3\boldsymbol{I}_3=-\boldsymbol{V}_2[\mathrm{V}] \quad \cdots\cdots (6.10)$$

식 6.9로부터 루프 $l_1$에서 지로 전류 $\boldsymbol{I}_1$과 $\boldsymbol{I}_3$는 루프 $l_1$의 방향과 동일하기 때문에 전압 방정식을 (+)로 설정한 반면, 식 6.10으로부터 루프 $l_2$에서 지로 전류 $\boldsymbol{I}_2$는 루프 $l_2$의 방향과 동일하기 때문에 전압 방정식을 (+)로 설정하였지만, 지로 전류 $\boldsymbol{I}_3$는 루프 $l_2$의 방향과 반대이기 때문에 전압 방정식을 (−)로 설정하였다. 이와 같이 설정하여 전압 방정식을 푼 결과, 전류값이 (−)로 나왔다면 실제 회로망에 흐르는 전류의 방향은 처음에 설정한 지로 전류의 방향과 반대로 흐르고 있다는 것을 말한다.

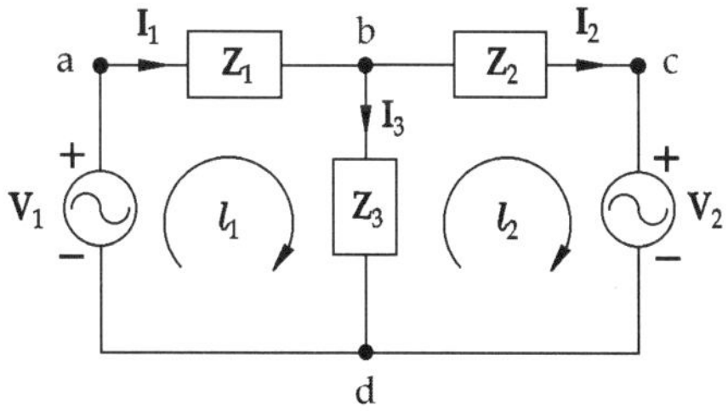


그림 6.2 지로 해석법

**예제 6.4** 그림 6.3으로부터 지로 해석법을 사용하여 각 지로에 흐르는 전류 $I_1$, $I_2$, $I_3$[A]를 구하시오.

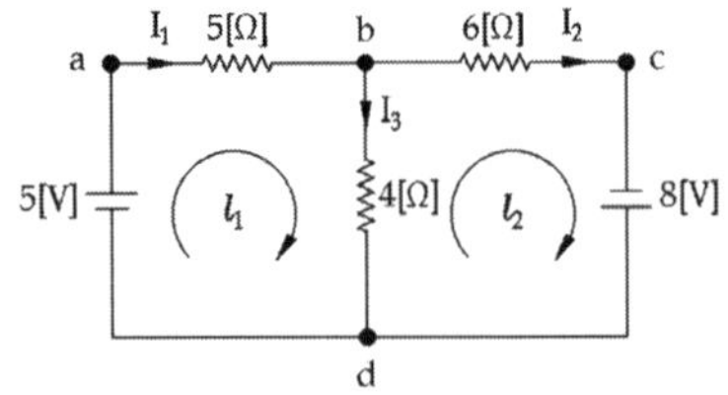


그림 6.3

**풀이** K.C.L에 의한 절점 b에서의 전류 방정식은

$$I_2 + I_3 = I_1[\mathrm{A}] \quad \cdots\cdots ①$$

K.V.L에 의한 루프 $l_1$, $l_2$에서의 전압 방정식은

$$5I_1 + 4I_3 = 5[\mathrm{V}] \quad \cdots\cdots ②$$

$$6I_2 - 4I_3 = 8[\mathrm{V}] \quad \cdots\cdots ③$$

식 ①, ②, ③을 연립하여 전류 $I_1$, $I_2$, $I_3$를 구하면

$$I_1 = \frac{41}{37}[\mathrm{A}],\quad I_2 = \frac{46}{37}[\mathrm{A}],\quad I_3 = -\frac{5}{37}[\mathrm{A}]$$

여기서, $I_3$가 (−)인 것은 실제 회로망에 흐르는 전류 방향이 처음에 설정한 지로 전류의 방향과 반대로 흐르고 있다는 것을 말한다.

### 2.2.2 폐로 해석법

폐로 해석법(loop analysis)은 독립된 폐로의 개수만큼 임의의 폐로 전류를 가정한 후, 키르히호프 제 2법칙에 의해서 전류 방향에 따른 전압 방정식을 세우고 폐로 전류를 구함으로써 각 지로에 흐르는 전류를 구하는 방법이다.

그림 6.4로부터 K.V.L에 의해서 첫 번째 폐로에서의 전압 방정식은 식 6.11과 같이 나타나고 두 번째 폐로에서의 전압 방정식은 식 6.12와 같이 나타난다.

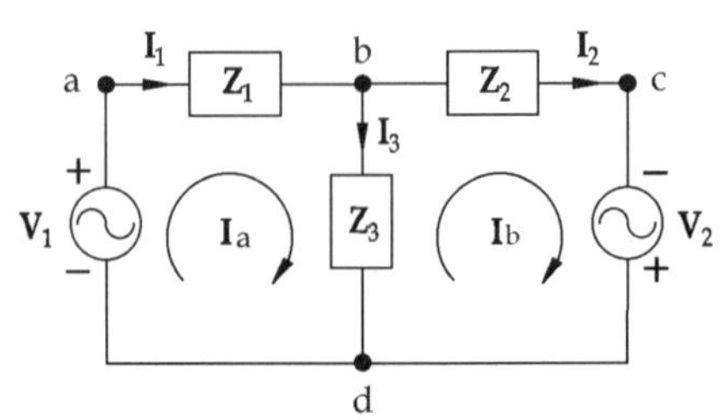


그림 6.4 폐로 해석법

$$(\boldsymbol{Z}_1 + \boldsymbol{Z}_3)\boldsymbol{I}_a - \boldsymbol{Z}_3\boldsymbol{I}_b = \boldsymbol{V}_1[\text{V}] \quad \cdots\cdots (6.11)$$

$$-\boldsymbol{Z}_3\boldsymbol{I}_a + (\boldsymbol{Z}_2 + \boldsymbol{Z}_3)\boldsymbol{I}_b = \boldsymbol{V}_2[\text{V}] \quad \cdots\cdots (6.12)$$

여기서, $\boldsymbol{Z}_{11} = \boldsymbol{Z}_1 + \boldsymbol{Z}_3$, $\boldsymbol{Z}_{12} = -\boldsymbol{Z}_3$, $\boldsymbol{Z}_{21} = -\boldsymbol{Z}_3$, $\boldsymbol{Z}_{22} = \boldsymbol{Z}_2 + \boldsymbol{Z}_3$ 라고 하면 식 6.11과 6.12는

$$\boldsymbol{Z}_{11}\boldsymbol{I}_a + \boldsymbol{Z}_{12}\boldsymbol{I}_b = \boldsymbol{V}_1[\text{V}]$$

$$\boldsymbol{Z}_{21}\boldsymbol{I}_a + \boldsymbol{Z}_{22}\boldsymbol{I}_b = \boldsymbol{V}_2[\text{V}] \quad \cdots (6.13)$$

이고 식 6.13으로부터 $\boldsymbol{Z}_{11}$, $\boldsymbol{Z}_{22}$를 자기 임피던스(self impedance)라고 하고 $\boldsymbol{Z}_{12}$, $\boldsymbol{Z}_{21}$를 상호 임피던스(mutual impedance)라고 한다.

식 6.13을 행렬로 나타내면

$$\begin{bmatrix} \boldsymbol{Z}_{11} & \boldsymbol{Z}_{12} \\ \boldsymbol{Z}_{21} & \boldsymbol{Z}_{22} \end{bmatrix} \begin{bmatrix} \boldsymbol{I}_a \\ \boldsymbol{I}_b \end{bmatrix} = \begin{bmatrix} \boldsymbol{V}_1 \\ \boldsymbol{V}_2 \end{bmatrix} \quad \cdots\cdots (6.14)$$

이고 크레이머의 법칙(Cramer's rule)에 의해서 폐로 전류 $\boldsymbol{I}_a$, $\boldsymbol{I}_b$를 구하면

$$\boldsymbol{I}_a = \frac{\begin{vmatrix} \boldsymbol{V}_1 & \boldsymbol{Z}_{12} \\ \boldsymbol{V}_2 & \boldsymbol{Z}_{22} \end{vmatrix}}{\begin{vmatrix} \boldsymbol{Z}_{11} & \boldsymbol{Z}_{12} \\ \boldsymbol{Z}_{21} & \boldsymbol{Z}_{22} \end{vmatrix}} = \frac{\boldsymbol{Z}_{22}\boldsymbol{V}_1 - \boldsymbol{Z}_{12}\boldsymbol{V}_2}{\boldsymbol{Z}_{11}\boldsymbol{Z}_{22} - \boldsymbol{Z}_{12}\boldsymbol{Z}_{21}}[\text{A}]$$

$$\boldsymbol{I}_b = \frac{\begin{vmatrix} \boldsymbol{Z}_{11} & \boldsymbol{V}_1 \\ \boldsymbol{Z}_{21} & \boldsymbol{V}_2 \end{vmatrix}}{\begin{vmatrix} \boldsymbol{Z}_{11} & \boldsymbol{Z}_{12} \\ \boldsymbol{Z}_{21} & \boldsymbol{Z}_{22} \end{vmatrix}} = \frac{\boldsymbol{Z}_{11}\boldsymbol{V}_2 - \boldsymbol{Z}_{21}\boldsymbol{V}_1}{\boldsymbol{Z}_{11}\boldsymbol{Z}_{22} - \boldsymbol{Z}_{12}\boldsymbol{Z}_{21}}[\text{A}] \quad \cdots\cdots (6.15)$$

이다. 따라서, 지로 전류 $\boldsymbol{I}_1$, $\boldsymbol{I}_2$, $\boldsymbol{I}_3$는

$$\boldsymbol{I}_1 = \boldsymbol{I}_a, \quad \boldsymbol{I}_2 = \boldsymbol{I}_b, \quad \boldsymbol{I}_3 = \boldsymbol{I}_a - \boldsymbol{I}_b \quad \cdots\cdots (6.16)$$

이다.

**예제 6.5** 그림 6.5로부터 폐로 해석법을 사용하여 지로에 흐르는 전류 $I$[A]를 구하시오.

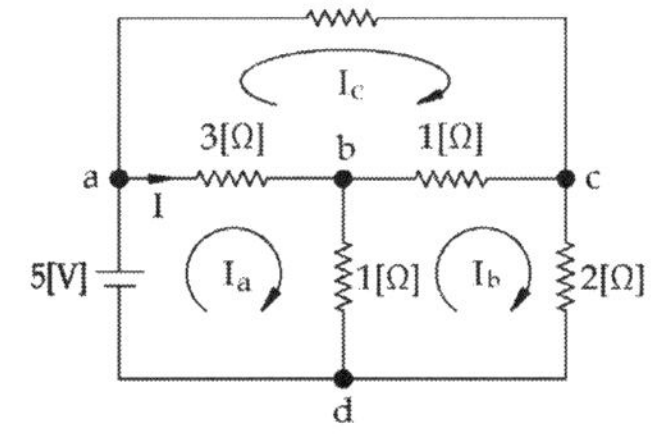


그림 6.5

풀이 그림 6.5로부터 폐로 전류를 $I_a$, $I_b$, $I_c$라고 가정하고 K.V.L에 의해서 각 폐로에 대한 전압 방정식을 세우면

$$3(I_a-I_c)+1(I_a-I_b)=5[\text{V}]$$
$$1(I_b-I_c)+2I_b+1(I_b-I_a)=0[\text{V}]$$
$$1I_c+1(I_c-I_b)+3(I_c-I_a)=0[\text{V}]$$

전압 방정식을 $I_a$, $I_b$, $I_c$에 대해서 정리하면

$$4I_a-I_b-3I_c=5[\text{V}]$$
$$-I_a+4I_b-I_c=0[\text{V}]$$
$$-3I_a-I_b+5I_c=0[\text{V}] \quad \cdots\cdots ①$$

식 ①을 행렬로 표시하면

$$\begin{bmatrix} 4 & -1 & -3 \\ -1 & 4 & -1 \\ -3 & -1 & 5 \end{bmatrix}\begin{bmatrix} I_a \\ I_b \\ I_c \end{bmatrix}=\begin{bmatrix} 5 \\ 0 \\ 0 \end{bmatrix}$$

크레이머의 법칙에 의해서 폐로 전류 $I_a$, $I_c$를 구하면

$$I_a=\frac{\begin{vmatrix} 5 & -1 & -3 \\ 0 & 4 & -1 \\ 0 & -1 & 5 \end{vmatrix}}{\begin{vmatrix} 4 & -1 & -3 \\ -1 & 4 & -1 \\ -3 & -1 & 5 \end{vmatrix}}=\frac{100-5}{(80-3-3)-(36+4+5)}=\frac{95}{29}[\text{A}]$$

$$I_c=\frac{\begin{vmatrix} 4 & -1 & 5 \\ -1 & 4 & 0 \\ -3 & -1 & 0 \end{vmatrix}}{\begin{vmatrix} 4 & -1 & -3 \\ -1 & 4 & -1 \\ -3 & -1 & 5 \end{vmatrix}}=\frac{5-(-60)}{(80-3-3)-(36+4+5)}=\frac{65}{29}[\text{A}]$$

따라서, 지로에 흐르는 전류 $I$는 $I=I_a-I_c$ 이므로

$$I=\frac{95}{29}-\frac{65}{29}=\frac{30}{29}[\text{A}]$$

### 2.2.3 절점 해석법

절점 해석법(node analysis)은 회로망 내 한 개의 절점을 기준 전위(reference potential)로 정하고 다른 전위의 상대 전위를 구하여 지로 전류를 구하는 방법이다.

그림 6.6으로부터 절점 d를 기준 전위인 0[V]로 정하면 절점 a의 전위는 $V_1$, 절점 b의 전위는 $V_b$, 절점 c의 전위는 $V_2$라고 할 수 있다. 절점 b로부터 유출되는 전류의 방향을 (+)라고 하여 K.C.L에 의해서 전류 방정식을 구하면

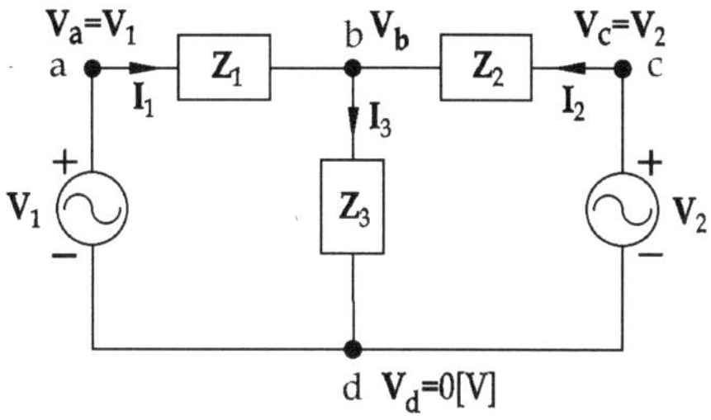


**그림 6.6** 절적 해석법

$$\text{절점 b : } \frac{V_b - V_1}{Z_1} + \frac{V_b - V_2}{Z_2} + \frac{V_b - 0}{Z_3} = 0[\text{A}] \qquad \cdots\cdots (6.17)$$

이고 절점 a의 전위인 $V_1$, 절점 c의 전위인 $V_2$는 이미 알고 있는 전압값이기 때문에, 식 6.17로부터 $V_b$를 구할 수 있으므로 각 지로에 흐르는 전류 $I_1$, $I_2$, $I_3$는

$$I_1 = \frac{V_1 - V_b}{Z_1}[\text{A}],\quad I_2 = \frac{V_2 - V_b}{Z_2}[\text{A}],\quad I_3 = \frac{V_b}{Z_3}[\text{A}] \qquad \cdots\cdots (6.18)$$

를 구할 수 있다.

**예제 6.6** 그림 6.7로부터 절점 해석법을 사용하여 지로에 흐르는 전류 $I$[A]를 구하시오.

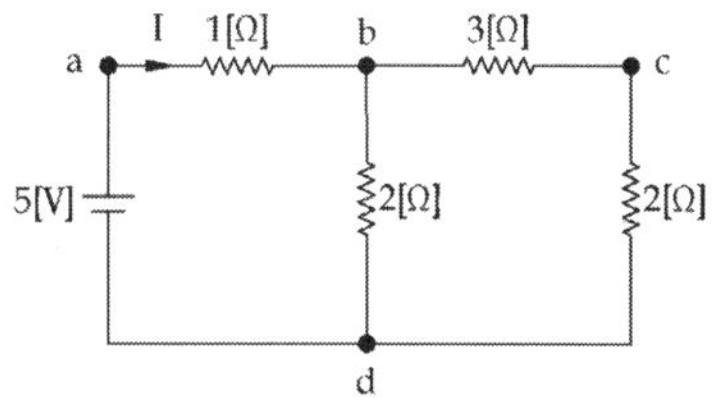


**그림 6.7**

풀이) 그림 6.7에서 절점 d를 기준 전위인 0[V]라고 하면 절점 a의 전위 $V_a = 5[\text{V}]$ 이다.
절점 b와 c에서 K.C.L에 의해서 전류 방정식을 구하면

$$\text{절점 b : } \frac{V_b - 5}{1} + \frac{V_b}{2} + \frac{V_b - V_c}{3} = 0[\text{A}]$$

$$\text{절점 c : } \frac{V_c - V_b}{3} + \frac{V_c}{2} = 0[\text{A}]$$

위 2개식의 분모를 통분하면

$$\text{절점 b : } \frac{6V_b - 30}{6} + \frac{3V_b}{6} + \frac{2V_b - 2V_c}{6} = 0[\text{A}]$$

$$\text{절점 c : } \frac{2V_c - 2V_b}{6} + \frac{3V_c}{6} = 0[\text{A}]$$

위 2개의 식을 정리하면

$$11V_b - 2V_c = 30 \qquad \cdots\cdots ①$$

$$-2V_b + 5V_c = 0 \qquad \cdots\cdots ②$$

식 ①, ②를 정리하면

$$V_b = \frac{50}{17}[\text{V}],\quad V_c = \frac{20}{17}[\text{V}]$$

따라서, 지로 전류 $I$는

$$I = \frac{V_a - V_b}{1} = \frac{5 - \frac{50}{17}}{1} = \frac{35}{17}[\text{A}]$$

## 3 회로망의 등가 변환

### 3.1 전원의 등가 변환

회로망을 해석할 때 전압원과 전류원을 등가 변환함으로써 해석을 쉽게 할 수 있는 가운데, 그림 6.8(a)에서 점선 내부의 전압원을 그림 6.8(b)의 점선 내부의 전류원으로 등가 변환하는 조건은 다음과 같다.

그림 6.8(a)에서 전류 $I_1$과 그림 6.8(b)에서의 전류 $I_2$는

$$I_1 = \frac{V_0}{Z_0 + Z_L}[\text{A}],\quad I_2 = \frac{Z'}{Z' + Z_L}I_0[\text{A}] \qquad \cdots\cdots (6.19)$$

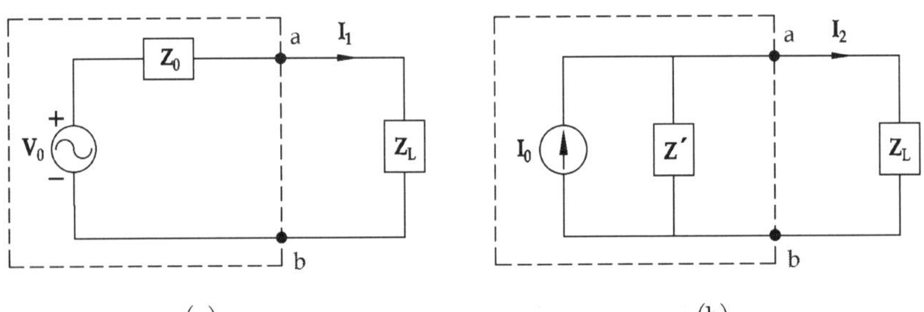


그림 6.8 전압원과 전류원의 등가 변환

이고 전압원과 전류원이 등가가 되기 위해서는 $\boldsymbol{I}_1 = \boldsymbol{I}_2$ 이므로

$$\frac{\boldsymbol{V}_0}{\boldsymbol{Z}_0 + \boldsymbol{Z}_L} = \frac{\boldsymbol{Z}'}{\boldsymbol{Z}' + \boldsymbol{Z}_L}\boldsymbol{I}_0 \qquad \cdots\cdots (6.20)$$

이다. 식 6.20을 $\boldsymbol{Z}_L$에 대해서 정리하면

$$(\boldsymbol{V}_0 - \boldsymbol{Z}'\boldsymbol{I}_0)\boldsymbol{Z}_L + (\boldsymbol{V}_0 - \boldsymbol{Z}_0\boldsymbol{I}_0)\boldsymbol{Z}' = 0 \qquad \cdots\cdots (6.21)$$

이고 $\boldsymbol{Z}_L$에 관계없이 항상 성립하기 위해서는

$$\boldsymbol{V}_0 - \boldsymbol{Z}'\boldsymbol{I}_0 = 0, \quad \boldsymbol{V}_0 - \boldsymbol{Z}_0\boldsymbol{I}_0 = 0 \qquad \cdots\cdots (6.22)$$

이어야 한다. 따라서, 전압원과 전류원이 등가가 되기 위한 조건은

$$\boldsymbol{Z}' = \boldsymbol{Z}_0, \quad \boldsymbol{I}_0 = \frac{\boldsymbol{V}_0}{\boldsymbol{Z}_0} \qquad \cdots\cdots (6.23)$$

가 성립한다.

**예제 6.7** 그림 6.9로부터 전원의 등가 변환에 의해서 지로에 흐르는 전류 $I$[A]를 구하시오.

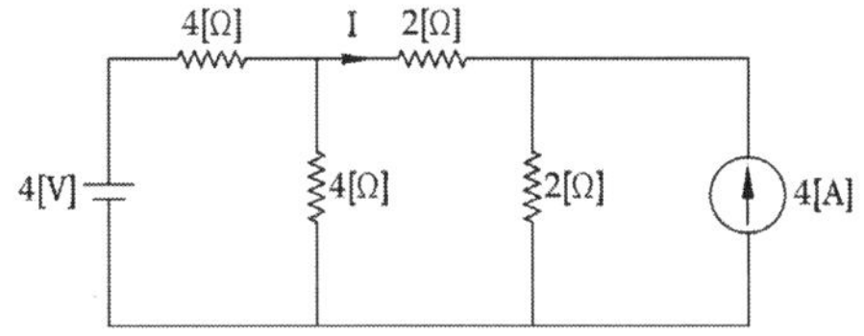


그림 6.9

풀이 그림 6.9에서 전압원 4[V]와 직렬로 연결한 4[Ω]은 전원의 등가 변환에 의해서 그림 6.10(a)의 선택 박스 ①과 같이 전류원 1[A]와 4[Ω]이 병렬로 연결된 것으로 변환된다. 또한, 그림 6.9에서 전류원 4[A]과 병렬로 연결한 2[Ω]은 전원의 등가 변환에 의해서 6.10(a)의 선택 박스 ②와 같이 전압원 8[V]와 2[Ω]이 직렬로 연결된 것으로 변환된다.

그림 6.10(a)에서 병렬로 연결된 2개의 4[Ω]에 대한 합성 저항은 그림 6.10(b)에서 2[Ω]이 되고 그림 6.10(a)에서 직렬로 연결된 2개의 2[Ω]에 대한 합성 저항은 그림 6.10(b)에서 4[Ω]이 된다.

또한, 그림 6.10(b)의 선택 박스 ③에서 전류원 1[A]와 2[Ω]이 병렬로 연결한 것은 그림 6.10(c)의 선택 박스 ④와 같이 전압원 2[V]와 2[Ω]이 직렬로 연결된 것으로 변환된다.

따라서, 그림 6.10(c)로부터 지로에 흐르는 전류 $I$는

$$I = \frac{E}{R} = \frac{2-8}{2+4} = \frac{-6}{6} = -1[\text{A}]$$

여기서, 전류 $I$의 부호가 (−)라는 것은 실제로 전류의 방향이 그림 6.9에서 설정한 방향과 반대인 것을 나타낸다.

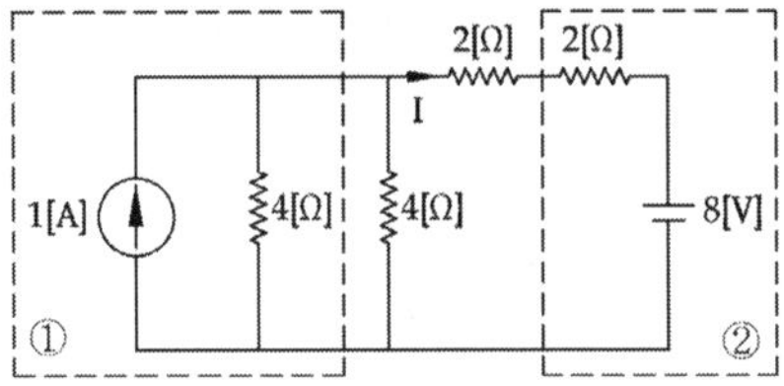


(a)

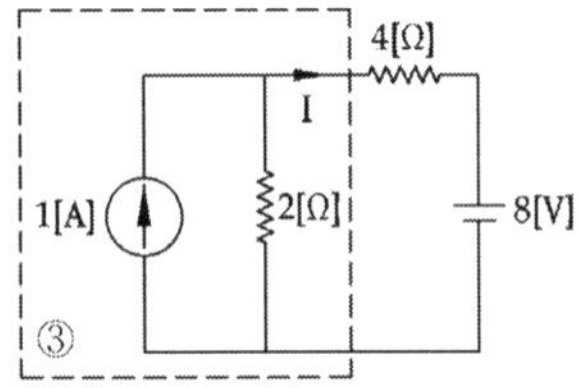


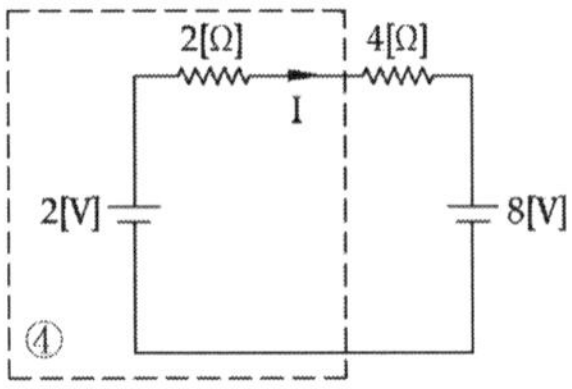


(b) (c)

**그림 6.10**

## 3.2 부하의 등가 변환

회로망을 해석할 때 부하 측 결합인 △형과 Y형을 등가 변환함으로써 해석을 쉽게 할 수 있는 가운데, 그림 6.11로부터 부하 측 결합을 △형에서 Y형으로, 그림 6.12로부터 Y형에서 △형으로 등가 변환하는 조건은 다음과 같다.

### (1) 부하의 △-Y 등가 변환

그림 6.11(a)로부터 △형 결선에서 선 $z$를 개방(전류= 0)하고 $x$, $y$ 결선에서 바라본 임피던스 $\boldsymbol{Z}_{xy}$는

$$\boldsymbol{Z}_{xy} = \frac{(\boldsymbol{Z}_a + \boldsymbol{Z}_b)\boldsymbol{Z}_c}{(\boldsymbol{Z}_a + \boldsymbol{Z}_b) + \boldsymbol{Z}_c}[\Omega] \qquad \cdots\cdots (6.24)$$

이고 그림 6.11(b)로부터 Y형 결선에서 선 $z$를 개방하고 $x$, $y$ 결선에서 바라본 임피던스 $\boldsymbol{Z}_{xy}$는

$$\boldsymbol{Z}_{xy} = \boldsymbol{Z}_1 + \boldsymbol{Z}_2[\Omega] \qquad \cdots\cdots (6.25)$$

이다.

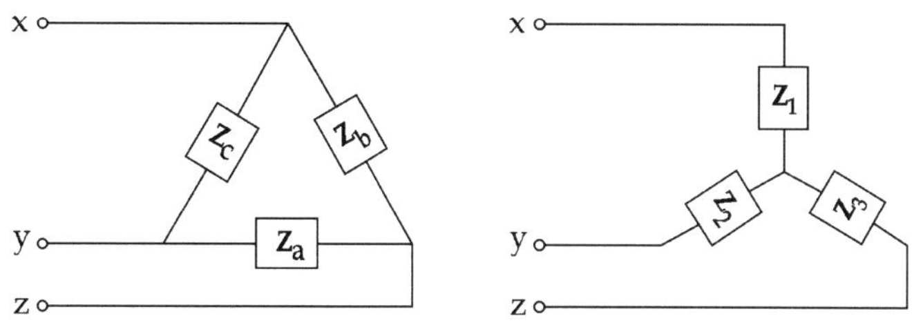


**그림 6.11** 부하의 △-Y 등가 변환

△형 결선에서 Y형 결선으로 등가 변환되기 위해서는 식 6.24와 식 6.25가 동일해야 함으로

$$Z_{xy} = Z_1 + Z_2 = \frac{(Z_a + Z_b)Z_c}{(Z_a + Z_b) + Z_c}[\Omega] \quad \cdots\cdots (6.26)$$

와 같이 성립해야 한다.

그림 6.11(a)와 (b)로부터 선 $x$를 개방하고 $y$, $z$ 결선에서 바라본 임피던스 $Z_{yz}$는

$$Z_{yz} = Z_2 + Z_3 = \frac{(Z_b + Z_c)Z_a}{(Z_b + Z_c) + Z_a}[\Omega] \quad \cdots\cdots (6.27)$$

이다.

그림 6.11(a)와 (b)로부터 선 $y$를 개방하고 $z$, $x$ 결선에서 바라본 임피던스 $Z_{zx}$는

$$Z_{zx} = Z_3 + Z_1 = \frac{(Z_c + Z_a)Z_b}{(Z_c + Z_a) + Z_b}[\Omega] \quad \cdots\cdots (6.28)$$

이다.

따라서, 식 6.26, 6.27, 6.28로부터 $Z_1$, $Z_2$, $Z_3$는

$$Z_1 = \frac{Z_b Z_c}{Z_a + Z_b + Z_c}[\Omega]$$

$$Z_2 = \frac{Z_c Z_a}{Z_a + Z_b + Z_c}[\Omega]$$

$$Z_3 = \frac{Z_a Z_b}{Z_a + Z_b + Z_c}[\Omega] \quad \cdots\cdots (6.29)$$

이다.

### (2) 부하의 Y-△ 등가 변환

그림 6.12(a)에서 단자 $y$, $z$에 흐르는 전류 $\boldsymbol{I}_1$는

$$\boldsymbol{I}_1 = \frac{\boldsymbol{V}_0}{\boldsymbol{Z}_1 + \dfrac{\boldsymbol{Z}_2\boldsymbol{Z}_3}{\boldsymbol{Z}_2+\boldsymbol{Z}_3}} \times \frac{\boldsymbol{Z}_2}{\boldsymbol{Z}_2+\boldsymbol{Z}_3}$$

$$= \frac{\boldsymbol{Z}_2\boldsymbol{V}_0}{\boldsymbol{Z}_1\boldsymbol{Z}_2+\boldsymbol{Z}_2\boldsymbol{Z}_3+\boldsymbol{Z}_3\boldsymbol{Z}_1}[\mathrm{A}] \quad \cdots\cdots (6.30)$$

이고 그림 6.12(b)에서 단자 $y$, $z$에 결선한 전류계는 이상적인 전류계이므로 전류계의 내부 저항이 0 이다. 따라서, 전류가 $\boldsymbol{Z}_a$로는 흐르지 않고 전부 전류계로만 흐른다고 하면 $\boldsymbol{Z}_a$는 무시 가능하므로 $\boldsymbol{Z}_b$와 $\boldsymbol{Z}_c$가 병렬로 접속된 것으로 볼 수 있다. 따라서, 단자 $y$, $z$에 흐르는 전류 $\boldsymbol{I}_2$는 $\boldsymbol{Z}_b$에 흐르는 전류이므로

$$\boldsymbol{I}_2 = \frac{\boldsymbol{V}_0}{\boldsymbol{Z}_b}[\mathrm{A}] \quad \cdots\cdots (6.31)$$

이다.

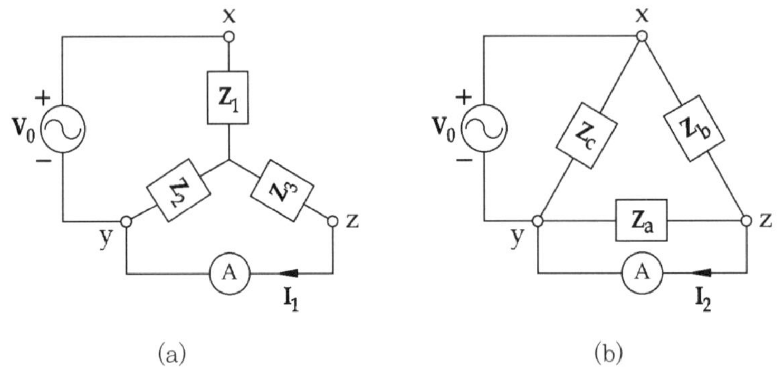


**그림 6.12** 부하의 Y-△ 등가 변환

Y형 결선에서 △형 결선으로 등가 변환되기 위해서는 식 6.30의 전류 $\boldsymbol{I}_1$과 식 6.31의 전류 $\boldsymbol{I}_2$가 동일해야 함으로

$$\frac{\boldsymbol{V}_0}{\boldsymbol{Z}_b} = \frac{\boldsymbol{Z}_2\boldsymbol{V}_0}{\boldsymbol{Z}_1\boldsymbol{Z}_2+\boldsymbol{Z}_2\boldsymbol{Z}_3+\boldsymbol{Z}_3\boldsymbol{Z}_1}[\mathrm{A}] \quad \cdots\cdots (6.32)$$

이고 $\boldsymbol{Z}_b$에 대해서 정리하면

$$\boldsymbol{Z}_b = \frac{\boldsymbol{Z}_1\boldsymbol{Z}_2 + \boldsymbol{Z}_2\boldsymbol{Z}_3 + \boldsymbol{Z}_3\boldsymbol{Z}_1}{\boldsymbol{Z}_2}[\Omega] \quad \cdots\cdots (6.33)$$

이다.

동일한 방법으로 $\boldsymbol{Z}_a$, $\boldsymbol{Z}_c$를 구하면

$$\boldsymbol{Z}_a = \frac{\boldsymbol{Z}_1\boldsymbol{Z}_2 + \boldsymbol{Z}_2\boldsymbol{Z}_3 + \boldsymbol{Z}_3\boldsymbol{Z}_1}{\boldsymbol{Z}_1}[\Omega] \quad \cdots\cdots (6.34)$$

$$\boldsymbol{Z}_c = \frac{\boldsymbol{Z}_1\boldsymbol{Z}_2 + \boldsymbol{Z}_2\boldsymbol{Z}_3 + \boldsymbol{Z}_3\boldsymbol{Z}_1}{\boldsymbol{Z}_3}[\Omega] \quad \cdots\cdots (6.35)$$

이다.

**예제 6.8** 그림 6.13(a)와 같은 부하의 △결선을 그림 6.13(b)와 같은 Y결선으로 변환하시오.

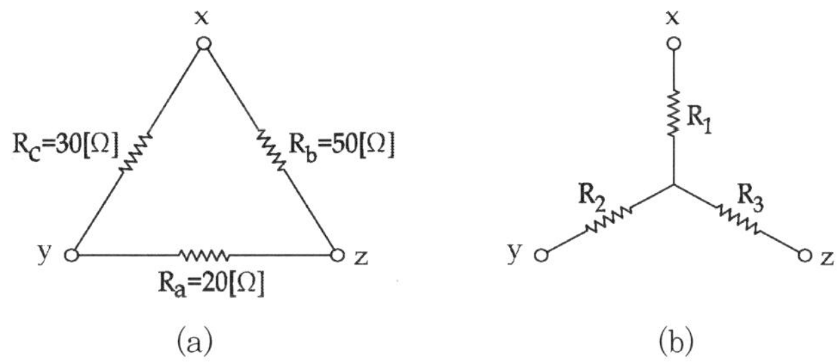


그림 6.13

풀이 그림 6.13(a)와 같은 저항의 △결선을 그림 6.13(b)와 같은 Y결선으로 변환할 때, $R_1$, $R_2$, $R_3$는

$$R_1 = \frac{R_b R_c}{R_a + R_b + R_c} = \frac{50 \times 30}{20 + 50 + 30} = \frac{1,500}{100} = 15[\Omega]$$

$$R_2 = \frac{R_c R_a}{R_a + R_b + R_c} = \frac{30 \times 20}{20 + 50 + 30} = \frac{600}{100} = 6[\Omega]$$

$$R_3 = \frac{R_a R_b}{R_a + R_b + R_c} = \frac{20 \times 50}{20 + 50 + 30} = \frac{1,000}{100} = 10[\Omega]$$

# 4 회로망 정리

## 4.1 테브난의 정리

테브난의 정리(Thevenin's theorem)는 부하를 제외한 전체 회로망을 1개의 등가 전압원과 1개의 등가 임피던스가 직렬로 연결된 회로로 등가 변환할 수 있는 가운데, 등가 전압원은 전체 회로망에서 단자 a, b를 개방하였을 때의 개방 전압과 동일하고, 등가 임피던스는 전원부 내의 전원을 제거하고 단자 a, b에서 전원부를 바라본 임피던스와 동일하다.

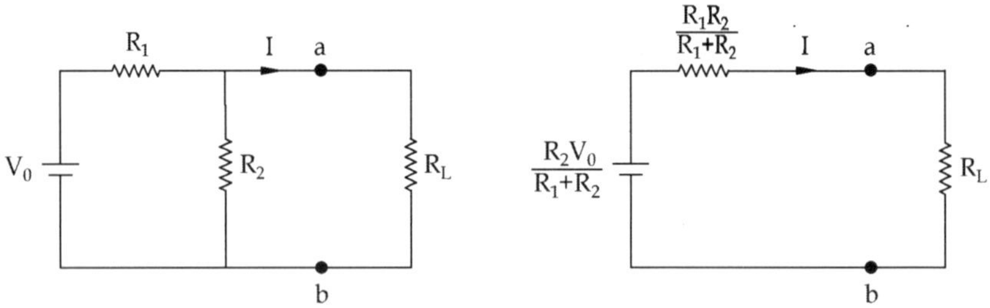


**그림 6.14** 테브난의 정리

그림 6.14(a)에서 단자 a, b 사이에 연결한 저항 $R_L$에 흐르는 전류 $I$를 테브난 정리를 사용하여 구한다고 하면, 단자 a, b를 개방하였을 때 등가 전압 $V_{ab}$는

$$V_{ab} = \frac{R_2}{R_1 + R_2} V_0 [\mathrm{V}] \qquad \cdots\cdots (6.36)$$

이고 전원부에서 전압원 $V_0$를 단락하고 단자 a, b로부터 전원부를 바라본 등가 저항 $R_{ab}$는

$$R_{ab} = \frac{R_1 R_2}{R_1 + R_2} [\Omega] \qquad \cdots\cdots (6.37)$$

이다. 식 6.36과 6.37을 적용하여 테브난 정리에 의해서 변환된 회로망은 그림 6.14(b)와 같이 나타난다. 그림 6.14(b)로부터 저항 $R_L$에 흐르는 전류 $I$는

$$I = \frac{R_2 V_0}{R_1 + R_2} \bigg/ \left( \frac{R_1 R_2}{R_1 + R_2} + R_L \right) = \frac{R_2 V_0}{R_1 R_2 + (R_1 + R_2) R_L} [\mathrm{A}] \qquad \cdots\cdots (6.38)$$

이다.

따라서, 그림 6.14(a)와 같은 회로에서 저항 $R_L$에 흐르는 전류를 구하기 위해서는 테브난 정리에 의해서 그림 6.14(b)와 같이 1개의 등가 전압원과 1개의 등가 저항이 직렬로 접속된 회로로 변환하면 쉽게 구할 수 있다.

**예제 6.9** 그림 6.15(a)의 회로에서 테브난 정리를 사용하여 단자 a, b 사이에 연결한 4[Ω]에 흐르는 전류 $I$[A]를 구하시오.

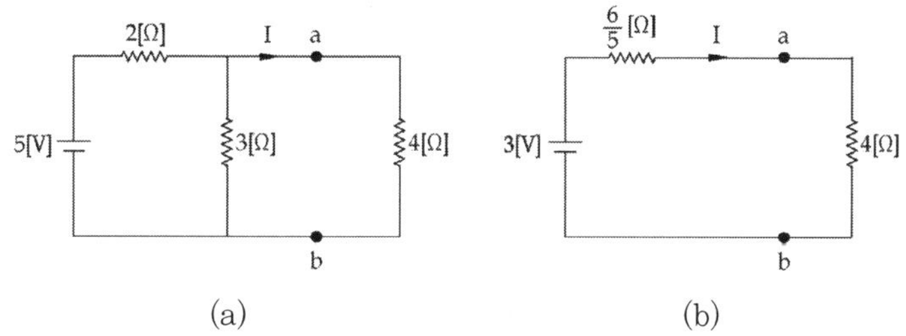


그림 6.15

풀이 그림 6.15(a)에서 단자 a, b를 개방시켰을 때, 등가 전압 $V_{ab}$는

$$V_{ab} = \frac{3}{2+3} \times 5 = 3[\text{V}]$$

전원부에서 전압원 $V_0$를 단락하고 단자 $a$, $b$로부터 전원부를 바라본 등가 저항 $R_{ab}$는

$$R_{ab} = \frac{2 \times 3}{2+3} = \frac{6}{5}[\Omega]$$

따라서, 4[Ω]에 흐르는 전류 $I$는

$$I = \frac{V_{ab}}{R_{ab}+4} = \frac{3}{\frac{6}{5}+4} = \frac{3}{\frac{26}{5}} = \frac{15}{26}[\text{A}]$$

**예제 6.10** 그림 6.16으로부터 $R$에 흐르는 전류 $I$[A]는?

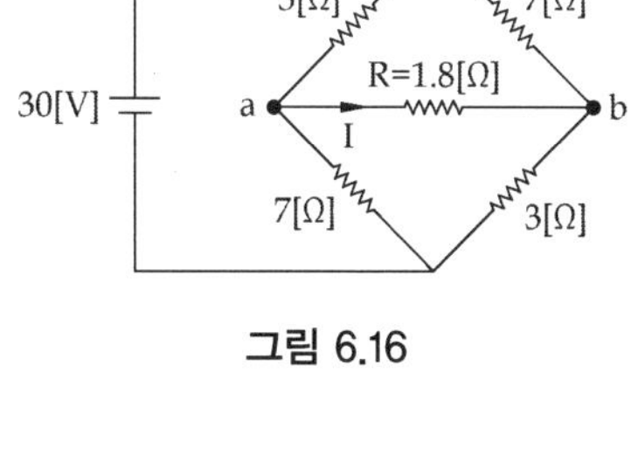


그림 6.16

**풀이** 그림 6.16에서 단자 a, b를 개방하면 그림 6.17(a)와 같은 회로가 되고 단자 a의 전위는 $V_a = 21$[V], 단자 $b$의 전위는 $V_b = 9$[V]가 되어서 단자 a의 전위가 단자 b의 전위보다 12[V] 높으므로

$$V_{ab} = 12[\text{V}]$$

전압원을 단락시키고 단자 a, b로부터 전원 측을 바라본 등가 저항 $R_{ab}$는 그림 6.17(b)와 같이 3[Ω]과 7[Ω]이 병렬 접속 상태가 되기 때문에

$$R_{ab} = \frac{3\times 7}{3+7} + \frac{7\times 3}{7+3} = \frac{21}{10} + \frac{21}{10} = \frac{42}{10} = 4.2[\Omega]$$

그림 6.17(c)는 등가 전압 $V_{ab}$와 등가 저항 $R_{ab}$를 적용한 테브난의 등가 회로이며 따라서, $R = 1.8[\Omega]$에 흐르는 전류 $I$는

$$I = \frac{V_{ab}}{R_{ab} + R} = \frac{12}{4.2 + 1.8} = \frac{12}{6} = 2[\text{A}]$$

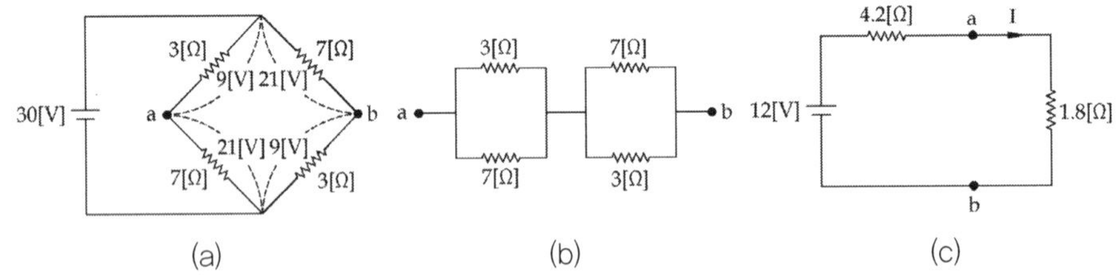


그림 6.17

## 4.2 노튼의 정리

노튼의 정리(Norton's theorem)는 부하를 제외한 전체 회로망을 1개의 등가 전류원과 1개의 등가 임피던스가 병렬로 연결된 회로로 변환할 수 있는 가운데, 등가 전류원은 전체 회로망에서 단자 a, b를 단락시켰을 때의 단락 전류와 동일하고, 등가 임피던스는 전원부 내의 전원을 제거하고 단자 a, b에서 전원부를 바라본 임피던스와 동일하다.

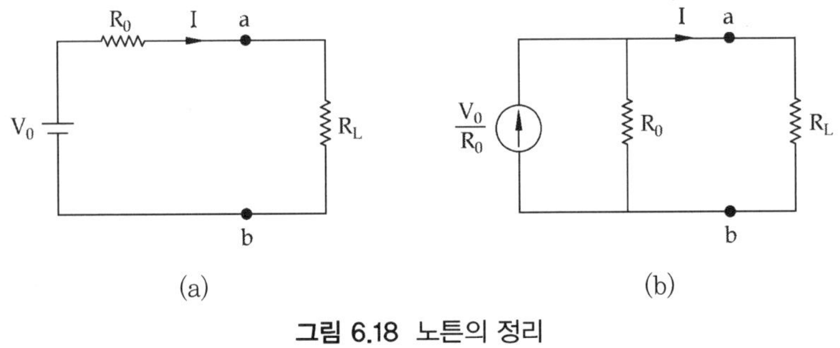


그림 6.18 노튼의 정리

그림 6.18(a)는 단자 a, b 사이에 연결한 저항 $R_L$에 흐르는 전류 $I$를 노튼 정리를 사용하여 구한다고 하면, 단자 a, b를 단락시켰을 때 등가 전류 $I_{ab}$는

$$I_{ab} = \frac{V_0}{R_0}[\mathrm{A}] \quad \cdots\cdots (6.39)$$

이고 전원부에서 전압원 $V_0$를 단락하고 단자 a, b로부터 전원부를 바라본 등가 저항 $R_{ab}$는

$$R_{ab} = R_0[\Omega] \quad \cdots\cdots (6.40)$$

이다.

식 6.39와 식 6.40에 의해서 단자 a, b로부터 전원부를 바라본 회로망은 그림 6.18(b)와 같이 표시된다. 저항 $R_L$에 흐르는 전류 $I$는

$$I = \frac{R_0}{R_0 + R_L} \cdot \frac{V_0}{R_0} = \frac{V_0}{R_0 + R_L}[\mathrm{A}] \quad \cdots\cdots (6.41)$$

이다.

따라서, 그림 6.18(a)와 같은 회로에서 저항 $R_L$에 흐르는 전류를 구하기 위해서는 노튼 정리에 의해서 그림 6.18(b)와 같이 1개의 등가 전류원과 1개의 등가 저항이 병렬로 접속된 회로로 변환하면 된다.

**예제 6.11** 그림 6.19(a)의 회로에서 노튼 정리를 사용하여 단자 a, b 사이에 연결한 $5[\Omega]$에 흐르는 전류 $I$[A]를 구하시오.

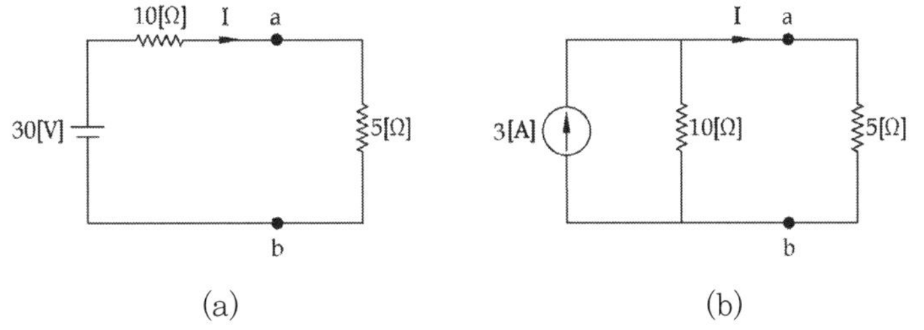


그림 6.19

**풀이** 그림 6.19(a)에서 단자 a, b를 단락시켰을 때, 등가 전류 $I_{ab}$는

$$I_{ab} = \frac{30}{10} = 3[\mathrm{A}]$$

전원부에서 전압원 $V_0$를 단락하고 단자 a, b로부터 전원부를 바라본 등가 저항 $R_{ab}$는

$$R_{ab} = 10[\Omega]$$

따라서, 5[Ω]에 흐르는 전류 $I$는

$$I = \frac{10}{10+5} \cdot 3 = \frac{30}{15} = 2[\text{A}]$$

## 4.3 밀만의 정리

밀만의 정리(Millman's theorem)는 내부 저항을 갖는 여러 개의 전압원이 병렬로 접속된 경우, 단자 a, b사이의 단자 전압 $V_{ab}$는 회로망 내부의 각 전원을 단락했을 때 흐르는 단락 전류의 총합을, 각 전원 내부의 어드미턴스의 총합으로 나눔으로써 구할 수 있다.

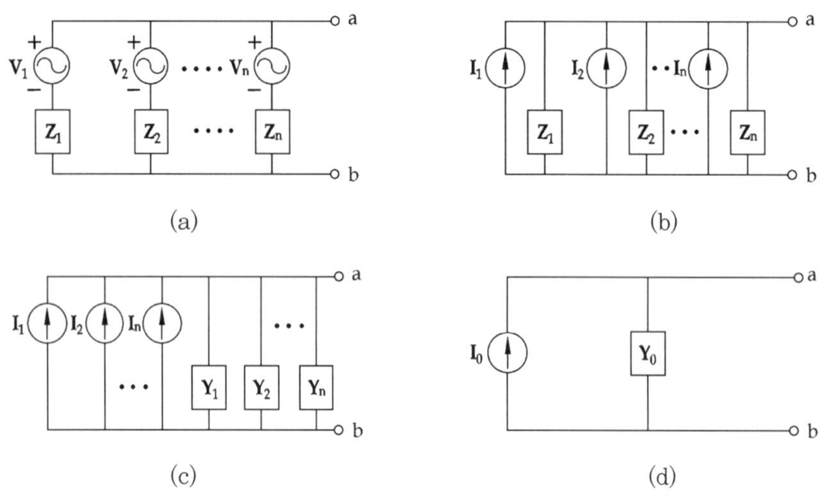


**그림 6.20** 밀만의 정리

그림 6.20(a)와 같이 내부 임피던스 $Z_i$를 갖는 전압원 $V_i$가 병렬로 접속된 회로는 전원의 등가 변환에 의해서 그림 6.20(b)와 같이 내부 임피던스 $Z_i$를 갖는 전류원 $I_i$가 병렬로 접속된 회로로 등가 변환된다.

그림 6.20(b)에서의 내부 임피던스 $Z_i$를 어드미턴스 $Y_i$로 변환한 후, 전류원 $I_i$와 어드미턴스 $Y_i$를 각각 정리하면 그림 6.20(c)와 같다. 그림 6.20(c)와 6.20(d)로부터 전체 전류 $I_0$는 K.C.L에 의해서

$$I_0 = I_1 + I_2 + \cdots + I_n[\text{A}] \qquad \cdots\cdots (6.42)$$

이고 전체 어드미턴스 $Y_0$는

$$Y_0 = Y_1 + Y_2 + \cdots + Y_n[℧] \qquad \cdots\cdots (6.43)$$

이다. 따라서, 단자 a, b사이의 단자 전압 $V_{ab}$는

$$V_{ab} = \frac{I_0}{Y_0} = \frac{I_1 + I_2 + \cdots + I_n}{Y_1 + Y_2 + \cdots + Y_n}$$

$$= \frac{Y_1V_1 + Y_2V_2 + \cdots + Y_nV_n}{Y_1 + Y_2 + \cdots + Y_n} = \frac{\sum_{i=1}^{n} Y_iV_i}{\sum_{i=1}^{n} Y_i}[\text{V}] \qquad \cdots\cdots (6.44)$$

이다.

**예제 6.12** 그림 6.21과 같은 회로에서 단자 a, b 사이의 단자 전압 $V_{ab}$[V]는?

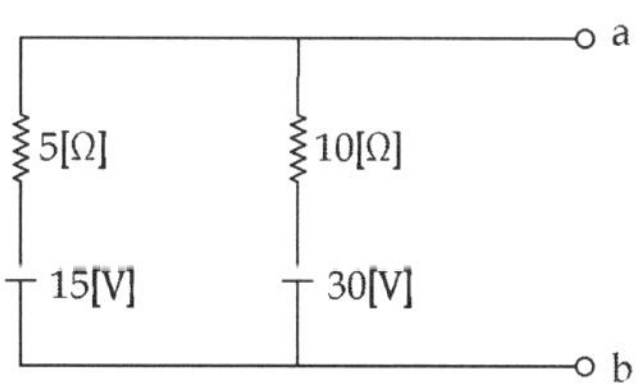


그림 6.21

**풀이** 밀만의 정리에 의해서

$$V_{ab} = \frac{Y_1V_1 + Y_2V_2}{Y_1 + Y_2} = \frac{\frac{1}{5}\times 15 + \frac{1}{10}\times 30}{\frac{1}{5} + \frac{1}{10}} = 20[\text{V}]$$

## 4.4 중첩의 정리

중첩의 정리(theorem of superposition)는 2개 이상의 기전력을 포함한 회로망 내 임의의 점에 대한 전위 또는 전류는 각 기전력이 각각 단독으로 존재한다고 생각했을 경우, 임의의 점에 대한 전위 또는 전류의 합과 같다는 것이다.

그림 6.22(a)는 전압원과 전류원이 동시에 존재하는 회로망에서 각 전류를 $I_1$, $I_2$, $I_0$라고 한다. 그림 6.22(b)에서는 전압원을 제거하여 전원을 단락(short)시켰을 때의 각 전류를 $I_1'$, $I_2'$, $I_0'$라고 하고 그림 6.22(c)에서는 전류원을 제거하여 전원을 개방(open) 시켰을

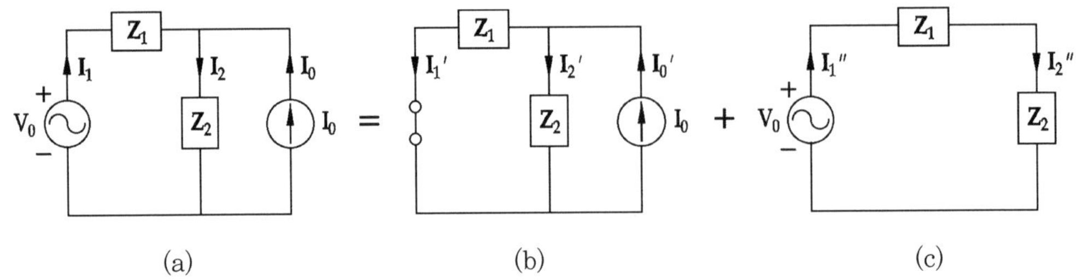


그림 6.22 중첩의 정리

때의 각 전류를 $I_1''$, $I_2''$라고 한다. 여기서, 그림 6.22(a)와 같이 전압원과 전류원이 동시에 존재하는 회로망에서 각 전류 $I_1$, $I_2$, $I_0$은 그림 6.22(b)와 같이 전압원을 단락시켰을 때의 각 전류를 $I_1'$, $I_2'$, $I_0'$와 그림 6.22(c)와 같이 전류원을 개방시켰을 때의 각 전류 $I_1''$, $I_2''$의 합이라고 할 수 있다. 즉, 중첩의 원리에 의해서

$$I_1 = I_1' + I_1'', \quad I_2 = I_2' + I_2'', \quad I_0 = I_0' \qquad \cdots\cdots (6.45)$$

인 관계식이 성립한다.

**예제 6.13** 그림 6.23(a)와 같은 회로에서 8[Ω]에 흐르는 전류 $I$[A]는?

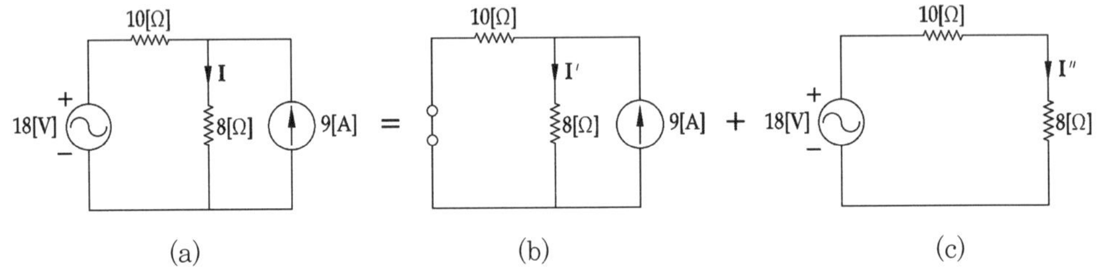


그림 6.23

**풀이** 그림 6.23(a)로부터 전압원 18[V]를 단락시키면 그림 6.23(b)와 같이 되고 8[Ω]에 흐르는 전류 $I'$는

$$I' = \frac{10}{10+8} \times 9 = \frac{10}{18} \times 9 = 5[\text{A}]$$

그림 6.23(a)로부터 전류원 9[A]를 개방시키면 그림 6.23(c)와 같이 되고 8[Ω]에 흐르는 전류 $I''$는

$$I'' = \frac{18}{10+8} = 1[\text{A}]$$

따라서, 그림 6.23(a)로부터 중첩의 정리에 의해서 8[Ω]에 흐르는 전류 $I$는

$$I = I' + I'' = 5 + 1 = 6[\text{A}]$$

# 제 6 장 연습문제

1. 그림 1과 같은 회로에서 지로 해석법을 사용하여 각 지로 전류 $I_1$, $I_2$, $I_3$[A]를 구하시오.

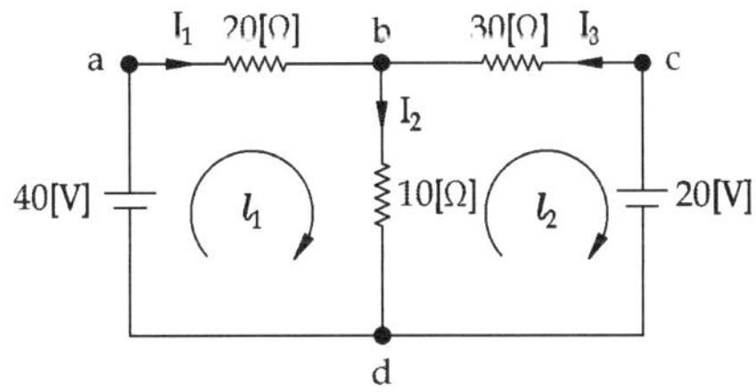


그림 1

정답 $I_1 = \frac{14}{11}[A]$, $I_2 = \frac{16}{11}[A]$, $I_3 = \frac{2}{11}[A]$

2. 그림 2와 같은 회로에서 폐로 해석법을 사용하여 각 지로 선류 $I_1$, $I_2$, $I_3$[A]를 구하시오.

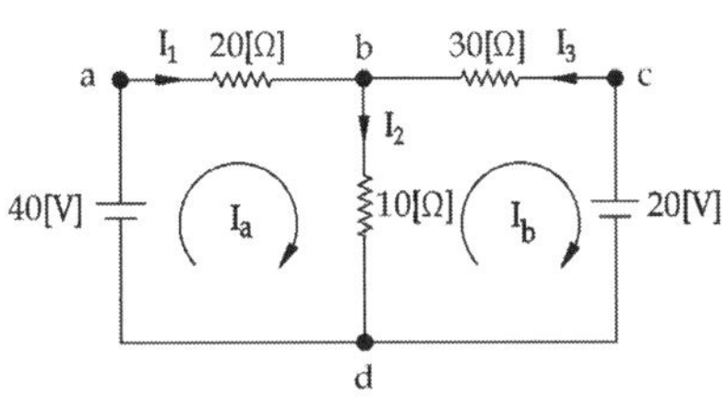


그림 2

정답 $I_1 = \frac{14}{11}$[A], $I_2 = \frac{16}{11}$[A], $I_3 = \frac{2}{11}$[A]

3. 그림 3과 같은 회로에서 절점 해석법을 사용하여 각 지로 전류 $I_1$, $I_2$, $I_3$[A]를 구하시오.

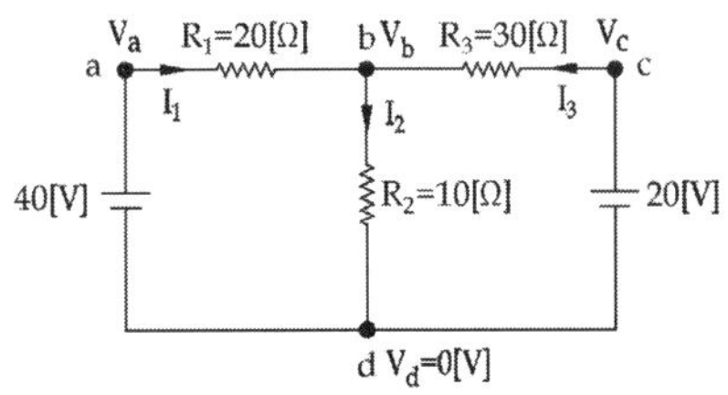


그림 3

정답 $I_1 = \frac{14}{11}$[A], $I_2 = \frac{16}{11}$[A], $I_3 = \frac{2}{11}$[A]

4. 그림 4(a)와 같은 회로를 테브난 정리를 사용하여 그림 4(b)와 같은 변환시킬 때, 등가 전압원 $V_0$[V]와 등가 저항 $R_0[\Omega]$를 구하시오.

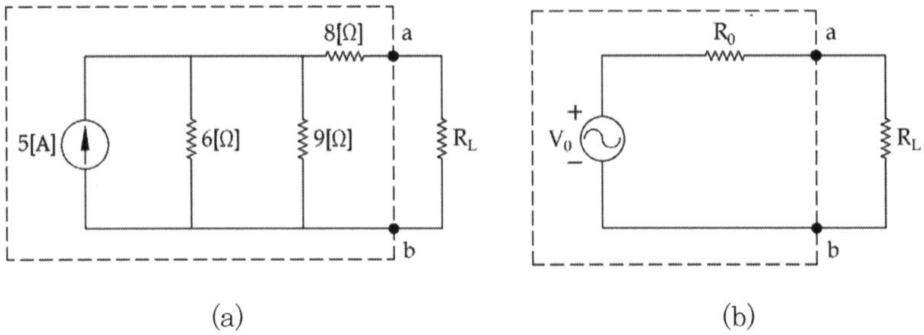


그림 4

정답 $V_0 = 18$[V], $R_0 = \frac{58}{5}[\Omega]$

5. 그림 5와 같은 회로부터 단자 a, b를 개방하였을 때, 개방 전압 $V_{ab}$[V]는?

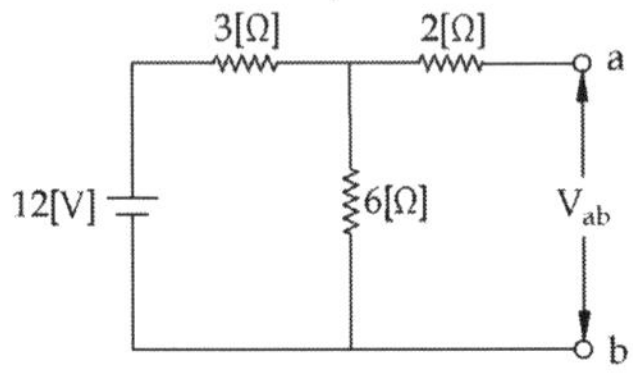


그림 5

정답 $V_{ab} = 18$[V]

6. 그림 6과 같은 회로에서 2[Ω]에 걸리는 전압 $V$[V]를 중첩의 정리를 사용하여 구하시오.

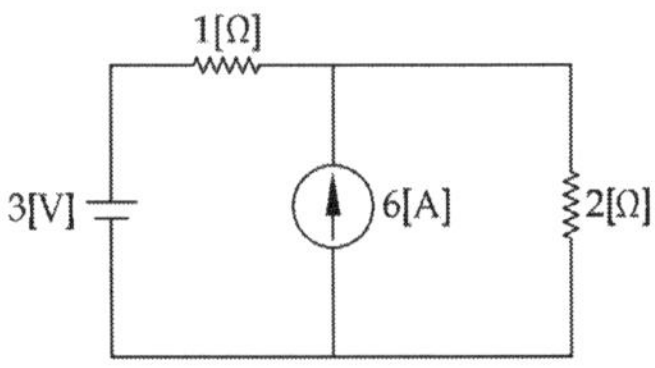


그림 6

정답 $V=6$[V]

7. 그림 7과 같은 회로에서 1[Ω]에 흐르는 전류 $I$[A]를 중첩의 정리를 사용하여 구하시오.

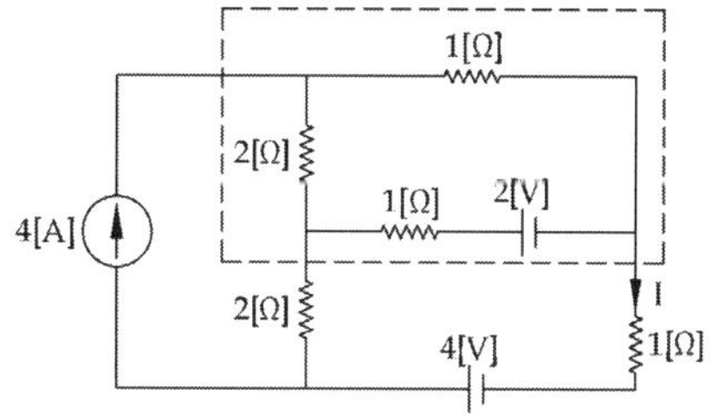


그림 7

정답 $I=\frac{10}{3}$[A]

8. 그림 8과 같은 회로에서 단자 a, b 사이의 전압 $V_{ab}$[V]를 밀만의 정리를 사용하여 구하시오.

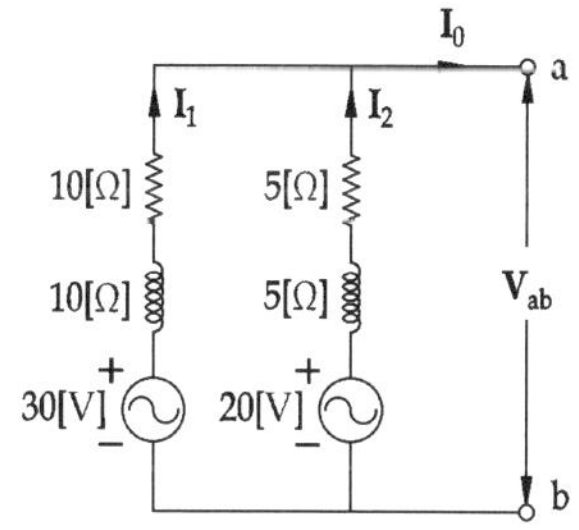


그림 8

정답 $V_{ab}=\frac{70}{3}$[V]

9. 그림 9에서 $R_3=20$[V]에 흐르는 전류 $I_3$[A]를 밀만의 정리를 사용하여 구하시오.

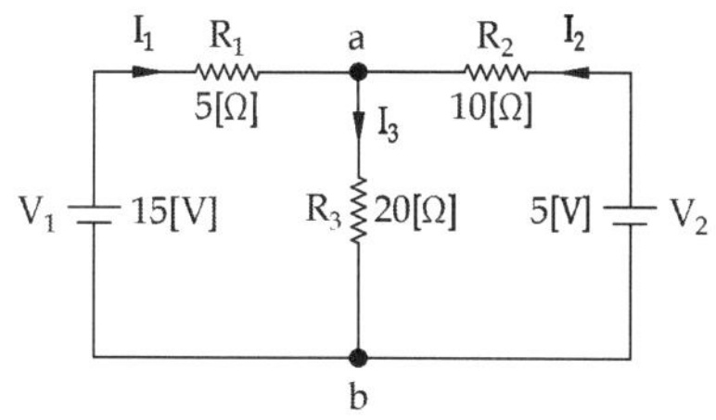


그림 9

정답 $I_3 = 0.5$[A]

10. 그림 10에서 $R_2$에 흐르는 전류 $I_1$[A]을 중첩의 정리를 사용하여 구하시오.

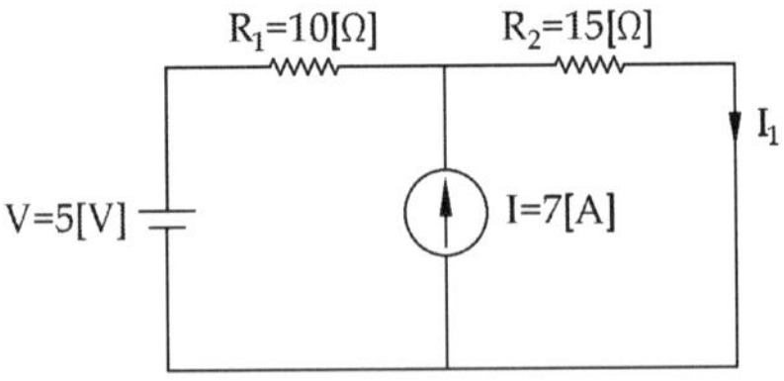


그림 10

정답 $I_1 = 3$[A]

# 7장 공진 회로

## 1 직렬 회로에서의 공진 현상

### 1.1 직렬 공진

예를 들어, 소프라노가 고음을 내면 특정 순간에 유리잔이 깨지는데, 이는 소프라노의 발성을 통한 진동이 유리잔의 고유 진동수 영역에 도달해 진동이 커지면서 공명 현상이 발생하여 유리잔이 깨져버린다. 마찬가지로 공진(resonance)을 전기적으로 표현하면, 인덕터는 주파수가 낮을수록 전류가 잘 흐르는 특성이 있고 커패시터는 주파수가 높을수록 전류가 잘 흐르는 특성이 있기 때문에, 인덕터 $L$ 과 커패시터 $C$ 를 직렬 또는 병렬로 접속 시, 특정 주파수에서 인덕터의 특성과 커패시터의 특성이 평형을 이루면서 전압 또는 전류가 급격히 변하는 것을 말한다.

그림 7.1(a)는 인덕터 $L$과 커패시터 $C$가 직렬로 접속한 회로이고 인덕터의 내부에는 약간의 저항 성분 $R$ 이 있기 때문에 그림 7.1(a)는 그림 7.1(b)와 같은 $RLC$ 직렬 회로라고 할 수 있다.

그림 7.1(b)에 페이저 교류 전압 $\boldsymbol{V}$ 를 인가하여 페이저 교류 전류 $\boldsymbol{I}$ 가 흐를 때, $R$, $L$, $C$ 에서의 전압 강하 $\boldsymbol{V}$ 는

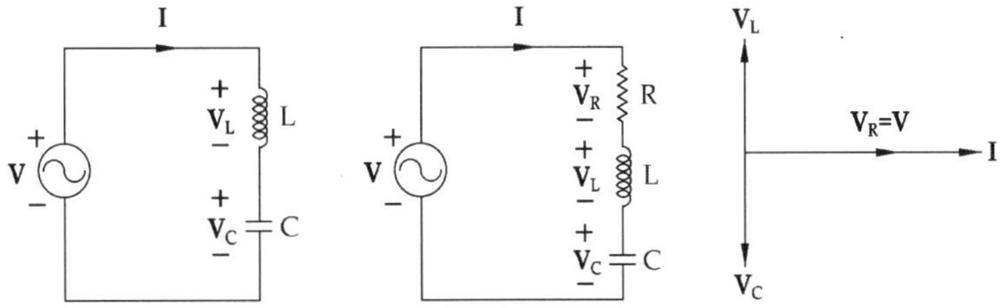


(a) (b) (c)

그림 7.1 직렬 공진

$$\boldsymbol{V} = \boldsymbol{V}_R + \boldsymbol{V}_L + \boldsymbol{V}_C = R\boldsymbol{I} + jX_L\boldsymbol{I} + jX_C\boldsymbol{I}$$
$$= \left\{R + j\left(\omega L - \frac{1}{\omega C}\right)\right\}\boldsymbol{I}\ [\mathrm{V}] \qquad \cdots\cdots (7.1)$$

이고 교류 전류의 크기 $I$와 편각 $\theta$는

$$I = \frac{V}{\sqrt{R^2 + \left(\omega L - \frac{1}{\omega C}\right)^2}}\ [\mathrm{A}] \qquad \cdots\cdots (7.2)$$

$$\theta = \tan^{-1}\frac{\omega L - \frac{1}{\omega C}}{R} \qquad \cdots\cdots (7.3)$$

이다. 직렬 공진 조건은 식 7.2에서 $X_L$과 $X_C$가 동일한 $\omega L - \frac{1}{\omega C} = 0$이므로 공진 각주파수를 $\omega_r$이라고 하면

$$\omega_r L = \frac{1}{\omega_r C},\quad \omega_r^2 = \frac{1}{LC},\quad \omega_r = \frac{1}{\sqrt{LC}}\ [\mathrm{rad/s}] \qquad \cdots\cdots (7.4)$$

이고 공진 주파수 $f_r$은 $\omega_r = 2\pi f_r$이므로

$$f_r = \frac{\omega_r}{2\pi} = \frac{1}{2\pi\sqrt{LC}}\ [\mathrm{Hz}] \qquad \cdots\cdots (7.5)$$

이다. 공진 시의 교류 전류의 크기 $I_r$과 편각 $\theta_r$은

$$I_r = \frac{V}{R}\ [\mathrm{A}],\quad \theta_r = \tan^{-1}\frac{0}{R} = 0° \qquad \cdots\cdots (7.6)$$

이기 때문에 공진 시에는 그림 7.2(c)와 같이 교류 전압 $V$와 교류 전류 $I(=I_r)$가 동상이 되어 교류 전류는 최대가 된다.

따라서, 직렬 공진 시에는 회로의 리액턴스 $X$가 0이 되어 교류 전압과 교류 전류가 동상이 되고 임피던스 $Z$가 최소로 되어 교류 전류 $I_r$이 최대가 된다.

그림 7.2(a)와 같은 $RLC$ 직렬 회로에서 낮은 각주파수에서는 용량성 리액턴스 $X_C$의 값이 크기 때문에 리액턴스 $X<0$이 되고 높은 각주파수에서는 유도성 리액턴스 $X_L$의 값이 크기 때문에 리액턴스 $X>0$이 된다. 여기서, $X=0$인 점은 교류 전압 $V$와 교류 전류 $I_r$이 동상인 상태로서 공진 상태에 있다고 하고 이때의 주파수를 공진 각주파수(resonance angular frequency) $\omega_r$이라고 한다.

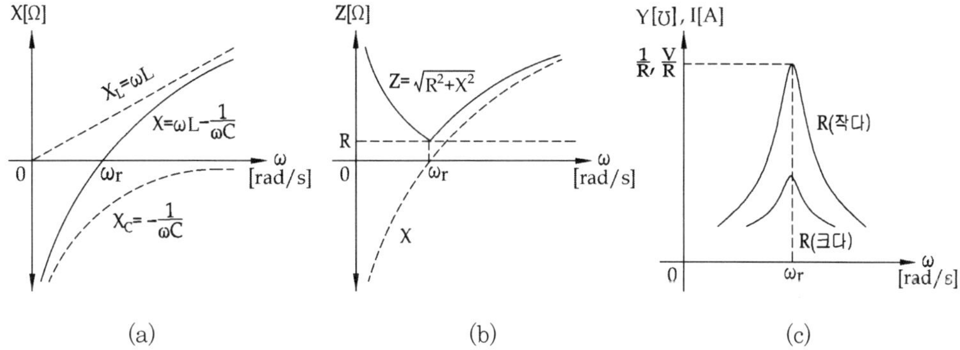


**그림 7.2** 직렬 공진회로에 있어서 각주파수 변화에 따른 리액턴스, 임피던스 및 어드미턴스 특성 곡선

그림 7.2(b)는 각주파수 $\omega$ 변화에 따른 임피던스 $Z$ 곡선으로서, 이때 공진 주파수 $\omega_r$에서는 $X=0$이고 $Z=R$이기 때문에 임피던스 $Z$는 최소가 된다.

그림 7.2(c)는 각주파수 $\omega$ 변화에 따른 어드미턴스 $Y$ 곡선으로서, 어드미턴스는 임피던스와 역수이기 때문에 공진 주파수 $\omega_r$에서는 $Y=\frac{1}{Z}=\frac{1}{R}$이 되어 어드미턴스 $Y$는 최대가 된다. 이때, 저항 $R$이 클수록 어드미턴스 $Y$는 작아지기 때문에 어드미턴스 곡선은 덜 예리해지고 $I=YV$인 관계식에 의해서 전류 곡선도 덜 예리해진다. 반면, 저항 $R$이 작을수록 어드미턴스 $Y$는 커지기 때문에 어드미턴스 곡선은 더욱 예리해지고 $I=YV$인 관계식에 의해서 전류 곡선도 더욱 예리해진다.

**예제 7.1** 공진 주파수가 2[kHz]인 정현파 교류회로에 있어서 15[mH]인 유도성 리액턴스와 크기가 같은 용량성 리액턴스를 갖는 $C[\mu F]$는?

**풀이** 공진 각주파수 $\omega_r=\frac{1}{\sqrt{LC}}$이므로 커패시턴스 $C$는

$$C=\frac{1}{\omega_r^2 L}=\frac{1}{(2\pi f_r)^2 L}=\frac{1}{(2\pi\times 2\times 10^3)^2\times 15\times 10^{-3}}\fallingdotseq 42.22[\mu F]$$

**예제 7.2** $R=4[\Omega]$, $L=0.5$[H], $C=50[\mu F]$로 구성된 $RLC$ 직렬 공진회로에 100[V]의 교류 전압을 인가한다면, 공진 각주파수 $\omega_r$[rad/s]과 공진 시 전류 $I_r$[A]은?

**풀이** 공진 각주파수 $\omega_r$은

$$\omega_r = \frac{1}{\sqrt{LC}} = \frac{1}{\sqrt{0.5\times 50\times 10^{-6}}} = 200[\text{rad/s}]$$

공진 시에는 $X=0$이고 $Z=R$이므로 공진 시 전류 $I_r$은

$$I_r = \frac{V}{R} = \frac{100}{4} = 25[\text{A}]$$

## 1.2 직렬 공진회로의 양호도

직렬 공진회로는 공진 시 인덕터 $L$의 단자 전압인 $V_L$과 커패시터 $C$의 단자 전압인 $V_C$가 인가 전압 $V$의 수십배로 확대되기 때문에 직렬 공진을 전압 공진이라고 한다.

공진 시 인덕터와 커패시터에서의 전압을 각각 $V_L$, $V_C$라고 하면

$$V_L = \omega_r L I_r[\text{V}],\quad V_C = \frac{1}{\omega_r C} I_r[\text{V}] \qquad \cdots\cdots (7.7)$$

이다. 직렬 공진회로에서 인덕터와 커패시터에서의 전압 확대율을 양호도(quality factor) $Q$라고 하고 공진 시 인덕터와 커패시터에서의 전압 확대율을 각각 $Q_L$, $Q_C$라고 하면

$$Q_L = \frac{V_L}{V} = \frac{I_r\omega_r L}{I_r R} = \frac{\omega_r L}{R}$$

$$Q_C = \frac{V_C}{V} = \frac{I_r\dfrac{1}{\omega_r C}}{I_r R} = \frac{1}{R\omega_r C} \qquad \cdots\cdots (7.8)$$

이다. 여기서, 공진 시에는 $\omega_r L = \dfrac{1}{\omega_r C}$이므로

$$Q_L = Q_C = Q \qquad \cdots\cdots (7.9)$$

이고 직렬 공진회로에서 양호도 $Q$는

$$Q = \frac{\omega_r L}{R} = \frac{1}{R\omega_r C} \qquad \cdots\cdots (7.10)$$

이다. 여기서, 식 7.10에서 $\omega_r = \dfrac{1}{\sqrt{LC}}$이므로 양호도 $Q$는

$$Q = \frac{\omega_r L}{R} = \frac{1}{R\omega_r C} = \frac{1}{R}\sqrt{\frac{L}{C}} \qquad \cdots\cdots (7.11)$$

이다. 또한, 식 7.8과 7.9로부터 인덕터와 커패시터에서 확대된 전압을 각각 $V_L$과 $V_C$라고 하면

$$V_L = Q_L V = QV\,[\mathrm{V}],\quad V_C = Q_C V = QV\,[\mathrm{V}] \qquad \cdots\cdots (7.12)$$

이다. 따라서, 식 7.12로부터 직렬 공진 시 인덕터에서의 전압 $V_L$과 커패시터에서의 전압 $V_C$는 인가 전압 $V$의 $Q$배 만큼 확대되므로 직렬 공진을 전압 공진이라고 한다.

**예제 7.3** $R = 10[\Omega]$, $L = 25$[mH]와 가변 커패시터 $C$로 접속된 $RLC$ 직렬 회로에 주파수 $f_r = 500$[Hz]인 교류 전압을 인가하고 커패시터 $C$를 가변하여 직렬 공진시켰을 때, 커패시터 $C[\mu\mathrm{F}]$와 양호도 $Q$는?

풀이 공진 각주파수 $\omega_r = \frac{1}{\sqrt{LC}}$로부터 공진 시 커패시터 $C$는

$$C = \frac{1}{\omega_r^2 L} = \frac{1}{(2\pi f_r)^2 L} = \frac{1}{(2\pi \times 500)^2 \times 25 \times 10^{-3}} \fallingdotseq 4.05[\mu\mathrm{F}]$$

양호도 $Q$는 식 7.11로부터

$$Q = \frac{1}{R}\sqrt{\frac{L}{C}} = \frac{1}{10}\sqrt{\frac{25\times 10^{-3}}{4.05\times 10^{-6}}} \fallingdotseq 7.86$$

## 1.3 선택도

그림 7.3으로부터 직렬 공진회로에 크기는 같고 주파수를 변화시켜 가면서 전압을 인가한다면, 공진 주파수 $f_r$인 전압에서 전류가 $I_r$로 가장 크게 나타나는 반면, 공진 주파수 $f_r$과 멀어질수록 급격히 작아지는 것을 알 수 있다. 이는 공진 주파수 $f_r$을 중심으로 곡선이 첨예할수록 공진 특성이 우수하다고 하며, 이때 곡선의 첨예한 정도를 선택도(selectivity) 또는 첨예도(sharpness)라고 하고 $S$로 표시한다.

주파수 $f_1$, $f_2$는 공진 시 전류 $I_r$의 $\frac{1}{\sqrt{2}}$배가 되는 전류에 해당하는 주파수로서 차단 주파수(cutoff frequency)라고 하고 $\Delta f$는 공진 주파수에 가까울수록 전류가 잘 흐르는 주파수 영역을 대역폭(band width) 또는 통과 대역(pass frequency)이라고 한다. 또한, 선택도 $S$와 양호도 $Q$는 항상 동일하다.

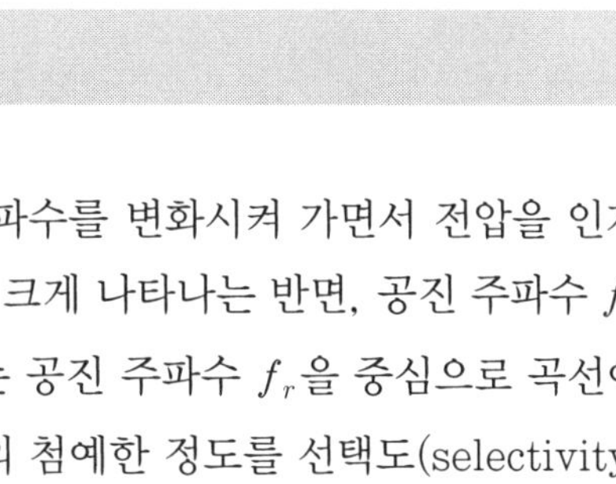


그림 7.3 직렬 공진곡선

$$S = \frac{f_r}{f_2 - f_1} = \frac{f_r}{\Delta f} = Q \qquad \cdots\cdots (7.13)$$

$$f_1 = f_r - \frac{\Delta f}{2}[\text{Hz}]$$

$$f_1 = f_r + \frac{\Delta f}{2}[\text{Hz}] \qquad \cdots\cdots (7.14)$$

공진 주파수 $f_r$에서의 소비 전력 $P_r$은

$$P_r = I^2 R[\text{W}] \qquad \cdots\cdots (7.15)$$

이고 차단 주파수 $f_1$, $f_2$일 때의 전류는 $I = \frac{I_r}{\sqrt{2}}$이기 때문에, 이 때의 소비 전력 $P$는

$$P = I^2 R = \left(\frac{I_r}{\sqrt{2}}\right)^2 R = \frac{1}{2} I_r^2 R = \frac{1}{2} P_r[\text{W}] \qquad \cdots\cdots (7.16)$$

이다. 이는 차단 주파수일 때의 소비 전력은 공진 주파수일 때 소비 전력의 반이기 때문에 $f_1$, $f_2$를 반전력 주파수(half-power frequency)라고도 한다. 또한, $\Delta f$는 대역폭 또는 통과 대역이라고도 하는 가운데, $\Delta f = f_2 - f_1$이기 때문에 반전력 대폭(half-power band width)이라고도 한다.

**예제 7.4** $RLC$ 직렬 공진회로에 있어서 공진 주파수 $f_r = 500$[kHz], 양호도 $Q = 50$일 때, 반전력 대폭 $\Delta f$[kHz]와 반전력 주파수 $f_1$, $f_2$[kHz]는?

**풀이** 식 7.13으로부터 반전력 대폭 $\Delta f$는

$$\Delta f = \frac{f_r}{Q} = \frac{500}{50} = 10[\text{kHz}]$$

식 7.14로부터 반전력 주파수 $f_1$, $f_2$는

$$f_1 = f_r - \frac{\Delta f}{2} = 500 - \frac{10}{2} = 495[\text{kHz}]$$

$$f_2 = f_r + \frac{\Delta f}{2} = 500 + \frac{10}{2} = 505[\text{kHz}]$$

# 2 병렬 회로에서의 공진 현상

## 2.1 병렬 공진

그림 7.4(a)는 저항 $R$, 인턱터 $L$ 및 커패시터 $C$가 병렬로 접속한 $RLC$ 회로이다.

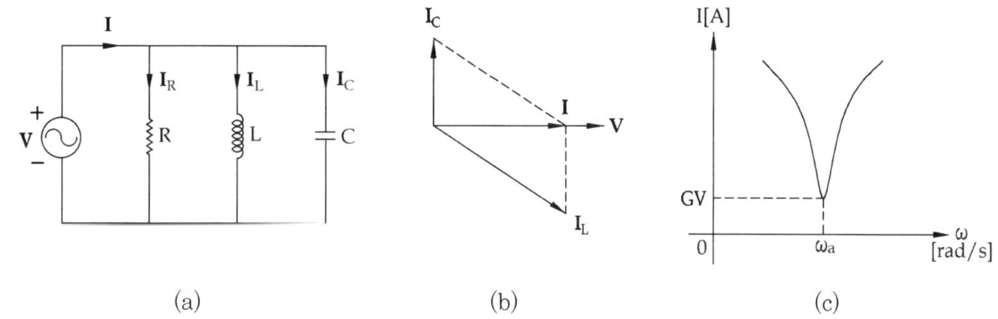


그림 7.4 병렬 공진

그림 7.4(a)에 교류 전압 $\boldsymbol{V}$를 인가하여 교류 전류 $\boldsymbol{I}$가 흐를 때, $R$, $L$, $C$에 흐르는 전류 $\boldsymbol{I}$는

$$\boldsymbol{I} = \boldsymbol{I}_R + \boldsymbol{I}_L + \boldsymbol{I}_C = \frac{1}{R}\boldsymbol{V} + \frac{1}{jX_L}\boldsymbol{V} + \frac{1}{jX_C}\boldsymbol{V}$$

$$= \frac{1}{R}\boldsymbol{V} - j\frac{1}{\omega L}\boldsymbol{V} + j\omega C\boldsymbol{V}$$

$$= \left\{\frac{1}{R} + j\left(\omega C - \frac{1}{\omega L}\right)\right\}\boldsymbol{V}\ [\mathrm{A}] \qquad \cdots\cdots (7.17)$$

이고 교류 전류의 크기 $I$와 편각 $\theta$는

$$I = V\sqrt{\left(\frac{1}{R}\right)^2 + \left(\omega C - \frac{1}{\omega L}\right)^2} = V\sqrt{G^2 + \left(\omega C - \frac{1}{\omega L}\right)^2}\ [\mathrm{A}] \qquad \cdots\cdots (7.18)$$

$$\theta = \tan^{-1}\frac{\omega C - \dfrac{1}{\omega L}}{G} \qquad \cdots\cdots (7.19)$$

이다. 병렬 공진 조건은 식 7.18에서 $B_L$과 $B_C$가 동일한 $\omega C - \frac{1}{\omega L} = 0$이므로 반공진 각주파수 $\omega_a$는

$$\omega_a C = \frac{1}{\omega_a L}, \quad \omega_a^2 = \frac{1}{LC}, \quad \omega_a = \frac{1}{\sqrt{LC}} [\text{rad/s}] \qquad \cdots\cdots (7.20)$$

이고 반공진 주파수 $f_a$는 $\omega_a = 2\pi f_a$이므로

$$f_a = \frac{\omega_a}{2\pi} = \frac{1}{2\pi\sqrt{LC}} [\text{Hz}] \qquad \cdots\cdots (7.21)$$

이다. 반공진 시의 교류 전류 $I_a$와 편각 $\theta_a$는

$$I_a = GV[\text{A}], \quad \theta_a = \tan^{-1}\frac{0}{G} = 0° \qquad \cdots\cdots (7.22)$$

이기 때문에 그림 7.4(b), (c)와 같이 교류 전압 $V$와 교류 전류 $I(=I_a)$가 동상이 되어 교류 전류는 최소가 되어 병렬 공진 시에는 반공진이라고 한다.

## 2.2 병렬 공진회로의 양호도

병렬 공진회로는 인덕터 $L$에 흐르는 전류인 $I_L$과 커패시터 $C$에 흐르는 전류 $I_C$가 전체 전류 $I$의 수십배로 축소되기 때문에 병렬 공진을 전류 공진이라고 한다.

반공진 시 인덕터와 커패시터에 흐르는 전류를 각각 $I_L$, $I_C$라고 하면

$$I_L = \frac{1}{\omega_a L} V [\text{A}], \quad I_C = \omega_a C V [\text{A}] \qquad \cdots\cdots (7.23)$$

이다. 병렬 공진회로에서 인덕터와 커패시터에 흐르는 전류 축소율을 양호도 $Q$라고 하고 반공진 시 인덕터와 커패시터에 흐르는 전류 축소율을 각각 $Q_L$, $Q_C$라고 하면

$$Q_L = \frac{I_L}{I_a} = \frac{\frac{V}{\omega_a L}}{GV} = \frac{1}{G\omega_a L} = \frac{R}{\omega_a L}$$

$$Q_C = \frac{I_C}{I_a} = \frac{\omega_a C V}{GV} = \frac{\omega_a C}{G} = R\omega_a C \qquad \cdots\cdots (7.24)$$

이다. 여기서, 반공진 시에는 $\omega_a C = \frac{1}{\omega_a L}$이므로

$$Q_L = Q_C = Q \qquad \cdots\cdots (7.25)$$

이고 병렬 공진회로에서 양호도 $Q$는

$$Q = \frac{R}{\omega_a L} = R\omega_a C \qquad \cdots\cdots (7.26)$$

이다. 여기서, 식 7.26에서 $\omega_a = \dfrac{1}{\sqrt{LC}}$ 이므로 양호도 $Q$는

$$Q = \frac{R}{\omega_a L} = R\omega_a C = R\sqrt{\frac{C}{L}} \qquad \cdots\cdots (7.27)$$

이다. 또한, 식 7.24와 7.25로부터 인덕터와 커패시터에서 축소된 전류를 각각 $I_L$과 $I_C$라고 하면

$$I_L = Q_L I_a = QI_a[\text{A}], \quad I_C = Q_C I_a = QI_a[\text{A}] \qquad \cdots\cdots (7.28)$$

이다. 따라서, 식 7.28로부터 병렬 공진 시 인덕터에 흐르는 전류 $I_L$과 커패시터에 흐르는 전류 $I_C$는 전체 전류 $I_a$의 $Q$배 만큼 축소되므로 병렬 공진을 전류 공진이라고 한다.

**예제 7.5** $R = 50[\Omega]$, $L = 10[\text{H}]$, $C = 40[\mu\text{F}]$인 $RLC$ 병렬 공진회로에서 있어서 양호도 $Q$는?

**풀이** 병렬 공진회로에 있어서 양호도 $Q$는

$$Q = R\sqrt{\frac{C}{L}} = 50\sqrt{\frac{40\times 10^{-6}}{10}} = 0.1$$

# 제 7 장 연습문제

1. 그림 1과 같은 $RLC$ 직렬 회로에 교류 전압 10[V]를 인가하여 공진 상태가 되었을 때, $\frac{V_R}{V}$, $\frac{V_L}{V}$, $\frac{V_C}{V}$는?

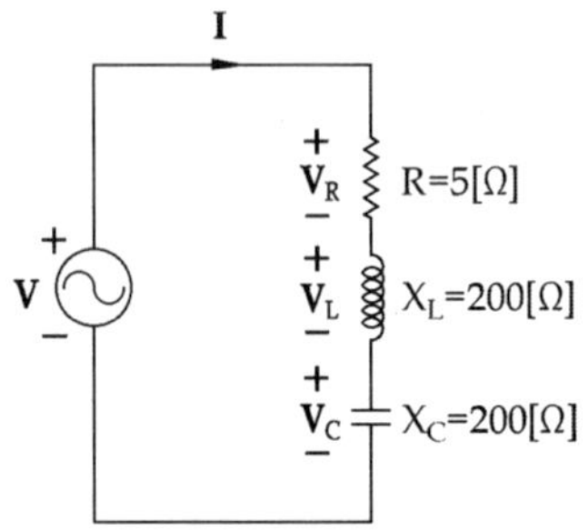


그림 1

정답 $\frac{V_R}{V}=1$, $\frac{V_L}{V}=40$, $\frac{V_C}{V}=40$

2. $L=50$[mH]이고 내부 저항이 $R$인 인덕터 만의 회로가 $f_r=1$[kHz]에서 공진 상태가 되어 $Q=200$일 때, 인덕터 내부 저항 $R[\Omega]$은?

정답 $R=1.57[\Omega]$

3. $RLC$ 직렬 공진회로에서 $R=50[\Omega]$, $L=100$[mH], $C=200[\mu\text{F}]$일 때, 공진 주파수 $f_r$ [Hz]은?

정답 $f_r=35.59$[Hz]

4. $RLC$ 직렬 공진회로에서 $R=0.2[\Omega]$, $L=5$[mH], $C=50[\mu\text{F}]$일 때, 반전력 주파수 $f_1$과 $f_2$[Hz]는?

정답 $f_1 = 315.13$[Hz], $f_2 = 321.50$[Hz]

5. 그림 2와 같은 회로에서 반공진 시, 어드미턴스 $Y_a$[℧]는?

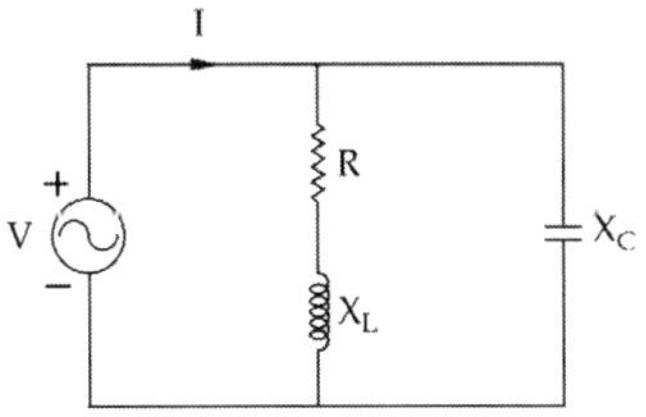


그림 2

정답 $Y_a = \frac{RC}{L}$[℧]

6. 그림 3과 같은 $RLC$ 직렬 회로가 1[kHz]에서 공진 상태가 되었을 때, 커패시턴스 $C$[nF], 양호도 $Q$는?

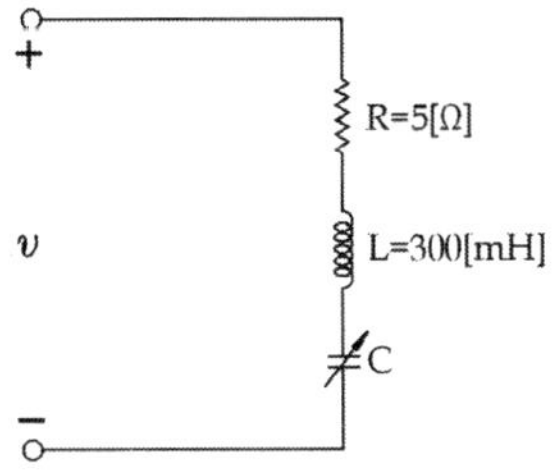


그림 3

정답 $C = 84.43$[nF], $Q = 377$

7. $RLC$ 직렬 공진회로에서 $R = 50$[Ω], $f_r = 100$[kHz], $\Delta f = 1$[kHz]일 때, 인덕턴스 $L$[mH]과 커패시터 $C$[pF]은?

정답 $L = 7.96$[mH], $C = 318.4$[pF]

8. $f = 5$[kHz]인 정현파 교류 회로에서 $L = 25$[mH]인 유도성 리액턴스 $X_L$과 크기가 동일한 용량성 리액턴스를 갖는 커패시턴스 $C$[nF]는?

정답 $C = 40.53$[nF]

9. 그림 4와 같은 회로에 정현파 교류 전압을 인가할 때, 전류 $I$ 가 최소로 되기 위한 용량성 리액턴스 $X_C[\Omega]$는?

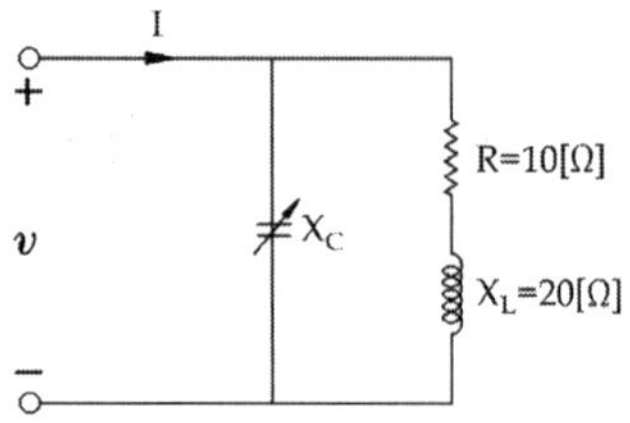


그림 4

정답 $X_C = 25[\Omega]$

10. 그림 5와 같은 회로에서 반공진 각주파수 $\omega_a$[rad/s]는?

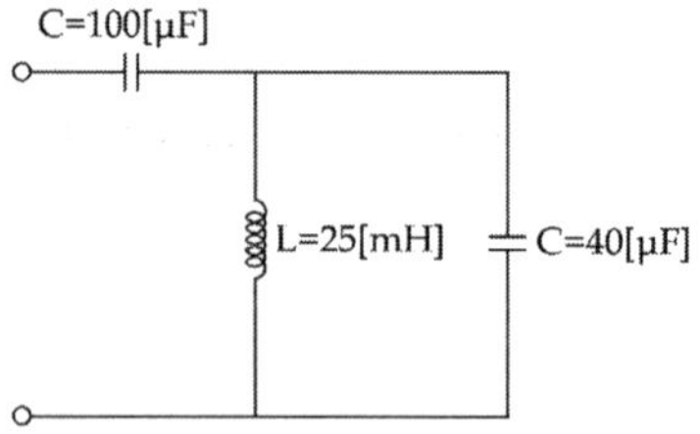


그림 5

정답 $\omega_a = 1{,}000$[rad/s]

# 8장 3상 회로

## 1 3상 교류전압의 발생과 결선 방법

### 1.1 3상 교류전압의 발생

다상 방식(poly phase system)은 주파수는 같으나 위상이 다른 여러 개의 기전력이 회로 내에 존재하는 방식으로, 기전력이 한 개만 존재하는 단상 방식(single phase system)에 비해서 발전 효율이 높고 고전압 발생 및 전송이 가능하며 발생 전력이 시간에 관계없이 일정한 장점이 있다.

또한, 다상 방식은 단상 방식보다 송전 효율이 높고 부하 용량이 적어서 경제적인 가운데, 현재 송전, 배전, 발전 분야에서는 대부분 다상 방식의 일종인 3상 방식을 채택하고 있다.

그림 8.1(a)는 3상 기전력의 발생 원리를 나타내고 있는 것으로서 철심에 3개의 코일이 120° 간격으로 감겨져 있는데 회전 자석이 일정한 속도로 회전하면 각 코일의 양단에는 120°의 위상차를 갖는 3상 교류전압이 발생한다. 그림 8.1(b)는 3상 교류전압의 순시값을 나타내고 그림 8.1(c)는 3상 교류전압을 등가 표시한 것이다.

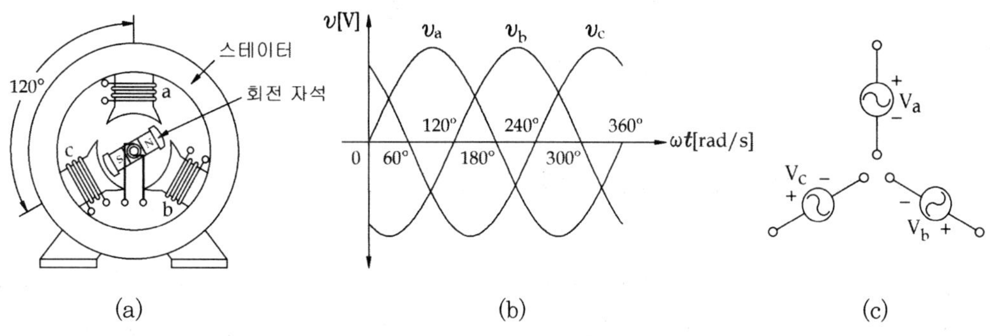


그림 8.1 3상 교류전압

그림 8.2는 그림 8.1(b)와 같은 3상 교류전압의 페이저도로서, 그림 8.2(a)는 그림 8.1(a)의 회전 자석이 a상을 기준으로 하여 시계반대방향으로 회전하면 상순(phase sequence)은 a → b → c 순이 되고, 그림 8.2(b)는 그림 8.1(a)의 회전 자석이 a상을 기준으로 하여 시계방향으로 회전하면 상순은 a → c → b 순이 된다.

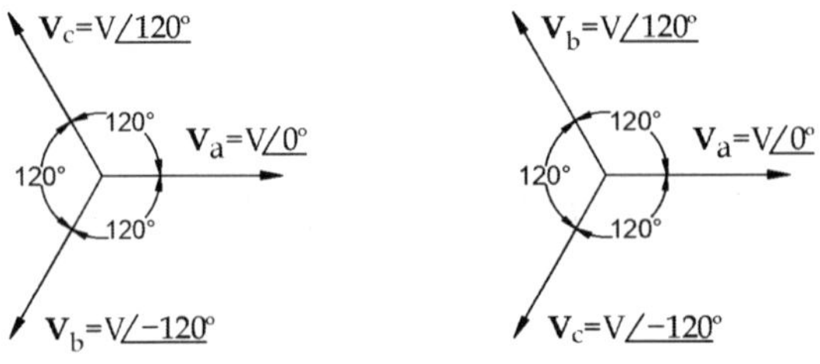


(a) (b)

**그림 8.2** 3상 교류전압의 상순

그림 8.1(b)로부터 3상 교류전압 $v_a$를 기준으로 $v_b$, $v_c$를 순시값으로 나타내면

$$v_a = \sqrt{2}\,V\sin\omega t\,[\mathrm{V}]$$
$$v_b = \sqrt{2}\,V\sin(\omega t - 120°)\,[\mathrm{V}]$$
$$v_c = \sqrt{2}\,V\sin(\omega t + 120°)\,[\mathrm{V}] \qquad \cdots\cdots (8.1)$$

이고 식 8.1을 페이저로 나타내면

$$\boldsymbol{V}_a = V\angle 0°\,[\mathrm{V}]$$
$$\boldsymbol{V}_b = V\angle -120°\,[\mathrm{V}]$$
$$\boldsymbol{V}_b = V\angle 120°\,[\mathrm{V}] \qquad \cdots\cdots (8.2)$$

이다.

또한, 식 8.1로부터 일반적으로 전압의 크기와 주파수가 같고 위상차가 120°인 상태를 평형 3상 전압이라고 한다.

## 1.2 3상 교류전원의 결선 방법

그림 8.3(a)는 3상 교류전원의 Y결선을 나타낸 것으로서, 그림 8.1(c)와 같은 단상 교류전압의 낮은 전위측을 중성점으로 하고 높은 전위 측을 3상 교류전원의 단자가 되도록 결선

한 방식을 말한다.

한편, 그림 8.3(b)는 3상 교류전원의 △결선을 나타낸 것으로서, 그림 8.1(c)와 같은 단상 교류전압의 높은 전위와 낮은 전위를 교대로 결선한 방식을 말한다.

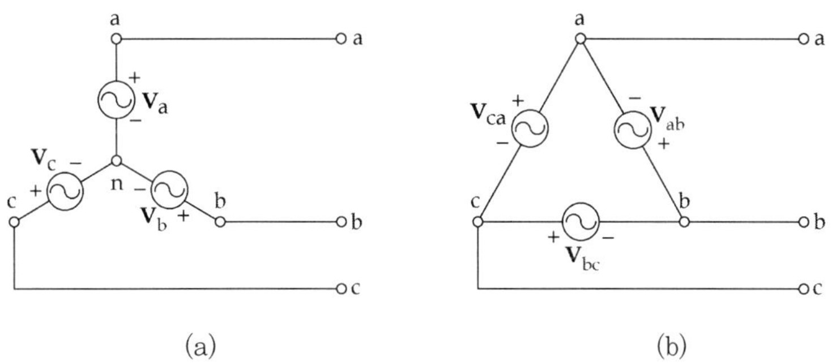


그림 8.3 3상 교류전압의 결선 방법

# 2 평형 3상 교류회로의 결선

## 2.1 전원의 결선

### 2.1.1 Y결선

그림 8.4(a)는 평형 3상 교류전압을 Y결선한 전원부이다. 3상 교류전압에서 3상을 구성하고 있는 각 단상 교류전압을 상(phase)이라고 하면 상전압(phase voltage)은 각 상에 걸리는 전압으로 $\boldsymbol{V}_a$, $\boldsymbol{V}_b$, $\boldsymbol{V}_c$ 라고 하고 상전류(phase current)는 각 상에 흐르는 전류로 $\boldsymbol{I}_a$, $\boldsymbol{I}_b$, $\boldsymbol{I}_c$ 라고 한다.

선간 전압(line voltage)은 부하에 전력을 공급하는 선로 사이의 전압으로 $\boldsymbol{V}_{lab}$, $\boldsymbol{V}_{lbc}$, $\boldsymbol{V}_{lca}$ 라고 하고 선전류(line current)는 각 선로에 흐르는 전류로 $\boldsymbol{I}_{la}$, $\boldsymbol{I}_{lb}$, $\boldsymbol{I}_{lc}$ 라고 한다.

그림 8.4(a)로부터 각 상에 흐르는 상전류 $\boldsymbol{I}_a$, $\boldsymbol{I}_b$, $\boldsymbol{I}_c$ 는 각 선로에 흐르는 선전류 $\boldsymbol{I}_{la}$, $\boldsymbol{I}_{lb}$, $\boldsymbol{I}_{lc}$ 와 동일하기 때문에

$$\boldsymbol{I}_{la} = \boldsymbol{I}_a, \quad \boldsymbol{I}_{lb} = \boldsymbol{I}_b, \quad \boldsymbol{I}_{lc} = \boldsymbol{I}_c \qquad \cdots\cdots (8.3)$$

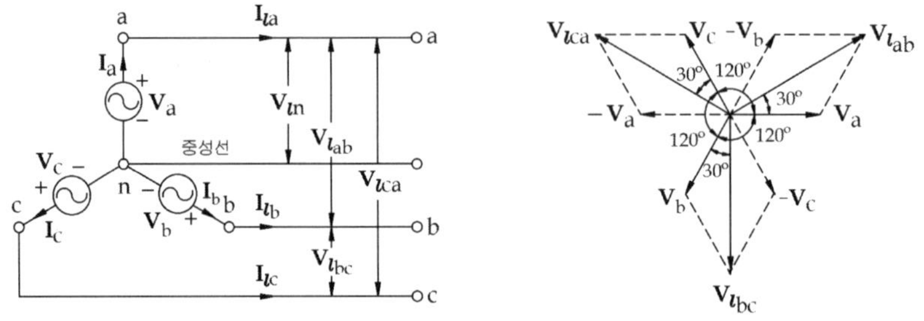

(a) (b)

**그림 8.4** 평형 3상 전원의 Y결선

이다. 그림 8.4(b)로부터 각 상에 걸리는 상전압 $\boldsymbol{V}_a$, $\boldsymbol{V}_b$, $\boldsymbol{V}_c$ 는 크기가 같고 120°의 위상차를 갖기 때문에 각 선로 간의 선간 전압 $\boldsymbol{V}_{lab}$, $\boldsymbol{V}_{lbc}$, $\boldsymbol{V}_{lca}$ 도 서로 대칭이다. 또한, 선간 전압의 크기는 상전압보다 $\sqrt{3}$ 배 만큼 크고 선간 전압의 위상은 상전압보다 30° 빠르기 때문에

$$\boldsymbol{V}_{lab} = \boldsymbol{V}_a - \boldsymbol{V}_b = \boldsymbol{V}_a + (-\boldsymbol{V}_b) = \sqrt{3}\,\boldsymbol{V}_a \angle 30°[\mathrm{V}]$$
$$\boldsymbol{V}_{lbc} = \boldsymbol{V}_b - \boldsymbol{V}_c = \boldsymbol{V}_b + (-\boldsymbol{V}_c) = \sqrt{3}\,\boldsymbol{V}_b \angle 30°[\mathrm{V}]$$
$$\boldsymbol{V}_{lca} = \boldsymbol{V}_c - \boldsymbol{V}_a = \boldsymbol{V}_c + (-\boldsymbol{V}_a) = \sqrt{3}\,\boldsymbol{V}_c \angle 30°[\mathrm{V}] \quad \cdots\cdots (8.4)$$

이다. 따라서, 식 8.3과 8.4로부터 상전류를 $\boldsymbol{I}_p$, 선전류를 $\boldsymbol{I}_l$, 상전압을 $\boldsymbol{V}_p$, 선간 전압을 $\boldsymbol{V}_l$이라고 하면

$$\boldsymbol{I}_l = \boldsymbol{I}_p[\mathrm{A}] \quad \cdots\cdots (8.5)$$
$$\boldsymbol{V}_l = \sqrt{3}\,\boldsymbol{V}_p \angle 30°[\mathrm{V}] \quad \cdots\cdots (8.6)$$

이고 상전압 $\boldsymbol{V}_p$는 선로와 중성선 간의 전위차 $\boldsymbol{V}_{ln}$과 같으므로 식 8.6은

$$\boldsymbol{V}_l = \sqrt{3}\,\boldsymbol{V}_{ln} \angle 30°[\mathrm{V}] \quad \cdots\cdots (8.7)$$

와 동일하다.

**예제 8.1** 평형 3상 교류전압이 Y결선 시 선간 전압이 $\boldsymbol{V}_l = 346$[V]일 때, 상전압 $\boldsymbol{V}_p$[V]는?

풀이 식 8.6으로부터 상전압 $\boldsymbol{V}_p$는

$$\boldsymbol{V}_p = \frac{1}{\sqrt{3}}\boldsymbol{V}_l \angle -30°[\mathrm{V}]$$

선간 전압이 $V_l = 346[\mathrm{V}]$ 이므로 상전압 $V_p$는

$$V_p = \frac{1}{\sqrt{3}} \times 346 \angle -30° \fallingdotseq 200 \angle -30°[\mathrm{V}]$$

### 2.1.2 △결선

그림 8.5(a)는 평형 3상 교류전압을 △결선한 전원부이다. 그림 8.5(a)로부터 각 상의 상전압 $V_a$, $V_b$, $V_c$ 는 각 선로 간의 선간 전압 $V_{lab}$, $V_{lbc}$, $V_{lca}$ 와 동일하기 때문에

$$V_{lab} = V_a,\ V_{lbc} = V_b,\ V_{lca} = V_c \quad \cdots\cdots (8.8)$$

이다.

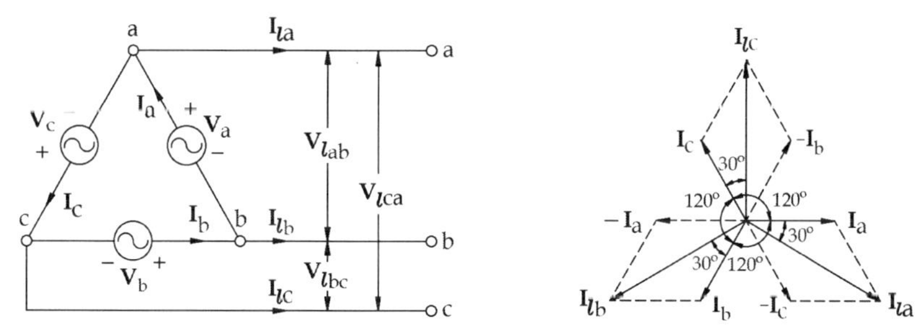


(a) (b)

**그림 8.5** 평형 3상 전원의 △결선

그림 8.5(b)로부터 각 상에 흐르는 상전류 $I_a$, $I_b$, $I_c$ 는 크기가 같고 120°의 위상차를 갖기 때문에 각 선로에 흐르는 선전류 $I_{lab}$, $I_{lbc}$, $I_{lca}$ 도 서로 대칭이다. 또한, 선전류의 크기는 상전류보다 $\sqrt{3}$배 만큼 크고 선전류의 위상은 상전류보다 30° 느리기 때문에

$$I_{la} = I_a - I_c = I_a + (-I_c) = \sqrt{3} I_a \angle -30°[\mathrm{A}]$$
$$I_{lb} = I_b - I_a = I_b + (-I_a) = \sqrt{3} I_b \angle -30°[\mathrm{A}]$$
$$I_{lc} = I_c - I_b = I_c + (-I_b) = \sqrt{3} I_c \angle -30°[\mathrm{A}] \quad \cdots\cdots (8.9)$$

이다. 따라서, 식 8.8과 8.9로부터 상전류를 $I_p$, 선전류를 $I_l$, 상전압을 $V_p$, 선간 전압을 $V_l$이라고 하면

$$V_l = V_p[\mathrm{V}] \quad \cdots\cdots (8.10)$$
$$I_l = \sqrt{3} I_p \angle -30°[\mathrm{A}] \quad \cdots\cdots (8.11)$$

이다.

**예제 8.2** 평형 3상 교류전압이 △결선 시 상전류가 $\boldsymbol{I}_p = 150$[A]일 때, 선전류 $\boldsymbol{I}_l$[A]은?

풀이 식 8.11로부터 선전류 $\boldsymbol{I}_l$은

$$\boldsymbol{I}_l = \sqrt{3}\boldsymbol{I}_p \angle -30°[\text{A}]$$

상전류가 $\boldsymbol{I}_p = 150$[A] 이므로 선전류 $\boldsymbol{I}_l$은

$$\boldsymbol{I}_l = 150\sqrt{3} \angle -30°[\text{A}]$$

## 2.2 부하의 결선

그림 8.6은 평형 3상 부하를 각각 Y결선과 △결선한 것으로서, 평형 3상 부하와 관련한 상전압과 상전류, 선로에 흐르는 선전류와 선간 전압은 전원부와 동일하기 때문에, 그림 8.6(a)와 같은 Y결선인 경우,

$$\boldsymbol{I}_l = \boldsymbol{I}_p[\text{A}] \quad \cdots\cdots (8.12)$$

$$\boldsymbol{V}_l = \sqrt{3}\,\boldsymbol{V}_p \angle 30°[\text{V}] \quad \cdots\cdots (8.13)$$

이고 그림 8.6(b)와 같은 △결선인 경우,

$$\boldsymbol{V}_l = \boldsymbol{V}_p[\text{V}] \quad \cdots\cdots (8.14)$$

$$\boldsymbol{I}_l = \sqrt{3}\boldsymbol{I}_p \angle -30°[\text{A}] \quad \cdots\cdots (8.15)$$

가 성립한다.

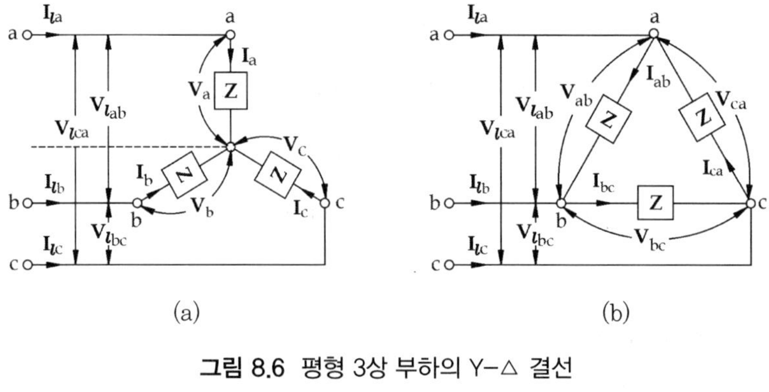


**그림 8.6** 평형 3상 부하의 Y-△ 결선

**예제 8.3** $\boldsymbol{Z} = 15 + j20[\Omega]$인 평형 3상 부하가 Y결선 시 $\boldsymbol{V}_l = 300[\text{V}]$일 때, 선전류 $\boldsymbol{I}_l[\text{A}]$은?

**풀이** 상전압 $\boldsymbol{V}_p$는 식 8.13으로부터

$$\boldsymbol{V}_p = \frac{1}{\sqrt{3}}\boldsymbol{V}_l = \frac{1}{\sqrt{3}} \times 300 = 100\sqrt{3}\,[\text{V}]$$

임피던스의 크기 $Z$는

$$Z = \sqrt{15^2 + 20^2} - 25[\Omega]$$

평형 3상 부하의 $Y$결선 시, 선전류 $\boldsymbol{I}_l$은 상전류 $\boldsymbol{I}_p$와 동일하므로

$$\boldsymbol{I}_l = \boldsymbol{I}_p = \frac{\boldsymbol{V}_p}{Z} = \frac{100\sqrt{3}}{25} = 4\sqrt{3}\,[\text{A}]$$

# 3 평형 3상 교류회로의 등가 변환

## 3.1 전원의 등가 변환

그림 8.7은 평형 3상 전원을 Y-△ 등가 변환한 것을 나타낸 것으로, 그림 8.7(a)와 (b)가 등가가 되기 위해서는 각 단자 간의 선간 전압이 같아야 한다. 그림 8.7로부터 평형 3상 전원을 Y결선에서 △결선으로 등가 변환하기 위해서는

$$\begin{aligned}\boldsymbol{V}_{ab} &= \boldsymbol{V}_a - \boldsymbol{V}_b = \sqrt{3}\,\boldsymbol{V}_a \angle 30°[\text{V}]\\ \boldsymbol{V}_{bc} &= \boldsymbol{V}_b - \boldsymbol{V}_c = \sqrt{3}\,\boldsymbol{V}_b \angle 30°[\text{V}]\\ \boldsymbol{V}_{ca} &= \boldsymbol{V}_c - \boldsymbol{V}_a = \sqrt{3}\,\boldsymbol{V}_c \angle 30°[\text{V}]\end{aligned} \quad \cdots\cdots (8.16)$$

이다.

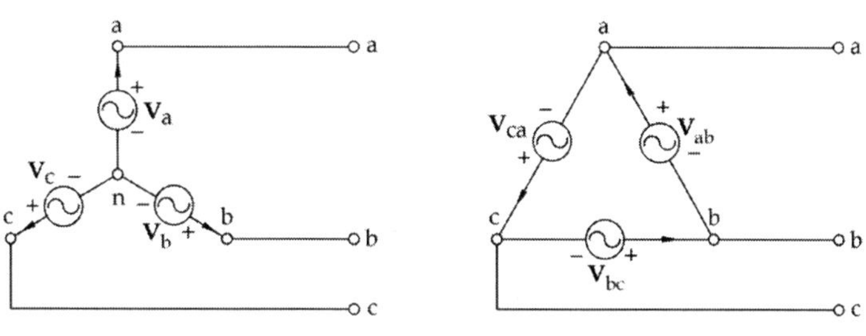


(a) (b)

**그림 8.7** 평형 3상 전원의 Y-△ 등가 변환

그림 8.7로부터 평형 3상 전원을 △결선에서 Y결선으로 등가 변환하기 위해서는

$$\boldsymbol{V}_a = \frac{1}{\sqrt{3}} \boldsymbol{V}_{ab} \angle -30° [\mathrm{V}]$$

$$\boldsymbol{V}_b = \frac{1}{\sqrt{3}} \boldsymbol{V}_{bc} \angle -30° [\mathrm{V}]$$

$$\boldsymbol{V}_c = \frac{1}{\sqrt{3}} \boldsymbol{V}_{ca} \angle -30° [\mathrm{V}] \quad \cdots\cdots (8.17)$$

이다. 그림 8.8은 평형 3상 전원의 Y-△ 등가 변환을 페이저도로 나타낸 것이다.

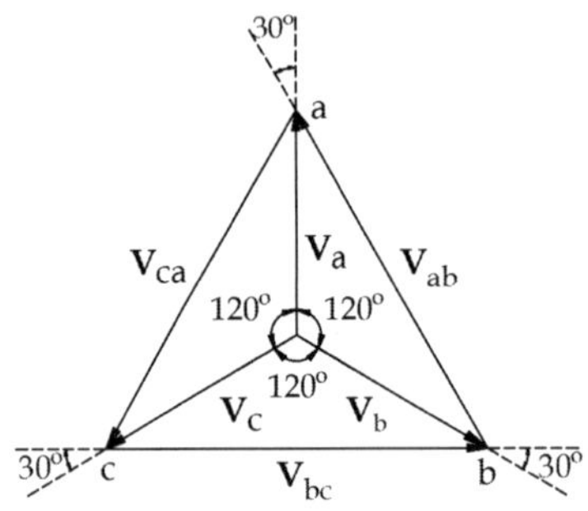


**그림 8.8** 평형 3상 전원의 Y-△ 등가 변환에 관한 페이저도

**예제 8.4** 그림 8.9(a)와 같은 평형 3상 전원의 Y결선을 그림 8.9(b)와 같은 △결선으로 등가 변환할 때, $\boldsymbol{V}_{ab}$, $\boldsymbol{V}_{bc}$, $\boldsymbol{V}_{ca}$[V]를 구하시오.
(단, $\boldsymbol{V}_a = 50\angle 0°$[V], $\boldsymbol{V}_b = 50\angle -120°$[V], $\boldsymbol{V}_c = 50\angle 120°$[V])

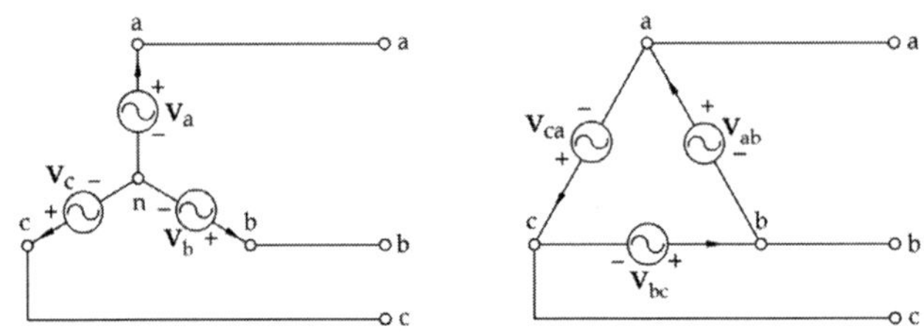


(a) (b)

**그림 8.9**

풀이 그림 8.9(a)와 같은 Y결선을 식 8.16에 의해서 그림 8.9(b)와 같은 △결선으로 등가 변환하면

$$\boldsymbol{V}_{ab} = \sqrt{3}\,\boldsymbol{V}_a \angle 30° = \sqrt{3} \times (50\angle 0°)(1\angle 30°) = 50\sqrt{3}\angle 30° [\mathrm{V}]$$

$$\boldsymbol{V}_{bc} = \sqrt{3}\,\boldsymbol{V}_b \angle 30° = \sqrt{3} \times (50\angle -120°)(1\angle 30°) = 50\sqrt{3}\angle -90° [\mathrm{V}]$$

$$\boldsymbol{V}_{ca} = \sqrt{3}\,\boldsymbol{V}_c \angle 30° = \sqrt{3} \times (50\angle 120°)(1\angle 30°) = 50\sqrt{3}\angle 150° [\mathrm{V}]$$

## 3.2 부하의 등가 변환

그림 8.10은 3상 부하를 Y-△ 등가 변환한 것을 나타낸 것으로서, 그림 8.10(a)와 (b)가 등가가 되기 위해서는 각 단자 간의 부하가 같아야 한다.

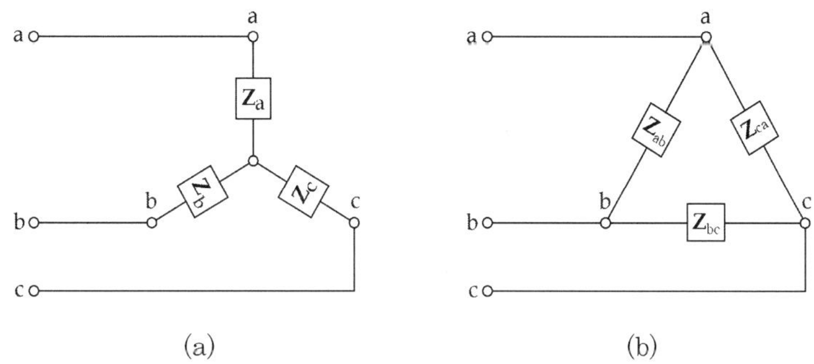


**그림 8.10** 3상 부하의 Y-△ 등가 변환

그림 8.10(a)와 같이 Y결선인 임피던스를 그림 8.10(b)와 같이 △결선인 임피던스로 등가 변환하기 위한 조건은

$$\boldsymbol{Z}_{ab} = \frac{\boldsymbol{Z}_a\boldsymbol{Z}_b + \boldsymbol{Z}_b\boldsymbol{Z}_c + \boldsymbol{Z}_c\boldsymbol{Z}_a}{\boldsymbol{Z}_c}[\Omega]$$

$$\boldsymbol{Z}_{bc} = \frac{\boldsymbol{Z}_a\boldsymbol{Z}_b + \boldsymbol{Z}_b\boldsymbol{Z}_c + \boldsymbol{Z}_c\boldsymbol{Z}_a}{\boldsymbol{Z}_a}[\Omega]$$

$$\boldsymbol{Z}_{ca} = \frac{\boldsymbol{Z}_a\boldsymbol{Z}_b + \boldsymbol{Z}_b\boldsymbol{Z}_c + \boldsymbol{Z}_c\boldsymbol{Z}_a}{\boldsymbol{Z}_b}[\Omega] \qquad \cdots\cdots (8.18)$$

이고 그림 8.10(b)와 같이 △결선인 임피던스를 그림 8.10(a)와 같이 Y결선인 임피던스로 등가 변환하기 위한 조건은

$$\boldsymbol{Z}_a = \frac{\boldsymbol{Z}_{ca}\boldsymbol{Z}_{ab}}{\boldsymbol{Z}_{ab} + \boldsymbol{Z}_{bc} + \boldsymbol{Z}_{ca}}[\Omega]$$

$$\boldsymbol{Z}_b = \frac{\boldsymbol{Z}_{ab}\boldsymbol{Z}_{bc}}{\boldsymbol{Z}_{ab} + \boldsymbol{Z}_{bc} + \boldsymbol{Z}_{ca}}[\Omega]$$

$$\boldsymbol{Z}_c = \frac{\boldsymbol{Z}_{bc}\boldsymbol{Z}_{ca}}{\boldsymbol{Z}_{ab} + \boldsymbol{Z}_{bc} + \boldsymbol{Z}_{ca}}[\Omega] \qquad \cdots\cdots (8.19)$$

이다.

만약, 그림 8.10(a)가 평형 3상 부하라면 $\boldsymbol{Z}_a = \boldsymbol{Z}_b = \boldsymbol{Z}_c = \boldsymbol{Z}_Y$라고 할 수 있고 그림 8.10 (b)도 평형 3상 부하라면 $\boldsymbol{Z}_{ab} = \boldsymbol{Z}_{bc} = \boldsymbol{Z}_{ca} = \boldsymbol{Z}_\Delta$이라고 할 수 있으므로 식 8.18에서 임피던스를 Y결선에서 △결선으로 등가 변환하기 위한 조건은

$$\boldsymbol{Z}_\Delta = \frac{3\boldsymbol{Z}_Y^2}{\boldsymbol{Z}_Y} = 3\boldsymbol{Z}_Y[\Omega] \quad \cdots\cdots (8.20)$$

이고 식 8.19에서 임피던스를 △결선에서 Y결선으로 등가 변환하기 위한 조건은

$$\boldsymbol{Z}_Y = \frac{\boldsymbol{Z}_\Delta^2}{3\boldsymbol{Z}_\Delta} = \frac{1}{3}\boldsymbol{Z}_\Delta[\Omega] \quad \cdots\cdots (8.21)$$

이다.

**예제 8.5** 평형 3상 부하의 Y결선 임피던스가 $\boldsymbol{Z}_Y = 5 + j10[\Omega]$일 때, 이 임피던스를 △결선의 임피던스 $\boldsymbol{Z}_\Delta[\Omega]$로 등가 변환하시오.

**풀이** △결선의 임피던스 $\boldsymbol{Z}_\Delta$는 식 8.20에 의해서

$$\boldsymbol{Z}_\Delta = 3\boldsymbol{Z}_Y = 3(5+j10) = 15+j30[\Omega]$$

**예제 8.6** 그림 8.11(a)와 같이 $Y$ 결선된 회로의 저항인 $R_a$, $R_b$, $R_c$를 그림 8.11(b)와 같이 $\Delta$ 결선된 회로의 저항으로 등가 변환할 때, $R_{ab}$, $R_{bc}$, $R_{ca}[\Omega]$는?

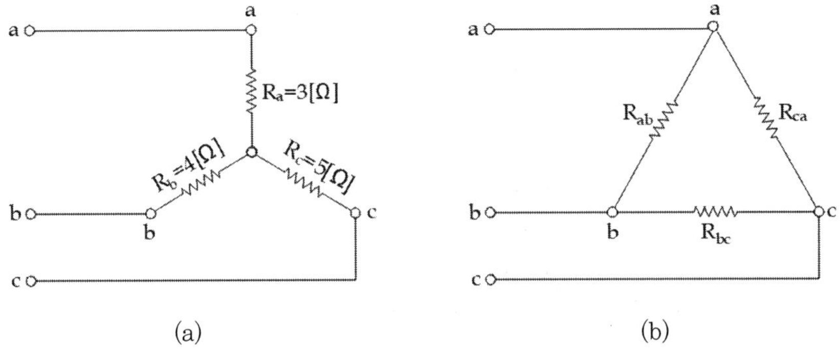


그림 8.11

**풀이** 그림 8.11(a)와 같이 $Y$ 결선된 회로의 저항인 $R_a$, $R_b$, $R_c$를 그림 8.11(b)와 같이 $\Delta$ 결선된 회로의 저항인 $R_{ab}$, $R_{bc}$, $R_{ca}$로 등가 변환하기 위해서 식 8.18을 이용하면

$$R_{ab} = \frac{R_aR_b + R_bR_c + R_cR_a}{R_c}[\Omega]$$

$$R_{bc} = \frac{R_aR_b + R_bR_c + R_cR_a}{R_a}[\Omega]$$

$$R_{ca} = \frac{R_aR_b + R_bR_c + R_cR_a}{R_b}[\Omega]$$

그림 8.11(b)와 같이 $\Delta$ 결선된 회로의 저항인 $R_{ab}$, $R_{bc}$, $R_{ca}$을 구하기 위해서 그림 8.11(a)와 같이 $Y$결선된 히로이 저항인 $R_a = 3[\Omega]$, $R_b = 4[\Omega]$, $R_c - 5[\Omega]$을 대입하면

$$R_{ab} = \frac{3\times 4 + 4\times 5 + 5\times 3}{5} = \frac{47}{5}[\Omega]$$

$$R_{bc} = \frac{3\times 4 + 4\times 5 + 5\times 3}{3} = \frac{47}{3}[\Omega]$$

$$R_{ca} = \frac{3\times 4 + 4\times 5 + 5\times 3}{4} = \frac{47}{4}[\Omega]$$

# 4 3상 교류회로의 해석

## 4.1 평형 3상 교류회로의 전압과 전류

그림 8.12(a)는 평형 3상 Y-Y결선 회로로서, 일반적으로 3상 교류회로를 해석할 때 평형 3상 전원이나 평형 3상 부하가 △결선인 경우, 그림 8.12(a)와 같이 Y-Y 결선 회로로 변환하는 것이 편리하다.

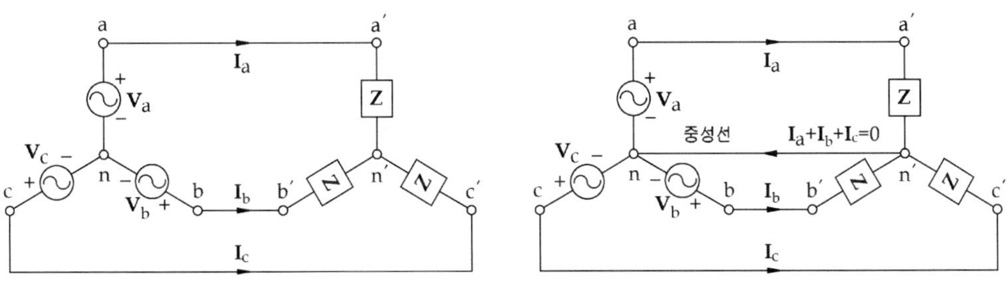


(a) (b)

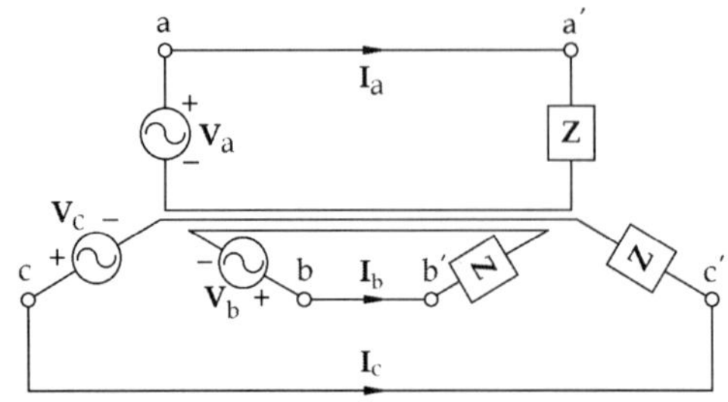

(c)

**그림 8.12 평형 3상 교류회로의 해석**

그림 8.12(a)는 전원과 부하가 평형 3상 Y-Y결선 회로에서 각 상에 흐르는 전류 $\boldsymbol{I}_a$, $\boldsymbol{I}_b$, $\boldsymbol{I}_c$를 구하기 위해서 그림 8.12(b)와 같이 전원과 부하 간 2개의 중성점을 잇는 중선선을 연결한다. 이때, 중선선에 흐르는 전류는 평형 3상 전원에 의해서 흐르는 전류 $\boldsymbol{I}_a$, $\boldsymbol{I}_b$, $\boldsymbol{I}_c$가 평형 3상 전류이기 때문에 $\boldsymbol{I}_a+\boldsymbol{I}_b+\boldsymbol{I}_c=0$ 이므로 중성선에는 전류가 흐르지 않는다.

그림 8.12(c)는 중성선에 전류가 흐르지 않기 때문에 그림 8.12(b)를 분리하여 3개의 단상 회로로 변환할 수 있다. 따라서, 각 상에 흐르는 전류 $\boldsymbol{I}_a$, $\boldsymbol{I}_b$, $\boldsymbol{I}_c$는

$$\boldsymbol{I}_a=\frac{\boldsymbol{V}_a}{\boldsymbol{Z}}[\mathrm{A}],\quad \boldsymbol{I}_b=\frac{\boldsymbol{V}_b}{\boldsymbol{Z}}[\mathrm{A}],\quad \boldsymbol{I}_c=\frac{\boldsymbol{V}_c}{\boldsymbol{Z}}[\mathrm{A}] \qquad \cdots\cdots (8.22)$$

이다.

**예제 8.7** 그림 8.13(a)와 같은 평형 3상 회로에서 선전류 $\boldsymbol{I}_a$, $\boldsymbol{I}_b$, $\boldsymbol{I}_c$ [A]는?
(단, $\boldsymbol{V}_{ab}=120\angle 0°$[V], $\boldsymbol{V}_{bc}=120\angle-120°$[V], $\boldsymbol{V}_{ca}=120\angle 120°$[V], $\boldsymbol{Z}_{\Delta}=15+j21[\Omega]$, $\boldsymbol{Z}_l=19[\Omega]$)

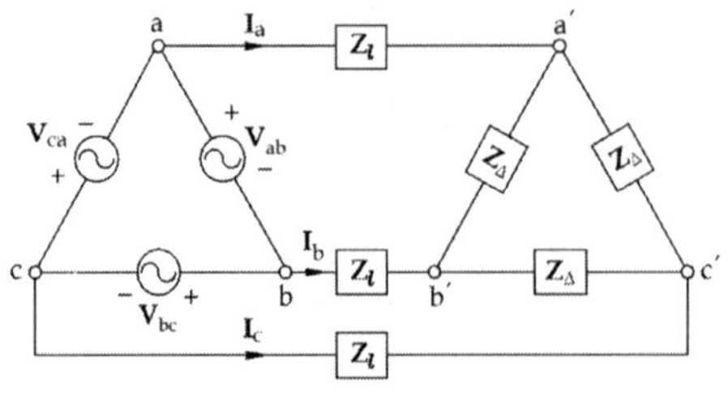

(a)

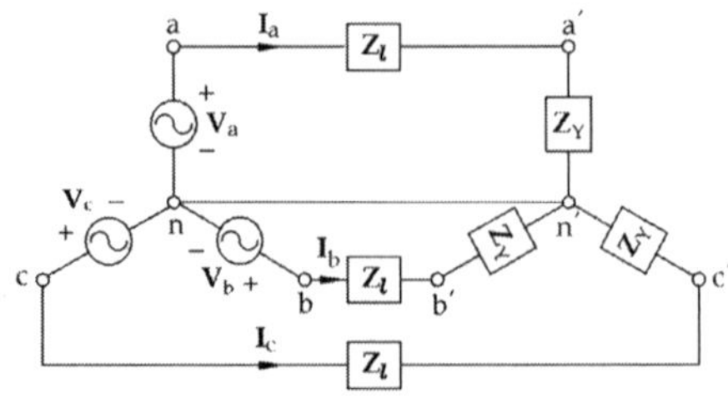

(b)

**그림 8.13**

**풀이** 그림 8.13(a)의 △결선을 Y결선으로 등가 변환하면 그림 8.13(b)와 같다.

그림 8.13(b)는 전원을 그림 8.13(a)와 같은 △결선에서 Y결선으로 등가 변환하였을 때, 식 8.17로부터 전원 $\boldsymbol{V}_a$는

$$\boldsymbol{V}_a = \frac{1}{\sqrt{3}}\boldsymbol{V}_{ab}\angle -30° = \frac{1}{\sqrt{3}}(120\angle 0°)(1\angle -30°) = 40\sqrt{3}\angle -30°[\mathrm{V}]$$

$$\boldsymbol{V}_b = \frac{1}{\sqrt{3}}\boldsymbol{V}_{bc}\angle -30° = \frac{1}{\sqrt{3}}(120\angle -120°)(1\angle -30°) = 40\sqrt{3}\angle -150°[\mathrm{V}]$$

$$\boldsymbol{V}_c = \frac{1}{\sqrt{3}}\boldsymbol{V}_{ca}\angle -30° = \frac{1}{\sqrt{3}}(120\angle 120°)(1\angle -30°) = 40\sqrt{3}\angle 90°[\mathrm{V}]$$

그림 8.13(a)와 같은 △결선에서의 임피던스 $\boldsymbol{Z}_\Delta$를 그림 8.13(b)와 같은 Y결선에서의 임피던스 $\boldsymbol{Z}_Y$로 등가 변환하였을 때, 임피던스 $\boldsymbol{Z}_Y$는 식 8.21에 의해서

$$\boldsymbol{Z}_Y = \frac{1}{3}\boldsymbol{Z}_\Delta = \frac{1}{3}(15+j21) = 5+j7[\Omega]$$

그림 8.13(b)에서 Y결선한 한 상의 임피던스 $\boldsymbol{Z}_Y$와 선로 임피던스 $\boldsymbol{Z}_l$을 합친 전체 임피던스 $\boldsymbol{Z}$는

$$\boldsymbol{Z} = \boldsymbol{Z}_Y + \boldsymbol{Z}_l = (5+j7)+19 = 24+j7[\Omega]$$

임피던스 $\boldsymbol{Z}$를 페이저로 표시하면

$$\boldsymbol{Z} = \sqrt{24^2+7^2}\angle \tan^{-1}\left(\frac{7}{24}\right) = 25\angle 16.26°[\Omega]$$

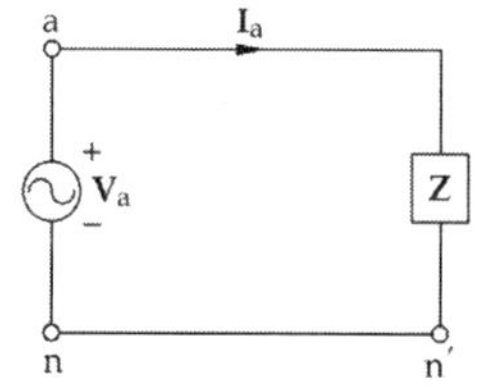

(c)

**그림 8.13**

그림 8.13(c)는 한 상의 회로만을 나타낸 것이고 선전류 $\boldsymbol{I}_a$는

$$\boldsymbol{I}_a = \frac{\boldsymbol{V}_a}{\boldsymbol{Z}} = \frac{40\sqrt{3}\angle -30°}{25\angle 16.26°} = 2.77\angle -46.26°[\mathrm{A}]$$

평형 3상 회로이므로 선전류 $\boldsymbol{I}_b$, $\boldsymbol{I}_c$는

$$\boldsymbol{I}_b = 2.77\angle(-46.26° - 120°) = 2.77\angle -166.26°[\mathrm{A}]$$

$$\boldsymbol{I}_c = 2.77\angle(-46.26° + 120°) = 2.77\angle 73.74°[\mathrm{A}]$$

## 4.2 불평형 3상 교류회로의 전압과 전류

### 4.2.1 3상 3선식 Y-Y 불평형 회로

그림 8.14는 3상 3선식 Y-Y불평형 회로를 나타낸다. 그림으로부터 전원의 중성점 $n$을 기준 전위인 $\boldsymbol{V}_n = 0$[V]라고 하면, 밀만의 정리에 의해서 부하의 중성점 $n'$의 전위 $\boldsymbol{V}_{nn'}$는

$$\boldsymbol{V}_{nn'} = \frac{\boldsymbol{Y}_a\boldsymbol{V}_a + \boldsymbol{Y}_b\boldsymbol{V}_b + \boldsymbol{Y}_c\boldsymbol{V}_c}{\boldsymbol{Y}_a + \boldsymbol{Y}_b + \boldsymbol{Y}_c}[\mathrm{V}] \quad \cdots\cdots (8.23)$$

이다.

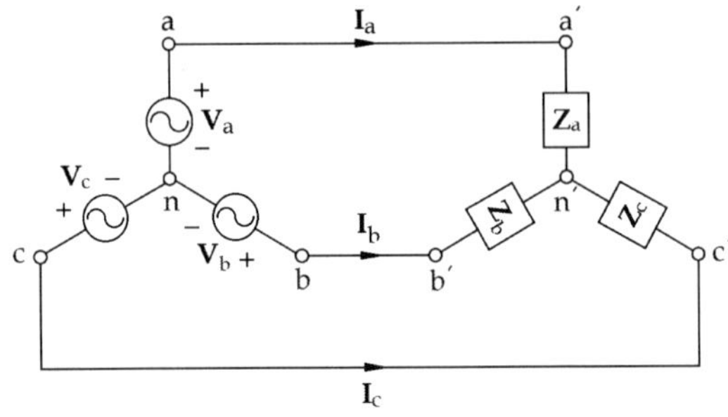


그림 8.14 3상 3선식 Y-Y 불평형 회로

그림 8.14로부터 선전류 $\boldsymbol{I}_a$, $\boldsymbol{I}_b$, $\boldsymbol{I}_c$는

$$\begin{aligned} \boldsymbol{I}_a &= (\boldsymbol{V}_a - \boldsymbol{V}_{nn'})\boldsymbol{Y}_a[\mathrm{A}] \\ \boldsymbol{I}_b &= (\boldsymbol{V}_b - \boldsymbol{V}_{nn'})\boldsymbol{Y}_b[\mathrm{A}] \\ \boldsymbol{I}_c &= (\boldsymbol{V}_c - \boldsymbol{V}_{nn'})\boldsymbol{Y}_c[\mathrm{A}] \end{aligned} \quad \cdots\cdots (8.24)$$

이다.

### 4.2.2 3상 4선식 Y-Y 불평형 회로

그림 8.15는 3상 4선식 Y-Y불평형 회로를 나타낸다. 그림으로부터 전원의 중성점 $n$을 기준 전위인 $\boldsymbol{V}_n = 0[\mathrm{V}]$라고 하면, 밀만의 정리에 의해서 부하의 중성점 $n'$의 전위 $\boldsymbol{V}_{nn'}$는

$$\boldsymbol{V}_{nn'} = \frac{\boldsymbol{Y}_a\boldsymbol{V}_a + \boldsymbol{Y}_b\boldsymbol{V}_b + \boldsymbol{Y}_c\boldsymbol{V}_c}{\boldsymbol{Y}_a + \boldsymbol{Y}_b + \boldsymbol{Y}_c + \boldsymbol{Y}_n}[\mathrm{V}] \quad \cdots\cdots (8.25)$$

이고 여기서, 중성선에 흐르는 전류 $\boldsymbol{I}_n$은 $\boldsymbol{I}_n = \boldsymbol{I}_a + \boldsymbol{I}_b + \boldsymbol{I}_c[\mathrm{A}]$ 이다.

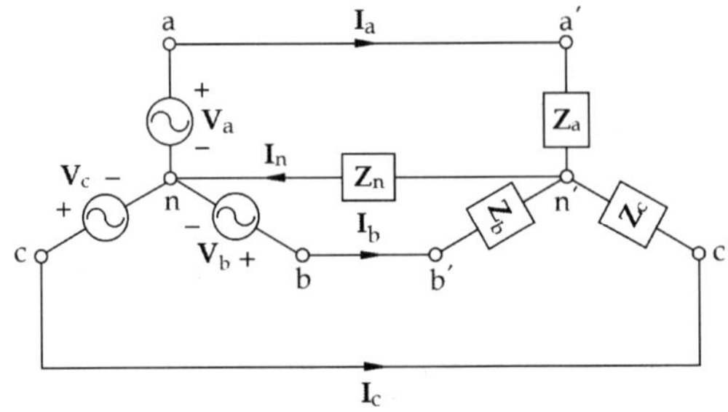


그림 8.15 3상 4선식 Y-Y 불평형 회로

그림 8.15로부터 선전류 $\boldsymbol{I}_a$, $\boldsymbol{I}_b$, $\boldsymbol{I}_c$는

$$\boldsymbol{I}_a = (\boldsymbol{V}_a - \boldsymbol{V}_{nn'})\boldsymbol{Y}_a \text{ [A]}$$
$$\boldsymbol{I}_b = (\boldsymbol{V}_b - \boldsymbol{V}_{nn'})\boldsymbol{Y}_b \text{ [A]}$$
$$\boldsymbol{I}_c = (\boldsymbol{V}_c - \boldsymbol{V}_{nn'})\boldsymbol{Y}_c \text{ [A]} \qquad \cdots\cdots (8.26)$$

이다.

**예제 8.8** 그림 8.16과 같은 3상 4선식 Y-Y 불평형 회로에서 전원의 중성점 $n$을 기준 전위인 $\boldsymbol{V}_n = 0$[V]라고 하고 부하의 중성점 $n'$의 전위 $\boldsymbol{V}_{nn'} = 50\angle 0°$[V]일 때, 선전류 $\boldsymbol{I}_a$, $\boldsymbol{I}_b$, $\boldsymbol{I}_c$[A]를 구하시오. (단, $\boldsymbol{V}_a = 100\angle 0°$[V], $\boldsymbol{V}_b = 100\angle -120°$[V], $\boldsymbol{V}_c = 100\angle 120°$[V], $\boldsymbol{Z}_a = 5\angle 0°[\Omega]$, $\boldsymbol{Z}_b = 10\angle 0°[\Omega]$, $\boldsymbol{Z}_c = 20\angle 0°[\Omega]$, $\boldsymbol{Z}_n = 4\angle 0°[\Omega]$)

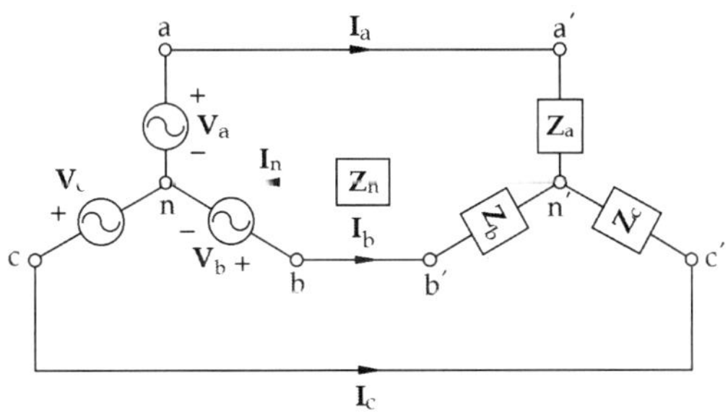


**그림 8.16**

**풀이** 그림 8.16에서 전원의 중성점 $n$을 기준 전위인 $\boldsymbol{V}_n = 0$[V]라고 하였을 때, 부하의 중성점 $n'$의 전위는 $\boldsymbol{V}_{nn'} = 50\angle 0°$[V] 이므로 전원의 중성점 $n$과 부하의 중성점 $n'$ 사이의 전위차는

$$\begin{aligned}
\boldsymbol{V}_a - \boldsymbol{V}_{nn'} &= 100\angle 0° - 50\angle 0° = 100(\cos 0° + j\sin 0°) - 50(\cos 0° + j\sin 0°)\\
&= 100(1+j0) - 50(1+j0) = 100 - 50 = 50[\text{V}]\\
\boldsymbol{V}_b - \boldsymbol{V}_{nn'} &= 100\angle -120° - 50\angle 0°\\
&= 100\{\cos(-120°) + j\sin(-120°)\} - 50(\cos 0° + j\sin 0°)\\
&= 100\left(-\frac{1}{2} - j\frac{\sqrt{3}}{2}\right) - 50(1+j0) = (-50 - j50\sqrt{3}) - 50\\
&= -100 - j50\sqrt{3}[\text{V}]\\
\boldsymbol{V}_c - \boldsymbol{V}_{nn'} &= 100\angle 120° - 50\angle 0°\\
&= 100(\cos 120° + j\sin 120°) - 50(\cos 0° + j\sin 0°)\\
&= 100\left(-\frac{1}{2} + j\frac{\sqrt{3}}{2}\right) - 50(1+j0) = (-50 + j50\sqrt{3}) - 50\\
&= -100 + j50\sqrt{3}[\text{V}]
\end{aligned}$$

위의 결과를 페이저로 나타내면

$$\boldsymbol{V}_a - \boldsymbol{V}_{nn'} = 50\angle 0°[\mathrm{V}]$$

$$\boldsymbol{V}_b - \boldsymbol{V}_{nn'} = \sqrt{(-100)^2 + (-50\sqrt{3})^2}\ \angle tan^{-1}\frac{-50\sqrt{3}}{-100} \fallingdotseq 132.29\angle 220.89°[\mathrm{V}]$$

$$\boldsymbol{V}_c - \boldsymbol{V}_{nn'} = \sqrt{(-100)^2 + (50\sqrt{3})^2}\ \angle tan^{-1}\frac{50\sqrt{3}}{-100} \fallingdotseq 132.29\angle 139.11°[\mathrm{V}]$$

따라서, 선전류 $\boldsymbol{I}_a$, $\boldsymbol{I}_b$, $\boldsymbol{I}_c$는

$$\boldsymbol{I}_a = (\boldsymbol{V}_a - \boldsymbol{V}_{nn'})\boldsymbol{Y}_a = (50\angle 0°)(0.2\angle 0°) = 10\angle 0°[\mathrm{A}]$$

$$\boldsymbol{I}_b = (\boldsymbol{V}_b - \boldsymbol{V}_{nn'})\boldsymbol{Y}_b = (132.29\angle 220.89°)(0.1\angle 0°) \fallingdotseq 13.23\angle 220.89°[\mathrm{A}]$$

$$\boldsymbol{I}_c = (\boldsymbol{V}_c - \boldsymbol{V}_{nn'})\boldsymbol{Y}_c = (132.29\angle 139.11°)(0.05\angle 0°) \fallingdotseq 6.61\angle 139.11°[\mathrm{A}]$$

## 4.3 평형 3상 교류회로의 전력

3상 회로에서 부하의 상전압을 $V_a$, $V_b$, $V_c$, 부하의 상전류를 $I_a$, $I_b$, $I_c$라고 하고 각 상에서 상전압과 상전류 간의 위상차를 $\theta_a$, $\theta_b$, $\theta_c$라고 할 때, 3상 회로에서 유효 전력 $P$[W]와 무효 전력 $P_r$[Var]은

$$P = V_a I_a \cos\theta_a + V_b I_b \cos\theta_b + V_c I_c \cos\theta_c\ [\mathrm{W}] \quad \cdots\cdots (8.27)$$

$$P_r = V_a I_a \sin\theta_a + V_b I_b \sin\theta_b + V_c I_c \sin\theta_c\ [\mathrm{Var}] \quad \cdots\cdots (8.28)$$

이다. 평형 3상 회로인 경우,

$$V_a = V_b = V_c = V_p$$

$$I_a = I_b = I_c = I_p$$

$$\theta_a = \theta_b = \theta_c = \theta \quad \cdots\cdots (8.29)$$

이므로 식 8.27과 식 8.28은

$$P = 3V_p I_p \cos\theta[\mathrm{W}] \quad \cdots\cdots (8.30)$$

$$P_r = 3V_p I_p \sin\theta[\mathrm{Var}] \quad \cdots\cdots (8.31)$$

이다. 또한, 피상 전력 $P_a$[VA]는

$$P_a = \sqrt{P^2 + {P_r}^2} = \sqrt{(3V_p I_p \cos\theta)^2 + (3V_p I_p \sin\theta)^2}$$

$$= \sqrt{(3V_p I_p)^2(\cos^2\theta + \sin^2\theta)} = 3V_p I_p\ [\mathrm{VA}] \quad \cdots\cdots (8.32)$$

이므로 평형 3상회로는 한 상에서의 유효 전력, 무효 전력 및 피상 전력의 3배가 되는 것을

알 수 있다.

3상 회로의 복소 전력 $\boldsymbol{P}_a$[VA]는

$$\boldsymbol{P}_a = P + jP_r[\text{VA}] \quad \cdots\cdots (8.33)$$

이며 평형 3상회로인 경우, 복소 전력 $\boldsymbol{P}_a$[VA]는 식 8.33에 식 8.30과 8.31을 대입하면

$$\begin{aligned}\boldsymbol{P}_a &= 3V_pI_p\cos\theta + j3V_pI_p\sin\theta \\ &= 3(V_pI_p\cos\theta + jV_pI_p\sin\theta)[\text{VA}]\end{aligned} \quad \cdots\cdots (8.34)$$

가 되어 한 상에 대한 복소 전력의 3배가 된다.

만약, 상전압 $\boldsymbol{V}_p$와 상전류 $\boldsymbol{I}_p$로 표시된 식 8.30, 8.31을 선간 전압 $V_l$, 선전류 $I_l$로 나타내기 위해서 Y결선인 경우, 식 8.12, 8.13에 의해서

$$\boldsymbol{I}_l = \boldsymbol{I}_p[\text{A}] \quad \cdots\cdots (8.35)$$

$$\boldsymbol{V}_l = \sqrt{3}\,\boldsymbol{V}_p\angle 30°[\text{V}] \quad \cdots\cdots (8.36)$$

이고 △결선인 경우, 식 8.14, 8.15에 의해서

$$\boldsymbol{V}_l = \boldsymbol{V}_p[\text{V}] \quad \cdots\cdots (8.37)$$

$$\boldsymbol{I}_l = \sqrt{3}\,\boldsymbol{I}_p\angle -30°[\text{A}] \quad \cdots\cdots (8.38)$$

이다. 따라서, 식 8.30, 8.31의 유효 전력 $P$[W]와 무효 전력 $P_r$[Var]은

$$P = \sqrt{3}\,V_l I_l\cos\theta[\text{W}] \quad \cdots\cdots (8.39)$$

$$P_r = \sqrt{3}\,V_l I_l\sin\theta[\text{Var}] \quad \cdots\cdots (8.40)$$

가 되고 피상 전력 $P_a$[VA]는

$$\begin{aligned}P_a &= \sqrt{P^2 + P_r^2} = \sqrt{(\sqrt{3}\,V_lI_l\cos\theta)^2 + (\sqrt{3}\,V_lI_l\sin\theta)^2} \\ &= \sqrt{(\sqrt{3}\,V_lI_l)^2(\cos^2\theta + \sin^2\theta)} \\ &= \sqrt{3}\,V_l I_l[\text{VA}]\end{aligned} \quad \cdots\cdots (8.41)$$

이다. 한편, 평형 3상회로의 경우, 역률($p.f$)과 무효율($r.f$)은

$$p.f = \frac{P}{P_a} = \frac{3V_pI_p\cos\theta}{3V_pI_p} = \cos\theta \quad \cdots\cdots (8.42)$$

$$r.f = \frac{P_r}{P_a} = \frac{3V_pI_p\sin\theta}{3V_pI_p} = \sin\theta \quad \cdots\cdots (8.43)$$

가 되어 한 상의 역률 및 무효율과 같음을 알 수 있다.

평형 3상회로에 있어서 전력의 순시값을 구하기 위해서 각 상의 전압을 $a$상을 기준으로 나타내면

$$v_a = \sqrt{2}\,V_p \sin\omega t\,[\mathrm{V}]$$
$$v_b = \sqrt{2}\,V_p \sin(\omega t - 120°)\,[\mathrm{V}]$$
$$v_c = \sqrt{2}\,V_p \sin(\omega t + 120°)\,[\mathrm{V}] \qquad \cdots\cdots (8.44)$$

이고 일반적으로 회로는 유도성 회로이기 때문에 각 상 전류의 위상은 전압보다 $\theta$만큼 느리게 나타내면

$$i_a = \sqrt{2}\,I_p \sin(\omega t - \theta)\,[\mathrm{A}]$$
$$i_b = \sqrt{2}\,I_p \sin(\omega t - 120° - \theta)\,[\mathrm{A}]$$
$$i_c = \sqrt{2}\,I_p \sin(\omega t + 120° - \theta)\,[\mathrm{A}] \qquad \cdots\cdots (8.45)$$

이고 여기서, $\theta$는 상전압과 상전류의 위상차이다.

각 상에서 순시 전력의 총합인 $p$는

$$\begin{aligned} p &= p_a + p_b + p_c = v_a i_a + v_b i_b + v_c i_c \\ &= 2V_p I_p\{\sin\omega t \cdot sin(\omega t - \theta) + \sin(\omega t - 120°) \cdot \sin(\omega t - 120° - \theta) \\ &\quad + \sin(\omega t + 120°) \cdot sin(\omega t + 120° - \theta)\}\,[\mathrm{W}] \end{aligned} \qquad \cdots\cdots (8.46)$$

이다. 여기서, 삼각 함수 $\sin A \cdot sinB = \frac{1}{2}\{\cos(A-B) - \cos(A+B)\}$에 의해서 식 8.46
은

$$\begin{aligned} p = V_p I_p[&\{\cos\theta - \cos(2\omega t - \theta)\} + \{\cos\theta - \cos(2\omega t + 120° - \theta)\} \\ &+ \{\cos\theta - \cos(2\omega t - 120° - \theta)\}]\,[\mathrm{W}] \end{aligned} \qquad \cdots\cdots (8.47)$$

이고 여기서, 삼각 함수 $\cos(A \pm B) = \cos A \cdot cos B \mp sin A \cdot sin B$와 $\sin(A \pm B) = \sin A \cdot cos\,B \pm cos A \cdot cos\,B$에 의해서 식 8.47은

$$p = 3V_p I_p \cos\theta\,[\mathrm{W}] \qquad \cdots\cdots (8.48)$$

이다. 이는 전력의 순시값의 합은 시간에 영향을 받지 않고 항상 일정하며 평형 3상회로의 유효 전력과 동일하다.

**예제 8.9** △결선된 평형 3상 부하에서 한 상의 임피던스 $Z = 24 + j7[\Omega]$에 대칭인 선간 전압 $V_l = 100[\text{V}]$를 인가할 때, 평형 3상 부하의 유효 전력 $P$[kW]는?

풀이 △결선된 평형 3상 부하에서 식 8.14에 의해서 상전압 $V_p$는 선간 전압 $V_l$과 같기 때문에

$$V_p = V_l = 100[\text{V}]$$

부하 한 상의 임피던스의 크기 $Z$는

$$Z = \sqrt{24^2 + 7^2} = 25[\Omega]$$

부하 한 상에 흐르는 상전류 $I_p$는

$$I_p = \frac{V_p}{Z} = \frac{100}{25} = 4[\text{A}]$$

따라서, 평형 3상 부하에서의 유효 전력 $P$는

$$P = 3I_p^2 R = 3 \times 4^2 \times 24 = 1{,}152[\text{W}] = 1.152[\text{kW}]$$

**예제 8.10** 그림 8.17과 같이 Y결선된 평형 3상 부하에서 한 상의 임피던스 $Z = 3 + j4[\Omega]$에 선간 전압 $V_l = 150[\text{V}]$를 인가할 때, 평형 3상 부하의 유효 전력 $P$[kW], 무효 전력 $P_r$ [kVar], 피상 전력 $P_a$[kVA]와 역률$(p.f)$, 무효율$(r.f)$을 구하시오.

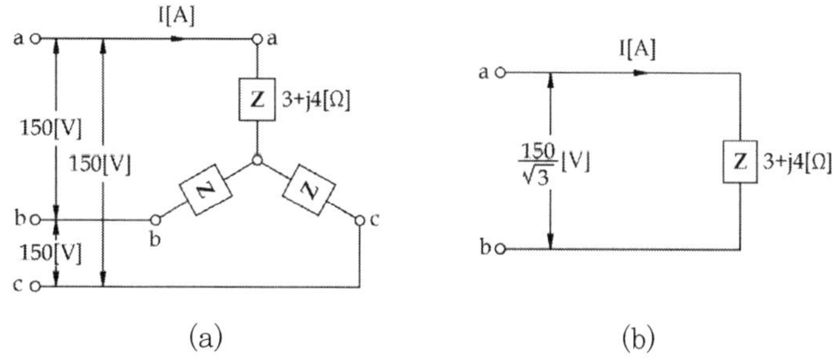


그림 8.17

풀이 그림 8.17(a)로부터 Y결선된 평형 3상 부하에서 식 8.12에 의해서 상전류 $I_p$는 선전류 $I_l$과 같기 때문에

$$I_p = I_l[\text{A}]$$

부하 한 상에 걸리는 상전압 $V_p$는

$$V_p = \frac{1}{\sqrt{3}} V_l = \frac{1}{\sqrt{3}} \times 150 = 50\sqrt{3}\ [\text{V}]$$

부하 한 상의 임피던스의 크기 $Z$는

$$Z = \sqrt{3^2 + 4^2} = 5\ [\Omega]$$

부하 한 상에 흐르는 상전류 $I_p$는

$$I_p=\frac{V_p}{Z}=\frac{50\sqrt{3}}{5}=10\sqrt{3}\ [\mathrm{A}]$$

따라서, 평형 3상 부하에서의 유효 전력 $P$, 무효 전력 $P_r$ 및 피상 전력 $P_a$는

$$P=3I_p^{\,2}R=3\times(10\sqrt{3})^2\times3=2{,}700[\mathrm{W}]=2.7[\mathrm{kW}]$$

$$P_r=3I_p^{\,2}X=3\times(10\sqrt{3})^2\times4=3{,}600[\mathrm{Var}]=3.6[\mathrm{kVar}]$$

$$P_a=3I_p^{\,2}Z=3\times(10\sqrt{3})^2\times5=4{,}500[\mathrm{VA}]=4.5[\mathrm{kVA}]$$

평형 3상 부하에서의 역률 $p.f$와 무효율 $r.f$는

$$p.f=\cos\theta=\frac{R}{Z}=\frac{3}{5}=0.6$$

$$r.f=\sin\theta=\frac{X}{Z}=\frac{4}{5}=0.8$$

## 4.4 대칭 좌표법

불평형 3상회로는 평형 3상회로에 비하여 회로 해석이 어렵기 때문에, 이를 해결하기 위해서 대칭 좌표법(method of symmetrical coordinate)을 사용하여 불평형 전압이나 전류 성분을 대칭성의 3성분으로 분해하여 회로를 해석할 수 있다.

그림 8.18(a)의 $\boldsymbol{V}_a$, $\boldsymbol{V}_b$, $\boldsymbol{V}_c$는 불평형 3상 전압으로서, 불평형인 3상 전압을 분해하면 그림 8.18(b)와 같이 상순이 $abc$인 정상분($\boldsymbol{V}_{a1}$, $\boldsymbol{V}_{b1}$, $\boldsymbol{V}_{c1}$)과 그림 8.18(c)와 같이 상순이 $acb$인 역상분($\boldsymbol{V}_{a2}$, $\boldsymbol{V}_{b2}$, $\boldsymbol{V}_{c2}$)과 그림 8.18(d)와 같이 상의 방향과 크기가 같은 영상분($\boldsymbol{V}_{a0}$, $\boldsymbol{V}_{b0}$, $\boldsymbol{V}_{c0}$)으로 구분할 수 있다.

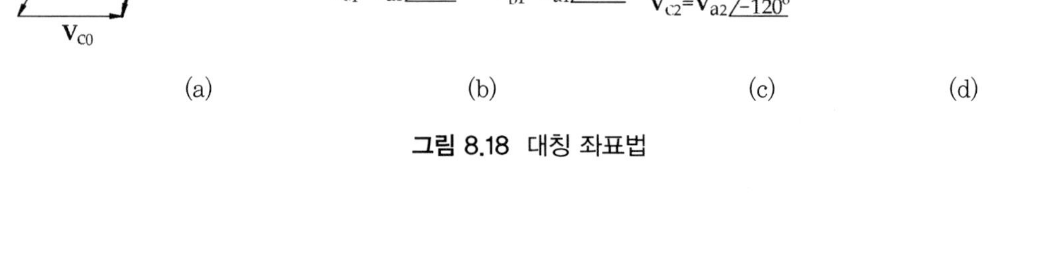


**그림 8.18** 대칭 좌표법

그림 8.18(a)로부터 불평형 3상 전압은 정상분, 역상분 및 영상분의 합이므로

$$\boldsymbol{V}_a = \boldsymbol{V}_{a0} + \boldsymbol{V}_{a1} + \boldsymbol{V}_{a2}[\mathrm{V}]$$
$$\boldsymbol{V}_b = \boldsymbol{V}_{b0} + \boldsymbol{V}_{b1} + \boldsymbol{V}_{b2}[\mathrm{V}]$$
$$\boldsymbol{V}_c = \boldsymbol{V}_{c0} + \boldsymbol{V}_{c1} + \boldsymbol{V}_{c2}[\mathrm{V}] \quad \cdots\cdots (8.49)$$

이고 그림 8.18(b)로부터 각 상의 정상분 중 $\boldsymbol{V}_{b1}$은 $\boldsymbol{V}_{a1}$과 비교하여 크기는 같지만 위상이 120° 늦고 $\boldsymbol{V}_{c1}$은 $\boldsymbol{V}_{a1}$과 비교하여 크기는 같지만 위상이 120° 빠르다. 또한, 그림 8.18(c)로부터 각 상의 역상분 중 $\boldsymbol{V}_{b2}$는 $\boldsymbol{V}_{a2}$와 비교하여 크기는 같지만 위상이 120° 빠르고 $\boldsymbol{V}_{c2}$는 $\boldsymbol{V}_{a2}$와 비교하여 크기는 같지만 위상이 120° 느리다.

여기서, $\boldsymbol{V}_{a1}$과 $\boldsymbol{V}_{a2}$를 기준으로 $\boldsymbol{V}_{b1}$, $\boldsymbol{V}_{b2}$와 $\boldsymbol{V}_{c1}$, $\boldsymbol{V}_{c2}$간의 위상을 비교해보면, 위상이 빠른 상태는 $1\angle 120°$, 위상이 느린 상태는 $1\angle -120°$로 나타낼 수 있기 때문에 식 8.49는

$$\boldsymbol{V}_a = \boldsymbol{V}_{a0} + \boldsymbol{V}_{a1} + \boldsymbol{V}_{a2}[\mathrm{V}]$$
$$\boldsymbol{V}_b = \boldsymbol{V}_{b0} + \boldsymbol{V}_{a1}\angle -120° + \boldsymbol{V}_{a2}\angle 120°[\mathrm{V}]$$
$$\boldsymbol{V}_c = \boldsymbol{V}_{c0} + \boldsymbol{V}_{a1}\angle 120° + \boldsymbol{V}_{a2}\angle -120°[\mathrm{V}] \quad \cdots\cdots (8.50)$$

이다.

여기서, $a = 1\angle 120°$ 라고 하면 $a^2 = (1\angle 120°)(1\angle 120°) = 1\angle 240° = 1\angle -120°$ 이고 영상분 $\boldsymbol{V}_{a0} = \boldsymbol{V}_{b0} = \boldsymbol{V}_{c0}$ 이므로 식 8.50은

$$\boldsymbol{V}_a = \boldsymbol{V}_{a0} + \boldsymbol{V}_{a1} + \boldsymbol{V}_{a2}[\mathrm{V}]$$
$$\boldsymbol{V}_b = \boldsymbol{V}_{a0} + a^2\boldsymbol{V}_{a1} + a\boldsymbol{V}_{a2}[\mathrm{V}]$$
$$\boldsymbol{V}_c = \boldsymbol{V}_{a0} + a\boldsymbol{V}_{a1} + a^2\boldsymbol{V}_{a2}[\mathrm{V}] \quad \cdots\cdots (8.51)$$

이다.

영상분인 $\boldsymbol{V}_{a0}$를 구하기 위해서 식 8.51의 3개의 식을 더하면

$$\boldsymbol{V}_a + \boldsymbol{V}_b + \boldsymbol{V}_c = 3\boldsymbol{V}_{a0} + (1 + a^2 + a)\boldsymbol{V}_{a1} + (1 + a + a^2)\boldsymbol{V}_{a2}[\mathrm{V}] \quad \cdots\cdots (8.52)$$

이고 여기서,

$$\begin{aligned} a^2 + a + 1 &= (1\angle -120°) + (1\angle 120°) + 1 \\ &= \{\cos(-120°) + j\sin(-120°)\} + (\cos 120° + j\sin 120°) + 1 \\ &= \left(-\frac{1}{2} - j\frac{\sqrt{3}}{2}\right) + \left(-\frac{1}{2} + j\frac{\sqrt{3}}{2}\right) + 1 \\ &= 0 \end{aligned} \quad \cdots\cdots (8.53)$$

이므로 식 8.52는 8.53에 의해서 영상분 $\boldsymbol{V}_{a0}$는

$$\boldsymbol{V}_{a0} = \frac{1}{3}(\boldsymbol{V}_a + \boldsymbol{V}_b + \boldsymbol{V}_c)[\text{V}] \quad \cdots\cdots (8.54)$$

이다.

정상분인 $\boldsymbol{V}_{a1}$을 구하기 위해서 식 8.51의 두 번째 식에 $a$를 곱하고 세 번째 식에 $a^2$을 곱한 후, 3개의 식을 더하면

$$\begin{aligned}\boldsymbol{V}_a + a\boldsymbol{V}_b + a^2\boldsymbol{V}_c &= (1+a+a^2)\boldsymbol{V}_{a0} + (1+2a^3)\boldsymbol{V}_{a1} \\ &\quad + (1+a^2+a^4)\boldsymbol{V}_{a2}[\text{V}] \quad \cdots\cdots (8.55)\end{aligned}$$

이고 여기서,

$$\begin{aligned}a^3 &= a \times a \times a = (1\angle 120°) \times (1\angle 120°) \times (1\angle 120°) \\ &= 1\angle 360° = 1\angle 0° = 1 \quad \cdots\cdots (8.56)\end{aligned}$$

$$a^4 = a^3 \times a = a \quad \cdots\cdots (8.57)$$

이므로 식 8.55는

$$\begin{aligned}\boldsymbol{V}_a + a\boldsymbol{V}_b + a^2\boldsymbol{V}_c &= (1+a+a^2)\boldsymbol{V}_{a0} + 3\boldsymbol{V}_{a1} \\ &\quad + (1+a^2+a)\boldsymbol{V}_{a2}\ [\text{V}] \quad \cdots\cdots (8.58)\end{aligned}$$

가 되어 정상분 $\boldsymbol{V}_{a1}$은

$$\boldsymbol{V}_{a1} = \frac{1}{3}(\boldsymbol{V}_a + a\boldsymbol{V}_b + a^2\boldsymbol{V}_c)[\text{V}] \quad \cdots\cdots (8.59)$$

이다.

역상분인 $\boldsymbol{V}_{a2}$를 구하기 위해서 식 8.51의 두 번째 식에 $a^2$을 곱하고 세 번째 식에 $a$를 곱한 후, 3개의 식을 더하면

$$\begin{aligned}\boldsymbol{V}_a + a^2\boldsymbol{V}_b + a\boldsymbol{V}_c &= (1+a^2+a)\boldsymbol{V}_{a0} + (1+a^4+a^2)\boldsymbol{V}_{a1} \\ &\quad + (1+2a^3)\boldsymbol{V}_{a2}\ [\text{V}] \\ &= (1+a^2+a)\boldsymbol{V}_{a0} + (1+a+a^2)\boldsymbol{V}_{a1} + 3\boldsymbol{V}_{a2} \quad \cdots (8.60)\end{aligned}$$

가 되어 역상분 $\boldsymbol{V}_{a2}$는

$$\boldsymbol{V}_{a2} = \frac{1}{3}(\boldsymbol{V}_a + a^2\boldsymbol{V}_b + a\boldsymbol{V}_c)[\text{V}] \quad \cdots\cdots (8.61)$$

이다.

불평형률(unbalanced factor)은 불평형 3상회로에서 역상분과 정상분 크기의 비율로 회로의 불평형한 정도를 나타내므로

$$\text{불평형률} = \frac{|\boldsymbol{V}_2|}{|\boldsymbol{V}_1|} \times 100[\%] \qquad \cdots\cdots (8.62)$$

이다.

**예제 8.11** 불평형 3상 전압 $\boldsymbol{V}_a = 10 + j8$[V], $\boldsymbol{V}_b = 15 - j12$[V], $\boldsymbol{V}_c = -7 + j16$[V]일 때, 전압의 영상분 $\boldsymbol{V}_0$를 구하시오.

**풀이** 불평형 3상 전압의 영상분 $\boldsymbol{V}_0$는 식 8.54에 의해서

$$\boldsymbol{V}_0 = \frac{1}{3}(\boldsymbol{V}_a + \boldsymbol{V}_b + \boldsymbol{V}_c) = \frac{1}{3}\{(10+j8)+(15-j12)+(-7+j16)\}$$

$$= \frac{1}{3}(18+j12) = 6+j4[\text{V}]$$

**예제 8.12** 그림 8.19와 같은 불평형 3상회로의 선간 전압이 각각 $V_a = 60$[V], $V_b = 50$[V], $V_c = 50$[V]일 때, 선간 전압의 정상분과 역상분, 불평형률을 구하시오.

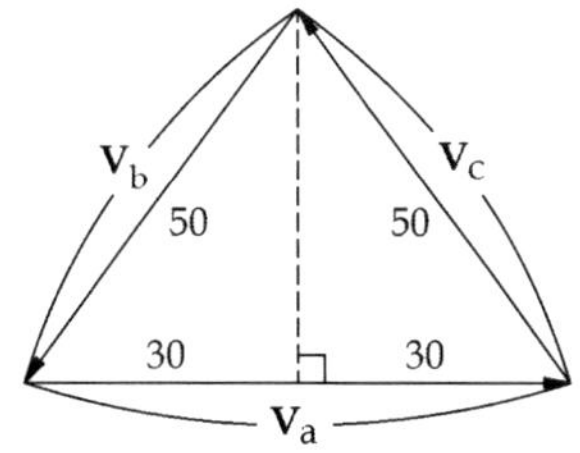


그림 8.19

**풀이** 그림 8.19로부터 선간 전압을 페이저로 나타내면, $\boldsymbol{V}_a = 60$[V], $\boldsymbol{V}_b = -30 - j40$[V], $\boldsymbol{V}_c = -30 + j40$[V]이고 선간 전압의 정상분 $\boldsymbol{V}_1$은 식 8.59에 의해서

$$\boldsymbol{V}_1 = \frac{1}{3}(\boldsymbol{V}_a + a\boldsymbol{V}_b + a^2\boldsymbol{V}_c)[\text{V}]$$

여기서, $a = 1\angle 120° = \cos 120° + j\sin 120° = -\frac{1}{2} + j\frac{\sqrt{3}}{2}$,

$a^2 = 1\angle -120° = \cos(-120°) + j\sin(-120°) = -\frac{1}{2} - j\frac{\sqrt{3}}{2}$ 이므로

$$\boldsymbol{V}_1 = \frac{1}{3}\left\{60+\left(-\frac{1}{2}+j\frac{\sqrt{3}}{2}\right)(-30-j40)+\left(-\frac{1}{2}-j\frac{\sqrt{3}}{2}\right)(-30+j40)\right\}$$

$$= \frac{1}{3}(90+40\sqrt{3}) \fallingdotseq 53.09[\text{V}]$$

선간 전압의 역상분은 식 8.61에 의해서

$$\boldsymbol{V}_2 = \frac{1}{3}(\boldsymbol{V}_a + a^2\boldsymbol{V}_b + a\boldsymbol{V}_c)$$

$$= \frac{1}{3}\left\{60+\left(-\frac{1}{2}-j\frac{\sqrt{3}}{2}\right)(-30-j40)+\left(-\frac{1}{2}+j\frac{\sqrt{3}}{2}\right)(-30+j40)\right\}$$

$$= \frac{1}{3}(90-40\sqrt{3}) \fallingdotseq 6.91[\text{V}]$$

선간 전압의 불평형률은 식 8.62에 의해서

$$\text{불평형률} = \frac{|\boldsymbol{V}_2|}{|\boldsymbol{V}_1|}\times 100 = \frac{6.91}{53.09}\times 100 \fallingdotseq 13.02[\%]$$

# 제 8 장 연습문제

1. 그림 1과 같이 △결선된 평형 3상 부하에서 선로의 저항 $R_l=2[\Omega]$, 부하의 임피던스 $Z_\Delta=6+j12[\Omega]$, 각 상간의 선간 전압 $V_l=150$[V]를 인가할 때, 선전류 $I_l$[A], 부하의 상전류 $I_p$[A]는?

정답 $I_l=15.31$[A], $I_p=8.84$[A]

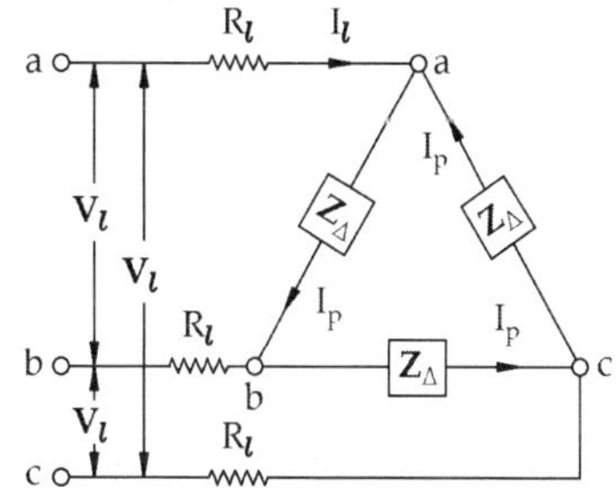


그림 1

2. 그림 2와 같이 △-Y 결선된 평형 3상회로에서 전원 $V_{ab}=100\angle 0°$[V], 선로 임피던스 $Z_l=5\angle 30°[\Omega]$, 부하 임피던스 $Z_L=25\angle 45°[\Omega]$일 때, 선전류와 부하의 단자 전압을 구하시오.

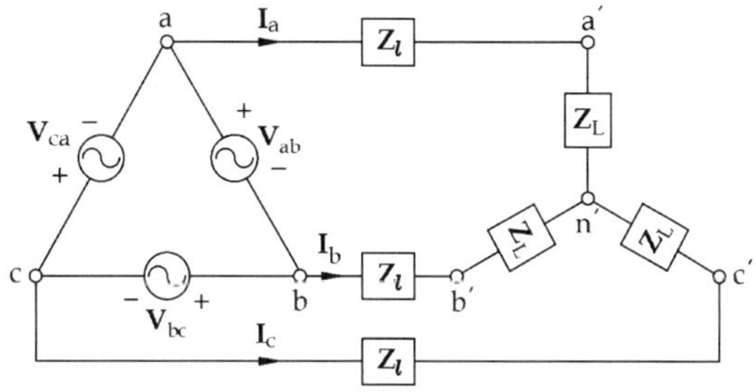


그림 2

정답 선전류는

$I_a=1.93\angle -72.52°$[A], $I_b=1.93\angle -192.52°$[A], $I_c=1.93\angle 47.48°$[A]

부하의 단자 전압은

$V_{a'}=48.25\angle -27.52°$[V], $V_{b'}=48.25\angle -147.52°$[V], $V_{c'}=48.25\angle 92.78°$[V]

3. 그림 3과 같이 △결선인 부하 임피던스에 대칭 3상 전원을 인가하여 각 선전류 $I_l$을 동일하게 하기 위해서는 저항 $r[\Omega]$의 값은? (단, $Z_{ab}=50[\Omega]$, $Z_{bc}=100[\Omega]$, $Z_{ca}=50[\Omega]$)

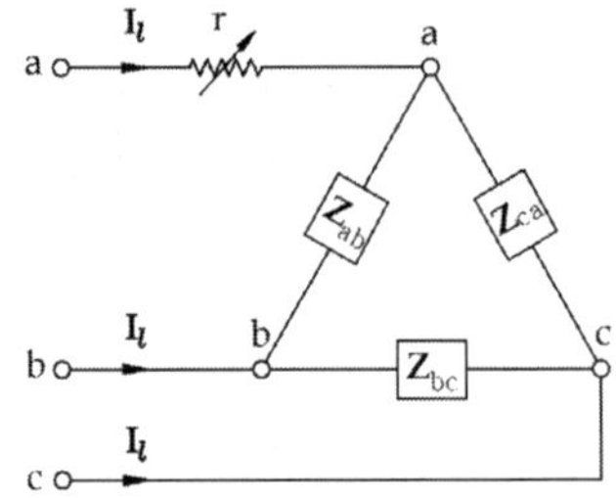


그림 3

정답 $r = 12.5[\Omega]$

4. 그림 4(a)와 같은 Y결선 부하를 그림 4(b)와 같이 △결선으로 등가 변환할 때, $Z_{ab}$, $Z_{bc}$, $Z_{ca}$ $[\Omega]$는? (단, $Z_a = 3[\Omega]$, $Z_b = 4[\Omega]$, $Z_c = 5[\Omega]$)

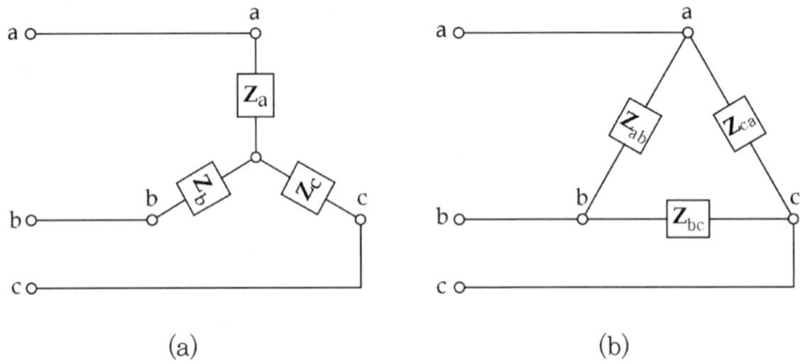


그림 4

정답 $Z_{ab} = \frac{47}{5}[\Omega]$, $Z_{bc} = \frac{47}{3}[\Omega]$, $Z_{ca} = \frac{47}{4}[\Omega]$

5. 부하가 Y결선인 평형 3상 3선식 회로에서 선간 전압 $V_l = 300\sqrt{3}\angle 0°[V]$이고 상전류 $I_p = 50\angle -30°[A]$일 때, Y결선된 부하에서 한 상의 임피던스 $Z[\Omega]$는?

정답 $Z = 6[\Omega]$

6. 부하가 Y결선인 평형 3상회로에서 각 상의 임피던스 $Z = 7 + j24[\Omega]$이고 부하에 흐르는 전류 $I_p = 12[A]$일 때, 부하의 선간 전압 $V_l[V]$은?

정답 $V_l = 300\sqrt{3}[V]$

7. 그림 5와 같이 임피던스 $Z = 10 + j15[\Omega]$이고 Y결선된 평형 3상 부하에 대칭 3상 선간 전압 380[V]을 인가할 때, 선전류 $I_l$ [A]은?

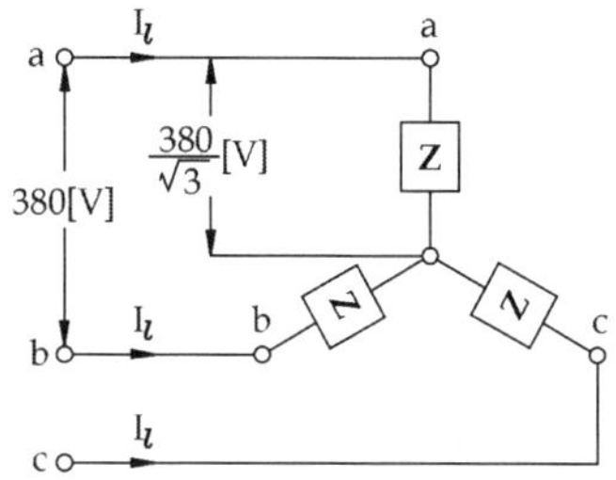


그림 5

정답 $I_l = 12.17$[A]

8. 전원과 부하가 △-△ 결선된 평형 3상회로에 평형 3상 전원의 상전압 $V_p$=220[V], 임피던스 $Z = 12 + j16[\Omega]$일 때, 선전류 $I_l$[A]은?

정답 $I_l = 11\sqrt{3}$ [A]

9. 그림 6과 같이 3개의 저항 $R$이 △결선되어 있고 선간 전압이 $V_l$[V]일 때, 선전류 $I_l$[A]은?

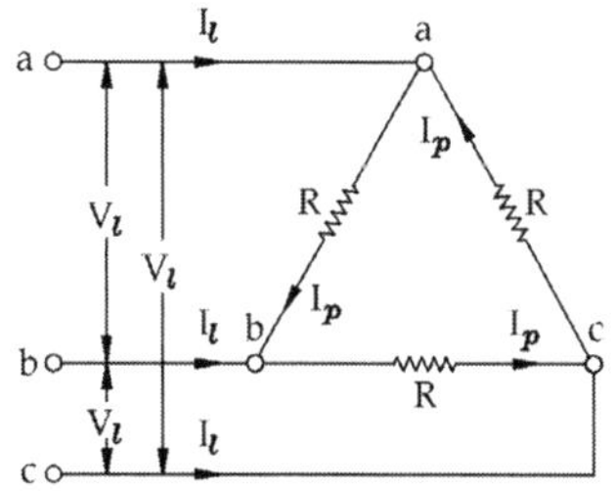


그림 6

정답 $I_l = \sqrt{3}\frac{V_l}{R}$ [A]

10. 불평형 3상 전압 $V_a = 6 + j10$[V], $V_b = 10 - j8$[V], $V_c = -4 + j12$[V]일 때, 전압의 정상분 $V_1$을 구하시오.

정답 $V_1 = 6.77 + j6.71$ [V]

11. 그림 7과 같은 불평형 3상회로의 선간 전압이 각각 $V_a=80$[V], $V_b=50$[V], $V_c=50$[V]일 때, 선간 전압의 불평형률을 구하시오.

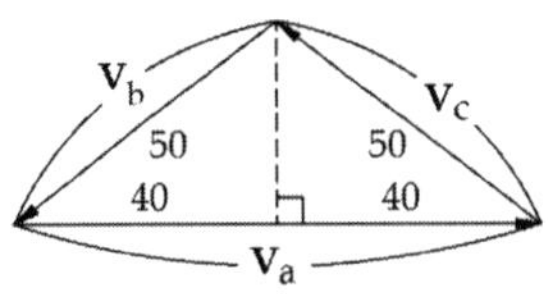


그림 7

정답 불평형률=39.57[%]

# 9장 유도결합회로

## 1 상호유도작용

### 1.1 상호유도계수

1차 코일에 교류 전류가 흐를 경우, 코일에는 자속이 발생하고 발생한 자속이 2차 코일과 쇄교(cross link)하여 2차 코일에는 패러데이 법칙에 의해서 쇄교 자속수의 시간적 변화에 따른 유도 기전력이 발생하는 현상을 상호유도작용(mutual induction action)이라고 한다.

그림 9.1로부터 권선수가 $n_1$인 1차 코일에 전류 $i_1$이 흐르면 1차 코일 주변에 자속이 발생하고 이 자속이 철심을 통하여 권선수가 $n_2$인 2차 코일과 쇄교한다. 자속이 2차 코일과 쇄교하면 2차 코일에도 전류 $i_2$가 흐르면서 유도 기전력 $v_2$가 발생한다.

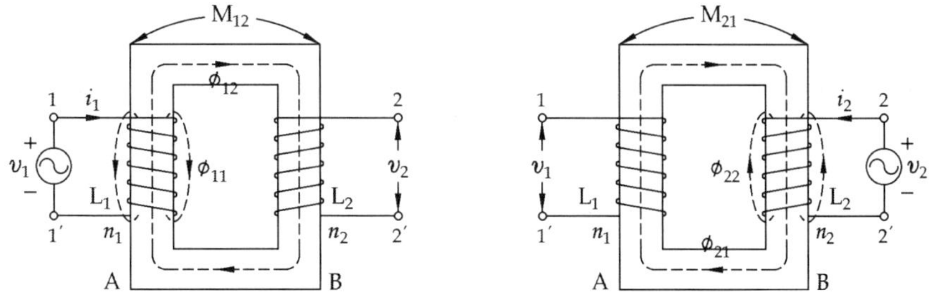


그림 9.1 상호유도작용

그림 9.1(a)는 1차 코일에 전류 $i_1$이 흐르고 2차 코일은 개방한 상태에서, 1차측 코일에 발생한 총 자속 $\phi_1$은 2차 코일과 쇄교하지 않은 자속인 누설 자속(leakage flux) $\phi_{11}$과 2차

코일과 쇄교하는 자속인 상호 자속(mutual flux) $\phi_{12}$로 나눌 수 있으므로

$$\phi_1 = \phi_{11} + \phi_{12}[\text{Wb}] \qquad \cdots\cdots (9.1)$$

이고 권선수가 $n_1$인 1차 코일과 권선수가 $n_2$인 2차 코일에 형성되는 자속 쇄교수를 각각 $\lambda_1$, $\lambda_2$ 라고 하면

$$\lambda_1 = n_1\phi_1 = n_1(\phi_{11} + \phi_{12})[\text{Wb}\cdot\text{T}] \qquad \cdots\cdots (9.2)$$

$$\lambda_2 = n_2\phi_{12}\,[\text{Wb}\cdot\text{T}] \qquad \cdots\cdots (9.3)$$

이다. 또한, 식 2.29에 의해서 자속 쇄교수 $\lambda_1$과 $\lambda_2$는 1차측 전류 $i_1$과 인덕턴스 $L_1$, $M_{12}$에 비례하기 때문에

$$\lambda_1 = L_1 i_1\,[\text{Wb}\cdot\text{T}] \qquad \cdots\cdots (9.4)$$

$$\lambda_2 = M_{12} i_1[\text{Wb}\cdot\text{T}] \qquad \cdots\cdots (9.5)$$

이다. 식 9.2, 9.3, 9.4, 9.5로부터 $L_1$과 $M_{12}$는

$$L_1 = \frac{\lambda_1}{i_1} = \frac{n_1\phi_1}{i_1}[\text{H}] \qquad \cdots\cdots (9.6)$$

$$M_{12} = \frac{\lambda_2}{i_1} = \frac{n_2\phi_{12}}{i_1}[\text{H}] \qquad \cdots\cdots (9.7)$$

이고 여기서, $L_1$을 자기 인덕턴스(self inductance)라고 하고 단위는 헨리[henry, H]이며 전류 $i_1$에 의해 1차 코일에서 발생하는 자속 쇄교수를 말한다. $M_{12}$는 상호 인덕턴스(mutual inductance)라고 하며 단위는 헨리[H]이며 전류 $i_1$에 의해 2차 코일에서 발생하는 자속 쇄교수를 말한다.

한편, 그림 9.1(b)는 2차 코일에 전류 $i_2$가 흐르고 1차 코일은 개방한 상태에서, 2차측 코일에 발생한 총 자속 $\phi_2$는 1차 코일과 쇄교하지 않은 자속인 누설 자속(leakage flux) $\phi_{22}$와 1차 코일과 쇄교하는 자속인 상호 자속(mutual flux) $\phi_{21}$으로 나눌 수 있으므로

$$\phi_2 = \phi_{21} + \phi_{22}[\text{Wb}] \qquad \cdots (9.8)$$

이고 권선수가 $n_1$인 1차 코일과 권선수가 $n_2$인 2차 코일에 형성되는 자속 쇄교수를 각각 $\lambda_1$, $\lambda_2$ 라고 하면

$$\lambda_1 = n_1\phi_{21}\,[\text{Wb}\cdot\text{T}] \qquad \cdots\cdots (9.9)$$

$$\lambda_2 = n_2\phi_2 = n_2(\phi_{21} + \phi_{22})[\text{Wb}\cdot\text{T}] \qquad \cdots\cdots (9.10)$$

이다. 또한, 식 2.29에 의해서 자속 쇄교수 $\lambda_1$과 $\lambda_2$는 2차측 전류 $i_2$와 인덕턴스 $L_2$, $M_{21}$에 비례하기 때문에

$$\lambda_1 = M_{21} i_2 \text{ [Wb} \cdot \text{T]} \qquad \cdots\cdots (9.11)$$

$$\lambda_2 = L_2 i_2 \text{ [Wb} \cdot \text{T]} \qquad \cdots\cdots (9.12)$$

이다. 식 9.9, 9.10, 9.11, 9.12로부터 $L_2$와 $M_{21}$은

$$L_2 = \frac{\lambda_2}{i_2} = \frac{n_2 \phi_2}{i_2} \text{[H]} \qquad \cdots\cdots (9.13)$$

$$M_{21} = \frac{\lambda_1}{i_2} = \frac{n_1 \phi_{21}}{i_2} \text{[H]} \qquad \cdots\cdots (9.14)$$

이고 여기서, $L_2$를 자기 인덕턴스라고 하고 단위는 헨리[H]이며 전류 $i_2$에 의해서 2차 코일에서 발생하는 자속 쇄교수를 말한다. $M_{21}$은 상호 인덕턴스라고 하며 단위는 헨리[H]이며 전류 $i_2$에 의해서 1차 코일에서 발생하는 자속 쇄교수를 말한다.

1차 코일과 2차 코일 사이에 존재하는 철심은 투자율(permeability)이 동일하기 때문에 상호 인덕턴스 $M_{12}$와 $M_{21}$은

$$M_{12} = M_{21} = M \text{ [H]} \qquad \cdots\cdots (9.15)$$

이다.

**예제 9.1** $L = 20$[mH], $n = 500$[회]인 코일에 $i = 10$[A]인 전류가 흐르면, 코일에 발생하는 자속 $\phi$[Wb]는?

풀이 자속 $\phi$는 식 9.6으로부터

$$\phi = \frac{Li}{n} = \frac{20 \times 10^{-3} \times 10}{500} = 4 \times 10^{-4} \text{[Wb]}$$

**예제 9.2** 1차 코일에 $i_1 = 5$[A]의 전류가 흘러서 발생하는 자속 중 권선수가 $n_2 = 100$[회]인 2차 코일에 형성되는 자속이 $\phi_{12} = 0.2$[Wb]일 때, 두 코일 간의 상호 인덕턴스 $M_{12}$[H]는?

풀이 식 9.7로부터 상호 인덕턴스 $M_{12}$는

$$M_{12} = \frac{n_2 \phi_{12}}{i_1} = \frac{100 \times 0.2}{5} = 4 \text{[H]}$$

## 1.2 코일의 극점 표시

그림 9.2는 1차 코일과 2차 코일이 상호유도 결합된 회로에 있어서 코일의 권선 방향을 고려하여 전류가 유입되는 코일의 한쪽에 극점을 표시하여 코일의 극성을 표시한 것이다.

그림 9.2(a), (b)는 코일의 권선 방향이 서로 다른 가운데, 그림 9.2(c)와 같이 1차 코일과 2차 코일의 한쪽에 극점을 표시할 때에는 암페어의 오른나사법칙에 의해서 각 코일에 극점이 표시된 단자로 전류 $i_1$과 $i_2$가 유입되도록 하여 각 코일에 발생하는 자속 $\phi_1$과 $\phi_2$가 서로 동일한 방향으로 형성되게 하는 것을 원칙으로 한다. 그림 9.2(c)는 그림 9.2(a), (b)와 같은 상호유도 결합회로를 간단히 표시한 것이다.

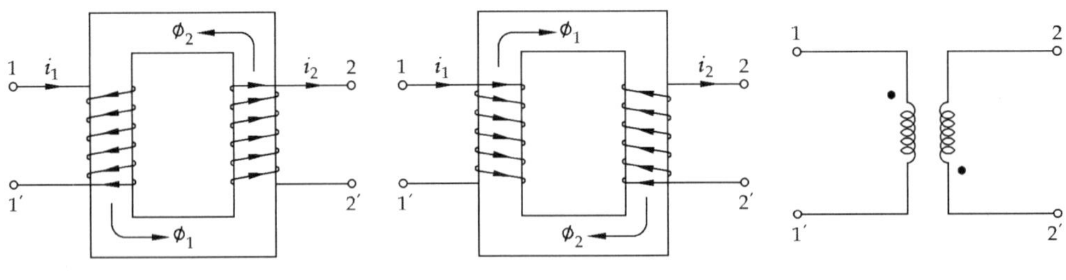


(a) (b) (c)

그림 9.2 코일의 극점 표시

그림 9.3과 같이 1차 코일에는 전원, 2차 코일에는 부하를 접속한 상호 유도결합회로에 있어서, 1차 코일에 전류 $i_1$의 유입이 증가하게 됨에 따라서, 1차 코일에서는 누설 자속 $\phi_{11}$ 뿐만 아니라, 상호 자속인 $\phi_{12}$가 증가하여 $\phi_{12}$가 2차 코일과 쇄교하게 된다.

이때, 2차 코일에서는 렌츠의 법칙(Lenz's law)에 의해서 상호 자속인 $\phi_{12}$의 증가를 억제하기 위해서 자속 $\phi_{12}$와 반대 방향인 자속 $\phi_2$가 발생하도록 전류 $i_2$가 흐르게 된다.

따라서, 그림 9.3으로부터 1차 코일의 극점이 표시된 단자로 전류 $i_1$의 유입이 증가하면, 2차 코일에서는 극점이 표시되지 않은 단자에서 극점이 표시된 단자 쪽으로 전압 상승(상호유도전압) $v_2$가 발생한다.

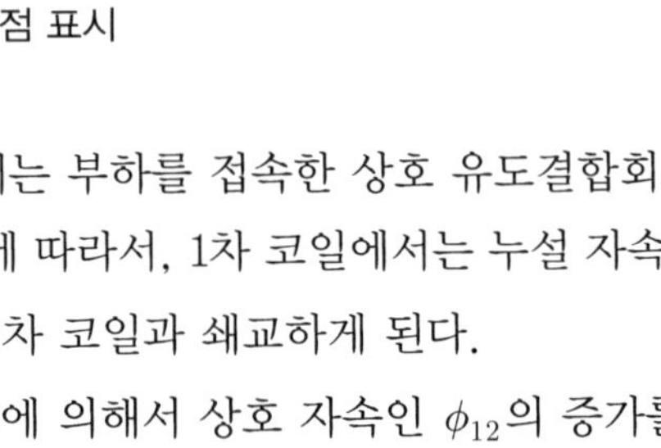


그림 9.3 극성 표시에 따른 상호유도전압

**예제 9.3** 1, 2차 코일이 상호유도결합된 상태에서 1차 코일에 전류가 매초 당 $i_1 = 300$[A]가 흘러서 2차 코일에 $v_2 = 100$[V]인 상호유도전압이 발생하였을 때, 상호 인덕턴스 $M_{12}$[H]는?

**풀이** 1, 2차 코일이 상호유도결합된 상태에서, 2차 코일에 발생하는 상호유도전압 $v_2$는

$$v_2 = M_{12}\frac{di_1}{dt}[\text{V}]$$

상호 인덕턴스 $M_{12}$는

$$M_{12} = v_2\frac{dt}{di_1} = 100 \times \frac{1}{300} = \frac{1}{3}[\text{H}]$$

## 2 유도결합회로에서의 전압과 전류

그림 9.4와 같이 1차 코일에는 전원, 2차 코일에는 부하를 접속한 상호유도 결합회로에 있어서, 1차 코일과 2차 코일에서 발생하는 총 자속쇄교수 $\lambda_1$, $\lambda_2$는

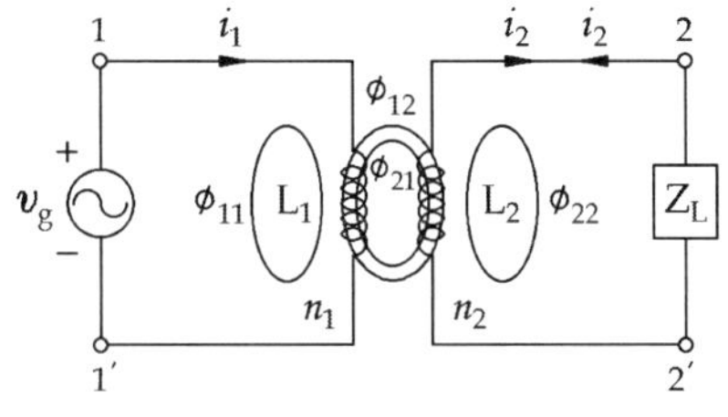


**그림 9.4** 유도결합회로

$$\begin{aligned}\lambda_1 &= n_1(\phi_{11} + \phi_{12} \pm \phi_{21}) = n_1(\phi_1 \pm \phi_{21}) \\ &= L_1 i_1 \pm M_{21} i_2 [\text{Wb} \cdot \text{T}] \qquad \cdots\cdots (9.16)\end{aligned}$$

$$\begin{aligned}\lambda_2 &= n_2(\phi_{21} + \phi_{22} \pm \phi_{12}) = n_2(\phi_2 \pm \phi_{12}) \\ &= L_2 i_2 \pm M_{12} i_1 [\text{Wb} \cdot \text{T}] \qquad \cdots\cdots (9.17)\end{aligned}$$

이다.

여기서, '+'는 $i_1$과 $i_2$에 의해 발생한 두 자속의 방향이 같아서 자속이 합쳐지는 것을 말하며, '−'는 $i_1$과 $i_2$에 의해 발생한 두 자속의 방향이 달라서 자속이 상쇄되는 것을 말한다.

그림 9.5는 극점의 표시에 따라서 두 자속의 합쳐질 때와 상쇄될 때, 패러데이 법칙에 의해서 1차 코일과 2차 코일에서의 전압, 전류관계를 나타낸 것으로서, 그림 9.5(a)는 두 자속이 합쳐지는 경우이며 그림 9.5(b)는 두 자속이 상쇄되는 경우이다.

$$v_1 = \frac{d\lambda_1}{dt} = L_1 \frac{di_1}{dt} \pm M_{21} \frac{di_2}{dt} [\mathrm{V}] \qquad \cdots\cdots (9.18)$$

$$v_2 = \frac{d\lambda_2}{dt} = L_2 \frac{di_2}{dt} \pm M_{12} \frac{di_1}{dt} [\mathrm{V}] \qquad \cdots\cdots (9.19)$$

여기서, '+'는 $i_1$과 $i_2$가 극점이 표시된 단자로 모두 유입되어 자속이 합쳐지는 것을 말하며 '−'는 $i_1$과 $i_2$가 극점이 표시된 한쪽 단자로는 유입되고 다른 쪽 단자로는 유출되어 자속이 상쇄되는 것을 말한다.

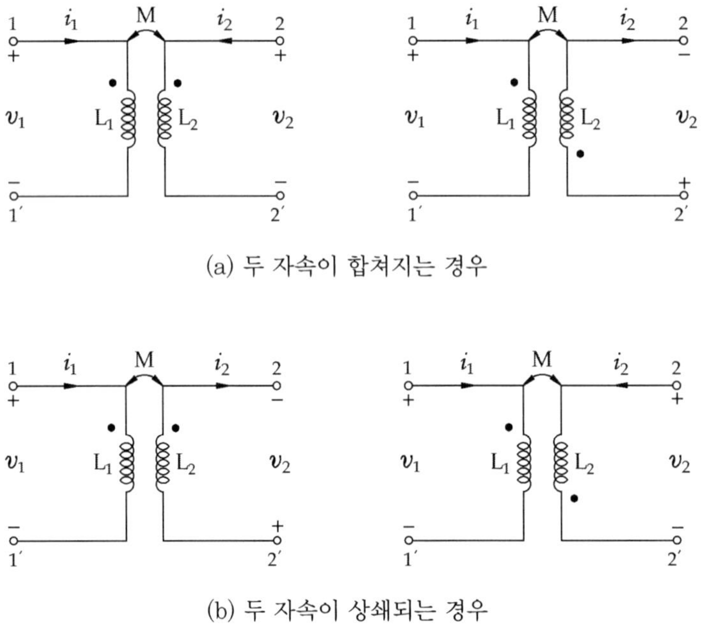


**그림 9.5** 극점으로 전류의 유입, 유출에 따른 상호 인덕턴스 $M$의 부호 표시

# 3 유도결합회로의 등가 T형 회로 변환

1, 2차측이 유도결합된 회로를 해석하려면 복잡한 점이 있기 때문에 유도결합된 회로를 유도결합이 되지 않은 회로인 등가 T형 회로로 변환하면 회로를 쉽게 해석할 수 있으며 등가 T형 회로는 1, 2차측 전류의 방향과 극점의 위치에 따라서 바뀔 수 있다.

## 3.1 1, 2차측 전류 방향이 서로 같은 경우

그림 9.6(a)와 9.7(a)로부터 유도결합된 회로의 1, 2차측 전류 방향이 서로 같은 경우, 그림 9.6(b)와 9.7(b)와 같이 유도결합이 되지 않은 등가 T형 회로로 변환이 가능하다. 그림 9.6 (a), (b)는 1, 2차측 자속이 서로 합쳐지는 경우이고 그림 9.7(a), (b)는 자속이 서로 상쇄되는 경우이다.

그림 9.6(a)와 같이 1, 2차측의 자속이 서로 합쳐지는 경우, 1, 2차측에서의 전압 방정식을 페이저로 나타내면

$$\boldsymbol{V}_1 = j\omega L_1 \boldsymbol{I}_1 + j\omega M \boldsymbol{I}_2 [\mathrm{V}]$$
$$\boldsymbol{V}_2 = j\omega L_2 \boldsymbol{I}_2 + j\omega M \boldsymbol{I}_1 [\mathrm{V}] \qquad \cdots\cdots (9.20)$$

이고 식 9.20을 그림 9.6(b)와 같이 유도결합이 되지 않은 무유도 등가 T형 회로에서의 전압 방정식으로 변환하면

$$\boldsymbol{V}_1 = j\omega (L_1 + M)\boldsymbol{I}_1 - j\omega M(\boldsymbol{I}_1 - \boldsymbol{I}_2)[\mathrm{V}]$$
$$\boldsymbol{V}_2 = j\omega (L_2 + M)\boldsymbol{I}_2 - j\omega M(\boldsymbol{I}_2 - \boldsymbol{I}_1)[\mathrm{V}] \qquad \cdots\cdots (9.21)$$

와 같다.

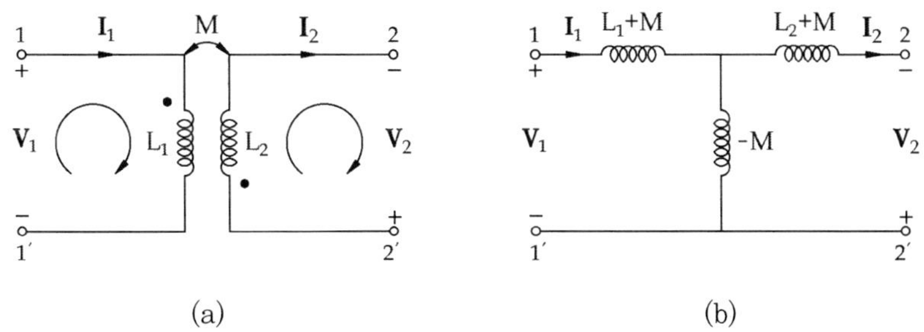


**그림 9.6** 1, 2차측 전류 방향이 같고 자속이 서로 합쳐질 때, 등가 T형 회로

그림 9.7(a)와 같이 1, 2차측 자속이 서로 상쇄되는 경우, 1, 2차측에서의 전압 방정식을 페이저로 나타내면

$$\boldsymbol{V}_1 = j\omega L_1 \boldsymbol{I}_1 - j\omega M \boldsymbol{I}_2 [\mathrm{V}]$$
$$\boldsymbol{V}_2 = j\omega L_2 \boldsymbol{I}_2 - j\omega M \boldsymbol{I}_1 [\mathrm{V}] \qquad \cdots\cdots (9.22)$$

이고 식 9.22을 그림 9.7(b)와 같이 유도결합이 되지 않은 무유도 등가 T형 회로에서의 전압 방정식으로 변환하면

$$\boldsymbol{V}_1 = j\omega (L_1 - M)\boldsymbol{I}_1 + j\omega M(\boldsymbol{I}_1 - \boldsymbol{I}_2)[\mathrm{V}]$$
$$\boldsymbol{V}_2 = j\omega (L_2 - M)\boldsymbol{I}_2 + j\omega M(\boldsymbol{I}_2 - \boldsymbol{I}_1)[\mathrm{V}] \qquad \cdots\cdots (9.23)$$

와 같다.

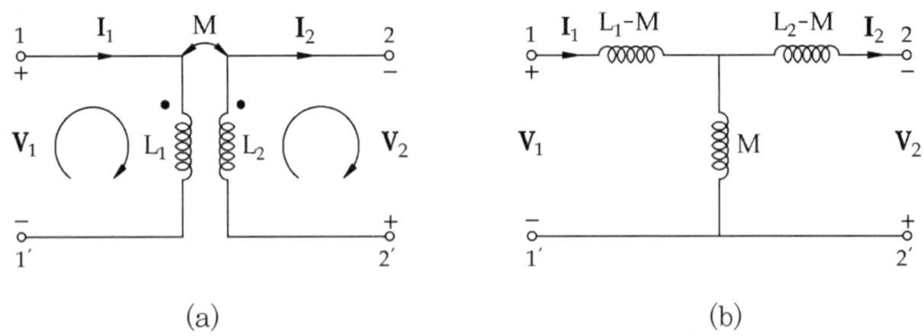


**그림 9.7** 1, 2차측 전류 방향이 같고 자속이 서로 상쇄될 때, 등가 T형 회로

## 3.2 1, 2차측 전류 방향이 서로 다른 경우

그림 9.8(a)와 9.9(a)로부터 유도결합된 회로의 1, 2차측 전류 방향이 서로 다른 경우, 그림 9.8(b)와 9.9(b)와 같이 유도결합이 되지 않은 등가 T형 회로로 변환이 가능하다. 그림 9.8(a), (b)는 1, 2차측의 자속이 서로 합쳐지는 경우이고 그림 9.9(a), (b)는 자속이 서로 상쇄되는 경우이다.

그림 9.8(a)와 같이 1, 2차측 자속이 서로 합쳐지는 경우, 1, 2차측에서의 전압 방정식을 페이저로 나타내면

$$\boldsymbol{V}_1 = j\omega L_1 \boldsymbol{I}_1 + j\omega M \boldsymbol{I}_2 \ [\mathrm{V}]$$
$$\boldsymbol{V}_2 = j\omega L_2 \boldsymbol{I}_2 + j\omega M \boldsymbol{I}_1 \ [\mathrm{V}] \qquad \cdots\cdots (9.24)$$

이고 식 9.24를 그림 9.8(b)와 같이 유도결합이 되지 않은 무유도 등가 T형 회로에서의 전압 방정식으로 변환하면

$$\boldsymbol{V}_1 = j\omega(L_1 - M)\boldsymbol{I}_1 + j\omega M(\boldsymbol{I}_1 + \boldsymbol{I}_2)[\text{V}]$$
$$\boldsymbol{V}_2 = j\omega(L_2 - M)\boldsymbol{I}_2 + j\omega M(\boldsymbol{I}_2 + \boldsymbol{I}_1)[\text{V}] \quad \cdots\cdots (9.25)$$

와 같다.

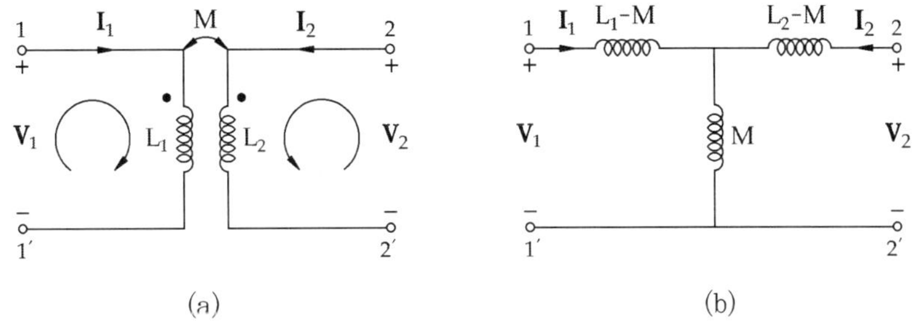

**그림 9.8** 1, 2차측 전류 방향이 다르고 자속이 서로 합쳐질 때, 등가 T형 회로

그림 9.9(a)와 같이 1, 2차측 자속이 서로 상쇄되는 경우, 1, 2차측에서의 전압 방정식을 페이저로 나타내면

$$\boldsymbol{V}_1 = j\omega L_1\boldsymbol{I}_1 - j\omega M\boldsymbol{I}_2 \ [\text{V}]$$
$$\boldsymbol{V}_2 = j\omega L_2\boldsymbol{I}_2 - j\omega M\boldsymbol{I}_1 \ [\text{V}] \quad \cdots\cdots (9.26)$$

이고 식 9.26을 그림 9.9(b)와 같이 유도결합이 되지 않은 무유도 등가 T형 회로에서의 전압 방정식으로 변환하면

$$\boldsymbol{V}_1 = j\omega(L_1 + M)\boldsymbol{I}_1 - j\omega M(\boldsymbol{I}_1 + \boldsymbol{I}_2) \ [\text{V}]$$
$$\boldsymbol{V}_2 = j\omega(L_2 + M)\boldsymbol{I}_2 - j\omega M(\boldsymbol{I}_2 + \boldsymbol{I}_1) \ [\text{V}] \quad \cdots\cdots (9.27)$$

와 같다.

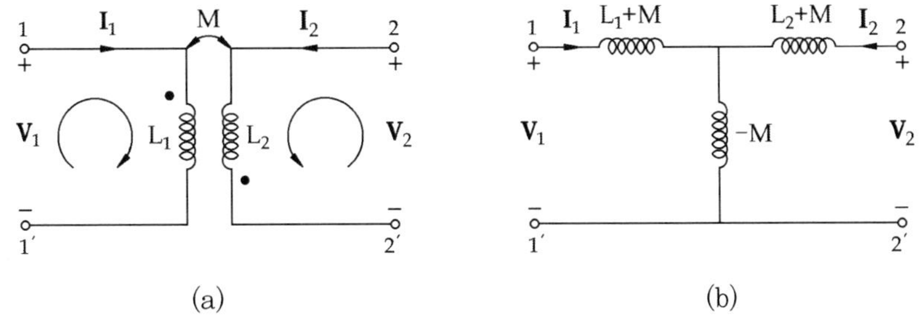

**그림 9.9** 1, 2차측 전류 방향이 다르고 자속이 서로 상쇄될 때, 등가 T형 회로

**예제 9.4** 그림 9.10(a)와 같이 유도결합된 회로에 있어서 $I_2 = 0$이기 위한 커패시턴스 $C$[F]의 값은?

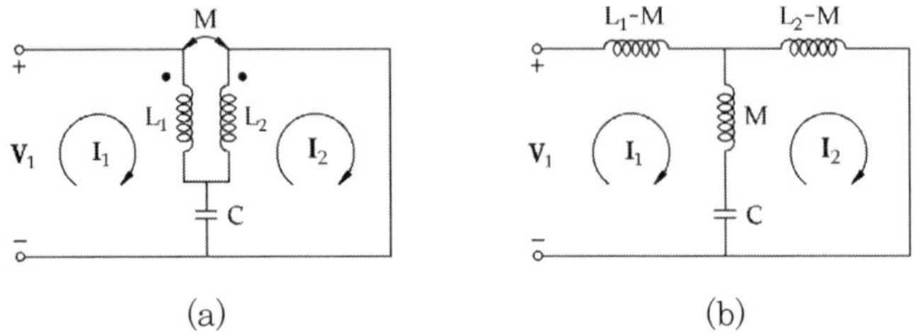


그림 9.10

**풀이** 그림 9.10(a)와 같이 유도결합된 회로는 그림 9.7과 같이 1, 2차측 전류 방향이 같고 자속이 서로 상쇄되는 경우이므로 그림 9.10(b)와 같은 무유도 등가 T형 회로로 변환이 가능하고 2차측 회로에 있어서 전압 방정식은

$$j\omega(L_2 - M)I_2 + \left(j\omega M - j\frac{1}{\omega C}\right)(I_2 - I_1) = 0$$

$I_2$에 관하여 정리하면

$$j\left(\omega L_2 - \frac{1}{\omega C}\right)I_2 + j\left(\frac{1}{\omega C} - \omega M\right)I_1 = 0$$

$I_2$가 0이 되기 위해서는 $I_1$의 계수가 0이어야 하므로

$$\frac{1}{\omega C} - \omega M = 0$$

따라서, 커패시턴스 $C$는

$$C = \frac{1}{\omega^2 M}[\text{F}]$$

# 4 유도결합회로에서 인덕터의 접속

## 4.1 인덕터의 직렬 접속

그림 9.11(a)와 같이 유도결합된 직렬 회로에 있어서 전류 $i$가 극점으로 모두 유입되어 자속이 합쳐지는 경우, 전류 $i$가 인덕터 $L_1$, $L_2$에 흘러서 인덕터에서의 전압 강하를 각각 $v_1$, $v_2$라고 할 때, 단자 $a$로부터 $b'$까지의 전압 강하 $v_{ab'}$는

$$v_{ab'} = v_1 + v_2 = \left(L_1 \frac{di}{dt} + M\frac{di}{dt}\right) + \left(L_2 \frac{di}{dt} + M\frac{di}{dt}\right)$$

$$= (L_1 + L_2 + 2M)\frac{di}{dt} = L_s^+ \frac{di}{dt} \text{[V]} \qquad \cdots\cdots (9.28)$$

이다. 따라서, 합성 인덕턴스 $L_s^+$는

$$L_s^+ = L_1 + L_2 + 2M \text{[H]} \qquad \cdots\cdots (9.29)$$

이다.

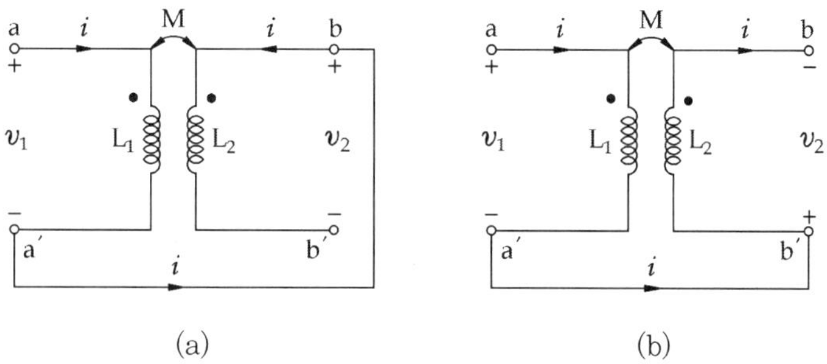


**그림 9.11** 유도결합회로에서 인덕터의 식렬 섭속

그림 9.11(b)는 전류 $i$가 한쪽 극점으로 유입되고 다른 쪽 극점으로는 유출되어 자속이 상쇄되는 경우, 전류 $i$가 인덕터 $L_1$, $L_2$에 흘러서 인덕터에서의 전압 강하를 각각 $v_1$, $v_2$라고 할 때, 단자 $a$로부터 $b$까지의 전압 강하 $v_{ab}$는

$$v_{ab} = v_1 + v_2 = \left(L_1 \frac{di}{dt} - M\frac{di}{dt}\right) + \left(L_2 \frac{di}{dt} - M\frac{di}{dt}\right)$$

$$= (L_1 + L_2 - 2M)\frac{di}{dt} = L_s^- \frac{di}{dt} \text{[V]} \qquad \cdots\cdots (9.30)$$

이다. 따라서, 합성 인덕턴스 $L_s^-$는

$$L_s^- = L_1 + L_2 - 2M \text{[H]} \qquad \cdots\cdots (9.31)$$

이다.

**예제 9.5** 2개의 코일이 직렬 접속되어 있을 때 합성 인덕턴스 $L_s^+ = 120$[mH]이고, 극성을 반대로 하였을 때 합성 인덕턴스 $L_s^- = 80$[mH]이다. 이 때, 상호 인덕턴스 $M$[mH]은?

풀이 2개의 코일이 직렬 접속되어 전류가 극점으로 모두 유입되는 경우, 합성 인덕턴스 $L_s^+$는 식 9.29로부터

$$L_s^+ = L_1 + L_2 + 2M = 120[\text{mH}] \qquad \cdots\cdots ①$$

2개의 코일이 직렬 접속되어 전류가 한쪽 극점으로 유입되고 다른 쪽 극점으로는 유출되는 경우의 합성 인턴턴스 $L_s^-$는 식 9.31로부터

$$L_s^- = L_1 + L_2 - 2M = 80[\text{mH}] \qquad \cdots\cdots ②$$

따라서, 상호 인덕턴스 $M$을 구하기 위해서 식 ①에서 식 ②를 빼면

$$4M = 40, \quad M = 10[\text{mH}]$$

## 4.2 인덕터의 병렬 접속

그림 9.12(a)와 같이 유도결합된 병렬 회로에 있어서 전류 $i$가 극점이 표시된 단자로 모두 유입되어 자속이 합쳐지고 1, 2차측 전류 방향이 서로 다르기 때문에 그림 9.8(b)에 의해서, 그림 9.12(a)는 그림 9.12(b)와 같은 무유도 등가 T형 회로로 변환할 수 있으며 그림 9.12(c)는 인덕터 부분만을 나타낸 것으로서 그림 9.12(c)로부터 합성 인덕턴스 $L_p^+$는

$$\begin{aligned} L_p^+ &= \frac{(L_1 - M)(L_2 - M)}{(L_1 - M) + (L_2 - M)} + M \\ &= \frac{L_1L_2 - L_1M - L_2M + M^2 + L_1M + L_2M - 2M^2}{L_1 + L_2 - 2M} \\ &= \frac{L_1L_2 - M^2}{L_1 + L_2 - 2M}[\text{H}] \end{aligned} \qquad \cdots\cdots (9.32)$$

이다.

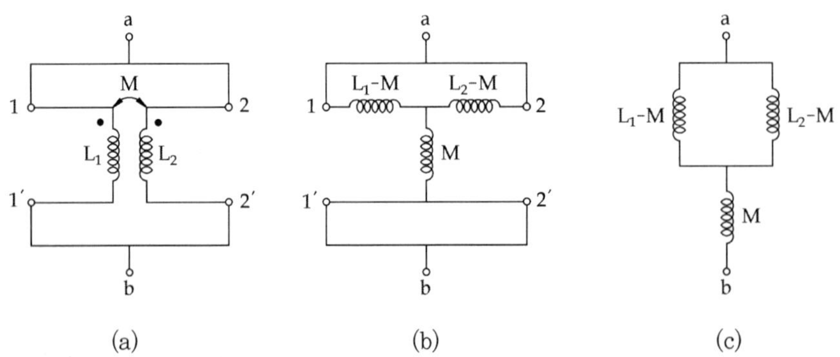


그림 9.12 유도결합회로에서 인덕터의 병렬 접속(자속이 합쳐지는 경우)

그림 9.13(a)는 전류 $i$가 한쪽 극점으로 유입되고 다른 쪽 극점으로는 유출되어 자속이 상쇄되고 1, 2차측 전류 방향이 서로 다르기 때문에 그림 9.9(b)에 의해서, 그림 9.13(a)는 그림 9.13(b)와 같은 무유도 등가 T형 회로로 변환할 수 있으며 그림 9.13(c)는 인덕터 부분만을 나타낸 것으로서 그림 9.13(c)로부터 합성 인덕턴스 $L_p^-$는

$$L_p^- = \frac{(L_1+M)(L_2+M)}{(L_1+M)+(L_2+M)} - M$$

$$= \frac{L_1L_2 + L_1M + L_2M + M^2 - L_1M - L_2M - 2M^2}{L_1+L_2+2M}$$

$$= \frac{L_1L_2 - M^2}{L_1+L_2+2M}[\mathrm{H}] \quad \cdots\cdots (9.33)$$

이다.

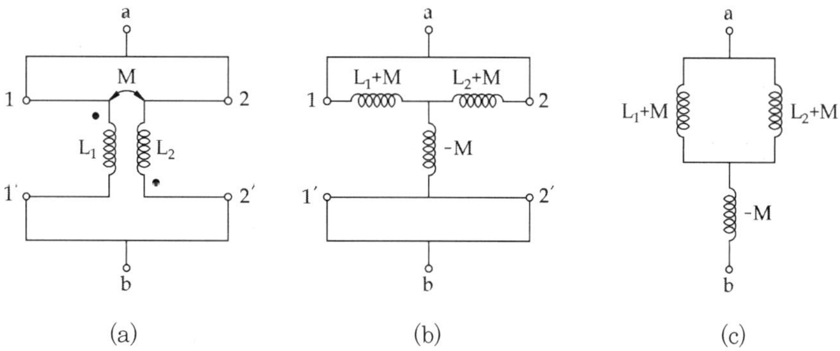


**그림 9.13** 유도결합회로에서 인덕터의 병렬 접속(자속이 상쇄되는 경우)

**예제 9.6** 그림 9.14와 같이 1차 코일의 인덕턴스 $L_1 = 100$[mH], 2차 코일의 인덕턴스 $L_2 = 50$[mH], 상호 인덕턴스 $M = 20$[mH]일 때, 그림 9.14(a)에서의 합성 인덕턴스 $L_p^+$[mH], 그림 9.14(b)에서의 합성 인덕턴스 $L_p^-$[mH]는?

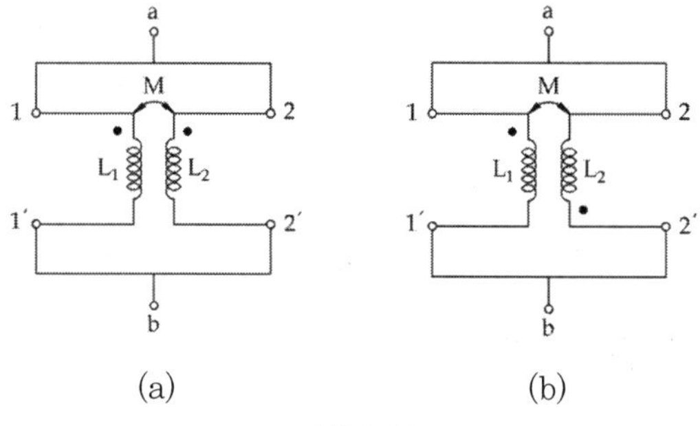


**그림 9.14**

풀이 그림 9.14(a)는 전류가 극점이 표시된 단자로 모두 유입되어 자속이 합쳐지고 1, 2차측 전류 방향이 서로 다르기 때문에, 식 9.32에 의해서 합성 인덕턴스 $L_p^+$는

$$L_p^+ = \frac{L_1L_2 - M^2}{L_1 + L_2 - 2M} = \frac{100 \times 50 - 20^2}{100 + 50 - 2 \times 20} \fallingdotseq 41.82[\text{mH}]$$

그림 9.14(b)는 전류가 한쪽 극점으로 유입되고 다른 쪽 극점으로는 유출되어 자속이 상쇄되고 1, 2차측 전류 방향이 서로 다르기 때문에, 식 9.33에 의해서 합성 인덕턴스 $L_p^-$는

$$L_p^- = \frac{L_1L_2 - M^2}{L_1 + L_2 + 2M} = \frac{100 \times 50 - 20^2}{100 + 50 + 2 \times 20} \fallingdotseq 24.21[\text{mH}]$$

## 5 정현파 전압이 인가된 유도결합회로 해석

그림 9.15(a)는 1차측에 정현파 전압을 인가하였을 때의 유도결합회로를 그림 9.15(b)와 같은 무유도 등가 T형 회로로 변환하여 회로를 해석한 것이다.

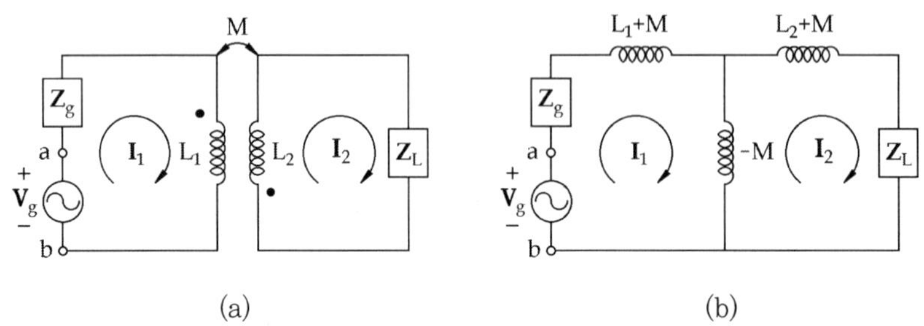


**그림 9.15** 정현파가 인가된 유도결합회로 해석

그림 9.15(a)는 그림 9.6과 같이 1, 2차측 전류 방향이 같고 자속이 서로 합쳐질 때이므로 그림 9.15(b)와 같이 무유도 등가 T형 회로로 변환이 가능한 가운데, 그림 9.15(b)에서 1, 2차측 전류를 각각 $\boldsymbol{I}_1$, $\boldsymbol{I}_2$라고 할 때, 1, 2차측에서의 전압 방정식은

$$\begin{aligned} &\boldsymbol{Z}_g\boldsymbol{I}_1 + j\omega(L_1 + M)\boldsymbol{I}_1 - j\omega M(\boldsymbol{I}_1 - \boldsymbol{I}_2) = \boldsymbol{V}_g \\ &-j\omega M(\boldsymbol{I}_2 - \boldsymbol{I}_1) + j\omega(L_2 + M)\boldsymbol{I}_2 + \boldsymbol{Z}_L\boldsymbol{I}_2 = 0 \end{aligned} \quad \cdots\cdots (9.34)$$

이고 식 9.34를 $\boldsymbol{I}_1$, $\boldsymbol{I}_2$에 대해서 정리하면

$$(\boldsymbol{Z}_g + j\omega L_1)\boldsymbol{I}_1 + j\omega M\boldsymbol{I}_2 = \boldsymbol{V}_g$$
$$j\omega M\boldsymbol{I}_1 + (\boldsymbol{Z}_L + j\omega L_2)\boldsymbol{I}_2 = 0 \qquad \cdots\cdots (9.35)$$

이다. 여기서,

$$\boldsymbol{Z}_{11} = \boldsymbol{Z}_g + j\omega L_1[\Omega]$$
$$\boldsymbol{Z}_{12} = \boldsymbol{Z}_{21} = j\omega M[\Omega]$$
$$\boldsymbol{Z}_{22} = \boldsymbol{Z}_L + j\omega L_2[\Omega] \qquad \cdots\cdots (9.36)$$

라고 하면 식 9.35는

$$\boldsymbol{Z}_{11}\boldsymbol{I}_1 + \boldsymbol{Z}_{12}\boldsymbol{I}_2 = \boldsymbol{V}_g, \quad \boldsymbol{Z}_{21}\boldsymbol{I}_1 + \boldsymbol{Z}_{22}\boldsymbol{I}_2 = 0 \qquad \cdots\cdots (9.37)$$

이고 식 9.37로부터 $\boldsymbol{I}_1$, $\boldsymbol{I}_2$를 구하면

$$\boldsymbol{I}_1 - \frac{\boldsymbol{Z}_{22}\boldsymbol{V}_g}{\boldsymbol{Z}_{11}\boldsymbol{Z}_{22} - \boldsymbol{Z}_{12}^2}[\mathrm{A}], \quad \boldsymbol{I}_2 = \frac{-\boldsymbol{Z}_{12}\boldsymbol{V}_q}{\boldsymbol{Z}_{11}\boldsymbol{Z}_{22} - \boldsymbol{Z}_{12}^2}[\mathrm{A}] \qquad \cdots\cdots (9.38)$$

이다.

그림 9.15(a)에서 1차측의 전원 단자인 $a$, $b$로부터 오른쪽의 회로를 보았을 때의 임피던스를 구동점 임피던스(driving point impedance) $\boldsymbol{Z}_{ab}$라고 하면

$$\boldsymbol{Z}_{ab} = \frac{\boldsymbol{V}_g}{\boldsymbol{I}_1} = \frac{\boldsymbol{Z}_{11}\boldsymbol{Z}_{22} - \boldsymbol{Z}_{12}^2}{\boldsymbol{Z}_{22}} = \boldsymbol{Z}_{11} - \frac{\boldsymbol{Z}_{12}^2}{\boldsymbol{Z}_{22}}[\Omega] \qquad \cdots\cdots (9.39)$$

이고 식 9.39로부터 $-\dfrac{\boldsymbol{Z}_{12}^2}{\boldsymbol{Z}_{22}}$을 결합 임피던스(coupled impedance) 또는 반사 임피던스(reflected impedance) $\boldsymbol{Z}_c$라고 한다.

1차측 전류에 대한 2차측 전류의 비는

$$\frac{\boldsymbol{I}_2}{\boldsymbol{I}_1} = -\frac{\boldsymbol{Z}_{12}}{\boldsymbol{Z}_{22}} \qquad \cdots\cdots (9.40)$$

이고 2차측 회로의 부하 임피던스 $\boldsymbol{Z}_L$에 걸리는 전압 $\boldsymbol{V}_L$은

$$\boldsymbol{V}_L = \boldsymbol{Z}_L\boldsymbol{I}_2[\mathrm{V}] \qquad \cdots\cdots (9.41)$$

이기 때문에 식 9.41에 식 9.38을 대입하면

$$\boldsymbol{V}_L = \frac{-\boldsymbol{Z}_{12}\boldsymbol{Z}_L\boldsymbol{V}_g}{\boldsymbol{Z}_{11}\boldsymbol{Z}_{22} - \boldsymbol{Z}_{12}^2}[\mathrm{V}] \qquad \cdots\cdots (9.42)$$

이다. 식 9.42를 전원 전압 $\boldsymbol{V}_g$에 대한 부하 전압 $\boldsymbol{V}_L$의 비로 나타내면

$$\frac{\boldsymbol{V}_L}{\boldsymbol{V}_g} = -\frac{\boldsymbol{Z}_{12}\boldsymbol{Z}_L}{\boldsymbol{Z}_{11}\boldsymbol{Z}_{22} - \boldsymbol{Z}_{12}^2} \qquad \cdots\cdots (9.43)$$

이다.

**예제 9.7** 그림 9.16(a)와 같이 1차측에 정현파 전압을 인가하였을 때의 유도결합회로를 그림 9.16(b)와 같은 무유도 등가 T형 회로로 변환하였을 때, 구동점 임피던스 $\boldsymbol{Z}_{ab}[\Omega]$, 결합 임피던스 $\boldsymbol{Z}_c[\Omega]$는? (단, $L_1 = 20$[mH], $L_2 = 10$[mH], $M = 30$[mH], $R_L = 2[\Omega]$, $\omega = 100$[rad/s])

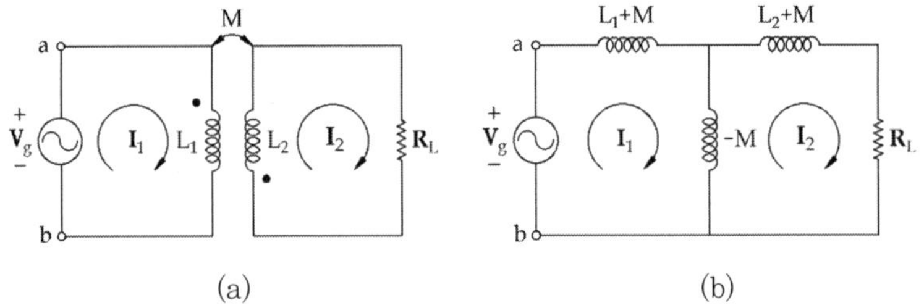


그림 9.16

**풀이** 그림 9.16(a)는 1, 2차측 전류 방향이 같고 자속이 서로 합쳐지는 경우이므로 그림 9.6에 의해서 그림 9.16(b)와 같은 무유도 등가 T형 회로로 변환이 가능하다. 그림 9.16(b)에 있어서 전압 방정식은

$$j\omega(L_1 + M)\boldsymbol{I}_1 - j\omega M(\boldsymbol{I}_1 - \boldsymbol{I}_2) = \boldsymbol{V}_g$$
$$j\omega(L_2 + M)\boldsymbol{I}_2 + R_L\boldsymbol{I}_2 - j\omega M(\boldsymbol{I}_2 - \boldsymbol{I}_1) = 0 \qquad \cdots\cdots ①$$

식 ①을 $\boldsymbol{I}_1$, $\boldsymbol{I}_2$에 대해서 정리하면

$$j\omega L_1\boldsymbol{I}_1 + j\omega M\boldsymbol{I}_2 = \boldsymbol{V}_g$$
$$j\omega M\boldsymbol{I}_1 + (R_L + j\omega L_2)\boldsymbol{I}_2 = 0 \qquad \cdots\cdots ②$$

식 ②를 자기 임피던스 $\boldsymbol{Z}_{11}$, $\boldsymbol{Z}_{22}$, 상호 임피던스 $\boldsymbol{Z}_{12}$, $\boldsymbol{Z}_{21}$으로 나타내면

$$\boldsymbol{Z}_{11}\boldsymbol{I}_1 + \boldsymbol{Z}_{12}\boldsymbol{I}_2 = \boldsymbol{V}_g$$
$$\boldsymbol{Z}_{21}\boldsymbol{I}_1 + \boldsymbol{Z}_{22}\boldsymbol{I}_2 = 0$$

여기서,

$$\boldsymbol{Z}_{11} = j\omega L_1 = j(100 \times 20 \times 10^{-3}) = j2[\Omega]$$
$$\boldsymbol{Z}_{12} = \boldsymbol{Z}_{21} = j\omega M = j(100 \times 30 \times 10^{-3}) = j3[\Omega]$$
$$\boldsymbol{Z}_{22} = R_L + j\omega L_2 = 2 + j(100 \times 10 \times 10^{-3}) = 2 + j1[\Omega]$$

구동점 임피던스 $\boldsymbol{Z}_{ab}$는 식 9.39로부터

$$Z_{ab}=Z_{11}-\frac{Z_{12}^{2}}{Z_{22}}=j2-\frac{(j3)^2}{2+j1}=\frac{7+j4}{2+j1}=\frac{18}{5}+j\frac{1}{5}[\Omega]$$

결합 임피던스 $Z_c$는

$$Z_c=-\frac{Z_{12}^{2}}{Z_{22}}=-\frac{(j3)^2}{2+j1}=\frac{18}{5}-j\frac{9}{5}[\Omega]$$

## 6 결합 계수

그림 9.17(a)와 같이 1, 2차측이 유도결합된 회로에 있어서 1차측 코일에 의해서 발생한 총 자속 $\phi_1$ 중 2차측 코일과 쇄교하는 자속 $\phi_{12}$의 비율을 결합 계수(cofficicnt of coupling) $k_{12}$라고 하면

$$k_{12}=\frac{\phi_{12}}{\phi_1} \qquad \cdots\cdots (9.44)$$

이고 상호 인덕턴스 $M_{12}$는 식 9.7에 의해서

$$M_{12}=\frac{n_2\phi_{12}}{i_1}=\frac{n_2k_{12}\phi_1}{i_1}=\frac{n_2}{n_1}k_{12}\frac{n_1\phi_1}{i_1}[\mathrm{H}] \qquad \cdots\cdots (9.45)$$

이다. 식 9.45는 식 9.6에 의해서

$$M_{12}=\frac{n_2}{n_1}k_{12}L_1[\mathrm{H}] \qquad \cdots\cdots (9.46)$$

이다.

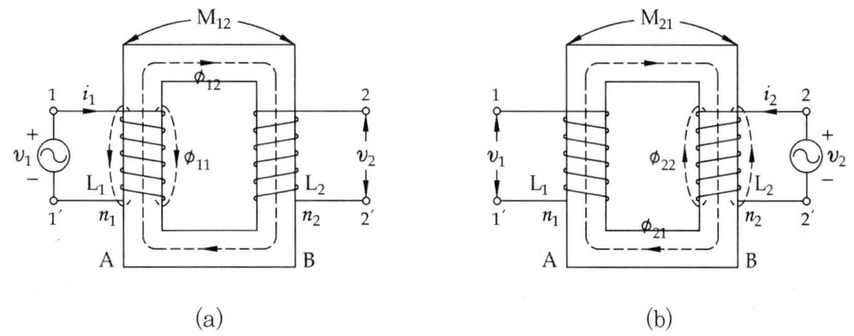


그림 9.17 결합 계수

그림 9.17(b)와 같이 1, 2차측이 유도결합된 회로에 있어서 2차측 코일에 의해서 발생한 총 자속 $\phi_2$ 중 1차측 코일과 쇄교하는 자속 $\phi_{21}$의 비율을 결합계수 $k_{21}$라고 하면

$$k_{21} = \frac{\phi_{21}}{\phi_2} \qquad \cdots\cdots (9.47)$$

이고 상호 인덕턴스 $M_{21}$은 식 9.14에 의해서

$$M_{21} = \frac{n_1 \phi_{21}}{i_2} = \frac{n_1 k_{21} \phi_2}{i_2} = \frac{n_1}{n_2} k_{21} \frac{n_2 \phi_2}{i_2} [\mathrm{H}] \qquad \cdots\cdots (9.48)$$

이다. 식 9.48은 식 9.13에 의해서

$$M_{21} = \frac{n_1}{n_2} k_{21} L_2 [\mathrm{H}] \qquad \cdots\cdots (9.49)$$

이다. 상호 인덕턴스 $M_{12}$와 $M_{21}$는

$$M = M_{12} = M_{21} \qquad \cdots\cdots (9.50)$$

이기 때문에 결합 계수인 $k_{12}$와 $k_{21}$도

$$k = k_{12} = k_{21} \qquad \cdots\cdots (9.51)$$

이다. 식 9.46과 9.49를 곱하면

$$M_{12} M_{21} = k_{12} k_{21} L_1 L_2 \qquad \cdots\cdots (9.52)$$

이고 식 9.50과 9.51에 의해서

$$M^2 = k^2 L_1 L_2 \qquad \cdots\cdots (9.53)$$

이기 때문에 상호 인덕턴스 $M$은

$$M = k\sqrt{L_1 L_2} \ [\mathrm{H}] \qquad \cdots\cdots (9.54)$$

이다. 따라서, 1, 2차측이 유도결합된 정도를 나타내는 결합 계수 $k$는

$$k = \frac{M}{\sqrt{L_1 L_2}} \qquad \cdots\cdots (9.55)$$

이고 결합 계수는 $0 \le k \le 1$의 값을 갖는 가운데, $k=0$인 경우는 상호 자속이 전혀 없는 무유도 결합상태를 말하고 $k=1$인 경우는 누설 자속이 전혀 없는 완전유도 결합상태를 말한다.

**예제 9.8** $L_1 = 2$[mH], $L_2 = 8$[mH]이고 $M = 3.8$[mH]인 상호유도 결합회로에 있어서, 1, 2차측 코일 간의 결합 계수 $k$는?

풀이 결합 계수 $k$는

$$k = \frac{M}{\sqrt{L_1 L_2}} = \frac{3.8 \times 10^{-3}}{\sqrt{(2 \times 10^{-3})(8 \times 10^{-3})}} = \frac{3.8 \times 10^{-3}}{4 \times 10^{-3}} = 0.95$$

## 7 이상변압기

이상변압기(ideal transformer)는 에너지 축적과 손실이 없는 변압기로서, 이상변압기를 만족하려면, ① 1, 2차측 코일의 결합 계수 $k = 1$이고, ② 코일과 관련된 손실이 없으며, ③ 1, 2차측 코일의 인덕턴스 $L_1$과 $L_2$가 무한대이어야 한다.

상호 인덕턴스 $M_{12}$는 식 9.7로부터

$$M_{12} = \frac{n_2 \phi_{12}}{i_1} \text{ [H]} \qquad \cdots\cdots (9.56)$$

이고 이상변압기의 조건인 '1, 2차측 코일의 결합 계수 $k = 1$이어야 한다'라는 것에 의해서 $\phi_1 = \phi_{12}$이므로

$$M_{12} = \frac{n_2 \phi_1}{i_1} \text{ [H]} \qquad \cdots\cdots (9.57)$$

이다. 상호 인덕턴스 $M_{21}$은 식 9.14로부터

$$M_{21} = \frac{n_1 \phi_{21}}{i_2} \text{ [H]} \qquad \cdots\cdots (9.58)$$

이고 이상변압기의 조건인 '1, 2차측 코일의 결합 계수 $k = 1$이어야 한다'라는 것에 의해서 $\phi_2 = \phi_{21}$이므로

$$M_{21} = \frac{n_1 \phi_2}{i_2} \text{ [H]} \qquad \cdots\cdots (9.59)$$

이다. 상호 인덕턴스 $M_{12}$와 $M_{21}$은 서로 같기 때문에

$$M = M_{12} = M_{21} = \frac{n_2\phi_1}{i_1} = \frac{n_1\phi_2}{i_2}\ [\mathrm{H}] \qquad \cdots\cdots (9.60)$$

이고 자기 인덕턴스 $L_1$과 $L_2$는 각각 식 9.6과 식 9.13에 의해서

$$L_1 = \frac{n_1\phi_1}{i_1}[\mathrm{H}], \quad L_2 = \frac{n_2\phi_2}{i_2}[\mathrm{H}] \qquad \cdots\cdots (9.61)$$

이다.

따라서, 이상변압기의 권선비(ratio of turns) $n$은 식 9.60과 9.61에 의해서

$$n = \frac{n_1}{n_2} = \frac{L_1}{M} = \frac{M}{L_2} = \sqrt{\frac{L_1}{L_2}} \qquad \cdots\cdots (9.62)$$

이다.

그림 9.18(a)는 이상변압기를 포함한 회로를 나타낸 것이고 그림 9.18(b)는 유도결합이 되지 않은 무유도 등가 T형 회로로서, 1, 2차측 전류의 방향이 같고 자속이 서로 상쇄하는 경우, 전압 방정식은

$$\begin{aligned} &j\omega(L_1 - M)\boldsymbol{I}_1 + j\omega M(\boldsymbol{I}_1 - \boldsymbol{I}_2) = \boldsymbol{V}_g \\ &j\omega(L_2 - M)\boldsymbol{I}_2 + \boldsymbol{Z}_L\boldsymbol{I}_2 + j\omega M(\boldsymbol{I}_2 - \boldsymbol{I}_1) = 0 \end{aligned} \qquad \cdots\cdots (9.63)$$

이고 식 9.63을 $\boldsymbol{I}_1$, $\boldsymbol{I}_2$에 대해서 정리하고 $\boldsymbol{V}_g = \boldsymbol{V}_1$이라고 하면

$$\begin{aligned} &j\omega L_1\boldsymbol{I}_1 - j\omega M\boldsymbol{I}_2 = \boldsymbol{V}_1 \\ &-j\omega M\boldsymbol{I}_1 + (\boldsymbol{Z}_L + j\omega L_2)\boldsymbol{I}_2 = 0 \end{aligned} \qquad \cdots\cdots (9.64)$$

이다.

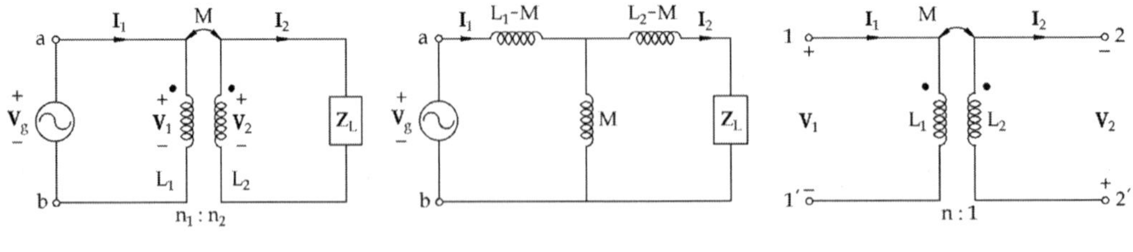


그림 9.18 이상변압기

여기서, $\boldsymbol{Z}_{11} = j\omega L_1[\Omega]$, $\boldsymbol{Z}_{12} = \boldsymbol{Z}_{21} = -j\omega M[\Omega]$, $\boldsymbol{Z}_{22} = \boldsymbol{Z}_L + j\omega L_2[\Omega]$이므로 전압

비는 식 9.43에 의해서

$$\frac{\boldsymbol{V}_2}{\boldsymbol{V}_1} = -\frac{\boldsymbol{Z}_{12}\boldsymbol{Z}_L}{\boldsymbol{Z}_{11}\boldsymbol{Z}_{22} - \boldsymbol{Z}_{12}^2} = -\frac{(-j\omega M)\boldsymbol{Z}_L}{j\omega L_1(\boldsymbol{Z}_L + j\omega L_2) - (-j\omega M)^2}$$

$$= \frac{j\omega M \boldsymbol{Z}_L}{(j\omega)^2(L_1L_2 - M^2) + j\omega L_1 \boldsymbol{Z}_L} \quad \cdots\cdots (9.65)$$

이다.

식 9.54의 상호 인덕턴스 $M = k\sqrt{L_1L_2}$ 은 이상변압기의 조건인 '1, 2차측 코일의 결합계수 $k=1$이어야 한다'라는 것에 의해서

$$M = \sqrt{L_1L_2}\ [\mathrm{H}] \quad \cdots\cdots (9.66)$$

가 성립하기 때문에 전압비는

$$\frac{\boldsymbol{V}_2}{\boldsymbol{V}_1} = \frac{M}{L_1} = \frac{1}{n} \quad \cdots\cdots (9.67)$$

이다.

전류비는 식 9.40에 의해서

$$\frac{\boldsymbol{I}_2}{\boldsymbol{I}_1} = -\frac{\boldsymbol{Z}_{12}}{\boldsymbol{Z}_{22}} = -\frac{(-j\omega M)}{(\boldsymbol{Z}_L + j\omega L_2)} \quad \cdots\cdots (9.68)$$

이고 이상변압기의 조건인 '1, 2차측 코일의 인덕턴스 $L_1$과 $L_2$가 무한대이어야 한다'라는 것에 의해서 $\omega L \gg \boldsymbol{Z}_L$이므로 전류비는

$$\frac{\boldsymbol{I}_2}{\boldsymbol{I}_1} = \frac{M}{L_2} = n \quad \cdots\cdots (9.69)$$

이다. 식 9.69를 9.67로 나누면

$$\frac{\boldsymbol{I}_2/\boldsymbol{I}_1}{\boldsymbol{V}_2/\boldsymbol{V}_1} = \frac{\boldsymbol{I}_2}{\boldsymbol{V}_2} \cdot \frac{\boldsymbol{V}_1}{\boldsymbol{I}_1} = \frac{n}{1/n} = n^2 \quad \cdots\cdots (9.70)$$

이다.

1차측 단자로부터 2차측을 보았을 때, 구동점 임피던스 $\boldsymbol{Z}_{ab}$, 부하 임피던스 $\boldsymbol{Z}_L$은

$$\boldsymbol{Z}_{ab} = \frac{\boldsymbol{V}_1}{\boldsymbol{I}_1}[\Omega], \quad \boldsymbol{Z}_L = \frac{\boldsymbol{V}_2}{\boldsymbol{I}_2}[\Omega] \quad \cdots\cdots (9.71)$$

이고 식 9.70에 9.71을 대입하면 구동점 임피던스 $\boldsymbol{Z}_{ab}$는

$$\boldsymbol{Z}_{ab} = n^2 \boldsymbol{Z}_L = \left(\frac{n_1}{n_2}\right)^2 \boldsymbol{Z}_L [\Omega] \qquad \cdots\cdots (9.72)$$

이다. 그림 9.18(c)는 일반적인 이상변압기를 나타낸다.

**예제 9.9** 이상변압기 내에서 $n_2 = 100$[회], $L_2 = 50$[mH]이고 $n_1 = 200$[회]일 때, $L_1$[mH]과 $M$[mH]은?

**풀이** 권선비 $n$은 식 9.62로부터

$$n = \frac{n_1}{n_2} = \sqrt{\frac{L_1}{L_2}}$$

1차측 자기 인덕턴스 $L_1$은

$$L_1 = \left(\frac{n_1}{n_2}\right)^2 L_2 = \left(\frac{200}{100}\right)^2 \times 50 \times 10^{-3} = 0.2[\text{H}] = 200[\text{mH}]$$

상호 유도계수 $M$은 식 9.66으로부터

$$M = \sqrt{L_1 L_2} = \sqrt{(200 \times 10^{-3}) \times (50 \times 10^{-3})} = 0.1[\text{H}] = 100[\text{mH}]$$

**예제 9.10** 그림 9.19와 같은 이상변압기로부터 $n_1 : n_2 = 2:1$이고 $\boldsymbol{Z}_L = 150[\Omega]$일 때, 1차측 단자로부터 2차측을 보았을 때 구동점 임피던스 $\boldsymbol{Z}_{ab}[\Omega]$는?

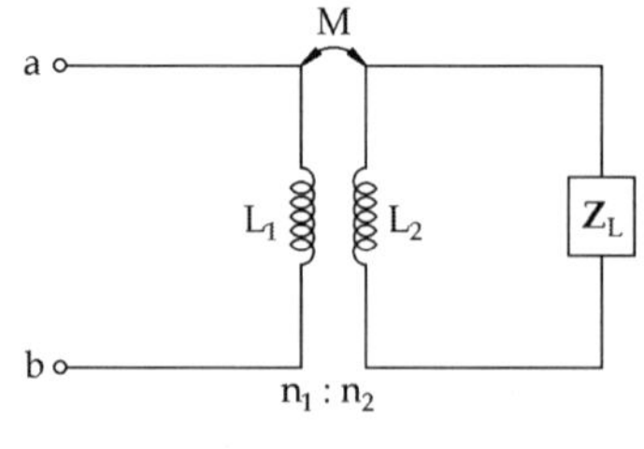


**그림 9.19**

**풀이** 구동점 임피던스 $\boldsymbol{Z}_{ab}$는 식 9.72로부터

$$\boldsymbol{Z}_{ab} = \left(\frac{n_1}{n_2}\right)^2 \boldsymbol{Z}_L = \left(\frac{2}{1}\right)^2 \times 150 = 600[\Omega]$$

# 제 9 장 연습문제

1. 1, 2차측이 유도결합된 회로에 있어서 1차측 코일에 전류 20[A]가 2[초] 동안 흘렀을 때, 2차측 코일에 형성되는 유도기전력 $v_2$[V]는? (단, $M = 10$[mH])

정답 $v_2 = 0.1$[V]

2. 그림 1로부터 단자 a, b간의 합성 인덕턴스 $L_0$[H]는?

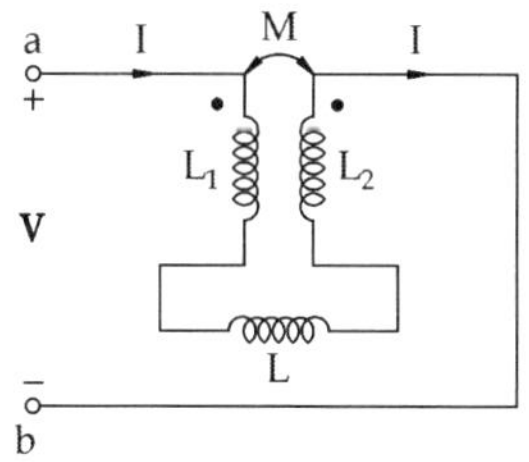


그림 1

정답 $L_0 = L_1 + L_2 - 2M + L$[H]

3. 그림 2와 같은 유도결합회로에서 그림 2(a)와 같이 인덕터 $L_1$, $L_2$를 직렬 접속하였을 때 합성 인덕턴스는 40[mH]이고, 그림 2(b)와 같이 직렬 접속하였을 때 합성 인덕턴스는 20[mH]일 때, 상호 인덕턴스 $M$[mH]은?

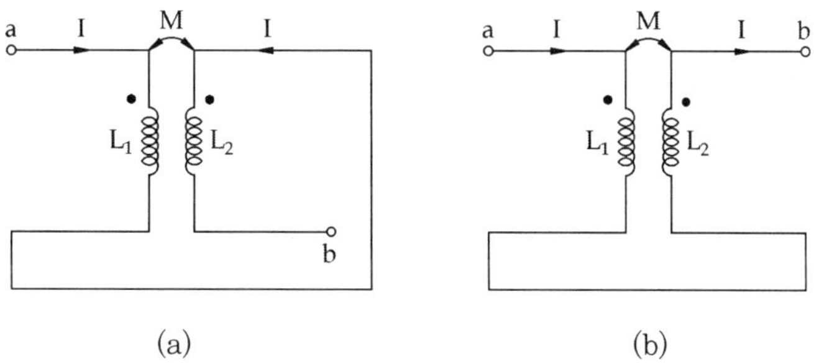


그림 2

정답 $M = 5$[mH]

4. 1, 2차측 코일을 직렬 접속하였을 때의 합성 인덕턴스가 120[mH]이고, 극성을 반대로 접속하였을 때의 합성 인덕턴스가 10[mH]라고 할 때, 결합 계수 $k$는? (단, $L_1 = 20$[mH])

정답 $k = 0.917$

5. 그림 3과 같이 권선수 $n_1$=50[회], $n_2$=500[회]인 유도결합회로에 있어서 1차측 코일에 전류 $i_1$=1[A]가 흘러서 $\phi_1 = 6\times10^{-4}$[Wb], $\phi_{12} = 5.5\times10^{-4}$[Wb]가 발생한다. 또한 2차측 코일에도 전류 $i_2$=1[A]가 흘러서 $\phi_2 = 6\times10^{-3}$[Wb], $\phi_{21} = 5.5\times10^{-3}$[Wb]가 발생할 때,

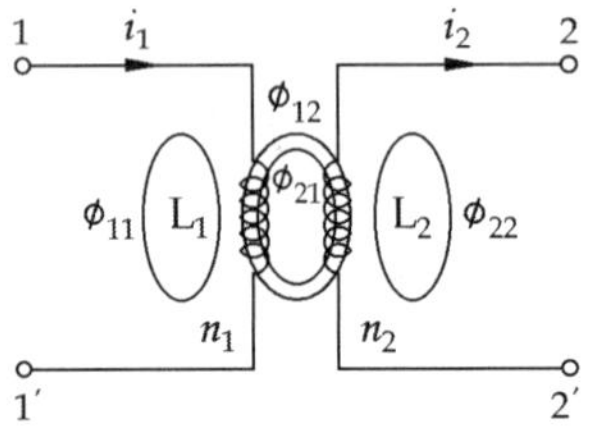

그림 3

① 코일의 자기 인덕턴스 $L_1$[H], $L_2$[H]
② 상호 인덕턴스 $M$[H]
③ 결합 계수 $k$를 구하시오.

정답 ① $L_1 = 0.03$[H], $L_2 = 3$[H]
② $M = 0.275$[H]
③ $k = 0.917$

6. 그림 4와 같이 1, 2차측 코일이 유도결합된 회로에 있어서, 1차측 코일의 자기 인덕턴스 $L_1$= 0.05[H], 2차측 코일의 자기 인덕턴스 $L_2$=0.02 [H]이고 결합 계수 $k$=0.9일 때, 1차측 코일에 주파수 $f$=60[Hz]인 전류의 실효값 $I_1$=4 [A]가 흐른다고 하면, 2차측 코일에 유도되는 전압의 실효값 $V_2$[V]는?

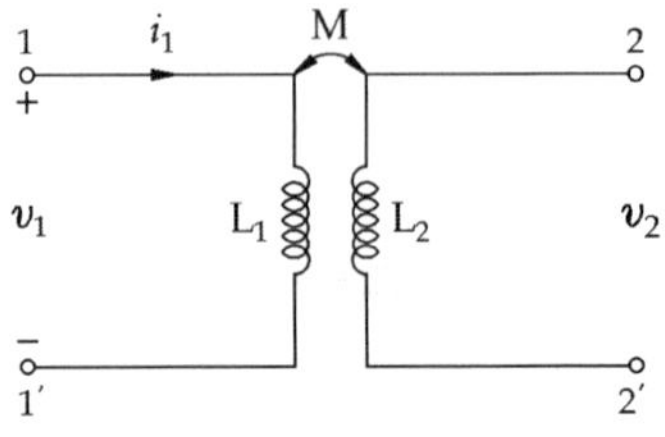

그림 4

정답 $V_2 = 42.89$[V]

7. 그림 5와 같이 전원의 내부 임피던스 $Z_0$인 유도결합회로에 전압 $v = 100\sqrt{2}\sin 200t$[V]를 인가할 때, 전체 전류 $I$[A]는? (단, $R_1 = 5[\Omega]$, $R_2 = 10[\Omega]$, $L_1 = 0.1$[H], $L_2 = 0.01$[H], $M = 0.04$[H], $Z_0 = 3 + j4[\Omega]$)

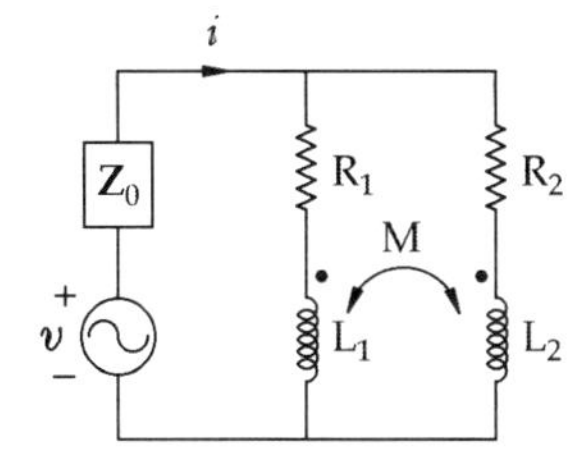


그림 5

정답 $\dot{I} = 5.33\angle -49.95°$[A]

8. 그림 6과 같은 회로에서 $L_1$과 $L_2$가 유도결합되어 있을 때, 합성 임피던스 $Z_{ab}[\Omega]$는? (단, $R_1 = 3[\Omega]$, $R_2 = 6[\Omega]$, $R_3 = 10[\Omega]$, $L_1 = 5$[mH], $L_2 = 10$[mH], $M = 8$[mH], $\omega = 1,000$[rad/s])

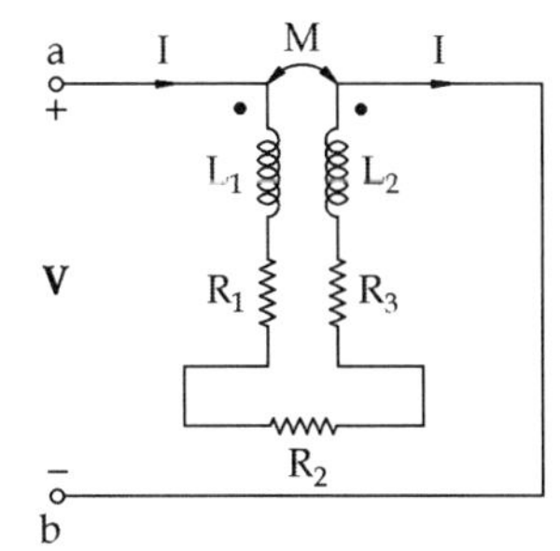


그림 6

정답 $Z_{ab} = 19 - j1[\Omega]$

9. 그림 7과 같은 이상변압기의 권선비가 $n_1 : n_2 = 1 : 2$일 때, 단자 a, b에서 오른쪽 회로를 보았을 때의 구동점 임피던스 $Z_{ab}[\Omega]$는?(단, $Z_L = 1,000[\Omega]$)

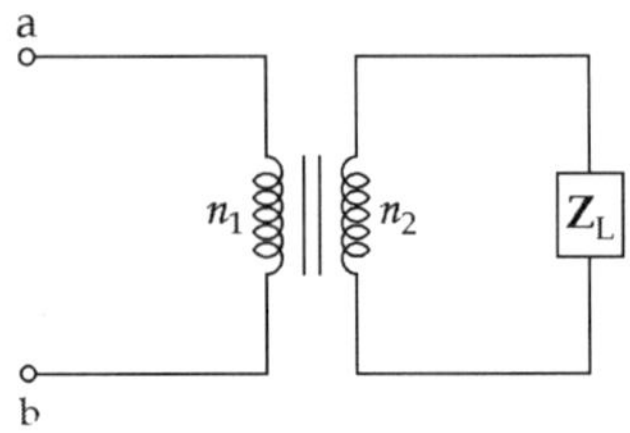

그림 7

정답 $Z_{ab} = 250[\Omega]$

10. 1, 2차측 코일이 유도결합된 회로에 있어서 1차측 코일의 자기 인덕턴스 $L_1=$20[mH], 2차측 코일의 자기 인덕턴스 $L_2=$80[mH]이고 결합 계수를 $k$ =0.5~0.9까지 변화시킬 수 있을 때, 1, 2차측 코일을 직렬 접속시켜 발생하는 합성 인덕턴스의 최대값 $L_0^+$[mH]와 최소값 $L_0^-$[mH]는?

정답 $L_0^+ = 172$[mH], $L_0^- = 60$[mH]

11. 그림 8과 같은 이상변압기에 있어서 1차측 자기 인덕턴스 $L_1$[mH], 상호 인덕턴스 $M$[mH], 구동점 임피던스 $Z_{ab}[\Omega]$는? (단, $n_1=$50[회], $n_2=$100[회], $L_2=$250[mH], $Z_L = 3+j6$ $[\Omega]$)

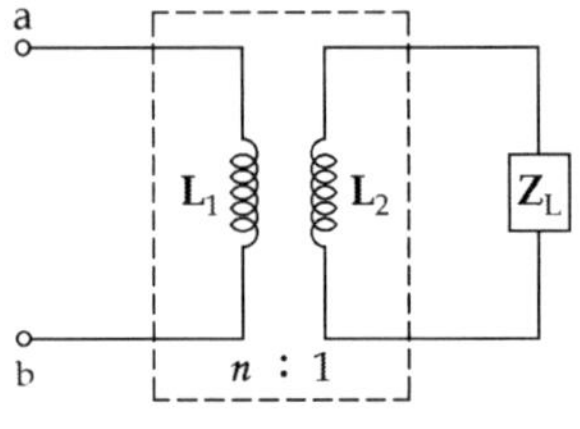

그림 8

정답 $Z_{ab} = 0.75 + j1.5[\Omega]$

# 10장 4단자망

## 1 4단자망의 정의

### 1.1 4단자망의 구성

그림 10.1은 4단자 회로망(4 port network)을 나타낸 것으로서, 단자 1−1′를 입력 단자, 단자 2−2′를 출력 단자라고 하며 일반적으로 입력 단자는 전원을, 출력 단자는 부하를 접속한다. 입력 단자의 전압($V_1$)과 전류($I_1$), 출력 단자의 전압($V_2$)과 전류($I_2$)와 같은 4개의 변수가 4단자 파라미터(4 port parameter)와의 조합에 의해서 회로망의 특성이 결정되며 4단자망은 변압기의 입출력 단자, 송전 선로, 증폭기 등에서 활용되고 있다.

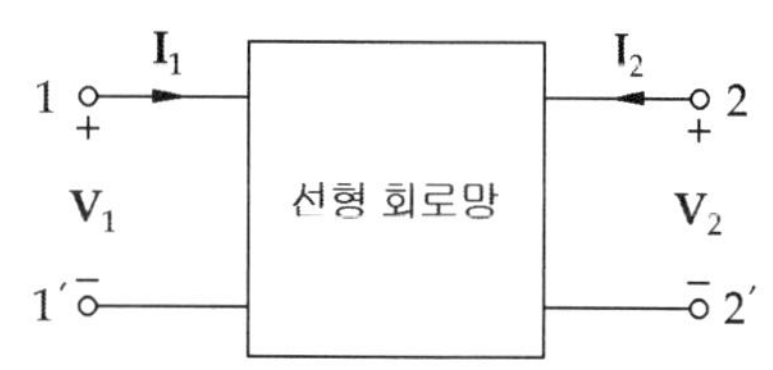


그림 10.1 4단자망

## 2 4단자 파라미터

### 2.1 임피던스 파라미터

그림 10.2와 같은 4단자망에서 입력단의 전압($V_1$)과 출력단의 전압($V_2$)을 입력단의 전류($I_1$)와 출력단의 전류($I_2$)로 나타내면

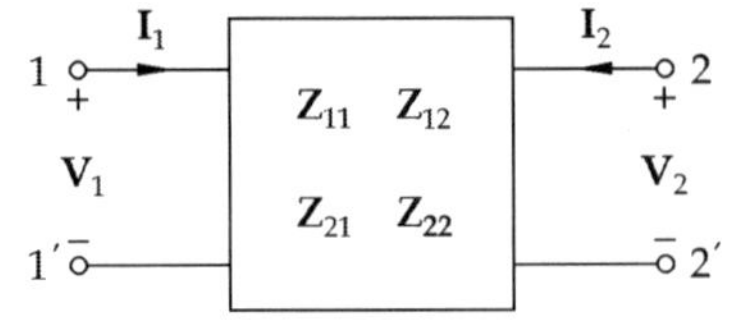


그림 10.2 임피던스 파라미터

$$V_1 = Z_{11}I_1 + Z_{12}I_2[\mathrm{V}]$$
$$V_2 = Z_{21}I_1 + Z_{22}I_2[\mathrm{V}] \quad \cdots\cdots (10.1)$$

이고 식 10.1을 행렬로 나타내면

$$\begin{bmatrix} V_1 \\ V_2 \end{bmatrix} = \begin{bmatrix} Z_{11} & Z_{12} \\ Z_{21} & Z_{22} \end{bmatrix} \begin{bmatrix} I_1 \\ I_2 \end{bmatrix} \quad \cdots\cdots (10.2)$$

이다. 식 10.2에서의 임피던스 행렬인 $[Z]$는 어드미턴스 행렬인 $[Y]$의 역수이기 때문에 $[Z] = [Y]^{-1}$가 성립하므로

$$\begin{bmatrix} Z_{11} & Z_{12} \\ Z_{21} & Z_{22} \end{bmatrix} = \begin{bmatrix} Y_{11} & Y_{12} \\ Y_{21} & Y_{22} \end{bmatrix}^{-1} \quad \cdots\cdots (10.3)$$

이고 역행렬 관계식인 식 6.6에 의해서

$$\begin{aligned} \begin{bmatrix} Z_{11} & Z_{12} \\ Z_{21} & Z_{22} \end{bmatrix} &= \frac{1}{|Y|} \begin{bmatrix} \Delta_{11} & \Delta_{21} \\ \Delta_{12} & \Delta_{22} \end{bmatrix} \\ &= \frac{1}{|Y|} \begin{bmatrix} (-1)^{1+1}M_{11} & (-1)^{2+1}M_{21} \\ (-1)^{1+2}M_{12} & (-1)^{2+2}M_{22} \end{bmatrix} \\ &= \frac{1}{|Y|} \begin{bmatrix} Y_{22} & -Y_{12} \\ -Y_{21} & Y_{11} \end{bmatrix} \end{aligned} \quad \cdots\cdots (10.4)$$

이다. 따라서,

$$Z_{11} = \frac{Y_{22}}{|Y|}, \qquad Z_{12} = -\frac{Y_{12}}{|Y|}$$
$$Z_{21} = -\frac{Y_{21}}{|Y|}, \qquad Z_{22} = \frac{Y_{11}}{|Y|} \quad \cdots\cdots (10.5)$$

이고

$$|Y| = \begin{vmatrix} Y_{11} & Y_{12} \\ Y_{21} & Y_{22} \end{vmatrix} = Y_{11}Y_{22} - Y_{12}Y_{21} \quad \cdots\cdots (10.6)$$

이다. 여기서, $Z_{11}$, $Z_{12}$, $Z_{21}$, $Z_{22}$를 임피던스 파라미터(impedance parameter) 또는 $Z$ 파라미터라고 하고, 필터(filter) 합성 및 임피던스 정합 회로나 전력 분배회로 분석에 이용된다.

임피던스 파라미터의 정의는 다음과 같다.

$$Z_{11} = \left.\frac{V_1}{I_1}\right|_{I_2=0} \quad \text{: 출력 개방 입력 임피던스}$$

$$Z_{12} = \left.\frac{V_1}{I_2}\right|_{I_1=0} \quad \text{: 입력 개방 역방향 전달 임피던스}$$

$$Z_{21} = \left.\frac{V_2}{I_1}\right|_{I_2=0} \quad \text{: 출력 개방 순방향 전달 임피던스}$$

$$Z_{22} = \left.\frac{V_2}{I_2}\right|_{I_1=0} \quad \text{: 입력 개방 출력 임피던스} \qquad \cdots\cdots (10.7)$$

또한, 임피던스 파라미터인 $Z_{12}$와 $Z_{21}$는

$$Z_{12} = Z_{21} \qquad \cdots\cdots (10.8)$$

이고 회로망이 대칭인 경우에는

$$Z_{11} = Z_{22} \qquad \cdots\cdots (10.9)$$

이다.

**예제 10.1** 그림 10.3(a)와 같은 T형 회로에서 임피던스 파라미터를 구하시오.

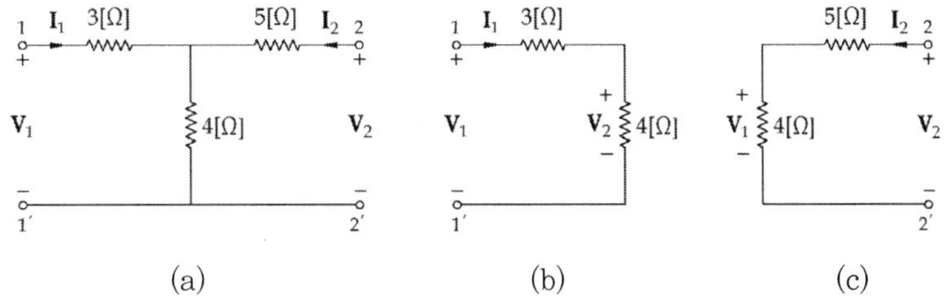


그림 10.3

풀이) 그림 10.3(a)로부터 $Z_{11}$은 식 10.7에 의해서 그림 10.3(b)와 같이 출력 단자를 개방하면($I_2 = 0$), 3[Ω]과 4[Ω]이 직렬 접속된 것으로 볼 수 있으므로

$$Z_{11} = \left.\frac{V_1}{I_1}\right|_{I_2=0} = 3 + 4 = 7[\Omega]$$

$Z_{12}$는 그림 10.3(c)와 같이 입력 단자를 개방하면($I_1=0$), $V_1=4I_2$[V] 이므로

$$Z_{12}=\left.\frac{V_1}{I_2}\right|_{I_1=0}=\frac{4I_2}{I_2}=4[\Omega]$$

$Z_{21}$은 그림 10.3(b)와 같이 출력 단자를 개방하면, $V_2=4I_1$[V] 이므로

$$Z_{21}=\left.\frac{V_2}{I_1}\right|_{I_2=0}=\frac{4I_1}{I_1}=4[\Omega]$$

$Z_{22}$는 그림 10.3(c)와 같이 입력 단자를 개방하면, 4[Ω]과 5[Ω]이 직렬 접속된 것으로 볼 수 있으므로

$$Z_{22}=\left.\frac{V_2}{I_2}\right|_{I_1=0}=4+5=9[\Omega]$$

## 2.2 어드미턴스 파라미터

그림 10.4와 같은 4단자망에서 입력단의 전류($I_1$)와 출력단의 전류($I_2$)를 입력단의 전압($V_1$)과 출력단의 전압($V_2$)으로 나타내면

$$\begin{aligned} I_1 &= Y_{11}V_1+Y_{12}V_2[\mathrm{A}] \\ I_2 &= Y_{21}V_1+Y_{22}V_2[\mathrm{A}] \end{aligned} \quad \cdots\cdots (10.10)$$

이고 식 10.10을 행렬로 나타내면

$$\begin{bmatrix} I_1 \\ I_2 \end{bmatrix}=\begin{bmatrix} Y_{11} & Y_{12} \\ Y_{21} & Y_{22} \end{bmatrix}\begin{bmatrix} V_1 \\ V_2 \end{bmatrix} \quad \cdots\cdots (10.11)$$

이다. 여기서, $Y_{11}$, $Y_{12}$, $Y_{21}$, $Y_{22}$를 어드미턴스 파라미터(admittance parameter) 또는 $Y$ 파라미터라고 한다.

어드미턴스 파라미터의 정의는 다음과 같다.

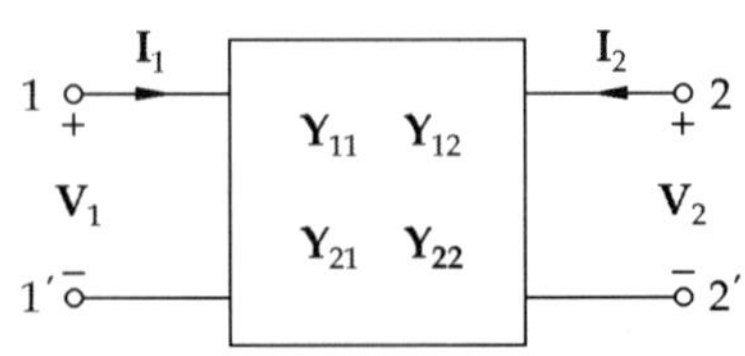


**그림 10.4** 어드미턴스 파라미터

$$\boldsymbol{Y}_{11} = \left.\frac{\boldsymbol{I}_1}{\boldsymbol{V}_1}\right|_{\boldsymbol{V}_2=0}$$ : 출력 단락 입력 어드미턴스

$$\boldsymbol{Y}_{12} = \left.\frac{\boldsymbol{I}_1}{\boldsymbol{V}_2}\right|_{\boldsymbol{V}_1=0}$$ : 입력 단락 역방향 전달 어드미턴스

$$\boldsymbol{Y}_{21} = \left.\frac{\boldsymbol{I}_2}{\boldsymbol{V}_1}\right|_{\boldsymbol{V}_2=0}$$ : 출력 단락 순방향 전달 어드미턴스

$$\boldsymbol{Y}_{22} = \left.\frac{\boldsymbol{I}_2}{\boldsymbol{V}_2}\right|_{\boldsymbol{V}_1=0}$$ : 입력 단락 출력 어드미턴스 …… (10.12)

또한, 어드미턴스 파라미터인 $\boldsymbol{Y}_{12}$와 $\boldsymbol{Y}_{21}$은

$$\boldsymbol{Y}_{12} = \boldsymbol{Y}_{21} \qquad \cdots\cdots (10.13)$$

이고 회로망이 대칭인 경우에는

$$\boldsymbol{Y}_{11} = \boldsymbol{Y}_{22} \qquad \cdots\cdots (10.14)$$

이다.

**예제 10.2** 그림 10.5(a)와 같은 대칭 $\pi$형 회로에서 어드미턴스 파라미터를 구하시오.

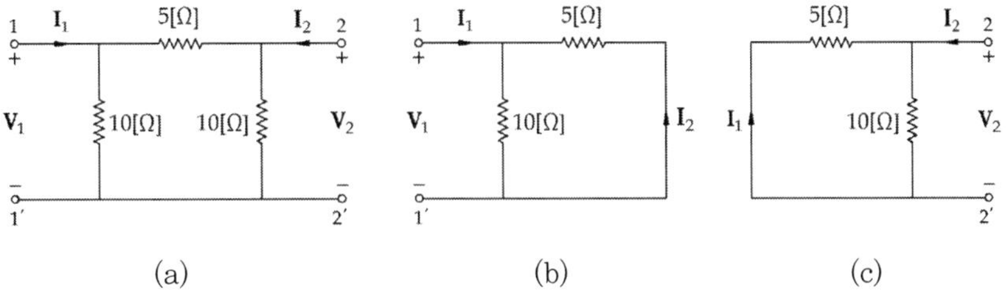


그림 10.5

풀이 그림 10.5(a)로부터 $\boldsymbol{Y}_{11}$은 식 10.12에 의해서 그림 10.5(b)와 같이 출력 단자를 단락하면($\boldsymbol{V}_2=0$), 10[Ω]과 5[Ω]이 병렬 접속된 것으로 볼 수 있으므로

$$\boldsymbol{Y}_{11} = \left.\frac{\boldsymbol{I}_1}{\boldsymbol{V}_1}\right|_{\boldsymbol{V}_2=0} = \frac{1}{10}+\frac{1}{5}=\frac{3}{10}=0.3[\mho]$$

$\boldsymbol{Y}_{12}$는 그림 10.5(c)와 같이 입력 단자를 단락하면($\boldsymbol{V}_1=0$), $\boldsymbol{I}_1=-\frac{1}{5}\boldsymbol{V}_2$[A] 이므로

$$\boldsymbol{Y}_{12} = \left.\frac{\boldsymbol{I}_1}{\boldsymbol{V}_2}\right|_{\boldsymbol{V}_1=0} = \frac{-\frac{1}{5}\boldsymbol{V}_2}{\boldsymbol{V}_2}=-0.2[\mho]$$

$\boldsymbol{Y}_{21}$은 그림 10.5(b)와 같이 출력 단자를 단락하면, $\boldsymbol{I}_2=-\frac{1}{5}\boldsymbol{V}_1$ [A] 이므로

$$\boldsymbol{Y}_{21}=\left.\frac{\boldsymbol{I}_2}{\boldsymbol{V}_1}\right|_{\boldsymbol{V}_2=0}=\frac{-\frac{1}{5}\boldsymbol{V}_1}{\boldsymbol{V}_1}=-0.2[\mho]$$

$\boldsymbol{Y}_{22}$는 그림 10.5(c)와 같이 입력 단자를 단락하면, 5[Ω]과 10[Ω]이 병렬 접속된 것으로 볼 수 있으므로

$$\boldsymbol{Y}_{22}=\left.\frac{\boldsymbol{I}_2}{\boldsymbol{V}_2}\right|_{\boldsymbol{V}_1=0}=\frac{1}{5}+\frac{1}{10}=\frac{3}{10}=0.3[\mho]$$

## 2.3 ABCD 파라미터

그림 10.6과 같은 4단자망에서 전류 $\boldsymbol{I}_1$, $\boldsymbol{I}_2$ 중 출력단의 전류인 $\boldsymbol{I}_2$의 방향은 임피던스 파라미터나 어드미턴스 파라미터의 출력단 전류($\boldsymbol{I}_2$)의 방향과 반대로 정해진다. 이는 $ABCD$ 파라미터가 주로 활용되는 통신 분야에서는 전력 또는 신호가 한 방향으로 흐르기 때문에, 입력단의 전류인 $\boldsymbol{I}_1$과 동일한 방향으로 출력단의 전류인 $\boldsymbol{I}_2$가 흐르기 때문이다.

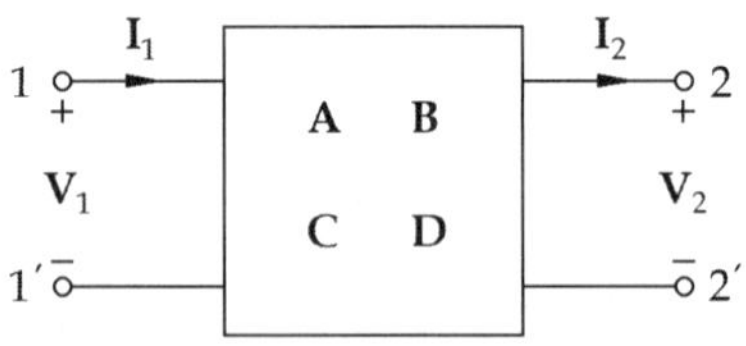

그림 10.6 ABCD 파라미터

그림 10.6과 같은 4단자망에서 어드미턴스 파라미터를 이용하여 전류 방정식을 세우기 위하여 출력단 전류($\boldsymbol{I}_2$)의 방향이 그림 10.4와 반대이므로 식 10.10에서 출력단 전류의 방향을 (−)로 설정하면

$$\boldsymbol{I}_1=\boldsymbol{Y}_{11}\boldsymbol{V}_1+\boldsymbol{Y}_{12}\boldsymbol{V}_2\ [\mathrm{A}] \quad \cdots\cdots (10.15)$$

$$-\boldsymbol{I}_2=\boldsymbol{Y}_{21}\boldsymbol{V}_1+\boldsymbol{Y}_{22}\boldsymbol{V}_2\ [\mathrm{A}] \quad \cdots\cdots (10.16)$$

이고 식 10.16을 $\boldsymbol{V}_1$에 대해서 정리하면

$$\boldsymbol{V}_1=\frac{-\boldsymbol{I}_2-\boldsymbol{Y}_{22}\boldsymbol{V}_2}{\boldsymbol{Y}_{21}}=-\frac{\boldsymbol{Y}_{22}}{\boldsymbol{Y}_{21}}\boldsymbol{V}_2-\frac{1}{\boldsymbol{Y}_{21}}\boldsymbol{I}_2=\boldsymbol{A}\boldsymbol{V}_2+\boldsymbol{B}\boldsymbol{I}_2[\mathrm{V}] \quad \cdots\cdots (10.17)$$

이다. 식 10.15에 10.17을 대입하면

$$I_1 = Y_{11}\left(-\frac{Y_{22}}{Y_{21}}V_2 - \frac{1}{Y_{21}}I_2\right) + Y_{12}V_2$$

$$= -\frac{Y_{11}Y_{22} - Y_{12}Y_{21}}{Y_{21}}V_2 - \frac{Y_{11}}{Y_{21}}I_2$$

$$= CV_2 + DI_2 [\mathrm{A}] \quad \cdots\cdots (10.18)$$

이고 식 10.17과 10.18을 정리하면

$$V_1 = AV_2 + BI_2 \ [\mathrm{V}]$$

$$I_1 = CV_2 + DI_2 \ [\mathrm{A}] \quad \cdots\cdots (10.19)$$

이다. 식 10.19를 행렬로 나타내면

$$\begin{bmatrix} V_1 \\ I_1 \end{bmatrix} = \begin{bmatrix} A & B \\ C & D \end{bmatrix} \begin{bmatrix} V_2 \\ I_2 \end{bmatrix} \quad \cdots\cdots (10.20)$$

이다. 식 10.17과 10.18에 의해서 $ABCD$ 파라미터와 어드미턴스 파라미터의 관계식은

$$A = -\frac{Y_{22}}{Y_{21}}, \qquad B = -\frac{1}{Y_{21}}$$

$$C = -\frac{Y_{11}Y_{22} - Y_{12}Y_{21}}{Y_{21}} = -\frac{|Y|}{Y_{21}}$$

$$D = -\frac{Y_{11}}{Y_{21}} \quad \cdots\cdots (10.21)$$

이고 식 10.21과 10.5에 의해서 $ABCD$ 파라미터와 임피던스 파라미터의 관계식은

$$A = \frac{Z_{11}}{Z_{21}}, \quad B = \frac{|Z|}{Z_{21}}, \quad C = \frac{1}{Z_{21}}, \quad D = \frac{Z_{22}}{Z_{21}} \quad \cdots\cdots (10.22)$$

이다. 여기서, $A$, $B$, $C$, $D$를 $ABCD$ 파라미터($ABCD$ parameter), 전송 파라미터 (transition parameter) 또는 $F$ 파라미터라고 한다.

$A$, $B$, $C$, $D$ 파라미터의 정의는 다음과 같다.

$$A = \left.\frac{V_1}{V_2}\right|_{I_2=0} \text{: 출력 개방 역방향 전압이득}$$

$$B = \left.\frac{V_1}{I_2}\right|_{V_2=0} \text{: 출력 단락 역방향 전달 임피던스}$$

$$C = \left. \frac{I_1}{V_2} \right|_{I_2 = 0} \text{ : 출력 개방 역방향 전달 어드미턴스}$$

$$D = \left. \frac{I_1}{I_2} \right|_{V_2 = 0} \text{ : 출력 단락 역방향 전류이득} \qquad \cdots\cdots (10.23)$$

또한, 식 10.21과 $Y_{12} = Y_{21}$인 관계에 의해서

$$\begin{vmatrix} A & B \\ C & D \end{vmatrix} = AD - BC = 1 \qquad \cdots\cdots (10.24)$$

이고 회로망이 대칭인 경우에는 $Y_{11} = Y_{22}$이므로

$$A = D \qquad \cdots\cdots (10.25)$$

이다.

한편, 그림 10.6에서 입력단과 출력단을 바꾼 그림 10.7과 같은 4단자망에서, 입력단의 전압($V_2$)과 입력단의 전류($I_2$)를 출력단의 전압($V_1$)과 출력단의 전류($I_1$)로 나타낸다면, 식 10.20은 식 10.26과 같이 변환되고 이를 역행렬로 나타내면

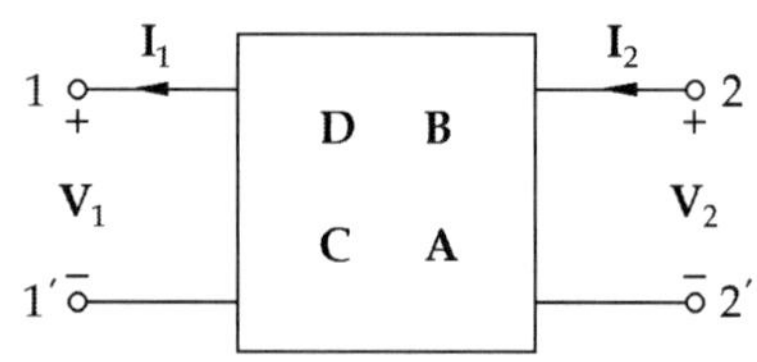


그림 10.7

$$\begin{bmatrix} V_2 \\ -I_2 \end{bmatrix} = \begin{bmatrix} A & B \\ C & D \end{bmatrix}^{-1} \begin{bmatrix} V_1 \\ -I_1 \end{bmatrix}$$

$$= \frac{1}{|AD - BC|} \begin{bmatrix} \Delta_{11} & \Delta_{21} \\ \Delta_{12} & \Delta_{22} \end{bmatrix} \begin{bmatrix} V_1 \\ -I_1 \end{bmatrix} \qquad \cdots\cdots (10.26)$$

이다. 여기서, 식 10.24에 의해서 $|AD - BC| = 1$이므로

$$\begin{bmatrix} V_2 \\ -I_2 \end{bmatrix} = \begin{bmatrix} (-1)^{1+1} M_{11} & (-1)^{2+1} M_{21} \\ (-1)^{1+2} M_{12} & (-1)^{2+2} M_{22} \end{bmatrix} \begin{bmatrix} V_1 \\ -I_1 \end{bmatrix}$$

$$= \begin{bmatrix} D & -B \\ -C & A \end{bmatrix} \begin{bmatrix} V_1 \\ -I_1 \end{bmatrix} \qquad \cdots\cdots (10.27)$$

이다. 식 10.27을 전압 방정식과 전류 방정식으로 나타내면

$$V_2 = DV_1 + BI_1 \text{ [V]}$$
$$-I_2 = -CV_1 - AI_1 \text{ [A]} \qquad \cdots\cdots (10.28)$$

이고 식 10.28을 정리하면

$$V_2 = DV_1 + BI_1 \text{[V]}$$

$$\boldsymbol{I}_2 = \boldsymbol{C}\boldsymbol{V}_1 + \boldsymbol{A}\boldsymbol{I}_1[\mathrm{A}] \qquad \cdots\cdots (10.29)$$

이다. 식 10.29를 행렬로 나타내면

$$\begin{bmatrix} \boldsymbol{V}_2 \\ \boldsymbol{I}_2 \end{bmatrix} = \begin{bmatrix} \boldsymbol{D} & \boldsymbol{B} \\ \boldsymbol{C} & \boldsymbol{A} \end{bmatrix} \begin{bmatrix} \boldsymbol{V}_1 \\ \boldsymbol{I}_1 \end{bmatrix} \qquad \cdots\cdots (10.30)$$

이다.

표 10.1은 전기 기사와 전기 산업기사에 자주 출제되는 회로 형태에 따른 임피던스 파라미터와 $ABCD$ 파라미터의 관계를 요약하였다.

**표 10.1** 회로 형태에 따른 임피던스 파라미터와 *ABCD* 파라미터의 관계

| 회로 형태 \ *ABCD* 파라미터 | $A$ | $B$ | $C$ | $D$ |
|---|---|---|---|---|
| 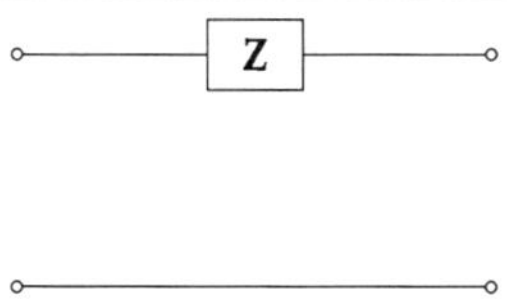 | $1$ | $Z$ | $0$ | $1$ |
| 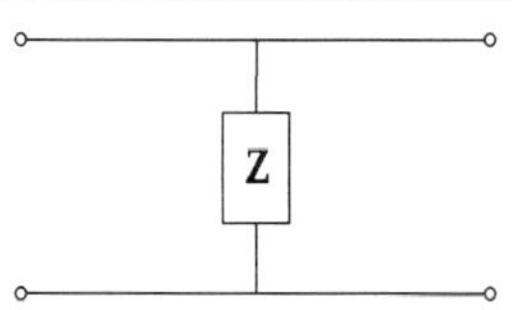 | $1$ | $0$ | $\frac{1}{Z}$ | $1$ |
| 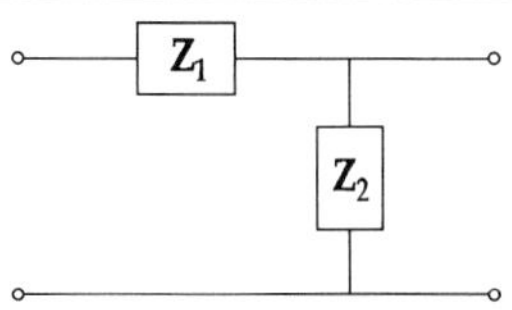 | $1+\frac{Z_1}{Z_2}$ | $Z_1$ | $\frac{1}{Z_2}$ | $1$ |
| 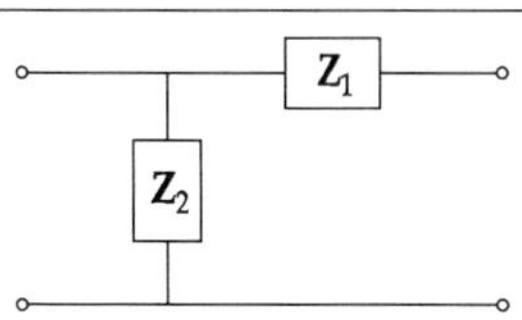 | $1$ | $Z_1$ | $\frac{1}{Z_2}$ | $1+\frac{Z_1}{Z_2}$ |
| 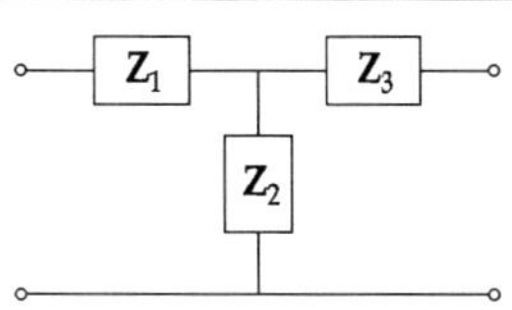 | $1+\frac{Z_1}{Z_2}$ | $\frac{Z_1Z_2+Z_2Z_3+Z_3Z_1}{Z_2}$ | $\frac{1}{Z_2}$ | $1+\frac{Z_3}{Z_2}$ |
| 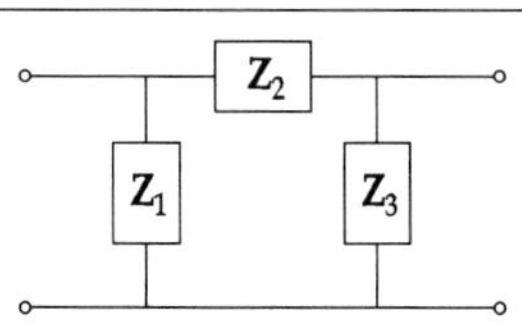 | $1+\frac{Z_2}{Z_3}$ | $Z_2$ | $\frac{Z_1+Z_2+Z_3}{Z_1Z_3}$ | $1+\frac{Z_2}{Z_1}$ |

**예제 10.3** 그림 10.8과 같은 $\pi$형 회로에서 표 10.1을 이용하여 $ABCD$ 파라미터를 구하시오.

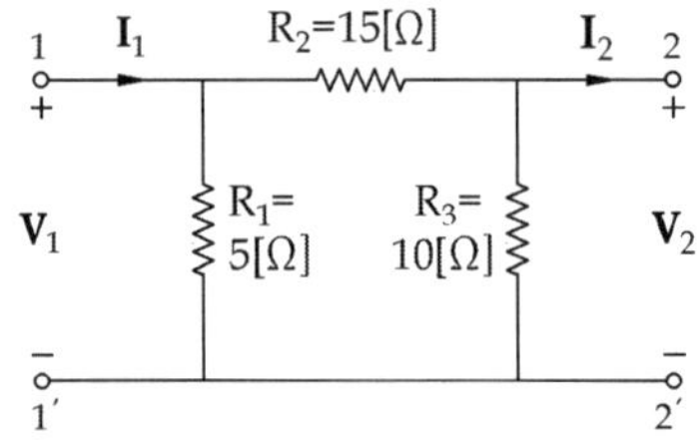


**그림 10.8**

**풀이** 그림 10.8은 $\pi$형 회로이므로 표 10.1을 이용하여 $ABCD$ 파라미터를 구하면

$$\begin{bmatrix} A & B \\ C & D \end{bmatrix} = \begin{bmatrix} 1+\dfrac{R_2}{R_3} & R_2 \\ \dfrac{R_1+R_2+R_3}{R_1R_3} & 1+\dfrac{R_2}{R_1} \end{bmatrix}$$

윗 식에 $R_1 = 5[\Omega]$, $R_2 = 15[\Omega]$, $R_3 = 10[\Omega]$을 대입하면

$$\begin{bmatrix} A & B \\ C & D \end{bmatrix} = \begin{bmatrix} 1+\dfrac{15}{10} & 15 \\ \dfrac{5+15+10}{5\times 10} & 1+\dfrac{15}{5} \end{bmatrix} = \begin{bmatrix} \dfrac{25}{10} & 15 \\ \dfrac{30}{50} & \dfrac{20}{5} \end{bmatrix} = \begin{bmatrix} \dfrac{5}{2} & 15 \\ \dfrac{3}{5} & 4 \end{bmatrix}$$

따라서, $ABCD$ 파라미터는

$$A = \frac{5}{2},\ B = 15,\ C = \frac{3}{5},\ D = 4$$

**예제 10.4** 그림 10.9(a)와 같은 T형 회로에서 $ABCD$ 파라미터를 구하시오.

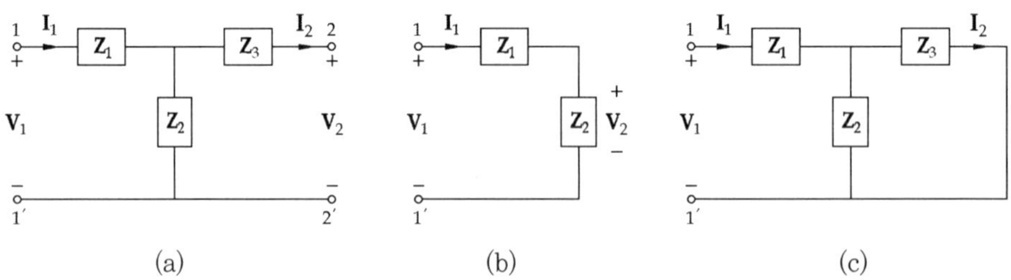


**그림 10.9**

**풀이** 그림 10.9(b)로부터 $A$는 $I_2 = 0$인 조건 하에서 $V_2 = \dfrac{Z_2}{Z_1+Z_2}V_1$[V] 이므로

$$A = \left.\frac{V_1}{V_2}\right|_{I_2=0} = \frac{V_1}{\frac{Z_2}{Z_1+Z_2}V_1} = 1 + \frac{Z_1}{Z_2}$$

그림 10.9(c)로부터 $B$는 $V_2 = 0$인 조건 하에서 $I_2 = \frac{V_1}{Z_1 + \frac{Z_2 Z_3}{Z_2+Z_3}} \times \frac{Z_2}{Z_2+Z_3}$[A] 이므로

$$B = \left.\frac{V_1}{I_2}\right|_{V_2=0} = \frac{V_1}{\frac{V_1}{Z_1+\frac{Z_2Z_3}{Z_2+Z_3}} \times \frac{Z_2}{Z_2+Z_3}} = Z_1 + Z_3 + \frac{Z_3Z_1}{Z_2}$$

$$= \frac{Z_1Z_2 + Z_2Z_3 + Z_3Z_1}{Z_2}$$

그림 10.9(b)로부터 $C$는 $I_2 = 0$인 조건 하에서 $V_2 = Z_2 I_1$[V] 이므로

$$C = \left.\frac{I_1}{V_2}\right|_{I_2=0} = \frac{I_1}{Z_2 I_1} = \frac{1}{Z_2}$$

그림 10.9(c)로부터 $D$는 $V_2 = 0$인 조건 하에서 $I_2 = \frac{Z_2}{Z_2+Z_3} I_1$[A] 이므로

$$D = \left.\frac{I_1}{I_2}\right|_{V_2=0} = \frac{I_1}{\frac{Z_2}{Z_2+Z_3}I_1} = 1 + \frac{Z_3}{Z_2}$$

## 2.4 하이브리드 파라미터

### 2.4.1 하이브리드 $H$ 파라미터

그림 10.10과 같은 4단자망에서 입력단의 전압($V_1$)과 출력단의 전류($I_2$)를 입력단의 전류($I_1$)와 출력단의 전압($V_2$)으로 나타내면

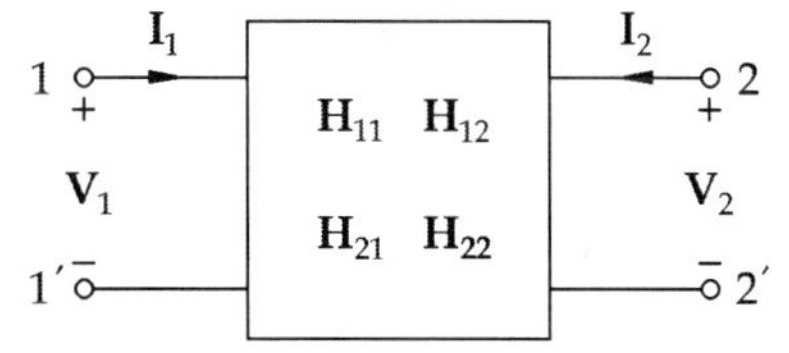


그림 10.10 하이브리드 $H$ 파라미터

$$V_1 = H_{11}I_1 + H_{12}V_2 \text{ [V]}$$
$$I_2 = H_{21}I_1 + H_{22}V_2 \text{ [A]} \quad \cdots\cdots (10.31)$$

이고 식 10.31을 행렬로 나타내면

$$\begin{bmatrix} V_1 \\ I_2 \end{bmatrix} = \begin{bmatrix} H_{11} & H_{12} \\ H_{21} & H_{22} \end{bmatrix} \begin{bmatrix} I_1 \\ V_2 \end{bmatrix} \quad \cdots\cdots (10.32)$$

이다.

여기서, $H_{11}$, $H_{12}$, $H_{21}$, $H_{22}$를 하이브리드 $H$ 파라미터(hybrid $H$ parameter)라고 하고 입력단을 개방하고 출력단을 단락하기 쉬운 트랜지스터 회로에 이용된다.

하이브리드 $H$ 파라미터의 정의는 다음과 같다.

$$H_{11} = \left.\frac{V_1}{I_1}\right|_{V_2=0} \text{ : 출력 단락 입력 임피던스}$$

$$H_{12} = \left.\frac{V_1}{V_2}\right|_{I_1=0} \text{ : 입력 개방 역방향 전압 이득}$$

$$H_{21} = \left.\frac{I_2}{I_1}\right|_{V_2=0} \text{ : 출력 단락 순방향 전류 이득}$$

$$H_{22} = \left.\frac{I_2}{V_2}\right|_{I_1=0} \text{ : 입력 개방 출력 어드미턴스} \quad \cdots\cdots (10.33)$$

**예제 10.5** 그림 10.11과 같은 회로에서 하이브리드 $H_{11}$ 파라미터를 구하시오.

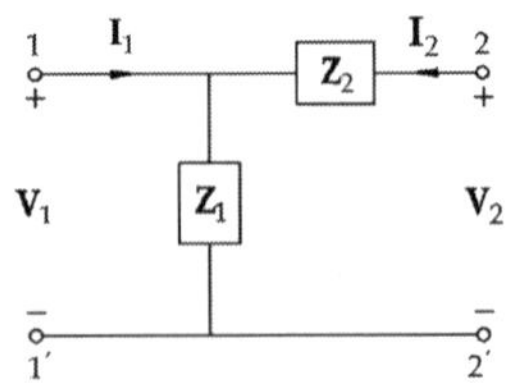


**그림 10.11**

풀이 그림 10.11로부터 $H_{11}$은 $V_2 = 0$인 조건 하에서는

$$V_1 = \frac{Z_1 Z_2}{Z_1 + Z_2} I_1 \text{[V]}$$ 이므로

$$H_{11} = \left.\frac{V_1}{I_1}\right|_{V_2=0} = \frac{\frac{Z_1 Z_2}{Z_1 + Z_2} I_1}{I_1} = \frac{Z_1 Z_2}{Z_1 + Z_2}$$

### 2.4.2 하이브리드 $G$ 파라미터

그림 10.12와 같은 4단자망에서 입력단의 전류($I_1$)와 출력단의 전압($V_2$)을 입력단의 전압($V_1$)과 출력단의 전류($I_2$)로 나타내면

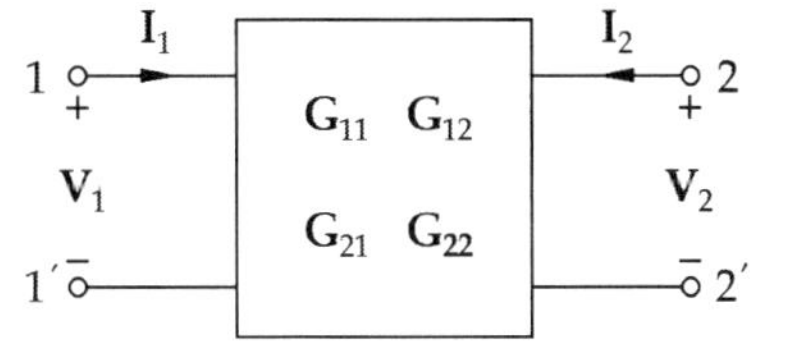


그림 10.12 하이브리드 $G$ 파라미터

$$I_1 = G_{11}V_1 + G_{12}I_2[\mathrm{A}]$$
$$V_2 = G_{21}V_1 + G_{22}I_2[\mathrm{V}] \qquad \cdots\cdots (10.34)$$

이고 식 10.34를 행렬로 나타내면

$$\begin{bmatrix} I_1 \\ V_2 \end{bmatrix} = \begin{bmatrix} G_{11} & G_{12} \\ G_{21} & G_{22} \end{bmatrix} \begin{bmatrix} V_1 \\ I_2 \end{bmatrix} \qquad \cdots\cdots (10.35)$$

이다.

여기서, $G_{11}$, $G_{12}$, $G_{21}$, $G_{22}$를 하이브리드 $G$ 파라미터(hybrid $G$ parameter)라고 한다. 하이브리드 $G$ 파라미터의 정의는 다음과 같다.

$$G_{11} = \left.\frac{I_1}{V_1}\right|_{I_2=0} \text{ : 출력 개방 입력 어드미턴스}$$

$$G_{12} = \left.\frac{I_1}{I_2}\right|_{V_1=0} \text{ : 입력 단락 역방향 전류 이득}$$

$$G_{21} = \left.\frac{V_2}{V_1}\right|_{I_2=0} \text{ : 출력 개방 순방향 전압 이득}$$

$$G_{22} = \left.\frac{V_2}{I_2}\right|_{V_1=0} \text{ : 입력 단락 출력 임피던스} \qquad \cdots\cdots (10.36)$$

# 3 4단자망의 접속

## 3.1 직렬 접속

그림 10.13과 같은 4단자망의 직렬 접속은 임피던스 파라미터를 이용하여 나타내며, 첫 번째 4단자망에서 입력단과 출력단에서의 전압 방정식은

$$\begin{aligned} \boldsymbol{V}_1{}' &= \boldsymbol{Z}_{11}{}'\boldsymbol{I}_1 + \boldsymbol{Z}_{12}{}'\boldsymbol{I}_2 \text{ [V]} \\ \boldsymbol{V}_2{}' &= \boldsymbol{Z}_{21}{}'\boldsymbol{I}_1 + \boldsymbol{Z}_{22}{}'\boldsymbol{I}_2 \text{[V]} \end{aligned} \quad \cdots\cdots (10.37)$$

이고 두 번째 4단자망에서 입력단과 출력단에서의 전압 방정식은

$$\begin{aligned} \boldsymbol{V}_1{}'' &= \boldsymbol{Z}_{11}{}''\boldsymbol{I}_1 + \boldsymbol{Z}_{12}{}''\boldsymbol{I}_2 \text{[V]} \\ \boldsymbol{V}_2{}'' &= \boldsymbol{Z}_{21}{}''\boldsymbol{I}_1 + \boldsymbol{Z}_{22}{}''\boldsymbol{I}_2 \text{[V]} \end{aligned} \quad \cdots\cdots (10.38)$$

이다. 전체 4단자망에서 입력단과 출력단에서의 전압 방정식은

$$\begin{aligned} \boldsymbol{V}_1 &= \boldsymbol{V}_1{}' + \boldsymbol{V}_1{}'' = (\boldsymbol{Z}_{11}{}' + \boldsymbol{Z}_{11}{}'')\boldsymbol{I}_1 + (\boldsymbol{Z}_{12}{}' + \boldsymbol{Z}_{12}{}'')\boldsymbol{I}_2 \text{[V]} \\ \boldsymbol{V}_2 &= \boldsymbol{V}_2{}' + \boldsymbol{V}_2{}'' = (\boldsymbol{Z}_{21}{}' + \boldsymbol{Z}_{21}{}'')\boldsymbol{I}_1 + (\boldsymbol{Z}_{22}{}' + \boldsymbol{Z}_{22}{}'')\boldsymbol{I}_2 \text{[V]} \end{aligned} \quad \cdots\cdots (10.39)$$

이고 따라서, 4단자망을 직렬 접속 시 합성 임피던스 파라미터는

$$\begin{aligned} \boldsymbol{Z}_{11} &= \boldsymbol{Z}_{11}{}' + \boldsymbol{Z}_{11}{}'' \\ \boldsymbol{Z}_{12} &= \boldsymbol{Z}_{12}{}' + \boldsymbol{Z}_{12}{}'' \\ \boldsymbol{Z}_{21} &= \boldsymbol{Z}_{21}{}' + \boldsymbol{Z}_{21}{}'' \\ \boldsymbol{Z}_{22} &= \boldsymbol{Z}_{22}{}' + \boldsymbol{Z}_{22}{}'' \end{aligned} \quad \cdots\cdots (10.40)$$

이다.

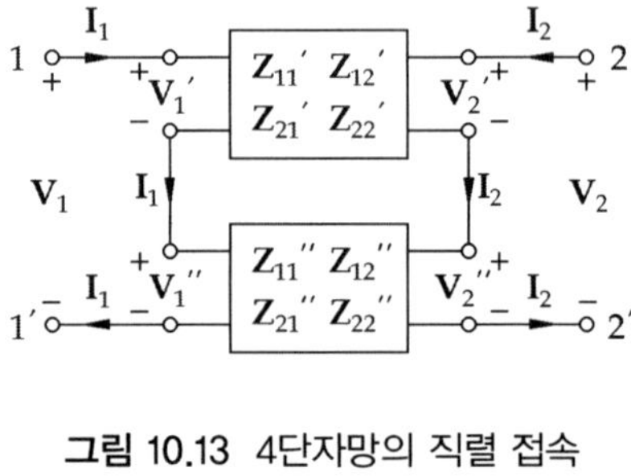


그림 10.13 4단자망의 직렬 접속

## 3.2 병렬 접속

그림 10.14와 같은 4단자망의 병렬 접속은 어드미턴스 파라미터를 이용하여 나타내며, 첫 번째 4단자망에서 입력단과 출력단에서의 전류 방정식은

$$\begin{aligned} \boldsymbol{I}_1' &= \boldsymbol{Y}_{11}'\boldsymbol{V}_1 + \boldsymbol{Y}_{12}'\boldsymbol{V}_2[\mathrm{A}] \\ \boldsymbol{I}_2' &= \boldsymbol{Y}_{21}'\boldsymbol{V}_1 + \boldsymbol{Y}_{22}'\boldsymbol{V}_2[\mathrm{A}] \end{aligned} \quad \cdots\cdots (10.41)$$

이고 두 번째 4단자망에서 입력단과 출력단에서의 전류 방정식은

$$\begin{aligned} \boldsymbol{I}_1'' &= \boldsymbol{Y}_{11}''\boldsymbol{V}_1 + \boldsymbol{Y}_{12}''\boldsymbol{V}_2[\mathrm{A}] \\ \boldsymbol{I}_2'' &= \boldsymbol{Y}_{21}''\boldsymbol{V}_1 + \boldsymbol{Y}_{22}''\boldsymbol{V}_2[\mathrm{A}] \end{aligned} \quad \cdots\cdots (10.42)$$

이다. 전체 4단자망에서 입력단과 출력단에서의 전류 방정식은

$$\begin{aligned} \boldsymbol{I}_1 &= \boldsymbol{I}_1' + \boldsymbol{I}_1'' = (\boldsymbol{Y}_{11}' + \boldsymbol{Y}_{11}'')\boldsymbol{V}_1 + (\boldsymbol{Y}_{12}' + \boldsymbol{Y}_{12}'')\boldsymbol{V}_2[\mathrm{A}] \\ \boldsymbol{I}_2 &= \boldsymbol{I}_2' + \boldsymbol{I}_2'' = (\boldsymbol{Y}_{21}' + \boldsymbol{Y}_{21}'')\boldsymbol{V}_1 + (\boldsymbol{Y}_{22}' + \boldsymbol{Y}_{22}'')\boldsymbol{V}_2[\mathrm{A}] \end{aligned} \quad \cdots\cdots (10.43)$$

이고 따라서, 4단자망을 병렬 접속 시 합성 어드미턴스 파라미터는

$$\begin{aligned} \boldsymbol{Y}_{11} &= \boldsymbol{Y}_{11}' + \boldsymbol{Y}_{11}'' \\ \boldsymbol{Y}_{12} &= \boldsymbol{Y}_{12}' + \boldsymbol{Y}_{12}'' \\ \boldsymbol{Y}_{21} &= \boldsymbol{Y}_{21}' + \boldsymbol{Y}_{21}'' \\ \boldsymbol{Y}_{22} &= \boldsymbol{Y}_{22}' + \boldsymbol{Y}_{22}'' \end{aligned} \quad \cdots\cdots (10.44)$$

이다.

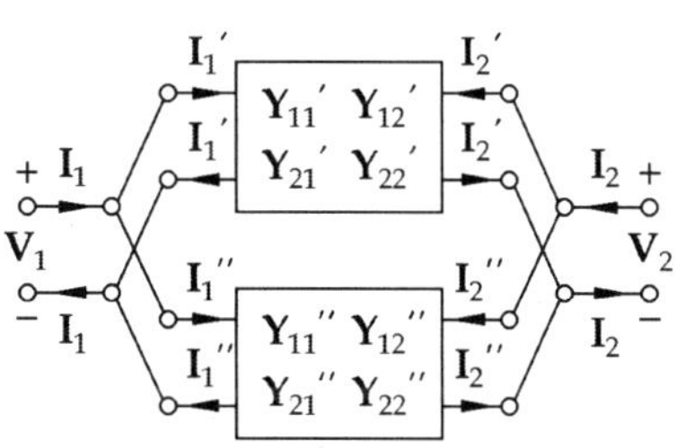


**그림 10.14** 4단자망의 병렬 접속

## 3.3 직렬-병렬 접속

그림 10.15와 같은 4단자망의 입력단이 직렬 접속, 출력단이 병렬 접속일 때는 하이브리드 $H$ 파라미터를 이용하여 나타내며, 첫 번째 4단자망 내 입력단과 출력단에서 각각 전압 방정식과 전류 방정식은

$$\begin{aligned} \boldsymbol{V}_1' &= \boldsymbol{H}_{11}'\boldsymbol{I}_1 + \boldsymbol{H}_{12}'\boldsymbol{V}_2 [\mathrm{V}] \\ \boldsymbol{I}_2' &= \boldsymbol{H}_{21}'\boldsymbol{I}_1 + \boldsymbol{H}_{22}'\boldsymbol{V}_2 [\mathrm{A}] \end{aligned} \quad \cdots\cdots (10.45)$$

이고 두 번째 4단자망 내 입력단과 출력단에서의 전압 방정식과 전류 방정식은

$$\begin{aligned} \boldsymbol{V}_1'' &= \boldsymbol{H}_{11}''\boldsymbol{I}_1 + \boldsymbol{H}_{12}''\boldsymbol{V}_2 [\mathrm{V}] \\ \boldsymbol{I}_2'' &= \boldsymbol{H}_{21}''\boldsymbol{I}_1 + \boldsymbol{H}_{22}''\boldsymbol{V}_2 [\mathrm{A}] \end{aligned} \quad \cdots\cdots (10.46)$$

이다. 전체 4단자망 내 입력단과 출력단에서의 전압 방정식과 전류 방정식은

$$\begin{aligned} \boldsymbol{V}_1 &= \boldsymbol{V}_1' + \boldsymbol{V}_1'' = (\boldsymbol{H}_{11}' + \boldsymbol{H}_{11}'')\boldsymbol{I}_1 + (\boldsymbol{H}_{12}' + \boldsymbol{H}_{12}'')\boldsymbol{V}_2 [\mathrm{V}] \\ \boldsymbol{I}_2 &= \boldsymbol{I}_2' + \boldsymbol{I}_2'' = (\boldsymbol{H}_{21}' + \boldsymbol{H}_{21}'')\boldsymbol{I}_1 + (\boldsymbol{H}_{22}' + \boldsymbol{H}_{22}'')\boldsymbol{V}_2 [\mathrm{A}] \end{aligned} \quad \cdots\cdots (10.47)$$

이고 따라서, 4단자망을 직렬-병렬 접속 시 합성 하이브리드 $H$ 파라미터는

$$\begin{aligned} \boldsymbol{H}_{11} &= \boldsymbol{H}_{11}' + \boldsymbol{H}_{11}'' \\ \boldsymbol{H}_{12} &= \boldsymbol{H}_{12}' + \boldsymbol{H}_{12}'' \\ \boldsymbol{H}_{21} &= \boldsymbol{H}_{21}' + \boldsymbol{H}_{21}'' \\ \boldsymbol{H}_{22} &= \boldsymbol{H}_{22}' + \boldsymbol{H}_{22}'' \end{aligned} \quad \cdots\cdots (10.48)$$

이다.

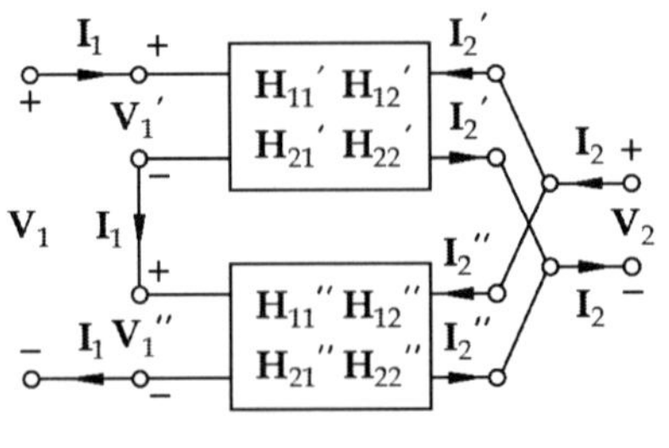


그림 10.15 4단자망의 직렬-병렬 접속

## 3.4 병렬-직렬 접속

그림 10.16과 같은 4단자망의 입력단이 병렬 접속, 출력단이 직렬 접속일 때는 하이브리드 $G$ 파라미터를 이용하여 나타내며, 첫 번째 4단자망 내 입력단과 출력단에서 각각 전류 방정식과 전압 방정식은

$$\begin{aligned} \boldsymbol{I}_1' &= \boldsymbol{G}_{11}'\boldsymbol{V}_1 + \boldsymbol{G}_{12}'\boldsymbol{I}_2 \text{ [A]} \\ \boldsymbol{V}_2' &= \boldsymbol{G}_{21}'\boldsymbol{V}_1 + \boldsymbol{G}_{22}'\boldsymbol{I}_2 \text{ [V]} \end{aligned} \qquad \cdots\cdots (10.49)$$

이고 두 번째 4단자망 내 입력단과 출력단에서의 전류 방정식과 전압 방정식은

$$\begin{aligned} \boldsymbol{I}_1'' &= \boldsymbol{G}_{11}''\boldsymbol{V}_1 + \boldsymbol{G}_{12}''\boldsymbol{I}_2 \text{ [A]} \\ \boldsymbol{V}_2'' &= \boldsymbol{G}_{21}''\boldsymbol{V}_1 + \boldsymbol{G}_{22}''\boldsymbol{I}_2 \text{ [V]} \end{aligned} \qquad \cdots\cdots (10.50)$$

이다. 전체 4단자망 내 입력단과 출력단에서의 전류 방정식과 전압 방정식은

$$\begin{aligned} \boldsymbol{I}_1 &= \boldsymbol{I}_1' + \boldsymbol{I}_1'' = (\boldsymbol{G}_{11}' + \boldsymbol{G}_{11}'')\boldsymbol{V}_1 + (\boldsymbol{G}_{12}' + \boldsymbol{G}_{12}'')\boldsymbol{I}_2 \text{[A]} \\ \boldsymbol{V}_2 &= \boldsymbol{V}_2' + \boldsymbol{V}_2'' = (\boldsymbol{G}_{21}' + \boldsymbol{G}_{21}'')\boldsymbol{V}_1 + (\boldsymbol{G}_{22}' + \boldsymbol{G}_{22}'')\boldsymbol{I}_2 \text{[V]} \end{aligned} \cdots\cdots (10.51)$$

이고 따라서, 4단자망을 병렬-직렬 접속 시 합성 하이브리드 $G$ 파라미터는

$$\begin{aligned} \boldsymbol{G}_{11} &= \boldsymbol{G}_{11}' + \boldsymbol{G}_{11}'' \\ \boldsymbol{G}_{12} &= \boldsymbol{G}_{12}' + \boldsymbol{G}_{12}'' \\ \boldsymbol{G}_{21} &- \boldsymbol{G}_{21}' + \boldsymbol{G}_{21}'' \\ \boldsymbol{G}_{22} &= \boldsymbol{G}_{22}' + \boldsymbol{G}_{22}'' \end{aligned} \qquad \cdots\cdots (10.52)$$

이다.

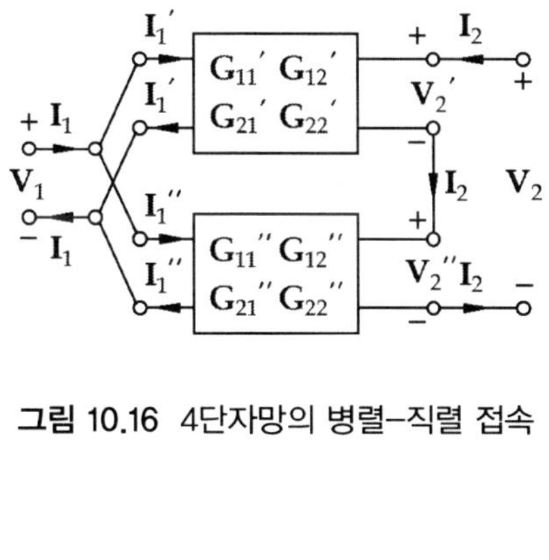


그림 10.16 4단자망의 병렬-직렬 접속

## 3.5 종속 접속

그림 10.17과 같이 4단자망이 일렬로 접속된 것을 종속 접속이라고 하고 종속 접속일 때에는 입력단과 출력단의 전류 방향이 동일해야 하므로 $ABCD$ 파라미터를 이용하여 나타낸다.

첫 번째 4단자망 내 입력단과 출력단에서의 전압 방정식과 전류 방정식은

$$\boldsymbol{V}_1 = \boldsymbol{A}'\boldsymbol{V}_2 + \boldsymbol{B}'\boldsymbol{I}_2 \text{ [V]}$$
$$\boldsymbol{I}_1 = \boldsymbol{C}'\boldsymbol{V}_2 + \boldsymbol{D}'\boldsymbol{I}_2 \text{ [A]} \quad \cdots\cdots (10.53)$$

이고 두 번째 4단자망 내 입력단과 출력단에서의 전압 방정식과 전류 방정식은

$$\boldsymbol{V}_2 = \boldsymbol{A}''\boldsymbol{V}_3 + \boldsymbol{B}''\boldsymbol{I}_3 \text{ [V]}$$
$$\boldsymbol{I}_2 = \boldsymbol{C}''\boldsymbol{V}_3 + \boldsymbol{D}''\boldsymbol{I}_3 \text{ [A]} \quad \cdots\cdots (10.54)$$

이다. 식 10.53에 10.54를 대입하면

$$\boldsymbol{V}_1 = (\boldsymbol{A}'\boldsymbol{A}'' + \boldsymbol{B}'\boldsymbol{C}'')\boldsymbol{V}_3 + (\boldsymbol{A}'\boldsymbol{B}'' + \boldsymbol{B}'\boldsymbol{D}'')\boldsymbol{I}_3 \text{ [V]}$$
$$\boldsymbol{I}_1 = (\boldsymbol{C}'\boldsymbol{A}'' + \boldsymbol{D}'\boldsymbol{C}'')\boldsymbol{V}_3 + (\boldsymbol{C}'\boldsymbol{B}'' + \boldsymbol{D}'\boldsymbol{D}'')\boldsymbol{I}_3 \text{ [A]} \quad \cdots\cdots (10.55)$$

이고 따라서, 4단자망을 종속 접속 시 합성 $ABCD$ 파라미터는

$$\boldsymbol{A} = \boldsymbol{A}'\boldsymbol{A}'' + \boldsymbol{B}'\boldsymbol{C}''$$
$$\boldsymbol{B} = \boldsymbol{A}'\boldsymbol{B}'' + \boldsymbol{B}'\boldsymbol{D}''$$
$$\boldsymbol{C} = \boldsymbol{C}'\boldsymbol{A}'' + \boldsymbol{D}'\boldsymbol{C}''$$
$$\boldsymbol{D} = \boldsymbol{C}'\boldsymbol{B}'' + \boldsymbol{D}'\boldsymbol{D}'' \quad \cdots\cdots (10.56)$$

이다.

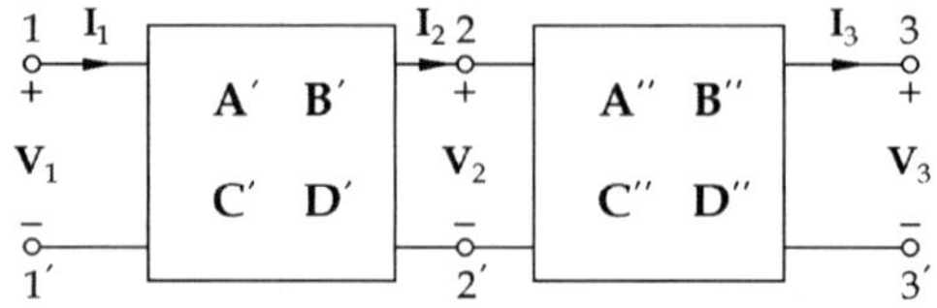


그림 10.17 4단자망의 종속 접속

**예제 10.6** 그림 10.18(a)와 같은 T형 회로는 그림 10.18(b), (c), (d)와 같은 회로들을 종속 접속하였을 때와 동일하며, 이 때 $ABCD$ 파라미터를 구하시오.

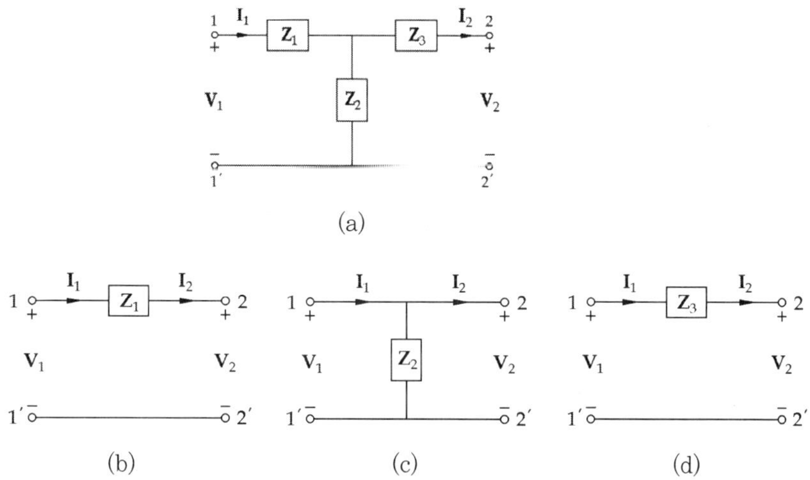

그림 10.18

**풀이** 그림 10.18(b)로부터 $ABCD$ 파라미터를 이용하여 입력단의 전압 방정식과 전류 방정식은

$$V_1 = V_2 + Z_1 I_2 \,[\text{V}]$$

$$I_1 = I_2 [\text{A}] \qquad \cdots\cdots ①$$

식 ①의 우변에서 $V_2$와 $I_2$의 계수를 행렬로 표시하면

$$\begin{bmatrix} 1 & Z_1 \\ 0 & 1 \end{bmatrix} \qquad \cdots\cdots ②$$

그림 10.18(c)로부터 $ABCD$ 파라미터를 이용하여 입력단의 전압 방정식과 전류 방정식은

$$V_1 = V_2 \,[\text{V}]$$

$$I_1 = \frac{V_2}{Z_2} + I_2 \,[\text{A}] \qquad \cdots\cdots ③$$

식 ③의 우변에서 $V_2$와 $I_2$의 계수를 행렬로 표시하면

$$\begin{bmatrix} 1 & 0 \\ \frac{1}{Z_2} & 1 \end{bmatrix} \qquad \cdots\cdots ④$$

그림 10.18(d)로부터 $ABCD$ 파라미터를 이용하여 입력단의 전압 방정식과 전류 방정식은

$$V_1 = V_2 + Z_3 I_2 \,[\text{V}]$$

$$I_1 = I_2 \,[\text{A}] \qquad \cdots\cdots ⑤$$

식 ⑤의 우변에서 $V_2$와 $I_2$의 계수를 행렬로 표시하면

$$\begin{bmatrix} 1 & Z_3 \\ 0 & 1 \end{bmatrix} \qquad \cdots\cdots ⑥$$

따라서, 그림 10.18(b), 10.18(c), 10.18(d)를 종속 접속하기 위해서, 행렬인 식 ②, ④, ⑥을 차례로 곱하면 $ABCD$ 파라미터는

$$\begin{bmatrix} A & B \\ C & D \end{bmatrix} = \begin{bmatrix} 1 & Z_1 \\ 0 & 1 \end{bmatrix} \begin{bmatrix} 1 & 0 \\ \dfrac{1}{Z_2} & 1 \end{bmatrix} \begin{bmatrix} 1 & Z_3 \\ 0 & 1 \end{bmatrix}$$

$$= \begin{bmatrix} 1+\dfrac{Z_1}{Z_2} & Z_1 \\ \dfrac{1}{Z_2} & 1 \end{bmatrix} \begin{bmatrix} 1 & Z_3 \\ 0 & 1 \end{bmatrix} = \begin{bmatrix} 1+\dfrac{Z_1}{Z_2} & Z_1+Z_3+\dfrac{Z_1 Z_3}{Z_2} \\ \dfrac{1}{Z_2} & 1+\dfrac{Z_3}{Z_2} \end{bmatrix}$$

이는 예제 10.4의 결과와 동일하다.

# 4 영상 파라미터

## 4.1 영상 임피던스

지금까지 언급한 4단자망은 외부 임피던스가 연결되지 않은 회로망이었지만, 그림 10.19와 같이 4단자망에 외부 임피던스가 연결되었을 경우에는 영상 파라미터를 이용하여 회로망을 해석할 수 있다.

영상 파라미터는 부하에 최대 전력이 전달되도록 입력단과 출력단 임피던스를 같게 하는 임피던스 정합(impedance matching)이나 필터 설계분야에 적용되고 있다.

그림 10.19로부터 입력단인 1−1′에 임피던스 $Z_{o1}$을 접속하고 출력단인 2−2′에서 왼쪽을 바라보았을 때의 임피던스가 $Z_{o2}$가 되도록 하고, 반대로 출력단인 2−2′에 임피던스 $Z_{o2}$를 접속하고 입력단인 1−1′에서 오른쪽을 바라보았을 때의 임피던스가 $Z_{o1}$가 되도록 한다.

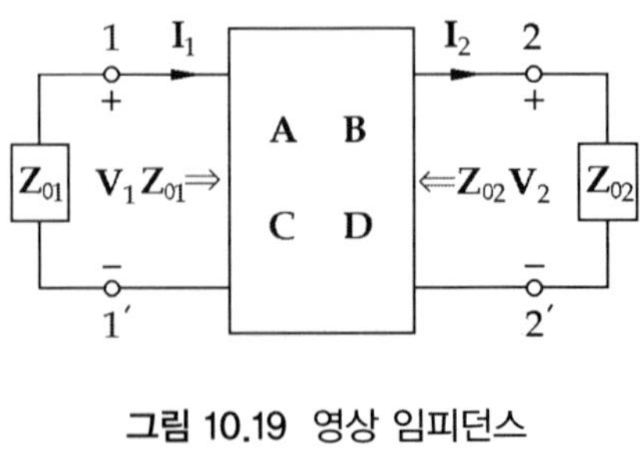


그림 10.19 영상 임피던스

이때, 입력단인 1−1′에서 양쪽을 보았을 때 임피던스가 동일하게 $Z_{o1}$이 되고, 출력단인 2− 2′에서 양쪽을 보았을 때 임피던스가 동일하게 $Z_{o2}$가 된 상태일 때, $Z_{o1}$과 $Z_{o2}$를 영상 임피던스(image impedance)라고 한다.

단자 1−1′를 입력단으로 하였을 때의 영상 임피던스 $Z_{o1}$은 식 10.19에 의해서 $ABCD$ 파라미터를 이용하여 구할 수 있으므로

$$Z_{o1} = \frac{V_1}{I_1} = \frac{AV_2 + BI_2}{CV_2 + DI_2} = \frac{A\dfrac{V_2}{I_2} + B}{C\dfrac{V_2}{I_2} + D} [\Omega] \qquad \cdots\cdots (10.57)$$

이고 그림 10.19로부터 $V_2 = Z_{o2} I_2$[V]이므로 $Z_{o1}$은

$$Z_{o1} = \frac{AZ_{o2} + B}{CZ_{o2} + D} [\Omega] \qquad \cdots\cdots (10.58)$$

이다. 단자 2−2′을 입력단으로 하였을 때의 영상 임피던스 $Z_{o2}$는 식 10.29에 의해서

$$Z_{o2} = \frac{V_2}{I_2} = \frac{DV_1 + BI_1}{CV_1 + AI_1} = \frac{D\dfrac{V_1}{I_1} + B}{C\dfrac{V_1}{I_1} + A} [\Omega] \qquad \cdots\cdots (10.59)$$

이고 그림 10.19로부터 $V_1 = Z_{o1} I_1$[V]이므로 $Z_{o2}$는

$$Z_{o2} = \frac{DZ_{o1} + B}{CZ_{o1} + A} [\Omega] \qquad \cdots\cdots (10.60)$$

이다. 식 10.58과 10.60으로부터 $Z_{o1}$, $Z_{o2}$를 $ABCD$ 파라미터로 나타내면

$$Z_{o1} = \sqrt{\frac{AB}{CD}} [\Omega], \quad Z_{o2} = \sqrt{\frac{BD}{AC}} [\Omega] \qquad \cdots\cdots (10.61)$$

이고 회로망이 대칭일 경우, 식 10.25에 의해서 $A = D$ 이므로 $Z_{o1}$, $Z_{o2}$는

$$Z_{o1} = Z_{o2} = \sqrt{\frac{B}{C}} [\Omega] \qquad \cdots\cdots (10.62)$$

이다. 그림 10.20은 영상 임피던스를 구하기 위해서 입력단과 출력단을 각각 개방, 단락시킨 것으로, 그림 10.20(a)는 출력 단자 2−2′를 개방 시($I_2 = 0$), 입력 단자 1−1′에서 본 입력 임피던스 $Z_{1f}$는 식 10.7과 10.22에 의해서

$$Z_{1f} = \left.\frac{V_1}{I_1}\right|_{I_2=0} = \frac{A}{C}\,[\Omega] \qquad \cdots\cdots (10.63)$$

이다. 그림 10.20(b)는 출력 단자 2−2′를 단락 시($V_2 = 0$), 입력 단자 1−1′에서 본 입력 임피던스 $Z_{1S}$는 식 10.12와 10.21에 의해서

$$Z_{1S} = \left.\frac{V_1}{I_1}\right|_{V_2=0} = \frac{B}{D}\,[\Omega] \qquad \cdots\cdots (10.64)$$

이다. 그림 10.20(c)는 입력 단자 1−1′를 개방 시($I_1 = 0$), 출력 단자 2−2′에서 본 출력 임피던스 $Z_{2f}$는 식 10.7와 10.22에 의해서

$$Z_{2f} = \left.\frac{V_2}{I_2}\right|_{I_1=0} = \frac{D}{C}\,[\Omega] \qquad \cdots\cdots (10.65)$$

이다. 그림 10.20(d)는 입력 단자 1−1′를 단락 시($V_1 = 0$), 출력 단자 2−2′에서 본 출력 임피던스 $Z_{2S}$는 식 10.12와 10.21에 의해서

$$Z_{2S} = \left.\frac{V_2}{I_2}\right|_{V_1=0} = \frac{B}{A}\,[\Omega] \qquad \cdots\cdots (10.66)$$

이다. 따라서, 영상 임피던스 $Z_{o1}$, $Z_{o2}$는 식 10.61에 의해서

$$Z_{o1} = \sqrt{Z_{1f}Z_{1s}}\,[\Omega],\quad Z_{o2} = \sqrt{Z_{2f}Z_{2s}}\,[\Omega] \qquad \cdots\cdots (10.67)$$

이다.

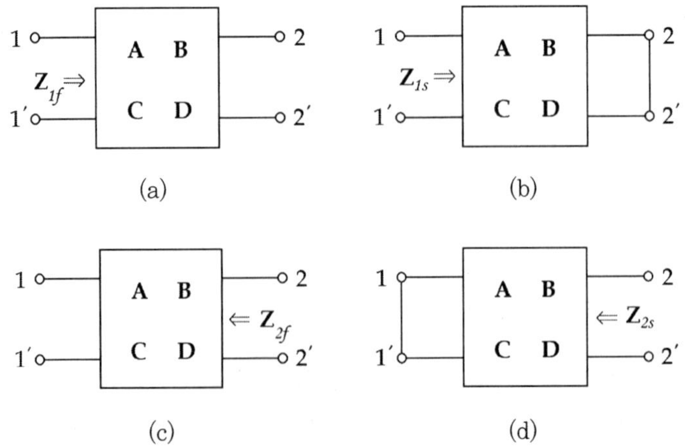


**그림 10.20** 입력단과 출력단을 개방 및 단락 시, 개방 임피던스와 단락 임피던스

**예제 10.7** 그림 10.21(a)와 같은 $L$형 회로에서 영상 임피던스 $Z_{o1}[\Omega]$, $Z_{o2}[\Omega]$를 구하시오.

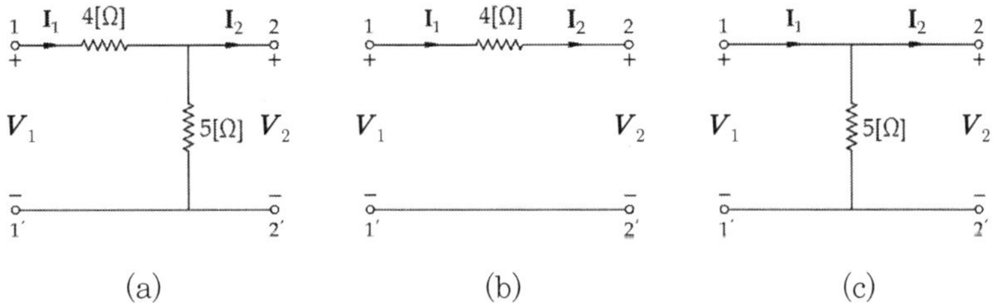


그림 10.21

풀이 그림 10.21(b)와 같은 4단자망에서 입력단의 전압($V_1$)과 입력단의 전류($I_1$)를 출력단의 전압($V_2$)과 출력단의 전류($I_2$)로 나타내기 위해서 전압 방정식과 전류 방정식을 세우면

$$V_1 = V_2 + 4I_2\,[\text{V}]$$
$$I_1 = I_2\,[\text{A}] \quad \cdots\cdots ①$$

식 ①을 행렬로 나타내면

$$\begin{bmatrix} V_1 \\ I_1 \end{bmatrix} = \begin{bmatrix} 1 & 4 \\ 0 & 1 \end{bmatrix} \begin{bmatrix} V_2 \\ I_2 \end{bmatrix} \quad \cdots\cdots ②$$

그림 10.21(c)와 같은 4단자망에서 입력단의 전압($V_1$)과 입력단의 전류($I_1$)를 출력단의 전압($V_2$)과 출력단의 전류($I_2$)로 나타내기 위해서 전압 방정식과 전류 방정식을 세우면

$$V_1 = V_2\,[\text{V}], \quad I_1 = \frac{V_2}{5} + I_2\,[\text{A}] \quad \cdots\cdots ③$$

식 ③을 행렬로 나타내면

$$\begin{bmatrix} V_1 \\ I_1 \end{bmatrix} = \begin{bmatrix} 1 & 0 \\ \frac{1}{5} & 1 \end{bmatrix} \begin{bmatrix} V_2 \\ I_2 \end{bmatrix} \quad \cdots\cdots ④$$

식 ②와 ④를 종속 접속하면

$$\begin{bmatrix} V_1 \\ I_1 \end{bmatrix} = \begin{bmatrix} 1 & 4 \\ 0 & 1 \end{bmatrix} \begin{bmatrix} 1 & 0 \\ \frac{1}{5} & 1 \end{bmatrix} \begin{bmatrix} V_2 \\ I_2 \end{bmatrix} = \begin{bmatrix} \frac{9}{5} & 4 \\ \frac{1}{5} & 1 \end{bmatrix} \begin{bmatrix} V_2 \\ I_2 \end{bmatrix} \quad \cdots\cdots ⑤$$

식 ⑤로부터 $ABCD$ 파라미터를 구하면

$$A = \frac{9}{5}, \quad B = 4, \quad C = \frac{1}{5}, \quad D = 1$$

따라서, 영상 임피던스 $Z_{o1}$, $Z_{o2}$는 식 10.61에 의해서

$$Z_{o1} = \sqrt{\frac{AB}{CD}} = \sqrt{\frac{\frac{9}{5}\times 4}{\frac{1}{5}\times 1}} = \sqrt{36} = 6[\Omega]$$

$$Z_{o2} = \sqrt{\frac{BD}{AC}} = \sqrt{\frac{4\times 1}{\frac{9}{5}\times\frac{1}{5}}} = \sqrt{\frac{100}{9}} = \frac{10}{3}[\Omega]$$

**예제 10.8** $L$형 4단자망 회로에서 파라미터가 $A=2$, $D=8$일 때, 출력 단자 2–2′를 개방 시, 입력 단자 1–1′에서 본 입력 임피던스인 $Z_{1f}=4[\Omega]$이다. 입력 단자 1–1′를 개방 시, 출력 단자 2–2′에서 본 출력 임피던스인 $Z_{2f}[\Omega]$를 구하시오.

풀이 영상 임피던스 $Z_{o2}$는 식 10.63과 10.65에 의해서

$$Z_{2f} : Z_{1f} = \frac{D}{C} : \frac{A}{C}$$

$Z_{2f}$에 대해서 정리하면

$$Z_{2f} = \frac{C}{A}\times\frac{D}{C}\times Z_{1f} = \frac{D}{A}\times Z_{1f}[\Omega] \qquad \cdots\cdots ①$$

식 ①에 $A=2$, $D=8$, $Z_{1f}=4[\Omega]$을 대입하면

$$Z_{2f} = \frac{8}{2}\times 4 = 16[\Omega]$$

## 4.2 영상 전달정수

그림 10.22로부터 입력단 1–1′에서 양쪽을 보았을 때 임피던스가 $Z_{o1}$, 출력단 2–2′에서 양쪽을 보았을 때 임피던스가 $Z_{o2}$인 상태가 되었을 때, 4단자망의 입력단과 출력단이 각각 영상 정합(image matching)되었다고 한다. 입력단과 출력단에서의 전압 전송비와 전류 전송비는

$$\frac{V_1}{V_2} = e^{\theta_1}, \quad \frac{I_1}{I_2} = e^{\theta_2} \qquad \cdots\cdots (10.68)$$

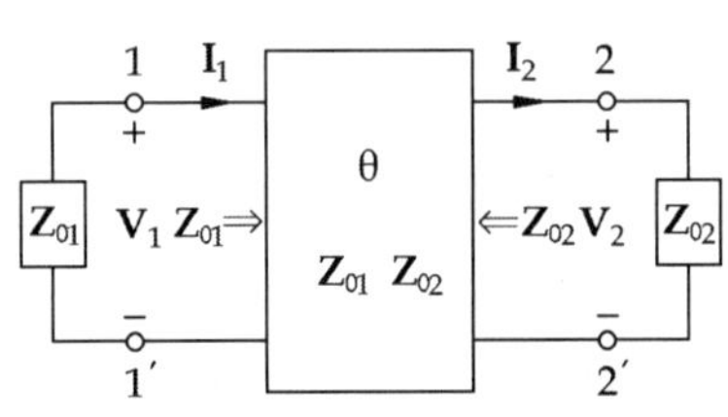


그림 10.22 영상 전달정수

이다. 그림 10.22와 같은 4단자망을 $ABCD$ 파라미터를 이용하여 전압 방정식과 전류 방정식을 나타내면

$$\boldsymbol{V}_1 = \boldsymbol{A}\boldsymbol{V}_2 + \boldsymbol{B}\boldsymbol{I}_2 \text{ [V]} \qquad \cdots\cdots (10.69)$$

$$\boldsymbol{I}_1 = \boldsymbol{C}\boldsymbol{V}_2 + \boldsymbol{D}\boldsymbol{I}_2 \text{ [A]} \qquad \cdots\cdots (10.70)$$

이고 식 10.69의 양변을 $\boldsymbol{V}_2$로, 식 10.70의 양변을 $\boldsymbol{I}_2$로 나누면

$$\frac{\boldsymbol{V}_1}{\boldsymbol{V}_2} = \boldsymbol{A} + \boldsymbol{B}\frac{\boldsymbol{I}_2}{\boldsymbol{V}_2}, \quad \frac{\boldsymbol{I}_1}{\boldsymbol{I}_2} = \boldsymbol{C}\frac{\boldsymbol{V}_2}{\boldsymbol{I}_2} + \boldsymbol{D} \qquad \cdots\cdots (10.71)$$

이다. 식 10.71에 10.68과 $\boldsymbol{Z}_{o2} = \dfrac{\boldsymbol{V}_2}{\boldsymbol{I}_2}\,[\Omega]$를 대입하면

$$e^{\theta_1} = \boldsymbol{A} + \boldsymbol{B}\frac{1}{\boldsymbol{Z}_{o2}}, \quad e^{\theta_2} = \boldsymbol{C}\boldsymbol{Z}_{o2} + \boldsymbol{D} \qquad \cdots\cdots (10.72)$$

이고 식 10.72에 식 10.61을 대입하면

$$e^{\theta_1} = \boldsymbol{A} + \boldsymbol{B}\frac{1}{\sqrt{\dfrac{\boldsymbol{BD}}{\boldsymbol{AC}}}} = \sqrt{\frac{\boldsymbol{A}}{\boldsymbol{D}}}\left(\sqrt{\boldsymbol{AD}} + \sqrt{\boldsymbol{BC}}\right)$$

$$e^{\theta_2} = \boldsymbol{C}\sqrt{\frac{\boldsymbol{BD}}{\boldsymbol{AC}}} + \boldsymbol{D} = \sqrt{\frac{\boldsymbol{D}}{\boldsymbol{A}}}\left(\sqrt{\boldsymbol{AD}} + \sqrt{\boldsymbol{BC}}\right) \qquad \cdots\cdots (10.73)$$

이다. 전압 전송비인 $e^{\theta_1}$과 전류 전송비인 $e^{\theta_2}$를 곱하면

$$e^{2\theta} = e^{\theta_1} \cdot e^{\theta_2} = \left(\sqrt{\boldsymbol{AD}} + \sqrt{\boldsymbol{BC}}\right)^2 \qquad \cdots\cdots (10.74)$$

이고 여기서, $\theta = \dfrac{\theta_1 + \theta_2}{2}$이므로 식 10.74는

$$e^{\theta} = \sqrt{\boldsymbol{AD}} + \sqrt{\boldsymbol{BC}} \qquad \cdots\cdots (10.75)$$

이다.

식 10.75의 양변에 자연 로그 ln을 곱하면

$$\theta = \ln e^{\theta} = \ln\left(\sqrt{\boldsymbol{AD}} + \sqrt{\boldsymbol{BC}}\right) \qquad \cdots\cdots (10.76)$$

이고 여기서, $\theta$를 영상 전달정수(image transfer constant)라고 하고 입력단과 출력단에서의 전력전달 효율을 나타내는 정수이다.

한편, 그림 10.22와 같이 4단자망의 입력단과 출력단이 각각 영상 정합되었을 때, 식

10.68에 의해서

$$e^{2\theta} = e^{\theta_1} \cdot e^{\theta_2} = \frac{\boldsymbol{V}_1}{\boldsymbol{V}_2}\frac{\boldsymbol{I}_1}{\boldsymbol{I}_2} \qquad \cdots\cdots (10.77)$$

이고 영상 정합 시, $e^{\theta}$는

$$e^{\theta} = \sqrt{\frac{\boldsymbol{V}_1}{\boldsymbol{V}_2}\frac{\boldsymbol{I}_1}{\boldsymbol{I}_2}} \qquad \cdots\cdots (10.78)$$

이다. 그림 10.22로부터 $\boldsymbol{V}_1 = \boldsymbol{Z}_{o1}\boldsymbol{I}_1$[V], $\boldsymbol{V}_2 = \boldsymbol{Z}_{o2}\boldsymbol{I}_2$[V] 이므로 식 10.78은

$$e^{\theta} = \frac{\boldsymbol{I}_1}{\boldsymbol{I}_2}\sqrt{\frac{\boldsymbol{Z}_{o1}}{\boldsymbol{Z}_{o2}}} = \frac{\boldsymbol{V}_1}{\boldsymbol{V}_2}\sqrt{\frac{\boldsymbol{Z}_{o2}}{\boldsymbol{Z}_{o1}}} \qquad \cdots\cdots (10.79)$$

이고 회로가 대칭 4단자망이라면, 영상 임피던스인 $\boldsymbol{Z}_{o1} = \boldsymbol{Z}_{o2}$이므로 식 10.79는

$$e^{\theta} = \frac{\boldsymbol{I}_1}{\boldsymbol{I}_2} = \frac{\boldsymbol{V}_1}{\boldsymbol{V}_2} \qquad \cdots\cdots (10.80)$$

이다.

영상 전달정수 $\theta$는 복소수이기 때문에 $\theta = \alpha + j\beta$로 나타낼 수 있으며 $\alpha$는

$$\alpha = \ln\left|\frac{\boldsymbol{I}_1}{\boldsymbol{I}_2}\right| = \ln\left|\frac{\boldsymbol{V}_1}{\boldsymbol{V}_2}\right| \text{[neper]} \qquad \cdots\cdots (10.81)$$

이고 $\beta$는

$$\beta = Arg(\boldsymbol{I}_1) - Arg(\boldsymbol{I}_2) = Arg(\boldsymbol{V}_1) - Arg(\boldsymbol{V}_2) \qquad \cdots\cdots (10.82)$$

이다. 여기서 $\alpha$는 영상 감쇠정수(image attenuation constant)라고 하며 단위는 네퍼[neper]이고, $\beta$는 영상 위상정수(image phase constant)라고 하며 단위는 라디안[radian]이다.

한편, 영상 전달정수 $\theta$를 sin파형의 쌍곡선 함수로 나타내면 식 10.75에 의해서

$$\begin{aligned}\sinh\theta &= \frac{1}{2}(e^{\theta} - e^{-\theta}) \\ &= \frac{1}{2}\left\{(\sqrt{\boldsymbol{AD}} + \sqrt{\boldsymbol{BC}}) - \frac{1}{\sqrt{\boldsymbol{AD}} + \sqrt{\boldsymbol{BC}}}\right\} \\ &= \frac{1}{2}\{(\sqrt{\boldsymbol{AD}} + \sqrt{\boldsymbol{BC}}) - (\sqrt{\boldsymbol{AD}} - \sqrt{\boldsymbol{BC}})\} \\ &= \sqrt{\boldsymbol{BC}}\end{aligned} \qquad \cdots\cdots (10.83)$$

이고 $\theta$는

$$\theta = \sinh^{-1}\sqrt{BC} \qquad \cdots\cdots (10.84)$$

이다.

영상 전달정수 $\theta$를 cos파형의 쌍곡선 함수로 나타내면 식 10.75에 의해서

$$\begin{aligned}\cosh\theta &= \frac{1}{2}(e^{\theta}+e^{-\theta}) \\ &= \frac{1}{2}\left\{(\sqrt{AD}+\sqrt{BC})+\frac{1}{\sqrt{AD}+\sqrt{BC}}\right\} \\ &= \frac{1}{2}\{(\sqrt{AD}+\sqrt{BC})+(\sqrt{AD}-\sqrt{BC})\} \\ &= \sqrt{AD} \qquad \cdots\cdots (10.85)\end{aligned}$$

이고 $\theta$는

$$\theta = \cosh^{-1}\sqrt{AD} \qquad \cdots\cdots (10.86)$$

이다.

영상 전달정수 $\theta$를 tan파형의 쌍곡선 함수로 나타내면 식 10.83과 10.85에 의해서

$$\tanh\theta = \frac{\sinh\theta}{\cosh\theta} = \sqrt{\frac{BC}{AD}} \qquad \cdots\cdots (10.87)$$

이고 $\theta$는

$$\theta = \tanh^{-1}\sqrt{\frac{BC}{AD}} \qquad \cdots\cdots (10.88)$$

이다.

**예제 10.9** 그림 10.23(a)와 같은 T형 회로에서 영상 전달정수 $\theta$를 $\cosh^{-1}$ 형식으로 나타내시오.

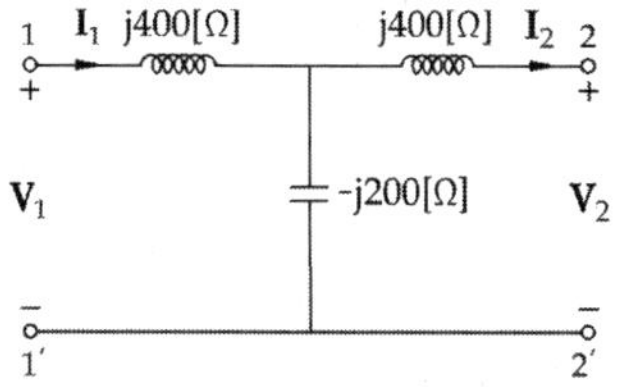


(a)

풀이

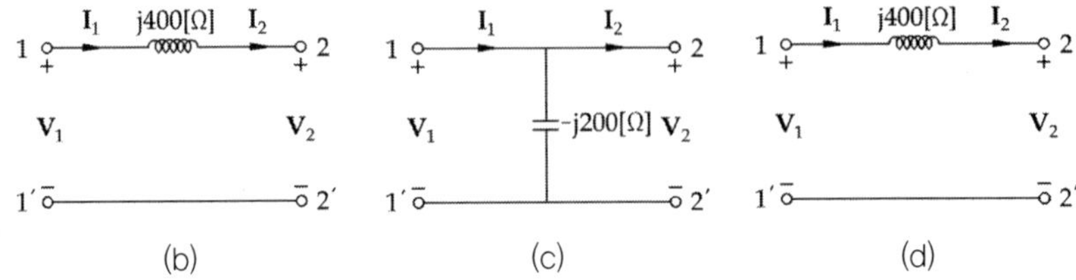


그림 10.23

그림 10.23(b)로부터 *ABCD* 파라미터를 이용하여 입력단에서의 전압 방정식과 전류 방정식은

$$\boldsymbol{V}_1 = \boldsymbol{V}_2 + j400\boldsymbol{I}_2 \text{ [V]}$$

$$\boldsymbol{I}_1 = \boldsymbol{I}_2 \text{ [A]} \qquad \cdots\cdots ①$$

식 ①의 우변에서 $\boldsymbol{V}_2$와 $\boldsymbol{I}_2$의 계수를 행렬로 표시하면

$$\begin{bmatrix} 1 & j400 \\ 0 & 1 \end{bmatrix} \qquad \cdots\cdots ②$$

그림 10.23(c)로부터 *ABCD* 파라미터를 이용하여 입력단에서의 전압 방정식과 전류 방정식은

$$\boldsymbol{V}_1 = \boldsymbol{V}_2 \text{ [V]}$$

$$\boldsymbol{I}_1 = \frac{\boldsymbol{V}_2}{-j200} + \boldsymbol{I}_2 \text{ [A]} \qquad \cdots\cdots ③$$

식 ③의 우변에서 $\boldsymbol{V}_2$와 $\boldsymbol{I}_2$의 계수를 행렬로 표시하면

$$\begin{bmatrix} 1 & 0 \\ \frac{1}{-j200} & 1 \end{bmatrix} \qquad \cdots\cdots ④$$

그림 10.23(d)로부터 *ABCD* 파라미터를 이용하여 입력단에서의 전압 방정식과 전류 방정식을 세우면

$$\boldsymbol{V}_1 = \boldsymbol{V}_2 + j400\boldsymbol{I}_2 \text{ [V]}$$

$$\boldsymbol{I}_1 = \boldsymbol{I}_2 \text{ [A]} \qquad \cdots\cdots ⑤$$

식 ⑤의 우변에서 $\boldsymbol{V}_2$와 $\boldsymbol{I}_2$의 계수를 행렬로 표시하면

$$\begin{bmatrix} 1 & j400 \\ 0 & 1 \end{bmatrix} \qquad \cdots\cdots ⑥$$

그림 10.23(b), 10.23(c), 10.23(d)를 종속 접속하기 위해서, 행렬인 식 ②, ④, ⑥을 차례로 곱하면 *ABCD* 파라미터는

$$\begin{bmatrix} \boldsymbol{A} & \boldsymbol{B} \\ \boldsymbol{C} & \boldsymbol{D} \end{bmatrix} = \begin{bmatrix} 1 & j400 \\ 0 & 1 \end{bmatrix} \begin{bmatrix} 1 & 0 \\ \frac{1}{-j200} & 1 \end{bmatrix} \begin{bmatrix} 1 & j400 \\ 0 & 1 \end{bmatrix}$$

$$= \begin{bmatrix} -1 & j400 \\ \frac{1}{-j200} & 1 \end{bmatrix} \begin{bmatrix} 1 & j400 \\ 0 & 1 \end{bmatrix} = \begin{bmatrix} -1 & 0 \\ \frac{1}{-j200} & -1 \end{bmatrix}$$

따라서, 영상 파라미터 $\theta$는 식 10.86에 의해서

$$\theta = \cosh^{-1}\sqrt{\boldsymbol{AD}} = \cosh^{-1}\sqrt{(-1)\times(-1)} = \cosh^{-1}1 = 0$$

## 제 10 장 연습문제

1. 그림 1과 같은 T형 회로에 있어서 임피던스 파라미터를 구하시오.

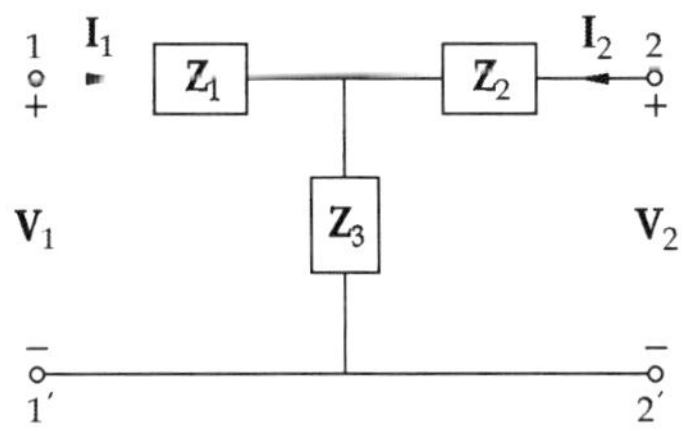


그림 1

정답 $Z_{11} = Z_1 + Z_3[\Omega]$, $Z_{12} = Z_3[\Omega]$
$Z_{21} = Z_3[\Omega]$, $Z_{22} = Z_2 + Z_3[\Omega]$

2. 그림 2로부터 입력단 1−1′에서 바라본 구동점 임피던스 $Z_{11}[\Omega]$은?

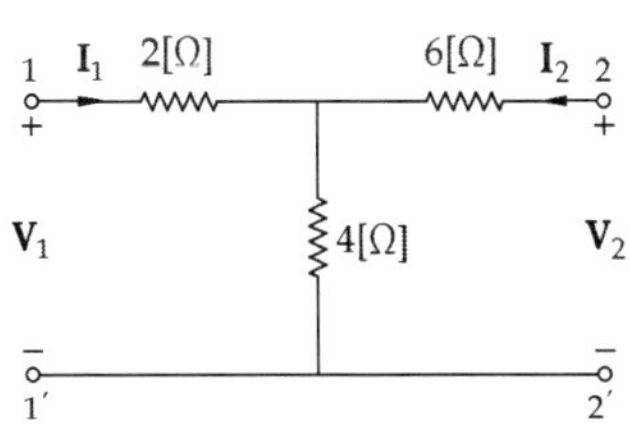


그림 2

정답 $Z_{11} = 6[\Omega]$

3. 그림 3과 같은 $\pi$형 회로에 있어서 $ABCD$ 파라미터를 구하시오.

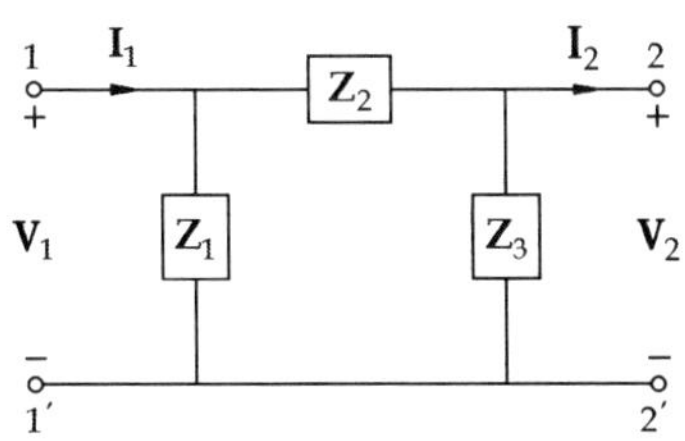


그림 3

정답 $A=1+\frac{Z_2}{Z_3}$, $B=Z_2$, $C=\frac{Z_1+Z_2+Z_3}{Z_1Z_3}$, $D=1+\frac{Z_2}{Z_1}$

4. 그림 4와 같은 $\pi$형 회로에 있어서 어드미턴스 파라미터를 구하시오.
(단, $Y_1=3[℧]$, $Y_2=5[℧]$, $Y_3=4[℧]$)

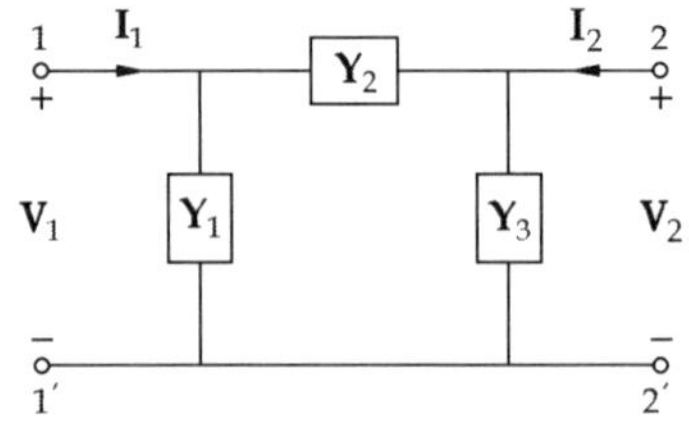


그림 4

정답 $Y_{11}=8[℧]$, $Y_{12}=-5[℧]$, $Y_{21}=-5[℧]$, $Y_{22}=9[℧]$

5. 그림 5와 같은 T형 회로에서 어드미턴스 파라미터를 구하시오.
(단, $Z_1=4[\Omega]$, $Z_2=2[\Omega]$, $Z_3=6[\Omega]$)

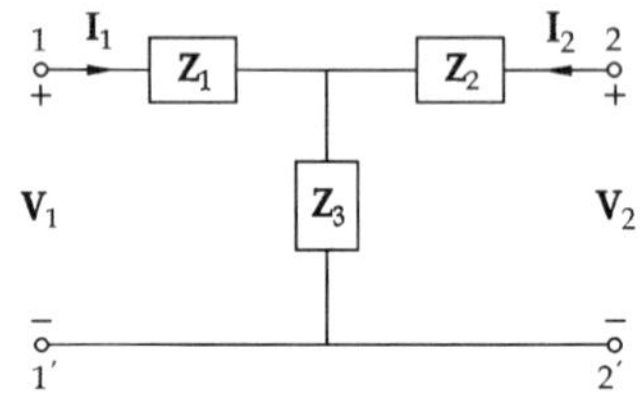


그림 5

정답 $Y_{11}=\frac{2}{11}[℧]$, $Y_{12}=-\frac{3}{22}[℧]$, $Y_{21}=-\frac{3}{22}[℧]$, $Y_{22}=\frac{5}{22}[℧]$

6. 그림 6과 같은 $L$형 회로에서 영상 임피던스 $Z_{01}$, $Z_{02}[\Omega]$는?

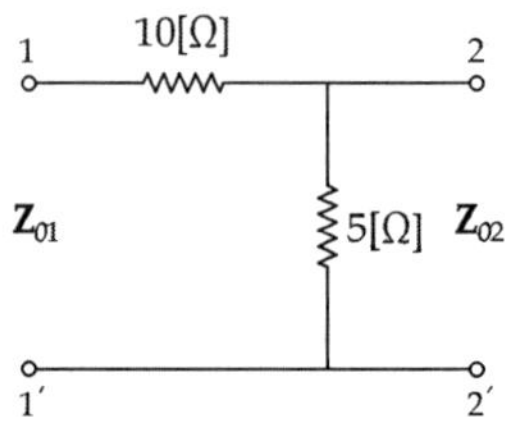


그림 6

정답 $Z_{01} = 5\sqrt{6}[\Omega]$, $Z_{02} = \dfrac{5\sqrt{6}}{3}[\Omega]$

7. 4단자망에 있어서 입력단 1−1′간 영상 임피던스 $Z_{01}$과 출력단 2−2′간 영상 임피던스 $Z_{02}$가 동일하려면, $ABCD$ 각 파라미터 사이에는 어떤 관계가 성립해야 하는가?

정답 $A = D$

8. 그림 7과 같은 회로에서 영상 전달정수 $\theta$를 $\cosh^{-1}$로 나타내면?

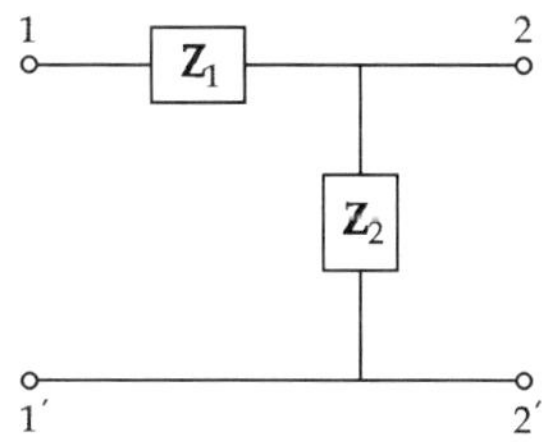

그림 7

정답 $\theta = \cosh^{-1}\sqrt{1 + \dfrac{Z_1}{Z_2}}$

9. T형 회로에서 영상 임피던스 $Z_{01} = 100[\Omega]$, $Z_{02} = 25[\Omega]$이고 영상 전달정수 $\theta = 0$일 때, 회로에서 $ABCD$ 파라미터 중 $D$ 파라미터는?

정답 $D = \dfrac{1}{2}$

10. 그림 8과 같은 $L$형 회로에서 영상 파라미터 $\theta$는?(단, $Z_1 = 5[\Omega]$, $Z_2 = 5[\Omega]$)

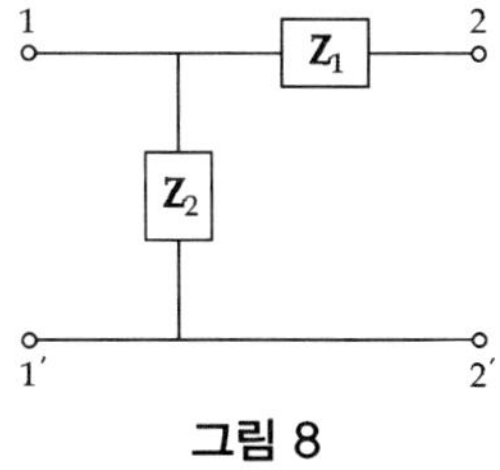

그림 8

정답 $\theta = 0.881$

# Memo

# 11장 비정현 주기파

## 1 비정현 주기파의 푸리에 급수 전개

### 1.1 비정현 주기파의 정의

비정현파(nonsinusoidal wave)는 정현파가 아닌 삼각파, 톱니파, 펄스파, 왜형파 등을 말하고 주기파(periodic wave)는 파형이 일정 주기만큼 반복적으로 나타나는 교류를 말한다.

주기 $T$인 비정현파를 $f(t)$라고 하면

$$f(t) = f(t + nT)$$

$$\text{단, } n = 0,\ 1,\ 2,\ \cdots \qquad \cdots\cdots (11.1)$$

인 관계식이 성립한다.

그림 11.1은 주기파를 나타낸 것으로서, 그림 11.1(a), (b), (c)는 각각 삼각파, 톱니파, 펄스파이고 각 파형은 주기 $T$마다 동일한 파형이 반복되는 것을 알 수 있다.

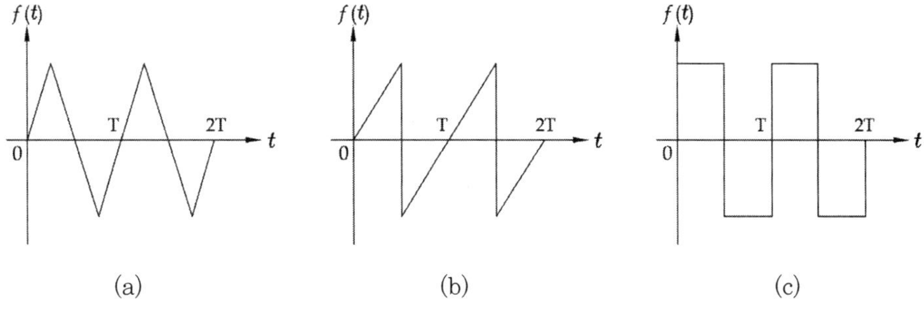


그림 11.1 비정현 주기파

## 1.2 푸리에 급수를 활용한 비정현 주기파 해석

그림 11.2는 주기와 진폭이 다른 정현파를 합성하여 비정현 주기파가 발생하는 것을 나타낸 것으로서, 비정현 주기파는 정현파를 기준으로 하여 일그러진 왜형파(distorted wave)를 말한다.

그림 11.2(a)는 기본파인 $f_1(t) = a_1 \sin\omega t$와 기본파 주파수의 2배의 주파수인 제2고조파 $f_2(t) = a_2 \sin 2\omega t$를 합성하여 비정현파인 $f(t)$가 발생한 것이고 그림 11.2(b)는 기본파인 $f_1(t) = a_1 \sin\omega t$와 기본파 주파수의 3배의 주파수인 제3고조파 $f_3(t) = a_3 \sin 3\omega t$를 합성하여 비정현파인 $f(t)$가 발생한 것이다. 따라서, 그림 11.2(a), (b)로부터 정현파인 기본파 $f_1(t)$와 고조파인 $f_2(t)$, $f_3(t)$를 합성하여 비정현파인 $f(t)$가 발생하는 것을 알 수 있다.

이와 같이 왜형파가 발생하는 대표적인 원인 중 첫 번째는 교류 발전기에서의 전기자 반작용에 의해 파형이 일그러지기 때문이고 두 번째는 변압기에서 철심의 자기 포화이며 세 번째는 변압기에서의 히스테리시스 현상에 의해 여자 전류가 일그러지기 때문이다.

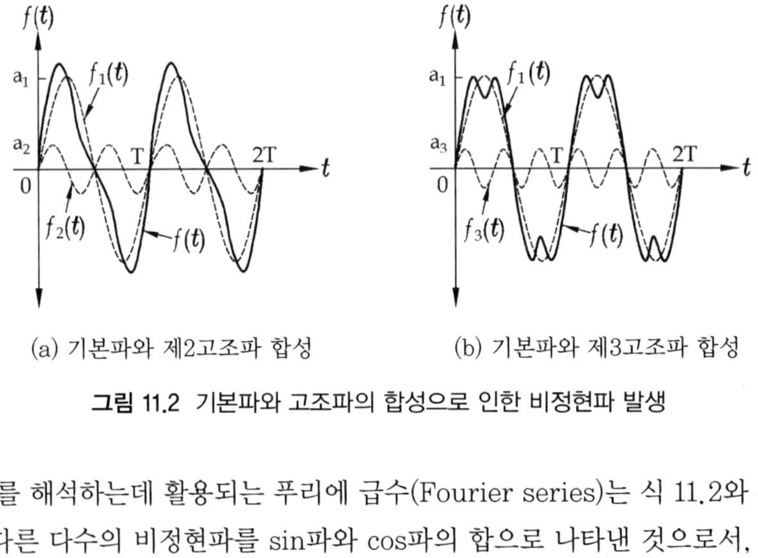


(a) 기본파와 제2고조파 합성 (b) 기본파와 제3고조파 합성

**그림 11.2** 기본파와 고조파의 합성으로 인한 비정현파 발생

비정현파를 해석하는데 활용되는 푸리에 급수(Fourier series)는 식 11.2와 같이 주파수와 진폭이 다른 다수의 비정현파를 sin파와 cos파의 합으로 나타낸 것으로서,

$$f(t) = a_0 + a_1 \cos\omega t + a_2 \cos 2\omega t + \cdots + a_n \cos n\omega t + \cdots$$
$$+ b_1 \sin\omega t + b_2 \sin 2\omega t + \cdots + b_n \sin n\omega t + \cdots \qquad \cdots\cdots (11.2)$$

이고 식 11.2를 정리하면

$$f(t) = a_0 + \sum_{n=1}^{\infty} a_n \cos n\omega t + \sum_{n=1}^{\infty} b_n \sin n\omega t \qquad \cdots\cdots (11.3)$$

이다. 식 11.3에서 동일한 주파수를 갖는 sin파와 cos파를 합성하면

$$f(t) = a_0 + (a_1 \cos \omega t + b_1 \sin \omega t) + (a_2 \cos 2\omega t + b_2 \sin 2\omega t) + \cdots$$
$$+ (a_n \cos n\omega t + b_n \sin n\omega t) + \cdots$$
$$= a_0 + \sum_{n=1}^{\infty} A_n \sin (n\omega t + \theta_n) \qquad \cdots\cdots (11.4)$$

이고 여기서, $A_n = \sqrt{a_n^2 + b_n^2}$, $\theta_n = \tan^{-1}\dfrac{a_n}{b_n}$ 이다.

따라서, 비정현파는

$$\text{비정현파} = \text{직류분} + \text{기본파} + \text{고조파} \qquad \cdots\cdots (11.5)$$

임을 알 수 있다.

푸리에 급수를 해석하기 위해서 $a_0$, $a_n$, $b_n$과 같은 푸리에 계수(Fourier coefficient)를 결정하는 방법은 다음과 같다.

### 1.2.1 $a_0$의 결정

직류 성분인 $a_0$는 비정현파에 대한 1주기 동안의 평균값으로, $a_0$를 구하기 위해서 식 11.3의 양변을 1주기 동안 $t$에 대해서 적분하면 $\cos n\omega t$항과 $\sin n\omega t$항은 0이므로

$$\int_0^T f(t)dt = \int_0^T a_0\, dt = a_0 T \qquad \cdots\cdots (11.6)$$

이고 $a_0$에 대해서 정리하면

$$a_0 = \frac{1}{T}\int_0^T f(t)dt \qquad \cdots\cdots (11.7)$$

이다. 또한, 식 11.7을 각도인 $\theta = \omega t$에 대해서 나타내면

$$a_0 = \frac{1}{2\pi}\int_0^{2\pi} f(\omega t)d\omega t \qquad \cdots\cdots (11.8)$$

이다.

### 1.2.2 $a_n$의 결정

$a_n$을 구하기 위해서 식 11.3의 양변에 $\cos m\omega t$를 곱하고 1주기 동안 $t$에 대해서 적분하면

$$\int_0^T f(t)\cos m\omega t\,dt = a_0\int_0^T \cos m\omega t\,dt$$
$$+\sum_{n=1}^{\infty} a_n \int_0^T \cos n\omega t \cdot \cos m\omega t\,dt$$
$$+\sum_{n=1}^{\infty} b_n \int_0^T \sin n\omega t \cdot \cos m\omega t\,dt \qquad \cdots\cdots (11.9)$$

이고 식 11.9에서 우변의 제 1항을 1주기 동안 $t$에 대해서 적분하면

$$a_0\int_0^T \cos m\omega t\,dt = 0 \qquad \cdots\cdots (11.10)$$

이다. 식 11.9에서 우변의 제 2항을 1주기 동안 $t$에 대해서 적분하면

$$a_n\int_0^T \cos n\omega t \cdot \cos m\omega t\,dt$$
$$= a_n\int_0^T \frac{1}{2}\{\cos(n+m)\omega t + \cos(n-m)\omega t\}\,dt$$
$$= \frac{a_n}{2}\left[\frac{1}{\omega(n+m)}\sin(n+m)\omega t + \frac{1}{\omega(n-m)}\sin(n-m)\omega t\right]_0^T \cdots\cdots (11.11)$$

이고 여기서, $m \neq n$ 일 때 0 이고, $m = n$ 일 때 $\frac{T}{2}a_n$ 이다.

식 11.9에서 우변의 제 3항을 1주기 동안 $t$에 대해서 적분하면

$$b_n\int_0^T \sin n\omega t \cdot \cos m\omega t\,dt$$
$$= b_n\int_0^T \frac{1}{2}\{\sin(n+m)\omega t + \sin(n-m)\omega t\}\,dt$$
$$= \frac{b_n}{2}\left[\frac{-1}{\omega(n+m)}\cos(n+m)\omega t - \frac{1}{\omega(n-m)}\cos(n-m)\omega t\right]_0^T$$
$$\cdots\cdots (11.12)$$

이고 여기서, $m \neq n$ 일 때와 $m = n$일 때 모두 0이다.

따라서, 식 11.9에서 우변의 제 2항을 1주기 동안 $t$에 대해서 적분하여 $m = n$ 일 때 $\frac{T}{2}a_n$ 이므로 식 11.9는

$$\int_0^T f(t)\cos n\omega t\,dt = \frac{T}{2}a_n \qquad \cdots\cdots (11.13)$$

이고 $a_n$에 대해서 정리하면

$$a_n = \frac{2}{T}\int_0^T f(t)\cos n\omega t\, dt \quad 단,\ n=0,\ 1,\ 2,\cdots \qquad \cdots\cdots (11.14)$$

이다. 또한, 식 11.14를 각도인 $\theta = \omega t$에 대해서 나타내면

$$a_n = \frac{1}{\pi}\int_0^{2\pi} f(\omega t)\cos n\omega t\, d\omega t \quad 단,\ n=0,\ 1,\ 2,\cdots \qquad \cdots\cdots (11.15)$$

이다.

### 1.2.3 $b_n$의 결정

$b_n$을 구하기 위해서 식 11.3의 양변에 $\sin m\omega t$를 곱하고 1주기 동안 $t$에 대해서 적분하면

$$\begin{aligned}\int_0^T f(t)\sin m\omega t\, dt &= a_0\int_0^T \sin m\omega t\, dt \\ &+ \sum_{n=1}^{\infty} a_n \int_0^T \cos n\omega t \cdot \sin m\omega t\, dt \\ &+ \sum_{n=1}^{\infty} b_n \int_0^T \sin n\omega t \cdot \sin m\omega t\, dt \qquad \cdots\cdots (11.16)\end{aligned}$$

이고 식 11.16에서 우변의 제 1항을 1주기 동안 $t$에 대해서 적분하면

$$a_0\int_0^T \sin m\omega t\, dt = 0 \qquad \cdots\cdots (11.17)$$

이다. 식 11.16에서 우변의 제 2항을 1주기 동안 $t$에 대해서 적분하면

$$\begin{aligned}& a_n\int_0^T \cos n\omega t \cdot \sin m\omega t\, dt \\ &= a_n\int_0^T \frac{1}{2}\{\sin(n+m)\omega t - \sin(n-m)\omega t\}\, dt \\ &= \frac{a_n}{2}\left[\frac{-1}{\omega(n+m)}\cos(n+m)\omega t + \frac{1}{\omega(n-m)}\cos(n-m)\omega t\right]_0^T \\ & \qquad \cdots\cdots (11.18)\end{aligned}$$

이고 여기서, $m \neq n$일 때와 $m=n$일 때 모두 0이다.

식 11.16에서 우변의 제 3항을 1주기 동안 $t$에 대해서 적분하면

$$b_n \int_0^T \sin n\omega t \cdot \sin m\omega t \, dt$$
$$= -b_n \int_0^T \frac{1}{2} \{\cos(n+m)\omega t - \cos(n-m)\omega t\} dt$$
$$= -\frac{b_n}{2} \left[ \frac{1}{\omega(n+m)} \sin(n+m)\omega t - \frac{1}{\omega(n-m)} \sin(n-m)\omega t \right]_0^T \quad \cdots\cdots (11.19)$$

이고 여기서, $m \neq n$일 때 0이고 $m = n$일 때 $\frac{T}{2}b_n$이다.

따라서, 식 11.16에서 우변의 제 3항을 1주기 동안 $t$에 대해서 적분하여 $m = n$일 때 $\frac{T}{2}b_n$이므로 식 11.16은

$$\int_0^T f(t) \sin n\omega t \, dt = \frac{T}{2} b_n \quad \cdots\cdots (11.20)$$

이고 $b_n$에 대해서 정리하면

$$b_n = \frac{2}{T} \int_0^T f(t) \sin n\omega t \, dt \quad 단, \; n = 0, \; 1, \; 2, \cdots \quad \cdots\cdots (11.21)$$

이다. 또한, 식 11.21을 각도인 $\theta = \omega t$에 대해서 나타내면

$$b_n = \frac{1}{\pi} \int_0^{2\pi} f(\omega t) \sin n\omega t \, d\omega t \quad 단, \; n = 0, \; 1, \; 2, \; \cdots \quad \cdots\cdots (11.22)$$

이다.

**예제 11.1** 그림 11.3과 같은 반파 사각파를 푸리에 급수로 전개할 때, $a_0$는?

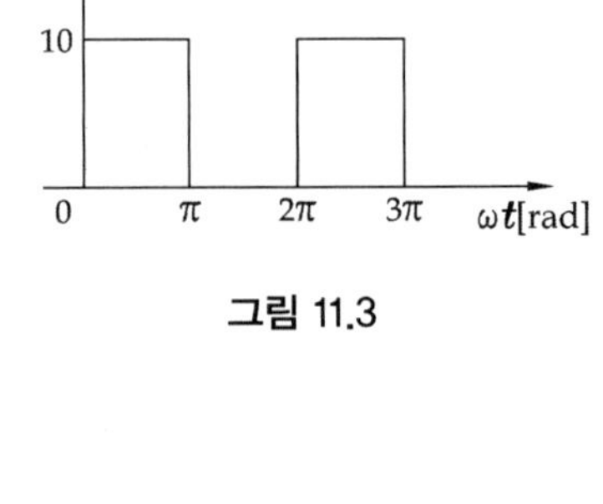


그림 11.3

풀이 그림 11.3으로부터 직류 성분인 $a_0$은 식 11.8에 의해서

$$a_0 = \frac{1}{2\pi}\int_0^{\pi} i(wt)\,d\omega t = \frac{1}{2\pi}\int_0^{\pi} 10\,d\omega t = \frac{10}{2\pi}[\omega t]_0^{\pi} = \frac{10}{2\pi}\cdot(\pi-0) = 5[\mathrm{A}]$$

**예제 11.2** 그림 11.4와 같은 반파 정류파를 푸리에 급수로 전개하시오.

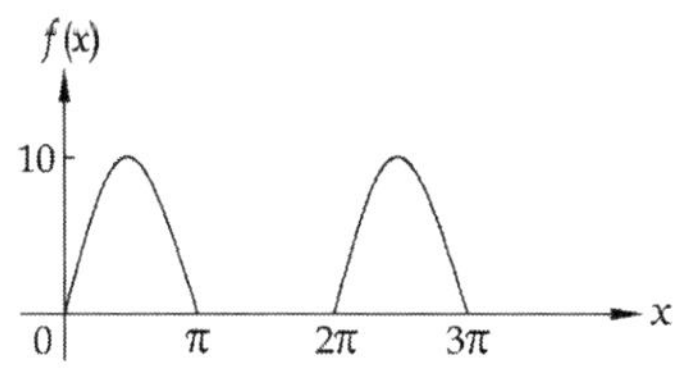

그림 11.4

풀이 그림 11.4와 같은 반파 정류파는 $0 \le x < \pi$일 때, $f(x) = 10\sin x$이고 1주기마다 파형이 반복되므로 $a_0$는 식 11.8에 의해서

$$\begin{aligned} a_0 &= \frac{1}{2\pi}\int_0^{\pi} f(x)dx = \frac{1}{2\pi}\int_0^{\pi} 10\sin x\,dx \\ &= \frac{10}{2\pi}[-\cos x]_0^{\pi} = \frac{5}{\pi}(-\cos\pi + \cos 0) \\ &= \frac{5}{\pi}\times 2 = \frac{10}{\pi} \end{aligned}$$

$a_n$은 식 11.15에 의해서

$$\begin{aligned} a_n &= \frac{1}{\pi}\int_0^{\pi} f(x)\cos nx\,dx = \frac{1}{\pi}\int_0^{\pi} 10\sin x\cos nx\,dx \\ &= \frac{10}{2\pi}\int_0^{\pi}\{\sin(1+n)x + \sin(1-n)x\}dx \\ &= \frac{5}{\pi}\int_0^{\pi}\{\sin(n+1)x - \sin(n-1)x\}dx \\ &= \frac{5}{\pi}\left[\frac{-\cos(n+1)x}{n+1} + \frac{\cos(n-1)x}{n-1}\right]_0^{\pi} \\ &= \frac{5}{\pi}\left[\left\{\frac{-\cos(n+1)\pi}{n+1} + \frac{\cos(n-1)\pi}{n-1}\right\} - \left(\frac{-\cos 0}{n+1} + \frac{\cos 0}{n-1}\right)\right]\Bigg\} \end{aligned}$$

여기서, $n$이 홀수일 때 $a_n = 0$, $n$이 짝수일 때 $a_n = \dfrac{-20}{\pi(n^2-1)}$이므로

$$a_n = \frac{-20}{\pi(n^2-1)}$$

$b_n$은 식 11.22에 의해서

$$b_n = \frac{1}{\pi}\int_0^{\pi} f(x)\sin nx\,dx = \frac{1}{\pi}\int_0^{\pi} 10\sin x\sin nx\,dx$$

여기서, $n=1$일 때

$$b_n = \frac{1}{\pi}\int_0^{\pi} 10\sin^2 x\,dx = \frac{10}{\pi}\int_0^{\pi}\frac{1-\cos 2x}{2}\,dx$$

$$= \frac{10}{2\pi}\int_0^{\pi}(1-\cos 2x)\,dx = \frac{5}{\pi}[x-\frac{1}{2}\sin 2x]_0^{\pi}$$

$$= \frac{5}{\pi}\left\{\left(\pi-\frac{1}{2}\sin 2\pi\right)-\left(0-\frac{1}{2}\sin 0\right)\right\} = 5$$

따라서, $n=1$일 때, $b_1=5$

여기서, $n=2,\ 3,\ 4,\ \cdots$ 일 때, $b_n$은 식 11.22에 의해서

$$b_n = \frac{1}{\pi}\int_0^{\pi} f(x)\sin nx\,dx = \frac{1}{\pi}\int_0^{\pi} 10\sin x\sin nx\,dx$$

$$= -\frac{10}{2\pi}\int_0^{\pi}\{\cos(1+n)x-\cos(1-n)x\}dx$$

$$= -\frac{5}{\pi}\int_0^{\pi}\{\cos(n+1)x-\cos(n-1)x\}dx$$

$$= -\frac{5}{\pi}\left[\frac{\sin(n+1)x}{n+1}-\frac{\sin(n-1)x}{n-1}\right]_0^{\pi}$$

$$= -\frac{5}{\pi}\left[\left\{\frac{\sin(n+1)\pi}{n+1}-\frac{\sin(n-1)\pi}{n-1}\right\}-\left(\frac{\sin 0}{n+1}-\frac{\sin 0}{n-1}\right)\right]$$

여기서, $n=2,\ 3,\ 4,\ \cdots$ 일 때, $b_2=b_3=b_4=\cdots=b_n=0$

따라서, $f(x)$를 푸리에 급수로 전개하면, 식 11.3에 의해서

$$f(x) = 10\left\{\frac{1}{\pi}-\frac{2}{\pi}\left(\frac{\cos 2x}{3}+\frac{\cos 4x}{15}+\frac{\cos 6x}{35}+\cdots\right)+\frac{1}{2}\sin x\right\}$$

# 2 대칭성 비정현 주기파의 푸리에 급수 해석

## 2.1 기함수파

그림 11.5와 같이 원점에 대해서 대칭인 파형을 기함수파(odd function wave) 또는 정현 대칭파라고 한다.

그림 11.5로부터 기함수파는 원점을 중심으로 파형이 서로 일치해야 하며 원점에 대칭이기 때문에, 1주기 동안의 평균값은 0이다. 이는 푸리에 급수의 전개식인 식 11.3으로부터 기함수파는 원점에 대칭이기 때문에 직류 성분인 $a_0=0$이므로

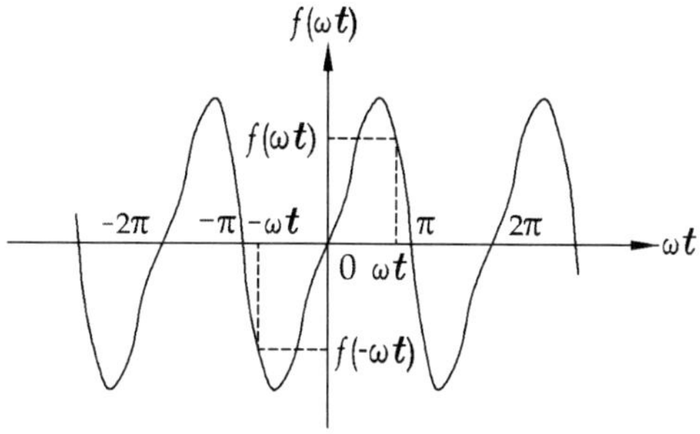


그림 11.5 기함수파

$$f(\omega t) = \sum_{n=1}^{\infty} a_n \cos nwt + \sum_{n=1}^{\infty} b_n \sin nwt \qquad \cdots\cdots (11.23)$$

$$-f(-\omega t) = -\sum_{n=1}^{\infty} a_n \cos n(-\omega t) - \sum_{n=1}^{\infty} b_n \sin n(-\omega t)$$

$$= -\sum_{n=1}^{\infty} a_n \cos n\omega t + \sum_{n=1}^{\infty} b_n \sin n\omega t \qquad \cdots\cdots (11.24)$$

이고 그림 11.5로부터 $f(\omega t) = -f(-\omega t)$이므로, 식 11.23과 11.24를 더하면

$$f(\omega t) = \sum_{n=1}^{\infty} b_n \sin n\omega t \qquad \cdots\cdots (11.25)$$

이다.

따라서, 기함수파에 대한 푸리에 급수를 구할 때에는 식 11.25와 같이 푸리에 급수의 일반식 중 $a_0$, $a_n$은 필요하지 않고 $b_n$만 필요한 것을 알 수 있다.

또한, $b_n$은 식 11.22에 의해서

$$b_n = \frac{1}{\pi}\int_0^{2\pi} f(\omega t) \sin n\omega t \, d\omega t$$

$$\text{단, } n = 0,\ 1,\ 2,\ \cdots \qquad \cdots\cdots (11.26)$$

이며 그림 11.5로부터 $b_n$은 1주기가 아닌 반주기 동안 적분한 값에 2배를 하면

$$b_n = \frac{2}{\pi}\int_0^{\pi} f(\omega t) \sin n\omega t \, d\omega t$$

$$\text{단, } n = 0,\ 1,\ 2,\ \cdots \qquad \cdots\cdots (11.27)$$

이다.

한편, 푸리에 계수 $b_n$을 시간 $t$에 대해서 나타내면, 식 11.21에 의해서

$$b_n = \frac{2}{T}\int_0^T f(t)\sin n\omega t\,dt$$

단, $n = 0,\ 1,\ 2,\ \cdots$ ...... (11.28)

이며 그림 11.5로부터 $b_n$은 1주기가 아닌 반주기 동안 적분한 값에 2배를 하면

$$b_n = \frac{4}{T}\int_0^{T/2} f(t)\sin n\omega t\,dt$$

단, $n = 0,\ 1,\ 2,\ \cdots$ ...... (11.29)

이다.

**예제 11.3** 그림 11.6과 같은 톱니파를 푸리에 급수로 전개하시오.

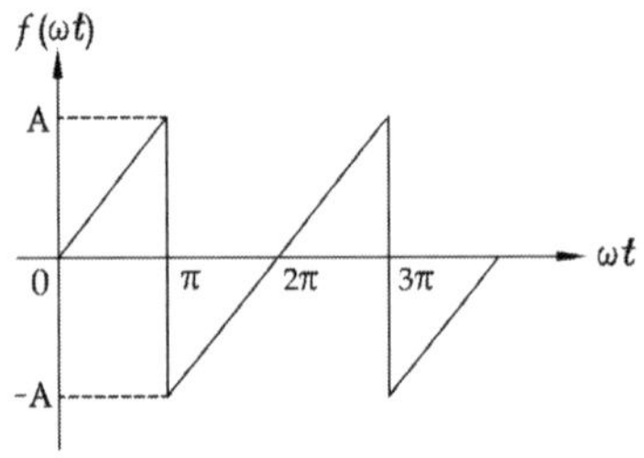


**그림 11.6**

풀이 그림 11.6은 원점에 대칭이므로 기함수파이며 푸리에 급수를 구할 때 $a_0$, $a_n$은 필요하지 않고 $b_n$만 필요하다.

$0 \le \omega t < \pi$일 때 $f(\omega t) = \dfrac{A}{\pi}\omega t$이고 반주기마다 파형이 반복되므로 $b_n$은 식 11.27에 의해서

$$b_n = \frac{2}{\pi}\int_0^{\pi}\frac{A}{\pi}\omega t\cdot\sin n\omega t\,d(\omega t) = \frac{2A}{\pi^2}\int_0^{\pi}\omega t\cdot\sin n\omega t\,d(\omega t)$$
$$= \frac{2A}{\pi^2}\left\{\left[-\frac{\omega t\cos n\omega t}{n}\right]_0^{\pi} + \int_0^{\pi}\frac{\cos n\omega t\,d(\omega t)}{n}\right\}$$
$$= \frac{2A}{\pi^2}\left\{\left[-\frac{\omega t\cos n\omega t}{n}\right]_0^{\pi} + \left[\frac{\sin n\omega t}{n^2}\right]_0^{\pi}\right\}$$
$$= \frac{2A}{\pi^2}\left\{\left(-\frac{\pi\cos n\pi}{n} + \frac{0\cos 0}{n}\right) + \left(\frac{\sin n\pi}{n^2} - \frac{\sin 0}{n^2}\right)\right\}$$
$$= \frac{2A}{\pi^2}\left(-\frac{\pi\cos n\pi}{n}\right) = \frac{2A}{\pi}\left\{-\frac{(-1)^n}{n}\right\}$$

따라서, $f(\omega t)$를 푸리에 급수로 전개하면 식 11.25에 의해서

$$f(\omega t)=\sum_{n=1}^{\infty}\frac{2A}{\pi}\left\{-\frac{(-1)^n}{n}\right\}\sin n\omega t$$
$$=\frac{2A}{\pi}\left\{\sin\omega t-\frac{1}{2}\sin 2\omega t+\frac{1}{3}\sin 3\omega t-\cdots-\frac{(-1)^n}{n}\sin n\omega t+\cdots\right\}$$

단, $n=0,\ 1,\ 2,\ \cdots$

## 2.2 우함수파

그림 11.7과 같이 $y$축에 대해서 대칭인 파형을 우함수파(even function wave) 또는 여현 대칭파라고 한다.

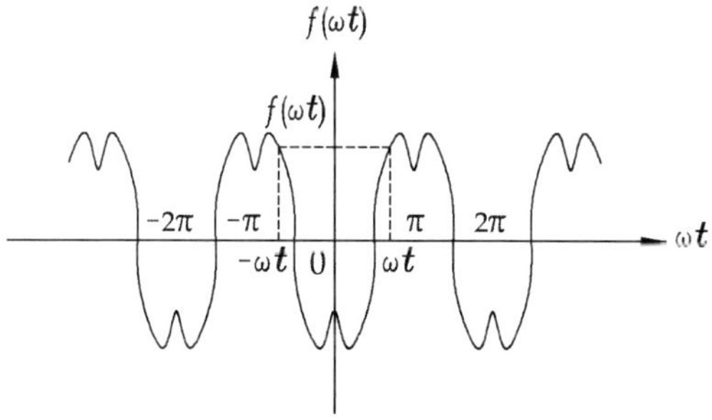


**그림 11.7** 우함수파

그림 11.7로부터 $y$축을 대칭으로 파형이 서로 일치해야 하며 이는 푸리에 급수의 전개식인 식 11.3으로부터

$$f(\omega t)=a_0+\sum_{n=1}^{\infty}a_n\cos n\omega t+\sum_{n=1}^{\infty}b_n\sin n\omega t \quad \cdots\cdots (11.30)$$

$$f(-\omega t)=a_0+\sum_{n=1}^{\infty}a_n\cos n(-\omega t)+\sum_{n=1}^{\infty}b_n\sin n(-\omega t)$$
$$=a_0+\sum_{n=1}^{\infty}a_n\cos n\omega t-\sum_{n=1}^{\infty}b_n\sin n\omega t \quad \cdots\cdots (11.31)$$

이고 그림 11.7로부터 $f(\omega t)=f(-\omega t)$이므로 식 11.30과 11.31을 더하면

$$f(\omega t)=a_0+\sum_{n=1}^{\infty}a_n\cos n\omega t \quad \cdots\cdots (11.32)$$

이다.

따라서, 우함수파에 대한 푸리에 급수를 구할 때에는 식 11.32와 같이 푸리에 급수의 일반식 중 $b_n$은 필요하지 않고 $a_0$, $a_n$만 필요한 것을 알 수 있다.

또한, $a_n$은 식 11.15에 의해서

$$a_n = \frac{1}{\pi}\int_0^{2\pi} f(\omega t)\cos n\omega t\, d\omega t$$

단, $n = 0,\ 1,\ 2,\ \cdots$ …… (11.33)

이며 그림 11.7로부터 $a_n$은 1주기가 아닌 반주기 동안 적분한 값에 2배를 하면

$$a_n = \frac{2}{\pi}\int_0^{\pi} f(\omega t)\cos n\omega t\, d\omega t$$

단, $n = 0,\ 1,\ 2,\ \cdots$ …… (11.34)

이다.

한편, 푸리에 계수 $a_n$을 시간 $t$에 대해서 나타내면, 식 11.14에 의해서

$$a_n = \frac{2}{T}\int_0^{T} f(t)\cos n\omega t\, dt$$

단, $n = 0,\ 1,\ 2,\cdots$ …… (11.35)

이며 그림 11.7로부터 $a_n$은 1주기가 아닌 반주기 동안 적분한 값에 2배를 하면

$$a_n = \frac{4}{T}\int_0^{T/2} f(t)\cos n\omega t\, dt$$

단, $n = 0,\ 1,\ 2,\cdots$ …… (11.36)

이다.

**예제 11.4** 그림 11.8과 같은 전파 정류파를 푸리에 급수로 전개하시오.

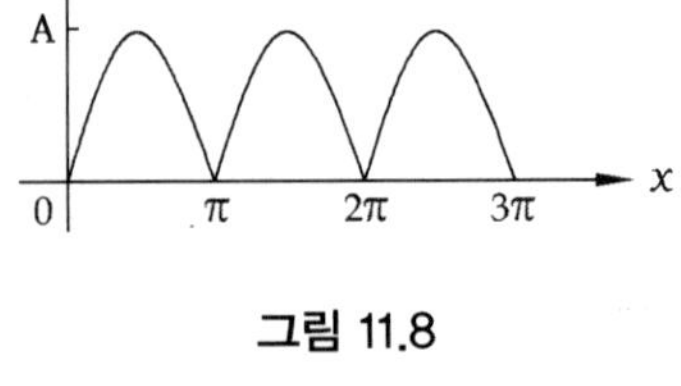


그림 11.8

**풀이** 그림 11.8은 $y$축을 대칭으로 파형이 서로 일치하기 때문에 우함수파이며 푸리에 급수를 구할 때, $b_n$은 필요하지 않고 $a_0$, $a_n$만 필요하다.

$0 \le x < \pi$일 때, $f(x) = A\sin x$이고 반주기마다 파형이 반복되므로 $a_0$는 식 11.8과 같은 1주기 적분값에 2배를 하면

$$\begin{aligned} a_0 &= \frac{1}{\pi}\int_0^\pi A\sin x\,dx = \frac{A}{\pi}[-\cos x]_0^\pi \\ &= \frac{A}{\pi}(-\cos\pi + \cos 0) = \frac{2A}{\pi} \end{aligned}$$

$a_n$은 식 11.15와 같은 1주기 적분값에 2배를 하면

$$\begin{aligned} a_n &= \frac{2}{\pi}\int_0^\pi A\sin x\cos nx\,dx \\ &= \frac{A}{\pi}\int_0^\pi \{\sin(1+n)x + \sin(1-n)x\}dx \\ &= \frac{A}{\pi}\int_0^\pi \{\sin(n+1)x - \sin(n-1)x\}dx \\ &= \frac{A}{\pi}\left[-\frac{\cos(n+1)x}{n+1} + \frac{\cos(n-1)x}{n-1}\right]_0^\pi \\ &= \frac{A}{\pi}\left[\left\{-\frac{\cos(n+1)\pi}{n+1} + \frac{\cos(n-1)\pi}{n-1}\right\} - \left(-\frac{\cos 0}{n+1} + \frac{\cos 0}{n-1}\right)\right] \\ &= \frac{A}{\pi}\left[-\frac{1}{n+1}\{\cos(n+1)\pi - 1\} + \frac{1}{n-1}\{\cos(n-1)\pi - 1\}\right] \end{aligned}$$

여기서, $n$이 홀수일 때, $a_n$은

$$a_n = \frac{A}{\pi}\left\{-\frac{1}{n+1}(1-1) + \frac{1}{n-1}(1-1)\right\} = 0$$

$n$이 짝수일 때, $a_n$은

$$\begin{aligned} a_n &= \frac{A}{\pi}\left\{-\frac{1}{n+1}(-1-1) + \frac{1}{n-1}(-1-1)\right\} \\ &= \frac{A}{\pi}\left(\frac{2}{n+1} - \frac{2}{n-1}\right) = -\frac{4A}{\pi(n^2-1)} \end{aligned}$$

따라서, $f(x)$를 푸리에 급수로 전개하면 식 11.32에 의해서

$$\begin{aligned} f(x) &= a_0 + \sum_{n=1}^{\infty} a_n \cos nx \\ &= \frac{2A}{\pi} - \frac{4A}{\pi}\left(\frac{\cos 2x}{3} + \frac{\cos 4x}{15} + \frac{\cos 6x}{35} + \cdots\right) \\ &= \frac{4A}{\pi}\left(\frac{1}{2} - \frac{\cos 2x}{3} - \frac{\cos 4x}{15} - \frac{\cos 6x}{35} + \cdots\right) \end{aligned}$$

단, $n = 2, 4, 6, \cdots$

## 2.3 반파 대칭파

그림 11.9와 같이 반주기마다 크기가 같고 부호가 반대인 파형을 반파 대칭파라고 한다.

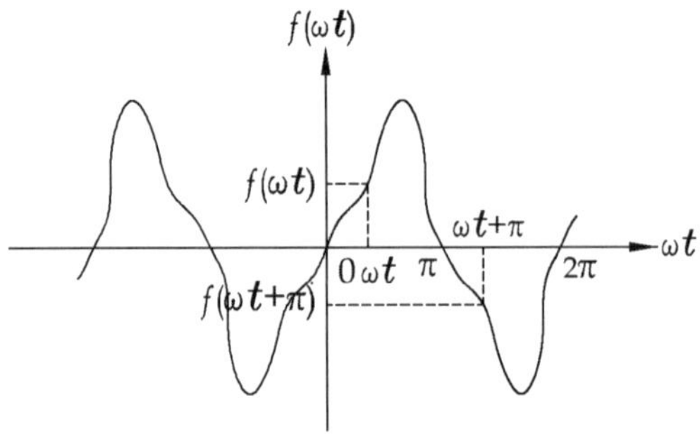


그림 11.9 반파 대칭파

그림 11.9로부터 반파 대칭파는 반주기마다 크기가 같고 부호가 반대인 파형이기 때문에, 파형의 (+) 면적과 (−) 면적이 같다. 이런 이유로 푸리에 급수의 전개식인 식 11.3으로부터 직류 성분인 $a_0 = 0$이기 때문에

$$f(\omega t) = \sum_{n=1}^{\infty} a_n \cos n\omega t + \sum_{n=1}^{\infty} b_n \sin n\omega t \qquad \cdots\cdots (11.37)$$

$$-f(\omega t + \pi) = -\sum_{n=1}^{\infty} a_n \cos n(\omega t + \pi) - \sum_{n=1}^{\infty} b_n \sin n(\omega t + \pi) \qquad \cdots\cdots (11.38)$$

이고 식 11.38에서 $\cos n(\omega t + \pi) = \cos n\omega t \cdot \cos n\pi + \sin n\omega t \cdot \sin n\pi$, $\sin n(\omega t + \pi) = \sin n\omega t \cdot \cos n\pi + \cos n\omega t \cdot \sin n\pi$에 의해서 식 11.38은

$$-f(\omega t + \pi) = -\sum_{n=1}^{\infty} (-1)^n a_n \cos n\omega t - \sum_{n=1}^{\infty} (-1)^n b_n \sin n\omega t \cdots\cdots (11.39)$$

로 변환이 가능하고 식 11.37과 11.38이 같아지기 위해서는 $n$이 홀수이어야 한다.

그림 11.9로부터 $f(\omega t) = -f(\omega t + \pi)$이므로 $n$이 홀수인 조건 하에서 식 11.37과 11.39를 더하면

$$f(\omega t) = \sum_{n=1}^{\infty} a_n \cos n\omega t + \sum_{n=1}^{\infty} b_n \sin n\omega t \qquad \cdots\cdots (11.40)$$

이고 반파 대칭파에 대한 푸리에 급수를 구할 때에는 식 11.40과 같이 푸리에 급수의 일반

식 중 $a_0$는 필요하지 않고 $a_n$, $b_n$만 필요한 것을 알 수 있다.

또한, $a_n$은 식 11.15에 의해서

$$a_n = \frac{1}{\pi}\int_0^{2\pi} f(\omega t)\cos n\omega t\, d\omega t$$

단, $n = 1, 3, 5, \cdots$ …… (11.41)

이며 그림 11.9로부터 $a_n$은 1주기가 아닌 반주기 동안 적분한 값에 2배를 하면

$$a_n = \frac{2}{\pi}\int_0^{\pi} f(\omega t)\cos n\omega t\, d\omega t$$

단, $n = 1, 3, 5, \cdots$ …… (11.42)

이다.

한편, 푸리에 계수 $a_n$은 시간 $t$에 대해서 나타내면, 식 11.14에 의해서

$$a_n = \frac{2}{T}\int_0^{T} f(t)\cos n\omega t\, dt$$

단, $n = 1, 3, 5, \cdots$ …… (11.43)

이며 그림 11.9로부터 $a_n$은 1주기가 아닌 반주기 동안 적분한 값에 2배를 하면

$$a_n = \frac{4}{T}\int_0^{T/2} f(t)\cos n\omega t\, dt$$

단, $n = 1, 3, 5, \cdots$ …… (11.44)

이다.

또한, $b_n$은 식 11.22에 의해서

$$b_n = \frac{1}{\pi}\int_0^{2\pi} f(\omega t)\sin n\omega t\, d\omega t$$

단, $n = 1, 3, 5, \cdots$ …… (11.45)

이며 그림 11.9로부터 $b_n$은 1주기가 아닌 반주기 동안 적분한 값에 2배를 하면

$$b_n = \frac{2}{\pi}\int_0^{\pi} f(\omega t)\sin n\omega t\, d\omega t$$

단, $n = 1, 3, 5, \cdots$ …… (11.46)

이다.

한편, 푸리에 계수 $b_n$을 시간 $t$에 대해서 나타내면, 식 11.21에 의해서

$$b_n = \frac{2}{T}\int_0^T f(t)\sin n\omega t\, dt$$

단, $n=1, 3, 5, \cdots$ …… (11.47)

이며 그림 11.9로부터 $b_n$은 1주기가 아닌 반주기 동안 적분한 값에 2배를 하면

$$b_n = \frac{4}{T}\int_0^{T/2} f(t)\sin n\omega t\, dt$$

단, $n=1, 3, 5, \cdots$ …… (11.48)

이다.

**예제 11.5** 그림 11.10과 같은 삼각파를 푸리에 급수로 전개하시오.

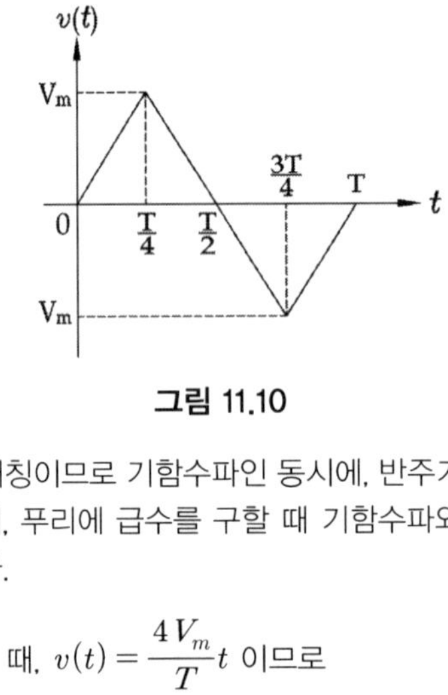


그림 11.10

풀이 그림 11.10은 원점에 대칭이므로 기함수파인 동시에, 반주기마다 크기가 같고 부호가 반대인 반파 대칭파이기 때문에, 푸리에 급수를 구할 때 기함수파와 반파대칭파의 특성을 동시에 갖고 있어서 $b_n$만 필요하다.

$0 \le t < \frac{T}{4}$일 때, $v(t) = \frac{4V_m}{T}t$ 이므로

$b_n$은 식 11.47에 의해서 1주기가 아닌 $\frac{1}{4}$주기 동안 적분한 값에 4배를 하여 구하면 되므로

$$b_n = \frac{8}{T}\int_0^{\frac{T}{4}} v(t)\sin n\omega t\, dt = \frac{8}{T}\int_0^{\frac{T}{4}} \frac{4V_m}{T}t\sin n\omega t\, dt$$

$$= \frac{32V_m}{T^2}\int_0^{\frac{T}{4}} t\sin n\omega t\, dt$$

$$= \frac{32V_m}{T^2}\left[-\frac{1}{n\omega}t\cdot \cos n\omega t\right]_0^{\frac{T}{4}} + \frac{32V_m}{T^2}\int_0^{\frac{T}{4}}\frac{1}{n\omega}\cos n\omega t\, dt$$

$$= \frac{32V_m}{T^2}\left[-\frac{1}{n\omega}t\cdot \cos n\omega t\right]_0^{\frac{T}{4}} + \frac{32V_m}{T^2}\left[\frac{1}{n^2\omega^2}\sin n\omega t\right]_0^{\frac{T}{4}}$$

여기서, $n=1, 5, 9, \cdots$ 일 때, $b_n$은 $b_n = \dfrac{8V_m}{n^2\pi^2}$

$n=3, 7, 11, \cdots$ 일 때, $b_n$은 $b_n = -\dfrac{8V_m}{n^2\pi^2}$

따라서, $v(t)$를 푸리에 급수로 전개하면 식 11.25에 의해서

$$v(t) = \sum_{n=1}^{\infty} b_n \sin n\omega t = \frac{8V_m}{\pi^2}\left(\sin\omega t - \frac{1}{9}\sin 3\omega t + \frac{1}{25}\sin 5\omega t - \cdots\right)$$

**표 11.1** 각 파형의 대칭 조건

| 파형 / 조건 및 결과 | 기함수파 | 우함수파 | 반파 대칭파 |
|---|---|---|---|
| 대칭 조건 | $f(\omega t) = -f(-\omega t)$ | $f(\omega t) = f(-\omega t)$ | $f(\omega t) = -f(\omega t + \frac{T}{2})$ |
| 결 과 | sin항만 존재 | cos항과 $a_0$만 존재 | 고조파 차수가 홀수차 항인 sin항과 cos항만 존재 |

## 3 비정현 주기파의 실효값

주기파 전류의 실효값 $I$는 식 3.18에 의해서

$$I = \sqrt{\frac{1}{T}\int_0^T i^2(t)\,dt} \qquad \cdots\cdots (11.49)$$

이고 비정현파 주기파 전류 $i$는 식 11.4에 의해서

$$i(t) = I_0 + \sum_{n=1}^{\infty} I_{mn}\sin(n\omega t + \theta_n) \qquad \cdots\cdots (11.50)$$

이다. 여기서, $I_0$는 직류분, $I_{mn}$은 제 $n$차 고조파 전류의 최대값이다.

비정현 주기파 전류의 실효값 $I$를 구하기 위해서 비정현파 주기파 전류 $i(t)$를 제곱하면

① 직류의 곱셈 : $I_0^2$

② 직류와 정현파의 곱셈 : $I_0 I_{mn}\sin(n\omega t + \theta_n)$

③ 주파수가 같은 2개 정현파의 곱셈 : $I_{mn}^2\sin^2(n\omega t + \theta_n)$

④ 주파수가 다른 2개 정현파의 곱셈 : $I_{mn}I_{ml}\sin(n\omega t + \theta_n)\sin(l\omega t + \theta_l)$

단, $n \neq l$ $\cdots\cdots$ (11.51)

이고 비정현파 주기파의 실효값 $I$는 식 11.49로부터

① $\frac{1}{T}\int_0^T I_0^2 dt = I_0^2$

② $\frac{1}{T}\int_0^T I_0 I_{mn}\sin(n\omega t+\theta_n)\,dt = 0$

③ $\frac{1}{T}\int_0^T I_{mn}^2 \sin^2(n\omega t+\theta_n)\,dt = \frac{I_{mn}^2}{2} = I_n^2$

④ $\frac{1}{T}\int_0^T I_{mn}I_{ml}\sin(n\omega t+\theta_n)\sin(l\omega t+\theta_l)\,dt = 0$ ...... (11.52)

이다.

비정현파 주기파의 실효값 $I$를 구하기 위해서 식 11.49에 식 11.52의 각 항을 대입하면

$$I = \sqrt{I_0^2 + \Sigma I_n^2} = \sqrt{I_0^2 + I_1^2 + I_2^2 + \cdots} \quad \cdots\cdots (11.53)$$

이다. 여기서, $I_n$은 제 $n$차 고조파 전류의 실효값이다.

따라서, 비정현파 주기파의 실효값 $I$는 식 11.53으로부터 직류, 기본파 및 각 고조파 실효값의 제곱의 합에 대한 제곱근임을 알 수 있다.

또한, 비정현 주기파에 있어서 기본파와 비교하여 고조파 성분이 포함된 정도를 왜형률(distortion factor)이라고 하며 왜형률은 정현파에 가까울수록 작아진다.

$$\text{왜형률} = \frac{\text{전 고조파의 실효값}}{\text{기본파의 실효값}} = \frac{\sqrt{I_2^2 + I_3^2 + I_4^2 + \cdots}}{I_1} \quad \cdots\cdots (11.54)$$

**표 11.2** 각 파형의 왜형률

| 파형 | 정현파 | 삼각파 | 전파 정류파 | 반파 정류파 | 직사각파 |
|---|---|---|---|---|---|
| 왜형률 | 0 | 0.1904 | 0.2273 | 0.4352 | 0.4834 |

**예제 11.6** 비정현 주기파 전압 $v(t) = \sqrt{2}\,100\sin\omega t + \sqrt{2}\,50\sin 2\omega t + \sqrt{2}\,30\sin 3\omega t$[V]일 때, 파형의 실효값 전압 $V$[V]는?

풀이 비정현 주기파 전압의 실효값 $V$는 식 11.53으로부터 기본파와 각 고조파 실효값의 제곱의 합에 대한 제곱근이므로

$V = \sqrt{V_1^2 + V_2^2 + V_3^2} = \sqrt{100^2 + 50^2 + 30^2} \fallingdotseq 115.76$ [V]

**예제 11.7** 비정현 주기파 전압 $v(t)=100\sin\omega t+40\sin 2\omega t+30\sin(3\omega t+60°)$[V]일 때, 파형의 왜형률[%]은?

풀이 비정현 주기파 전압의 기본파와 제 2고조파, 제 3고조파 전압의 실효값은

$$V_1=\frac{100}{\sqrt{2}}[\text{V}],\quad V_2=\frac{40}{\sqrt{2}}[\text{V}],\quad V_3=\frac{30}{\sqrt{2}}[\text{V}]$$

비정현 주기파 전압의 왜형률은 식 11.54에 의해서

$$\text{왜형률}=\frac{\sqrt{\left(\frac{40}{\sqrt{2}}\right)^2+\left(\frac{30}{\sqrt{2}}\right)^2}}{\frac{100}{\sqrt{2}}}=\frac{50}{100}=0.5=50[\%]$$

## 3.1 비정현 주기파의 전력

비정현 주기파 회로에 대한 전압 $v(t)$와 전류 $i(t)$는

$$v(t)=V_0+V_{m1}\sin(\omega t+\alpha_1)+V_{m2}\sin(2\omega t+\alpha_2)+\cdots \qquad \cdots\cdots (11.55)$$

$$i(t)=I_0+I_{m1}\sin(\omega t+\beta_1)+I_{m2}\sin(2\omega t+\beta_2)+\cdots \qquad \cdots\cdots (11.56)$$

일 때, 회로에 공급되는 순시 전력은 $p=vi$이고 평균 전력 $P$는

$$P=\frac{1}{T}\int_0^T p\,dt=\frac{1}{T}\int_0^T vi\,dt[\text{W}] \qquad \cdots\cdots (11.57)$$

이다. 평균 전력 $P$를 구하기 위해서 전압 $v(t)$와 전류 $i(t)$를 곱하면

① 직류의 곱셈 : $V_0I_0$

② 직류와 교류의 곱셈 : $V_0I_{mn}\sin(n\omega t+\beta_n)$ 또는 $I_0V_{mn}\sin(n\omega t+\alpha_n)$

③ 주파수가 같은 2개 정현파의 곱셈 : $V_{mn}I_{mn}\sin(n\omega t+\alpha_n)\cdot\sin(n\omega t+\beta_n)$

④ 주파수가 다른 2개 정현파의 곱셈 : $V_{mn}I_{ml}\sin(n\omega t+\alpha_n)\cdot\sin(l\omega t+\beta_l)$

단, $n\neq l$ $\qquad \cdots\cdots (11.58)$

이다. 비정현 주기파 회로의 평균 전력 $P$는 식 11.57로부터

① $\frac{1}{T}\int_0^T V_0I_0\,dt=V_0I_0$

② $\frac{1}{T}\int_0^T V_0 I_{mn} \sin(n\omega t + \beta_n)\, dt = 0$

③ $\frac{1}{T}\int_0^T V_{mn} I_{mn} \sin(n\omega t + \alpha_n) \cdot \sin(n\omega t + \beta_n)\, dt = \frac{1}{2} V_{mn} I_{mn} \cos\theta_n = V_n I_n \cos\theta_n$

여기서, $\theta_n = \alpha_n - \beta_n$, $V_n$과 $I_n$은 각 고조파의 실효값

④ $\frac{1}{T}\int_0^T V_{mn} I_{ml} \sin(n\omega t + \alpha_n) \cdot \sin(l\omega t + \beta_l)\, dt = 0$ ...... (11.59)

이다. 비정현 주기파 회로의 평균 전력 $P$를 구하기 위해서 식 11.57에 식 11.59의 각 항을 대입하면

$$\begin{aligned} P &= V_0 I_0 + \sum_{n=1}^{\infty} V_n I_n \cos\theta_n \\ &= V_0 I_0 + V_1 I_1 \cos\theta_1 + V_2 I_2 \cos\theta_2 + \cdots \\ &= P_0 + P_1 + P_2 + \cdots [\text{W}] \end{aligned} \qquad \cdots\cdots (11.60)$$

이다.

따라서, 비정현 주기파 회로의 평균 전력 $P$는 식 11.60으로부터 직류 및 각 고조파의 평균 전력에 대한 총합임을 알 수 있다.

비정현 주기파 회로에 대한 무효 전력 $P_r$은

$$P_r = \sum_{n=1}^{\infty} V_n I_n \sin\theta_n = V_1 I_1 \sin\theta_1 + V_2 I_2 \sin\theta_2 + \cdots [\text{Var}] \qquad \cdots\cdots (11.61)$$

이고 피상 전력 $P_a$는

$$P_a = V_0 I_0 + \sum_{n=1}^{\infty} V_n I_n = V_0 I_0 + V_1 I_1 + V_2 I_2 + \cdots [\text{VA}] \qquad \cdots\cdots (11.62)$$

이다. 역률 $\cos\theta$는

$$\begin{aligned} \cos\theta &= \frac{P}{P_a} = \frac{P}{VI} \\ &= \frac{V_0 I_0 + V_1 I_1 \cos\theta_1 + V_2 I_2 \cos\theta_2 + \cdots}{\sqrt{V_0^2 + V_1^2 + V_2^2 + \cdots}\sqrt{I_0^2 + I_1^2 + I_2^2 + \cdots}} \end{aligned} \qquad \cdots\cdots (11.63)$$

이다.

**예제 11.8** 비정현 주기파 전압 $v$와 전류 $i$가 각각

$$v(t) = 100\sin\omega t - 50\sin(3\omega t + 30°) + 20\sin(5\omega t + 45°)[\text{V}]$$
$$i(t) = 20\sin(\omega t + 30°) + 10\sin(3\omega t - 30°) + 5\cos 5\omega t[\text{A}]$$

일 때, 유효 전력 $P$[W]와 피상 전력 $P_a$[VA]는?

풀이 비정현 주기파 전류 $i(t)$에서 $\cos 5\omega t$는 $\sin(5\omega t + 90°)$로 변환이 가능하므로 유효 전력 $P$는

$$P = V_1 I_1 \cos\theta_1 + V_3 I_3 \cos\theta_3 + V_5 I_5 \cos\theta_5$$
$$= \frac{100}{\sqrt{2}} \cdot \frac{20}{\sqrt{2}}\cos 30° - \frac{50}{\sqrt{2}} \cdot \frac{10}{\sqrt{2}}\cos 60° + \frac{20}{\sqrt{2}} \cdot \frac{5}{\sqrt{2}}\cos 45°$$
$$= \frac{2{,}000}{2} \cdot \frac{\sqrt{3}}{2} - \frac{500}{2} \cdot \frac{1}{2} + \frac{100}{2} \cdot \frac{\sqrt{2}}{2}$$
$$\fallingdotseq 776.38[\text{V}]$$

피상 전력 $P_a$는

$$P_a = VI$$
$$= \sqrt{\left(\frac{100}{\sqrt{2}}\right)^2 + \left(-\frac{50}{\sqrt{2}}\right)^2 + \left(\frac{20}{\sqrt{2}}\right)^2} \cdot \sqrt{\left(\frac{20}{\sqrt{2}}\right)^2 + \left(\frac{10}{\sqrt{2}}\right)^2 + \left(\frac{5}{\sqrt{2}}\right)^2}$$
$$\fallingdotseq 1{,}301.20[\text{VA}]$$

**예제 11.9** $R = 8[\Omega]$, $\omega L = 6[\Omega]$인 직렬 회로에 비정현 주기파 전압 $v(t) = 200\sqrt{2}\sin\omega t + 100\sqrt{2}\sin 3\omega t$[V]를 인가할 때, 회로에서 소비되는 전력 $P$[W]는?

풀이 기본파에 대한 전류 $I_1$은

$$I_1 = \frac{V_1}{Z_1} = \frac{V_1}{\sqrt{R^2 + (\omega L)^2}} = \frac{200}{\sqrt{8^2 + 6^2}} = 20[\text{A}]$$

제 3고조파에 대한 전류 $I_3$는

$$I_3 = \frac{V_3}{Z_3} = \frac{V_3}{\sqrt{R^2 + (3\omega L)^2}} = \frac{100}{\sqrt{8^2 + 18^2}} \fallingdotseq 5.08[\text{A}]$$

따라서, 회로에서 소비되는 전력 $P$는

$$P = I_1^2 R + I_3^2 R = 20^2 \times 8 + 5.08^2 \times 8 \fallingdotseq 3{,}406.45[\text{W}]$$

# 제 11 장 연습문제

1. 그림 1과 같은 톱니파를 푸리에 급수로 전개하시오.

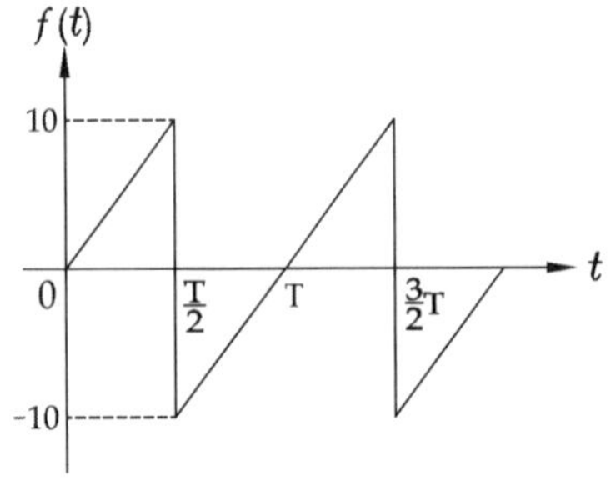


그림 1

정답 $f(t)=\frac{40}{\omega T}\left\{\sin\omega t-\frac{1}{2}\sin 2\omega t+\frac{1}{3}\sin 3\omega t-\cdots-\frac{(-1)^n}{n}\sin n\omega t+\cdots-\right\}$

단, $n=0,\ 1,\ 2,\ \cdots$

2. 그림 2와 같은 사각파를 푸리에 급수로 전개하시오.

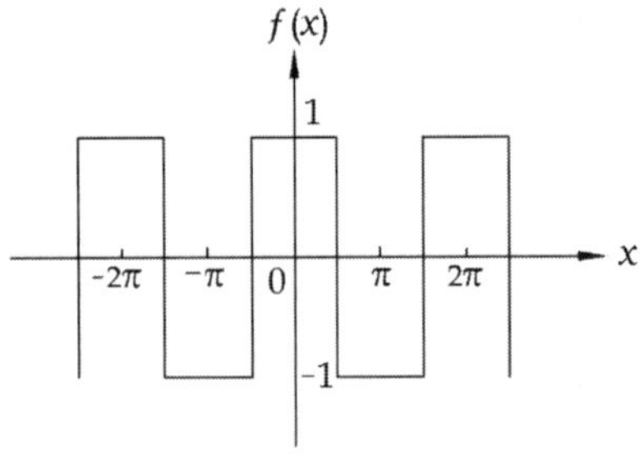


그림 2

정답 $f(x)=\frac{4}{\pi}(\cos x-\frac{1}{3}\cos 3x+\frac{1}{5}\cos 5x-\frac{1}{7}\cos 7x+\cdots)$

3. 비정현 주기파 전압 $v(t)=\sqrt{2}\,50\sin\omega t+\sqrt{2}\,30\sin 2\omega t+\sqrt{2}\,20\sin 3\omega t$ [V]일 때, 전압의 실효값 $V$ [V]는?

정답 $V=61.64$[V]

4. $R=2[\Omega]$, $X_L=2[\Omega]$인 $RL$ 직렬 회로에 $v(t)=20+50\sqrt{2}\sin\omega t+80\sqrt{2}\sin(3\omega t+30°)+100\sqrt{2}\sin(5\omega t+60°)$[V]인 전압이 인가될 때, 제 3고조파 전류의 실효값 $I_3$[A]는?

정답 $I_3=4\sqrt{10}$ [A]

5. $R=10[\Omega]$, $X_L=5[\Omega]$인 $RL$ 직렬 회로에 $v(t)=50\sqrt{2}\sin\omega t+20\sqrt{2}\sin 3\omega t$[V]인 전압이 인가될 때, 회로에 흐르는 전류의 순시값 $i(t)$[A]는?

정답 $i(t)=\sqrt{2}\,4.47\sin(\omega t-26.57°)+\sqrt{2}\,1.11\sin(3\omega t-56.31°)$[A]

6. 그림 3과 같은 회로에 $v(t)=200\sin 50\pi t+100\sin 100\pi t+50\sin 200\pi t$[V]인 전압을 인가할 때, 회로에 흐르는 전류 $i(t)$[A]는?

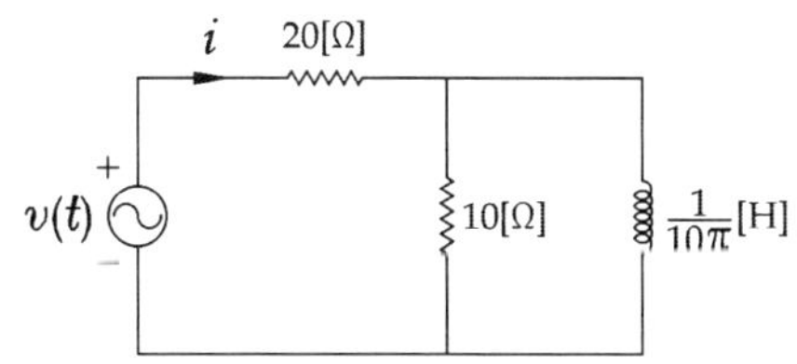


그림 3

정답 $i(t)=8.94\sin(50\pi t-10.30°)+3.92\sin(100\pi t-11.31°)+1.77\sin(200\pi t-8.13°)$[A]

7. 회로에서의 전압 $v(t)$와 전류 $i(t)$가 각각

$v(t)=150\sin(\omega t+45°)+100\sin 3\omega t+50\sin(5\omega t+60°)$[V]

$i(t)=50\sin\omega t+20\sin(3\omega t-30°)+10\sin 5\omega t$ [A]

일 때, 회로에서 소비되는 전력 $P$ [W]는?

정답 $P=3{,}642.68$[W]

8. $R=20[\Omega]$인 저항에 $i(t)=20+40\sqrt{2}\sin\omega t+15\sqrt{2}\sin 2\omega t$[A]인 전류가 흐를 때, 저항에서 소비되는 평균 전력 $P$[kW]는?

정답 $P=44.5$[kW]

9. 기본파의 20[%]인 제 3고조파와 10[%]인 제 5고조파를 포함하고 있는 전압의 왜형률을 구하시오.

정답 왜형률=0.22

10. 전류 $i(t) = 30\sin\omega t + 20\sin 3\omega t + 10\sin 5\omega t$ [A]의 왜형률은?

정답 왜형률=0.75

# 12장 회로의 과도 현상

## 1 RL 직렬 회로

### 1.1 직류 전압의 인가

지금까지는 회로에 인가되는 전압이나 전류가 정상 상태(steady state)인 경우에 대해서 회로 해석을 하였으나, 이번 장에서는 회로에서 하나의 정상 상태로부터 변화하여 다른 정상 상태로 안정화되기까지의 과도 현상(transient state)에 대해서 알아보고자 한다. 이와 같이 과도 현상의 원인은 하나의 정상 상태에서 다른 정상 상태로 변화할 때, 회로의 에너지 축적 소자인 $L$ 또는 $C$ 에서의 에너지 상태 변화로 인한 에너지의 이동과 소비로 인해서 발생하는 것이다.

그림 12.1과 같은 $RL$ 직렬 회로에서 $t=0$ 에서 스위치 $S$를 닫아서 직류 전압 $E$가 인가될 때 회로에 흐르는 전류를 $i(t)$라고 하면, K.V.L에 의해서 회로에서의 전압 방정식은

$$v_R(t)+v_L(t)=Ri(t)+L\frac{di(t)}{dt}=E\,[\mathrm{V}] \qquad \cdots\cdots (12.1)$$

이다.

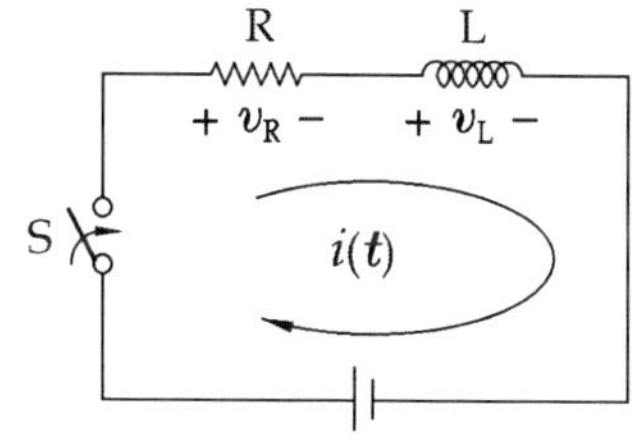


그림 12.1 직류 전압이 인가된 $RL$ 직렬 회로

식 12.1의 미분 방정식에서 전류 $i(t)$는 일반해(general solution)라고 하고 정상해(steady state solution)인 $i_s(t)$와 과도해(transient state solution)인 $i_t(t)$의 합이다.

따라서, 전류의 일반해 $i(t)$는

$$i(t) = i_s(t) + i_t(t)[\mathrm{A}] \qquad \cdots\cdots (12.2)$$

이고 직류 전압을 계속 인가하여 정상 상태($t = \infty$)가 되면, 식 12.1에서 $\frac{di(t)}{dt} = 0$이 되어 전류의 정상해 $i_s(t)$는

$$i_s(t) = \frac{E}{R}[\mathrm{A}] \qquad \cdots\cdots (12.3)$$

이다.

한편, 스위치 $S$를 열어서 직류 전압을 인가하지 않는 $E = 0$인 상태가 되면, 식 12.1은

$$Ri(t) + L\frac{di(t)}{dt} = 0[\mathrm{V}] \qquad \cdots\cdots (12.4)$$

가 되고 양변을 변수 분리하면

$$\frac{di(t)}{i(t)} = -\frac{R}{L}dt \qquad \cdots\cdots (12.5)$$

이고 양변을 적분하면

$$\int \frac{di(t)}{i(t)} = -\frac{R}{L}\int 1\,dt \qquad \cdots\cdots (12.6)$$

이다. 식 12.6을 정리하면

$$\ln i(t) = -\frac{R}{L}t + a \qquad \cdots\cdots (12.7)$$

이고 지수함수 형식으로 변환하면 전류의 과도해 $i_t(t)$는

$$i_t(t) = e^{-\frac{R}{L}t + a} = e^a e^{-\frac{R}{L}t} = Ae^{-\frac{R}{L}t}[\mathrm{A}] \qquad \cdots\cdots (12.8)$$

이다. 여기서, $A = e^a$이고 $A$는 초기 조건(initial condition)에 의해서 결정된다.

따라서, 식 12.2에서 전류의 일반해 $i(t)$는

$$i(t) = i_s(t) + i_t(t) = \frac{E}{R} + Ae^{-\frac{R}{L}t}[\mathrm{A}] \qquad \cdots\cdots (12.9)$$

이고 스위치 $S$를 닫기 직전인 초기 조건 $t=0_-$ 에서는 회로에 전류가 흐르지 않기 때문에 전류의 일반해 $i(t)$는

$$i(t)|_{t=0_-}=0 \qquad \cdots\cdots (12.10)$$

이므로 식 12.9에 식 12.10을 적용하면

$$i(t)|_{t=0_-}=\frac{E}{R}+Ae^0=0 \qquad \cdots\cdots (12.11)$$

이다. 식 12.11로부터 $A$는

$$A=-\frac{E}{R} \qquad \cdots\cdots (12.12)$$

이고 식 12.9에 식 12.12를 대입하면, 전류의 일반해 $i(t)$는

$$i(t)=\frac{E}{R}(1-e^{-\frac{R}{L}t})[\mathrm{A}] \qquad \cdots\cdots (12.13)$$

이다.

식 12.13에서 우변의 1항인 $\frac{E}{R}$를 정상 전류(steady current)라고 하고, 2항인 $-\frac{E}{R}e^{-\frac{R}{L}t}$을 과도 전류(transient current)라고 한다.

그림 12.2는 시간에 따른 전류 $i(t)$의 변화를 나타낸 것으로서, 식 12.13으로부터 $t=0$일 때는 $i(t)=0$이고 전류가 점차 증가하여 $t=\infty$일 때는 정상 전류인 $I=\frac{E}{R}$에 가까워진다.

그림 12.2에서 전류 $i(t)$인 곡선의 $t=0$에서 접선을 그어서 정상 전류인 $I=\frac{E}{R}$와 만날 때까지($A$ 점) 걸리는 시간을 $\tau$라고 하면, 식 12.13으로부터

$$\tan\theta=\frac{di(t)}{dt}\bigg|_{t=0}=-\frac{E}{R}\left(-\frac{R}{L}\right)e^0=\frac{E}{L} \qquad \cdots\cdots (12.14)$$

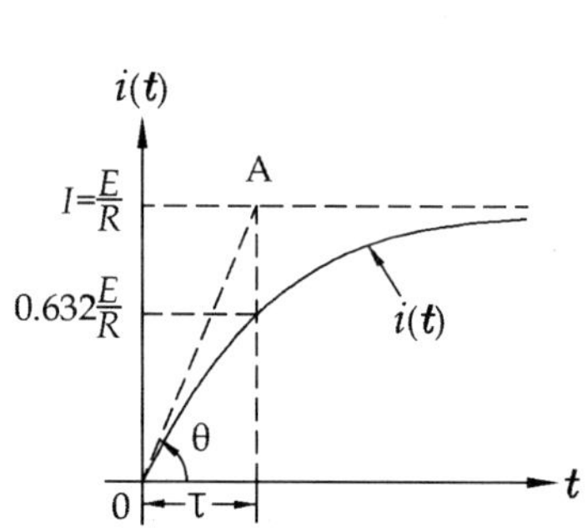


**그림 12.2** $RL$ 직렬 회로에서 시간에 따른 전류 변화

이다. 그림 12.2로부터 $\tan\theta$는

$$\tan\theta = \frac{E/R}{\tau} \qquad \cdots\cdots (12.15)$$

이므로 식 12.14와 12.15로부터 $\tau$는

$$\tau = \frac{L}{R}[\text{sec}] \qquad \cdots\cdots (12.16)$$

이고 여기서, $\tau$를 시정수(time constant)라고 하고 단위는 [sec] 이다.

식 12.13에 12.16을 대입하면, 전류 $i(t)$는

$$i(t) = \frac{E}{R}(1 - e^{-\frac{1}{\tau}t})[\text{A}] \qquad \cdots\cdots (12.17)$$

이 된다. 또한, $\tau$가 커질수록 과도 전류 $i_t(t)$가 정상 전류 $I$까지 도달하기 위한 과도 현상은 오래 지속된다. 식 12.17로부터 $t=\tau$일 때, 전류 $i(t)$는

$$i(\tau) = \frac{E}{R}(1 - e^{-\frac{1}{\tau}\tau}) = \frac{E}{R}(1 - e^{-1}) \fallingdotseq 0.632\frac{E}{R}[\text{A}] \qquad \cdots\cdots (12.18)$$

이고, 이는 식 12.18로부터 시정수 $\tau$는 정상 전류의 63.2%에 도달할 때까지 걸리는 시간을 의미한다. 한편, 식 12.13에서 우변의 2항인 $e^{-\frac{R}{L}t}$는 감쇠 함수이기 때문에, 시정수 $\tau$의 역수인 $\frac{R}{L}$을 감쇠율(damping factor)이라고 한다. 따라서, 감쇠율 $\alpha$는

$$\alpha = \frac{1}{\tau} = \frac{R}{L} \qquad \cdots\cdots (12.19)$$

이다.

**예제 12.1** $RL$ 직렬 회로에서 $R = 20[\Omega]$, $L = 80[\text{mH}]$일 때, 시정수 $\tau$[sec]는?

풀이 $RL$ 직렬 회로에서 시정수 $\tau$는 식 12.16에 의해서

$$\tau = \frac{L}{R} = \frac{80 \times 10^{-3}}{20} = 4 \times 10^{-3}[\text{sec}]$$

**예제 12.2** 코일의 권선수 $n = 2{,}000$[회], $R = 10[\Omega]$인 회로에 $i = 5$[A]의 전류가 흘러서 $\phi = 5 \times 10^{-3}$[Wb]의 자속이 발생할 때, 회로의 시정수 $\tau$[sec]는?

풀이 코일에 발생하는 자속 쇄교수 $\lambda$는 식 9.2와 9.4에 의해서

$$\lambda = Li = n\phi[\text{Wb}\cdot\text{T}] \qquad \cdots\cdots ①$$

식 ①을 $L$에 대해서 정리하면

$$L = \frac{n\phi}{i} = \frac{2{,}000 \times 5 \times 10^{-3}}{5} = 2[\text{H}]$$

시정수 $\tau$는 식 12.16에 의해서

$$\tau = \frac{L}{R} = \frac{2}{10} = 0.2[\text{sec}]$$

## 1.2 직류 전압의 단락

그림 12.3과 같은 $RL$ 직렬 회로로부터 스위치 $S_2$를 연 상태에서 스위치 $S_1$을 닫아 회로에 전압 $E$를 일정 시간 인가한 후, 스위치 $S_2$를 닫고 스위치 $S_1$을 열면 회로에 인가되었던 전압이 단락이 되어 회로에 흐르는 전류 $i(t)$가 점차 감소한다.

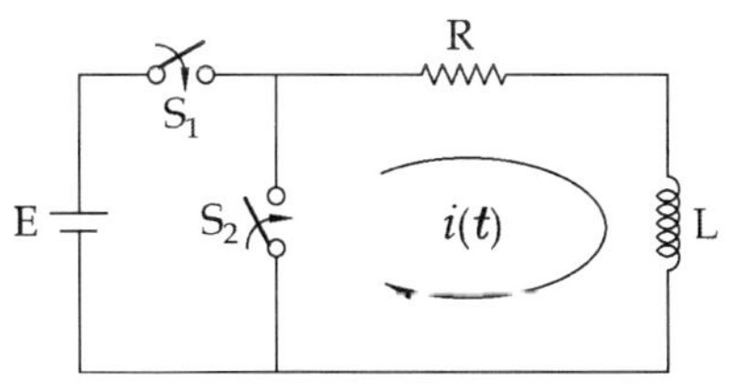

그림 12.3 $RL$ 단락 회로

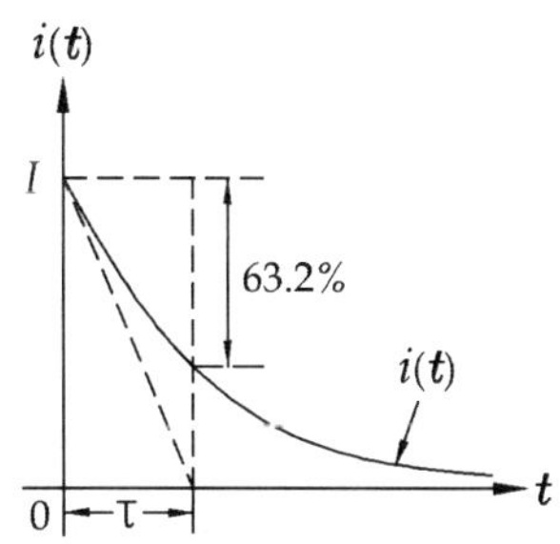

그림 12.4 $RL$ 회로 단락 시, 전류 변화

이와 같은 상태에서의 전압 방정식은

$$Ri(t) + L\frac{di(t)}{dt} = 0[\text{V}] \qquad \cdots\cdots (12.20)$$

이고 전압 방정식에서 전류의 정상해 $i_s(t)$는 0이고 전류의 과도해 $i_t(t)$는 식 12.8에 의해서

$$i_t(t) = Ae^{-\frac{R}{L}t}[\text{A}] \qquad \cdots\cdots (12.21)$$

이다. 스위치 $S_2$를 닫기 직전인 $t = 0_-$일 때, $i_t(t) = I$이므로 식 12.21에서 $A$는

$$i_t(t)|_{t=0_-} = Ae^0 = I, \quad A = I \qquad \cdots\cdots (12.22)$$

이므로 전류의 과도해 $i_t(t)$는

$$i_t(t) = Ie^{-\frac{R}{L}t} \text{[A]} \qquad \cdots\cdots (12.23)$$

이다. 따라서, 전류의 일반해 $i(t)$는 정상해 $i_s(t)$와 과도해 $i_t(t)$의 합이므로

$$i(t) = i_s(t) + i_t(t) = Ie^{-\frac{R}{L}t} \text{[A]} \qquad \cdots\cdots (12.24)$$

이다.

그림 12.4는 $RL$ 직렬 회로 단락 시, 스위치 $S_2$를 연 상태에서 스위치 $S_1$을 닫아 회로에 전압 $E$를 일정 시간 인가한 후, 스위치 $S_2$를 닫고 스위치 $S_1$을 열면, 회로에 흐르는 전류 $i(t)$가 지수함수적으로 감소하여 0에 접근하는 것을 나타낸다.

**예제 12.3** 그림 12.5로부터 정상 상태일 때, $t=0$에서 스위치 $S$를 열면 회로에 흐르는 전류 $i(t)$ [A]는?

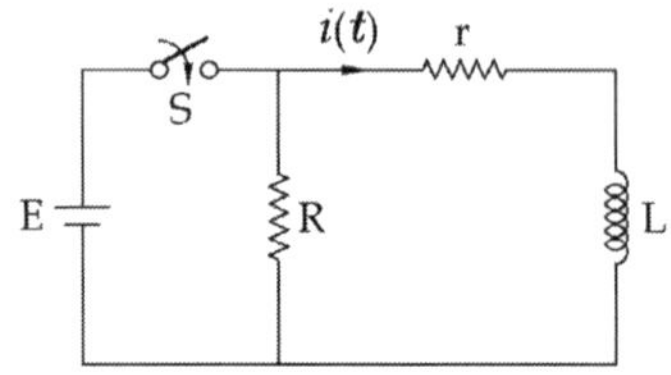


**그림 12.5**

풀이 그림 12.5로부터 전압을 단락 시, 회로에 흐르는 전류 $i(t)$는 식 12.24에 의해서

$$i(t) = Ie^{-\frac{R+r}{L}t} \text{[A]} \qquad \cdots\cdots ①$$

직류인 $E$를 인가하였기 때문에 인덕터 $L$의 저항 성분인 $X_L = \omega L$은 0이므로 $t=0$일 때 전류 $i(t)$는

$$i(t)|_{t=0} = Ie^0 = \frac{E}{r}\text{[A]}, \qquad I = \frac{E}{r}\text{[A]} \qquad \cdots\cdots ②$$

식 ①에 식 ②를 대입하면

$$i(t) = \frac{E}{r}e^{-\frac{R+r}{L}t} \text{[A]}$$

# 2 RC 직렬 회로

## 2.1 직류 전압의 인가

그림 12.6과 같이 $RC$ 직렬 회로에서 $t=0$ 에서 스위치 $S$를 닫아서 직류 전압 $E$가 인가될 때 회로에 흐르는 전류를 $i(t)$라고 하면, K.V.L에 의해서 회로에서의 전압 방정식은

$$v_R(t)+v_C(t)=Ri(t)+\frac{1}{C}\int i(t)dt=E\,[\mathrm{V}] \qquad \cdots\cdots (12.25)$$

이다.

식 12.25의 적분 방정식을 미분 방정식으로 변환하기 위해서 $i(t)=\dfrac{dq(t)}{dt}$, $q(t)=\int i(t)\,dt$를 대입하면

$$R\frac{dq(t)}{dt}+\frac{1}{C}q(t)=E\,[\mathrm{V}] \qquad \cdots\cdots (12.26)$$

이다. 따라서, 전하량의 일반해 $q(t)$는

$$q(t)=q_s(t)+q_t(t)[\mathrm{C}] \qquad \cdots\cdots (12.27)$$

이고 직류 전압을 계속 인가하여 정상 상태($t=\infty$)가 되면, 식 12.26에서 좌변의 $\dfrac{dq(t)}{dt}=0$ 이 되어 전하량의 정상해 $q_s(t)$는

$$q_s(t)=CE[\mathrm{C}] \qquad \cdots\cdots (12.28)$$

이다.

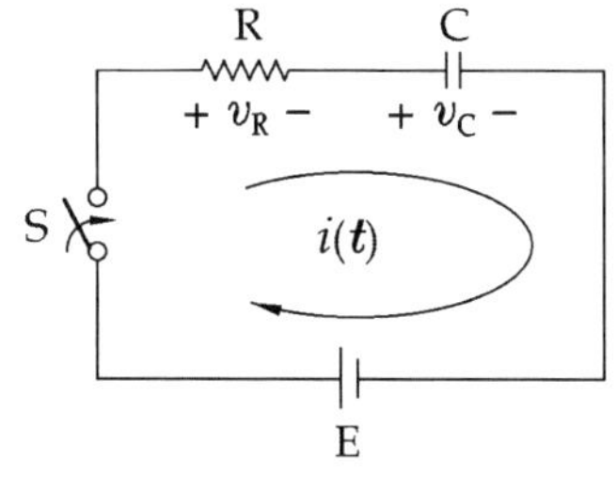


**그림 12.6** 직류 전압이 인가된 $RC$ 직렬 회로

한편, 스위치 $S$를 열어서 직류 전압을 인가하지 않는 $E=0$인 상태가 되면, 식 12.26은

$$R\frac{dq(t)}{dt}+\frac{1}{C}q(t)=0[\mathrm{V}] \qquad \cdots\cdots (12.29)$$

가 되고 양변을 변수 분리하면

$$\frac{dq(t)}{q(t)}=-\frac{1}{RC}dt \qquad \cdots\cdots (12.30)$$

이고 양변을 적분하면

$$\int\frac{dq(t)}{q(t)}=-\frac{1}{RC}\int 1\,dt \qquad \cdots\cdots (12.31)$$

이다. 식 12.31을 정리하면

$$\ln q(t)=-\frac{1}{RC}t+a \qquad \cdots\cdots (12.32)$$

이고 지수함수 형식으로 변환하면, 전하량의 과도해 $q_t(t)$는

$$q_t(t)=e^{-\frac{1}{RC}t+a}=e^{a}\,e^{-\frac{1}{RC}t}=A\,e^{-\frac{1}{RC}t}[\mathrm{C}] \qquad \cdots\cdots (12.33)$$

이다. 여기서, $A=e^{a}$이고 $A$는 초기 조건에 의해서 결정된다.

따라서, 식 12.27에서 전하량의 일반해 $q(t)$는

$$q(t)=q_s(t)+q_t(t)=CE+A\,e^{-\frac{1}{RC}t}[\mathrm{C}] \qquad \cdots\cdots (12.34)$$

이고 스위치 $S$를 닫기 직전인 초기 조건 $t=0_-$에서는 회로에 전류가 흐르지 않기 때문에 전하량의 일반해 $q(t)$는

$$q(t)|_{t=0_-}=0 \qquad \cdots\cdots (12.35)$$

이므로 식 12.34에 식 12.35를 적용하면

$$q(t)|_{t=0_-}=CE+A\,e^{0}=0 \qquad \cdots\cdots (12.36)$$

이다. 식 12.36으로부터 $A$는

$$A=-CE \qquad \cdots\cdots (12.37)$$

이고 식 12.34에 식 12.37을 대입하면, 전하량의 일반해 $q(t)$는

$$q(t) = CE(1 - e^{-\frac{1}{RC}t})[\mathrm{C}] \qquad \cdots\cdots (12.38)$$

이다. 따라서, 그림 12.7은 시간에 따라 $C$에 축적된 전하량의 일반해 $q(t)$의 변화를 나타낸 것으로서, 식 12.38로부터 $t=0$일 때는 $q(t)=0$이고 전하량의 일반해인 $q(t)$가 점차 증가하여 $t=\infty$일 때는 정상 상태인 $Q=CE$에 가까워진다.

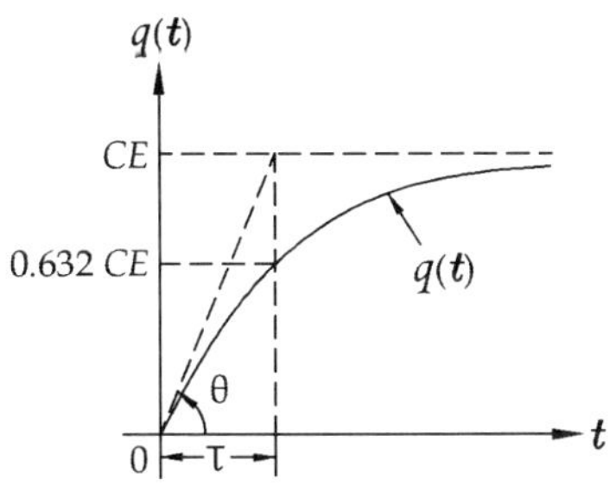


그림 12.7 시간에 따라 $C$에 축적된 전하량 $q(t)$의 변화

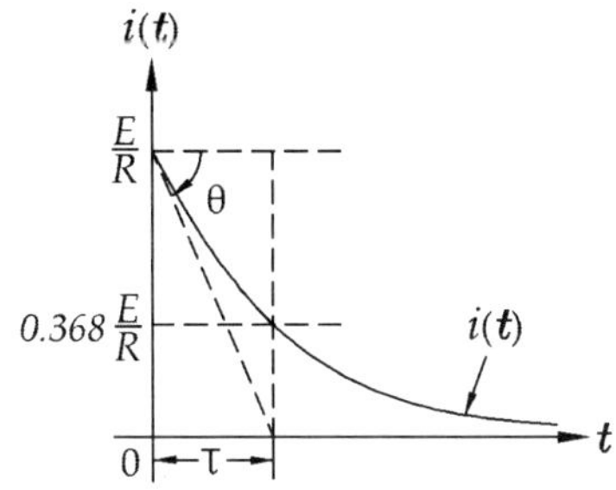


그림 12.8 $RC$ 회로에서 시간에 따른 충전 전류 $i(t)$의 변화

전류 $i(t)$를 구하기 위해서 식 12.38을 시간 $t$에 대해서 미분하면

$$i(t) = \frac{dq(t)}{dt} = \frac{E}{R}e^{-\frac{1}{RC}t}[\mathrm{A}] \qquad \cdots\cdots (12.39)$$

인 가운데, 그림 12.8에서 전류 $i(t)$인 곡선의 $t=0$에서 접선을 그어서 접선의 기울기를 구하면

$$\tan\theta = \left.\frac{di(t)}{dt}\right|_{t=0} = \left.\frac{d}{dt}\left(\frac{E}{R}e^{-\frac{1}{RC}t}\right)\right|_{t=0} = -\frac{E}{R^2C} \qquad \cdots\cdots (12.40)$$

이다. 그림 12.8로부터 $\tan\theta$는

$$\tan\theta = \frac{E/R}{\tau} \qquad \cdots\cdots (12.41)$$

이기 때문에 식 12.40과 12.41을 비교하면

$$\tan\theta = \frac{E/R}{\tau} = \frac{E}{R^2C} \qquad \cdots\cdots (12.42)$$

이다. 따라서, 시정수 $\tau$는

$$\tau = RC[\mathrm{sec}] \qquad \cdots\cdots (12.43)$$

이다. 식 12.39에 12.43을 대입하면, 전류 $i(t)$는

$$i(t) = \frac{E}{R} e^{-\frac{1}{\tau}t} [\mathrm{A}] \qquad \cdots\cdots (12.44)$$

이 되고 $\tau$가 커질수록 과도 현상은 오래 지속된다.

식 12.44로부터 $t = \tau$일 때, 전류 $i(t)$는

$$i(\tau) = \frac{E}{R} e^{-\frac{1}{\tau}\tau} = \frac{E}{R} e^{-1} \fallingdotseq 0.368 \frac{E}{R} [\mathrm{A}] \qquad \cdots\cdots (12.45)$$

이고 이는 식 12.45로부터 시정수 $\tau$는 스위치 $S$를 닫는 순간, 정상 전류의 36.8%에 도달할 때까지 걸리는 시간을 의미한다.

한편, 그림 12.9로부터 저항 $R$에서의 단자 전압을 $v_R(t)$이라고 하면, 식 12.39에 의해서

$$v_R(t) = Ri(t) = R \times \frac{E}{R} e^{-\frac{1}{RC}t} = Ee^{-\frac{1}{RC}t} [\mathrm{V}] \qquad \cdots\cdots (12.46)$$

이고 커패시터 $C$에서의 단자 전압을 $v_C$라고 하면, 식 12.38에 의해서

$$v_C(t) = \frac{q(t)}{C} = E(1 - e^{-\frac{1}{RC}t}) [\mathrm{V}] \qquad \cdots\cdots (12.47)$$

이다.

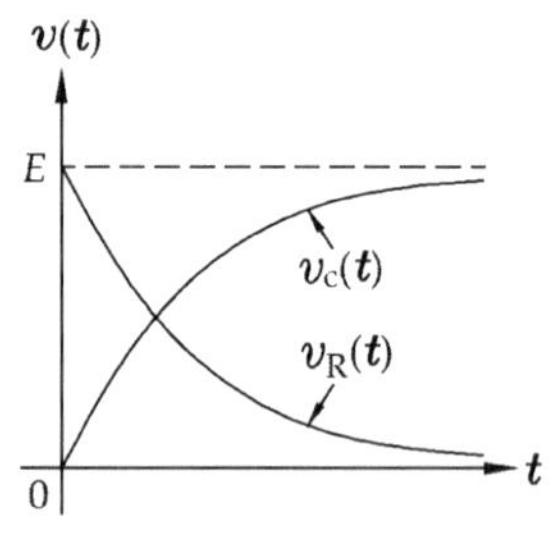


그림 12.9 $RC$ 회로에서 시간에 따른 단자 전압 $v(t)$의 변화

**예제 12.4** 그림 12.10으로부터 커패시터 $C$에 초기 전하가 없는 상태에서 $t = 0$에서 스위치 $S$를 닫았을 때, 이때의 전류 $i(t)$[A]는?
(단, $R = 4[\mathrm{k\Omega}]$, $C = 5[\mu\mathrm{F}]$, $E = 200[\mathrm{V}]$)

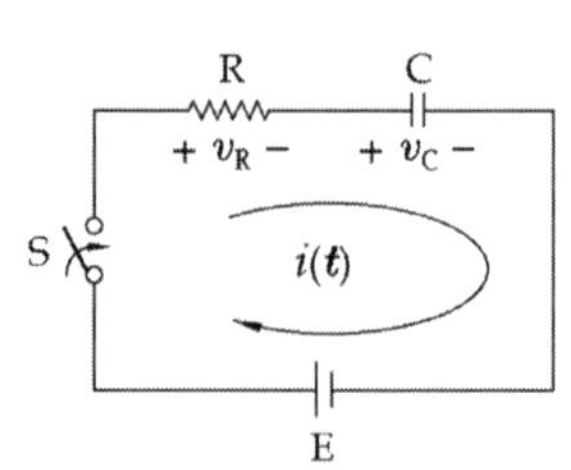


그림 12.10

풀이 $t=0$에서의 $i(t)$는 식 12.39에 의해서

$$i(t)|_{t=0} = \frac{E}{R}e^{-\frac{1}{RC}t}\Big|_{t=0} = \frac{200}{4\times 10^3}e^0 = 0.05[\text{A}]$$

**예제 12.5** $R=1{,}000[\Omega]$, $C=50[\mu\text{F}]$인 $RC$ 직렬 회로에 $E=200[\text{V}]$인 전압을 인가하고 $t=0$에서 스위치 $S$를 닫으면 커패시터 $C$에서의 단자 전압 $v_C[\text{V}]$는?

풀이 커패시터 $C$에서의 단자 전압을 $v_C$는 식 12.47에 의해서

$$v_C(t) = E(1-e^{-\frac{1}{RC}t}) = 200\left(1-e^{-\frac{1}{1{,}000\times 50\times 10^{-6}}t}\right) = 200(1-e^{-20t})\,[\text{V}]$$

## 2.2 직류 전압의 단락

그림 12.11과 같은 $RC$ 직렬 회로에서 스위치 $S_2$를 연 상태에서 스위치 $S_1$을 닫아 회로에 전압 $E$를 일정 시간 인가한 후, 스위치 $S_2$를 닫고 스위치 $S_1$을 열면 저항 $R$을 통하여 커패시터 $C$에서는 전하 $Q$만큼 충전되었던 전하가 서서히 방전한다.

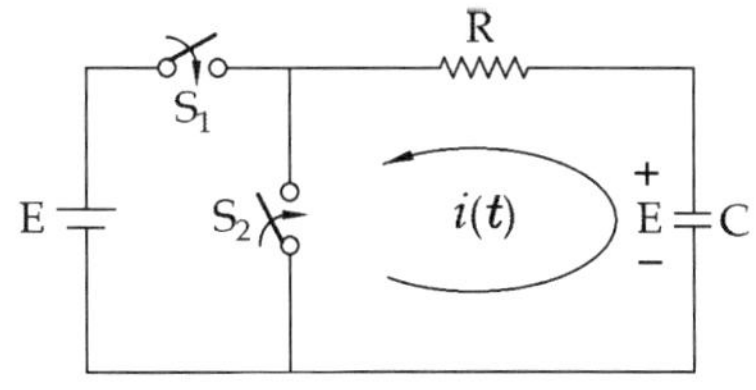


그림 12.11 $RC$ 단락 회로

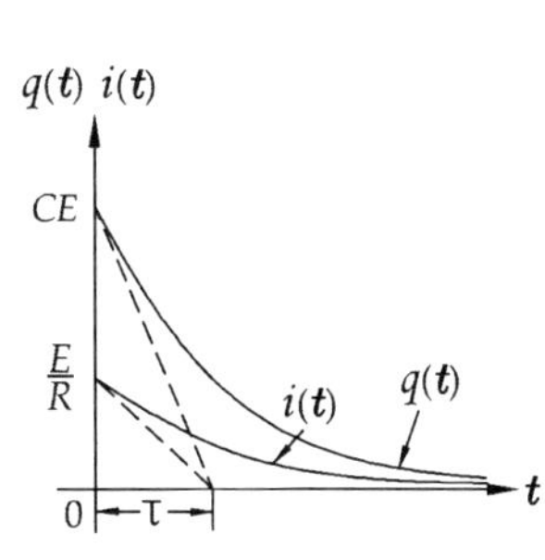


그림 12.12 $RC$ 회로 단락 시, 전하와 전류 변화

이와 같은 상태에서의 전압 방정식은

$$Ri(t) + \frac{1}{C}\int i(t)dt = 0[\text{V}] \qquad \cdots\cdots (12.48)$$

이고 식 12.48을 미분 방정식으로 변환하기 위해서 $i(t)=\dfrac{dq(t)}{dt}$, $q(t)=\int i(t)dt$를 대입하면

$$R\frac{dq(t)}{dt}+\frac{1}{C}q(t)=0[\mathrm{V}] \qquad \cdots\cdots (12.49)$$

이다. 전압 방정식에서 전하량의 정상해 $q_s(t)$는 0이고 전하량의 과도해 $q_t(t)$는 식 12.33에 의해서

$$q_t(t)=A\,e^{-\frac{1}{RC}t}[\mathrm{C}] \qquad \cdots\cdots (12.50)$$

이다. 스위치 $S_2$를 닫기 직전인 $t=0_-$일 때, $q_t(t)=CE$이므로 식 12.50에서 $A$는

$$q_t(t)\big|_{t=0_-}=Ae^0=CE, \quad A=CE \qquad \cdots\cdots (12.51)$$

이므로 전하량의 과도해 $q_t(t)$는

$$q_t(t)=CE\,e^{-\frac{1}{RC}t}[\mathrm{C}] \qquad \cdots\cdots (12.52)$$

이다. 그림 12.12로부터 전하량의 일반해 $q(t)$는 정상해 $q_s(t)$와 과도해 $q_t(t)$의 합이므로

$$q(t)=q_s(t)+q_t(t)=CE\,e^{-\frac{1}{RC}t}[\mathrm{C}] \qquad \cdots\cdots (12.53)$$

이다. 그림 12.12로부터 방전 전류 $i(t)$는

$$i(t)=\frac{dq(t)}{dt}=-\frac{E}{R}e^{-\frac{1}{RC}t}[\mathrm{A}] \qquad \cdots\cdots (12.54)$$

이고 여기서, 부호가 '−'라는 것은 커패시터 $C$에서 방전되고 있음을 의미하고 $I=\frac{E}{R}$이므로 방전 전류 $i(t)$는

$$i(t)=\frac{dq(t)}{dt}=-Ie^{-\frac{1}{RC}t}[\mathrm{A}] \qquad \cdots\cdots (12.55)$$

이다.

**예제 12.6** 그림 12.13으로부터 커패시터 $C$에 1[C]의 전하가 충전된 상태에서 $t=0$일 때 스위치 $S$를 닫는다고 하면, 이때의 전류 $i(t)$[A]는?

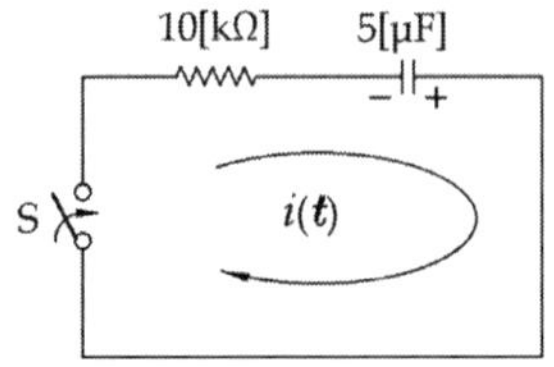


그림 12.13

**풀이** 스위치 $S$를 닫기 전에 이미 커패시터 $C$에는 1 [C]의 전하가 충전되어 있으므로, 커패시터 양단 간에 걸리는 전압 $V$는

$$E=\frac{Q}{C}=\frac{1}{5\times 10^{-6}}=2\times 10^{5}\ [\mathrm{V}]$$

스위치 $S$를 닫고 난 후, 회로에 흐르는 $i(t)$는 식 12.54에 의해서

$$i(t)=\frac{E}{R}e^{-\frac{1}{RC}t}=\frac{2\times 10^{5}}{10\times 10^{3}}e^{-\frac{1}{10\times 10^{3}\times 5\times 10^{-6}}t}=20e^{-20t}\ [\mathrm{A}]$$

# 3 LC 직렬 회로

## 3.1 직류 전압의 인가

그림 12.14와 같이 $LC$ 직렬 회로에서 $t=0$에서 스위치 $S$를 닫아서 직류 전압 $E$가 인가될 때 회로에 흐르는 전류를 $i(t)$라고 하면, K.V.L에 의해서 회로에서의 전압 방정식은

$$v_L(t)+v_C(t)=L\frac{di(t)}{dt}+\frac{1}{C}\int i(t)dt=E\ [\mathrm{V}] \qquad \cdots\cdots (12.56)$$

이다. 식 12.56을 $q(t)$에 대한 미분 방정식으로 변환하기 위해서 $i(t)=\frac{dq(t)}{dt}$, $q(t)=\int i(t)dt$를 식 12.56에 대입하면

$$L\frac{dq^2(t)}{dt^2}+\frac{1}{C}q(t)=E\ [\mathrm{V}] \qquad \cdots\cdots (12.57)$$

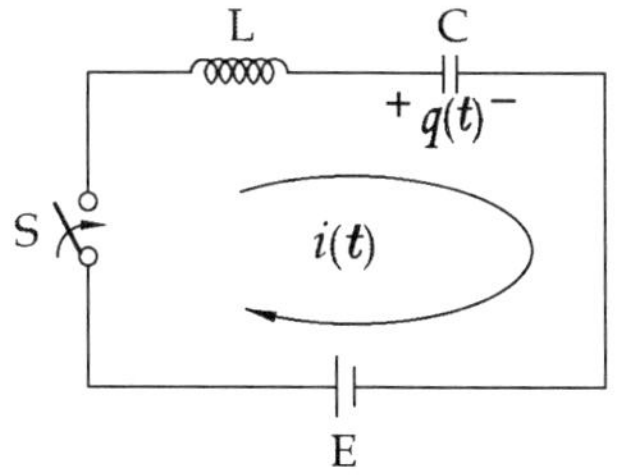


그림 12.14 직류 전압이 인가된 $LC$ 직렬 회로

이다. 따라서, 전하량의 일반해 $q(t)$는

$$q(t) = q_s(t) + q_t(t)[\mathrm{C}] \qquad \cdots\cdots (12.58)$$

이고 직류 전압을 계속 인가하여 정상 상태($t=\infty$)가 되면, 식 12.57에서 좌변의 $\frac{dq(t)}{dt} = 0$이 되어 전하량의 정상해 $q_s(t)$는

$$q_s(t) = CE[\mathrm{C}] \qquad \cdots\cdots (12.59)$$

이다.

한편, 스위치 $S$를 열어서 직류 전압을 인가하지 않는 $E=0$인 상태가 되면, 식 12.57은

$$L\frac{dq^2(t)}{dt^2} + \frac{1}{C}q(t) = 0\,[\mathrm{V}] \qquad \cdots\cdots (12.60)$$

가 되고 전하량의 과도해 $q_t(t)$는

$$q_t(t) = ke^{st}[\mathrm{C}] \qquad \cdots\cdots (12.61)$$

라고 가정한 후, 식 12.60에 식 12.61을 대입하면

$$k(s^2 + \frac{1}{LC})e^{st} = 0,\ \ 단,\ k \neq 0 \qquad \cdots\cdots (12.62)$$

이다. 식 12.62가 성립하려면

$$s^2 + \frac{1}{LC} = 0 \qquad \cdots\cdots (12.63)$$

이어야 하고 식 12.63을 특성 방정식(characteristic equation)이라고 하며, 이 때 $s$를 특성근(characteristic root)이라고 하는데 $s = \frac{d}{dt}$이다. 식 12.63으로부터 특성근 $s_1$, $s_2$는

$$s_1,\ s_2 = \pm j\frac{1}{\sqrt{LC}} \qquad \cdots\cdots (12.64)$$

이고 식 12.61에 12.64를 대입하면, 전하량의 과도해 $q_t(t)$는

$$q_t(t) = k_1e^{s_1t} + k_2e^{s_2t} = k_1e^{j\frac{1}{\sqrt{LC}}t} + k_2e^{-j\frac{1}{\sqrt{LC}}t}[\mathrm{C}] \qquad \cdots\cdots (12.65)$$

이다. 식 12.65를 오일러의 공식인 $e^{j\theta} = \cos\theta + j\sin\theta$를 사용하여 변환하면 식 12.66과 같다.

$$q_t(t) = k_1\left(\cos\frac{1}{\sqrt{LC}}t + j\sin\frac{1}{\sqrt{LC}}t\right)$$
$$+ k_2\left\{\cos\left(-\frac{1}{\sqrt{LC}}t\right) + j\sin\left(-\frac{1}{\sqrt{LC}}t\right)\right\}$$
$$= (k_1 + k_2)\cos\frac{1}{\sqrt{LC}}t + j(k_1 - k_2)\sin\frac{1}{\sqrt{LC}}t$$
$$= A\cos\frac{1}{\sqrt{LC}}t + B\sin\frac{1}{\sqrt{LC}}t\,[\mathrm{C}] \quad \cdots\cdots (12.66)$$

여기서, $A = k_1 + k_2$, $B = j(k_1 - k_2)$이다.

따라서, 식 12.58에서 전하량의 일반해 $q(t)$는

$$q(t) = q_s(t) + q_t(t)$$
$$= CE + A\cos\frac{1}{\sqrt{LC}}t + B\sin\frac{1}{\sqrt{LC}}t\,[\mathrm{C}] \quad \cdots\cdots (12.67)$$

이고 전류의 일반해 $i(t)$는

$$i(t) = \frac{dq(t)}{dt} = \frac{1}{\sqrt{LC}}\left(B\cos\frac{1}{\sqrt{LC}}t - A\sin\frac{1}{\sqrt{LC}}t\right)[\mathrm{A}] \quad \cdots\cdots (12.68)$$

이다. 스위치 $S$를 닫기 직전인 초기 조건 $t=0_-$에서는 커패시터 $C$에 충전된 전하가 없고 회로에 전류가 흐르지 않기 때문에

$$q(t)|_{t=0_-} = 0, \quad i(t)|_{t=0_-} = 0 \quad \cdots\cdots (12.69)$$

이고 식 12.67과 12.68에서

$$q(t)|_{t=0_-} = CE + A = 0[\mathrm{C}]$$
$$i(t)|_{t=0_-} = \frac{1}{\sqrt{LC}}B = 0 \quad \cdots\cdots (12.70)$$

이다. 식 12.70으로부터

$$A = -CE, \quad B = 0 \quad \cdots\cdots (12.71)$$

이므로 전하량의 일반해 $q(t)$는 식 12.67로부터

$$q(t) = CE\left(1 - \cos\frac{1}{\sqrt{LC}}t\right)[\mathrm{C}] \quad \cdots\cdots (12.72)$$

이고 전류의 일반해 $i(t)$는 식 12.68로부터

$$i(t) = \frac{E}{\sqrt{L/C}} \sin \frac{1}{\sqrt{LC}} t \,[\mathrm{A}] \qquad \cdots\cdots (12.73)$$

이다. 그림 12.15에 $LC$ 직렬 회로에서 시간에 따른 전하량 $q(t)$와 전류 $i(t)$의 변화를 나타낸다.

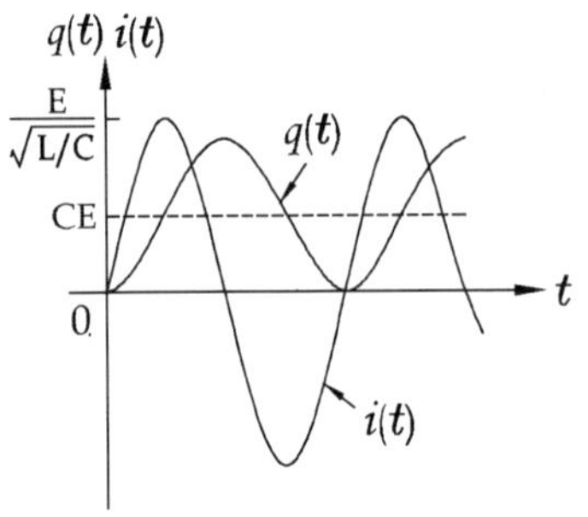


그림 12.15 $LC$ 직렬 회로에서 시간에 따른 전하량과 전류의 변화

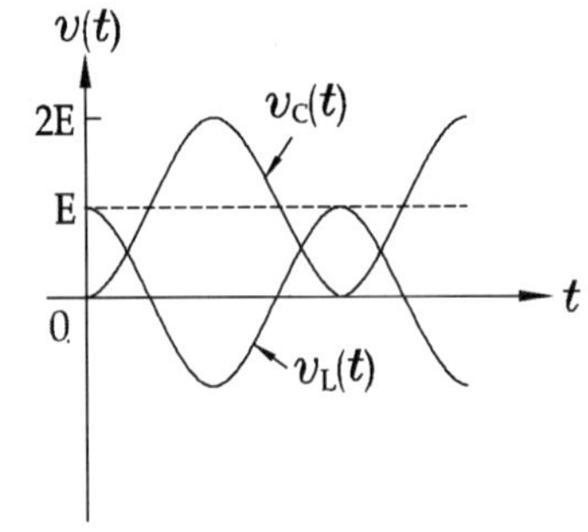


그림 12.16 $LC$ 직렬 회로에서 시간에 따른 단자 전압의 변화

한편, 그림 12.16으로부터 인덕터 $L$에서의 단자 전압을 $v_L(t)$라고 하면, 식 12.73에 의해서

$$v_L(t) = L\frac{di(t)}{dt} = E\cos \frac{1}{\sqrt{LC}} t \,[\mathrm{V}] \qquad \cdots\cdots (12.74)$$

이고 커패시터 $C$에서의 단자 전압을 $v_C(t)$라고 하면 식 12.72에 의해서

$$v_C(t) = \frac{1}{C} q(t) = E\left(1 - \cos \frac{1}{\sqrt{LC}} t\right) [\mathrm{V}] \qquad \cdots\cdots (12.75)$$

이다. 그림 12.16에서 $v_L(t)$는 인가 전압인 $E$보다 커지지 않고 $v_C(t)$는 최대값이 $2E$까지 커질 수도 있는데, 이와 같은 현상은 고전압 발생에 사용되고 있다.

**예제 12.7** $LC$ 직렬 회로에 직류 전압 $E$를 $t = 0$에서 인가할 때, 커패시터 $C$에 걸리는 최대 전압 $v_C(t)$는?

**풀이** $LC$ 직렬 회로에 직류 전압 $E$를 인가할 때, 커패시터 $C$에 걸리는 전압 $v_C(t)$는 식 12.75에 의해서

$$v_C(t) = E\left(1 - \cos\frac{1}{\sqrt{LC}}t\right)[\mathrm{V}] \qquad \cdots\cdots ①$$

커패시터 $C$에 걸리는 최대 전압 $v_{C\max}(t)$는 식 ①의 $v_C(t)$가 최대이어야 하므로

$$v_{C\max}(t) = 2E[\mathrm{V}]$$

## 3.2 직류 전압의 단락

그림 12.17과 같은 $LC$ 직렬 회로에서 스위치 $S_2$를 연 상태에서 스위치 $S_1$을 닫아 회로에 전압 $E$를 일정 시간 인가한 후, 스위치 $S_2$를 닫고 스위치 $S_1$을 열면 인덕터 $L$을 통하여 커패시터 $C$에서는 전하 $Q$만큼 충전되었던 전하가 서서히 방전한다.

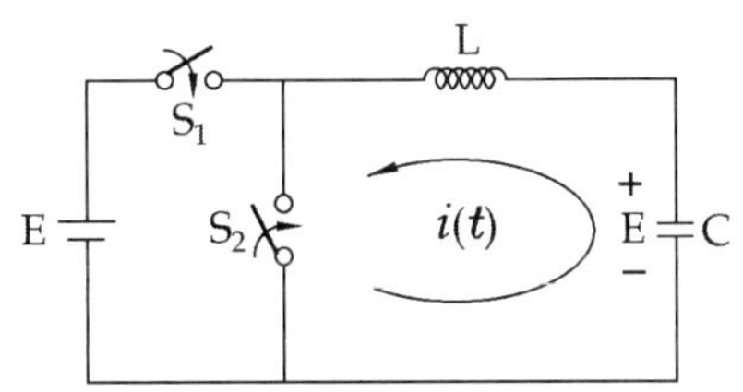


그림 12.17 $LC$ 단락 회로

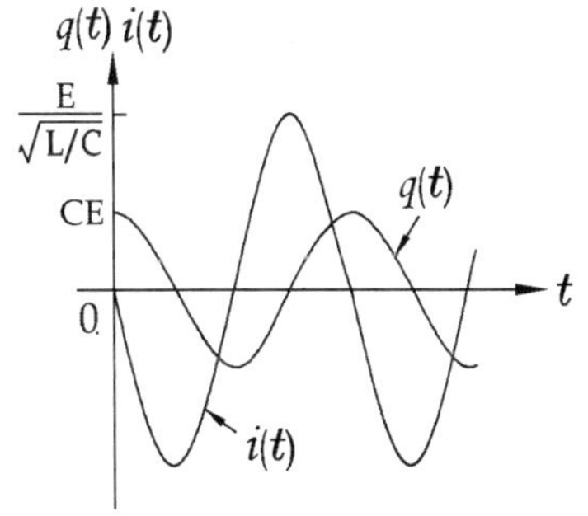


그림 12.18 $LC$ 직렬 회로에서 시간에 따른 전하량과 전류의 변화

이와 같은 상태에서의 전압 방정식은

$$v_L(t) + v_C(t) = L\frac{di(t)}{dt} + \frac{1}{C}\int i(t) = 0\,[\mathrm{V}] \qquad \cdots\cdots (12.76)$$

이고 식 12.76의 적분 방정식을 미분 방정식으로 변환하기 위해서 $i(t) = \dfrac{dq(t)}{dt}$, $q(t) = \displaystyle\int i(t)\,dt$를 대입하면

$$L\frac{d^2q(t)}{dt^2} + \frac{1}{C}q(t) = 0\,[\mathrm{V}] \qquad \cdots\cdots (12.77)$$

이다. 전하량의 일반해 $q(t)$는 직류 전압을 단락시킨 상태이기 때문에 전하량의 과도해

$q_t(t)$만 존재하므로 식 12.66에 의해서

$$q(t) = q_t(t) = A\cos\frac{1}{\sqrt{LC}}t + B\sin\frac{1}{\sqrt{LC}}t\,[\mathrm{C}] \qquad \cdots\cdots (12.78)$$

이고 전류의 일반해 $i(t)$는 식 12.68에 의해서

$$i(t) = \frac{1}{\sqrt{LC}}\left(B\cos\frac{1}{\sqrt{LC}}t - A\sin\frac{1}{\sqrt{LC}}t\right)[\mathrm{A}] \qquad \cdots\cdots (12.79)$$

이다. 스위치 $S_2$를 닫기 직전인 $t=0_-$일 때, $q(t)=CE$이므로 식 12.78에서 $A$는

$$q(t)|_{t=0_-} = A = CE \qquad \cdots\cdots (12.80)$$

이고 스위치 $S_2$를 닫기 직전인 $t=0_-$일 때, $i(t)=0$이므로 식 12.79에서 $B$는

$$i(t)|_{t=0_-} = \frac{1}{\sqrt{LC}}B = 0, \quad B = 0 \qquad \cdots\cdots (12.81)$$

이다. 식 12.78, 12.79에 식 12.80, 12.81을 각각 대입하면

$$q(t) = CE\cos\frac{1}{\sqrt{LC}}t\,[\mathrm{C}] \qquad \cdots\cdots (12.82)$$

$$i(t) = -\frac{E}{\sqrt{L/C}}\sin\frac{1}{\sqrt{LC}}t\,[\mathrm{A}] \qquad \cdots\cdots (12.83)$$

이고 여기서, $i(t)$의 부호가 '−'라는 것은 커패시터 $C$에서 방전되고 있음을 말한다.

그림 12.18은 $LC$ 직렬 회로 단락 시, 시간에 따른 전하량 $q(t)$와 전류 $i(t)$의 변화를 나타낸다.

**예제 12.8** 그림 12.19와 같이 $L=800$[mH]인 인덕터에 $I_0=100$[A]의 직류 전압을 인가하다가, 빠르게 $C=20[\mu\mathrm{F}]$인 커패시터를 연결하였다면, 커패시터 $C$의 최대 단자전압 $v_{C\max}(t)$[kV]는?

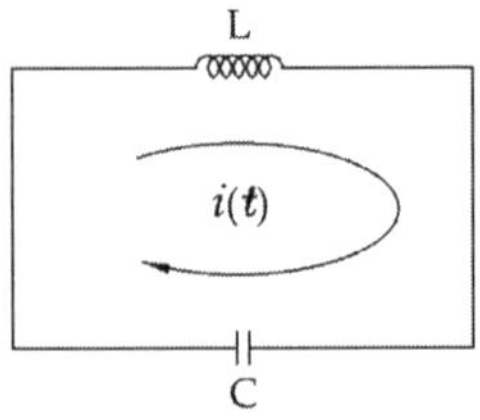


그림 12.19

**풀이** 그림 12.19에서 회로에 흐르는 전류를 $i(t)$라고 하면 회로에서의 전압 방정식은

$$v_L(t) + v_C(t) = L\frac{di(t)}{dt} + \frac{1}{C}\int i(t)dt = 0\,[\mathrm{V}] \qquad \cdots\cdots ①$$

식 ①의 적분 방정식을 미분 방정식으로 변환하기 위해서 $i(t) = \frac{dq(t)}{dt}$, $q(t) = \int i(t)\,dt$를 대입하면

$$L\frac{d^2q(t)}{dt^2} + \frac{1}{C}q(t) = 0\,[\mathrm{V}]$$

전하량의 일반해 $q(t)$는 식 12.78에 의해서

$$q(t) = A\cos\frac{1}{\sqrt{LC}}t + B\sin\frac{1}{\sqrt{LC}}t\,[\mathrm{C}] \quad \cdots\cdots ②$$

선류의 일반해 $i(t)$는 식 12.79에 의해서

$$i(t) = \frac{1}{\sqrt{LC}}\left(B\cos\frac{1}{\sqrt{LC}}t - A\sin\frac{1}{\sqrt{LC}}t\right)[\mathrm{A}]$$

초기 조건 $t=0$일 때 $q(t)|_{t=0} = 0$, $i(t)|_{t=0} = I_0$ 이므로 $A$와 $B$는

$$A = 0,\quad B = \sqrt{LC}\,I_0 \quad \cdots\cdots ③$$

$q(t)$는 식 ②에 식 ③을 대입하면

$$q(t) = \sqrt{LC}\,I_0\sin\frac{1}{\sqrt{LC}}t\,[\mathrm{C}]$$

커패시터 $C$의 단자전압 $v_C(t)$는

$$v_C(t) = \frac{q(t)}{C} = \sqrt{\frac{L}{C}}\,I_0\sin\frac{1}{\sqrt{LC}}t\,[\mathrm{V}]$$

커패시터 $C$의 최대 단자전압 $v_{C\max}(t)$는

$$v_{C\max}(t) = \sqrt{\frac{L}{C}}\,I_0 = \sqrt{\frac{800\times10^{-3}}{20\times10^{-6}}}\times100 = 20{,}000[\mathrm{V}] = 20[\mathrm{kV}]$$

## 4 RLC 직렬 회로

그림 12.20과 같은 $RLC$ 직렬 회로로부터 $t=0$에서 스위치 $S$를 닫아서 직류 전압 $E$가 인가될 때 회로에 흐르는 전류를 $i(t)$라고 하면, K.V.L에 의해서 회로에서의 전압 방정식은

$$\begin{aligned} &v_L(t) + v_R(t) + v_C(t) \\ &= L\frac{di(t)}{dt} + Ri(t) + \frac{1}{C}\int i(t)dt \\ &= E\,[\mathrm{V}] \quad \cdots\cdots (12.84) \end{aligned}$$

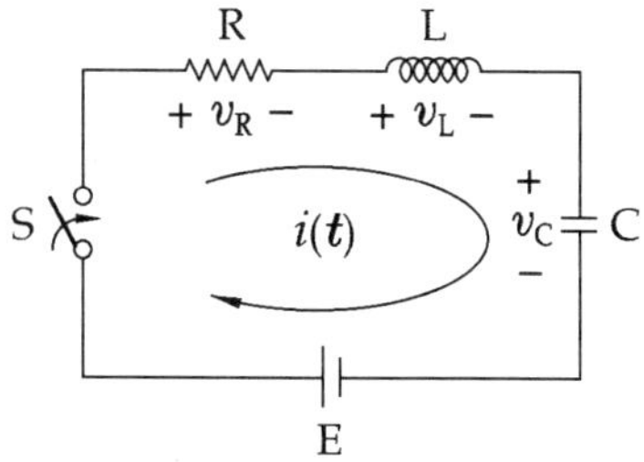


그림 12.20 직류 전압이 인가된 $RLC$ 직렬 회로

이다. 식 12.84를 $q(t)$에 대한 미분 방정식으로 변환하기 위해서 $q(t) = \int i(t)dt$, $i(t) = \frac{dq(t)}{dt}$를 식 12.84에 대입하면

$$L\frac{dq^2(t)}{dt^2} + R\frac{dq(t)}{dt} + \frac{1}{C}q(t) = E\,[\mathrm{V}] \quad \cdots\cdots (12.85)$$

이다. 따라서, 전하량의 일반해 $q(t)$는

$$q(t) = q_s(t) + q_t(t)[\mathrm{C}] \quad \cdots\cdots (12.86)$$

이고 직류 전압을 계속 인가하여 정상상태($t=\infty$)가 되면, 식 12.85에서 좌변의 $\frac{dq(t)}{dt} = 0$이 되어 전하량의 정상해 $q_s(t)$는

$$q_s(t) = CE[\mathrm{C}] \quad \cdots\cdots (12.87)$$

이다. 한편, 스위치 $S$를 열어서 직류 전압을 인가하지 않는 $E=0$인 상태가 되면, 식 12.85는

$$L\frac{dq^2(t)}{dt^2} + R\frac{dq(t)}{dt} + \frac{1}{C}q(t) = 0[\mathrm{V}] \quad \cdots\cdots (12.88)$$

가 되고 전하량의 과도해 $q_t(t)$는

$$q_t(t) = ke^{st}[\mathrm{C}] \quad \cdots\cdots (12.89)$$

라고 가정한 후, 식 12.88에 대입하면

$$k(s^2 + \frac{R}{L}s + \frac{1}{LC})e^{st} = 0,\ \text{단, } k \neq 0 \quad \cdots\cdots (12.90)$$

이다. 식 12.90이 성립하려면

$$s^2 + \frac{R}{L}s + \frac{1}{LC} = 0 \quad \cdots\cdots (12.91)$$

이어야 하고 식 12.91로부터 특성근 $s_1$, $s_2$는

$$s_1 = -\frac{R}{2L} + \sqrt{\left(\frac{R}{2L}\right)^2 - \frac{1}{LC}}$$

$$s_2 = -\frac{R}{2L} - \sqrt{\left(\frac{R}{2L}\right)^2 - \frac{1}{LC}} \quad \cdots\cdots (12.92)$$

이다. 식 12.89에 12.92를 대입하면, 전하량의 과도해 $q_t(t)$는

$$q_t(t) = k_1 e^{s_1 t} + k_2 e^{s_2 t} \text{[C]} \qquad \cdots\cdots (12.93)$$

이다. 따라서, 전하량의 일반해 $q(t)$는

$$q(t) = CE + k_1 e^{s_1 t} + k_2 e^{s_2 t} \text{[C]} \qquad \cdots\cdots (12.94)$$

이고 전류의 일반해 $i(t)$는

$$i(t) = \frac{dq(t)}{dt} = k_1 s_1 e^{s_1 t} + k_2 s_2 e^{s_2 t} \text{[A]} \qquad \cdots\cdots (12.95)$$

이다. 아래는 $RLC$ 직렬 회로에서 특성근 $s$에 따른 회로의 진동 상태를 나타낸다.

### (1) 비진동(과제동, overdamping)인 경우

비진동이 되기 위한 조건은 식 12.92에서 $\left(\frac{R}{2L}\right)^2 - \frac{1}{LC} > 0$으로서 $R^2 > \frac{4L}{C}$일 때이며, 이 때 특성근 $s_1$, $s_2$는 서로 다른 2개의 실수의 근을 갖는다.

그림 12.21은 $RLC$ 직렬 회로가 비진동 시, 시간에 따른 전하량의 일반해 $q(t)$와 전류의 일반해 $i(t)$의 변화를 나타낸다.

그림으로부터 전하량의 일반해 $q(t)$는 원점으로부터 서서히 증가하여 $CE$에 접근하고 있으며 전류의 일반해 $i(t)$는 시간 $\tau$에서 최대가 된 후, 감쇠하여 0에 접근하고 있다.

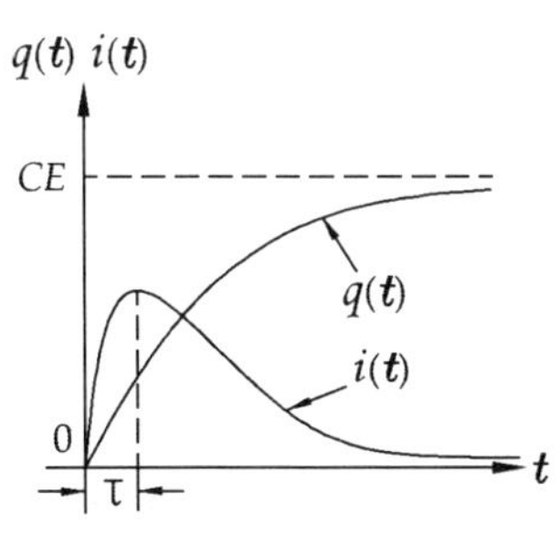


**그림 12.21** 비진동 시, 시간에 따른 전하량과 전류 변화

### (2) 임계 진동(임계 제동, critical damping)인 경우

임계 진동이 되기 위한 조건은 식 12.92에서 $\left(\frac{R}{2L}\right)^2 - \frac{1}{LC} = 0$으로서 $R^2 = \frac{4L}{C}$일 때이며, 이 때 특성근 $s_1$, $s_2$는 서로 같은 2개의 실수 중근을 갖는다.

그림 12.22는 $RLC$ 직렬 회로가 임계 진동 시, 시간에 따른 전하량의 일반해 $q(t)$와 전류의 일반해 $i(t)$의 변화를 나타낸다.

그림으로부터 전하량의 일반해 $q(t)$는 과진동과 동일하게 원점으로부터 서서히 증가하여 $CE$에 접근하고 있으며 전류의 일반해 $i(t)$는 시간 $\tau$에서 과제동에 비해서 훨씬 많이 증가한 후, 감쇠하여 0에 접근하고 있다.

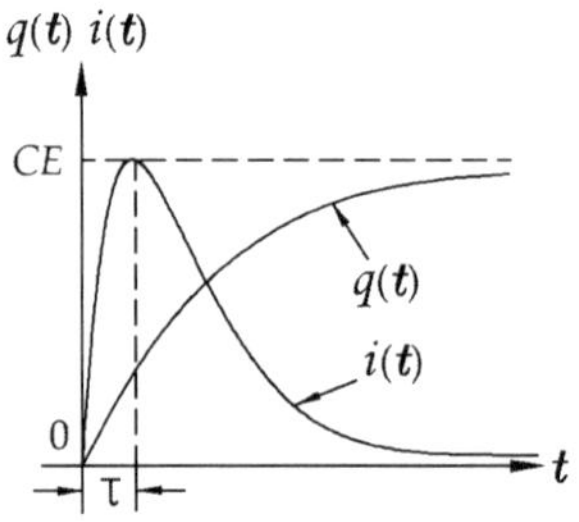


그림 12.22 임계 진동 시, 시간에 따른 전하량과 전류 변화

### (3) 진동(부족 제동, underdamping)인 경우

진동이 되기 위한 조건은 식 12.92에서 $\left(\frac{R}{2L}\right)^2 - \frac{1}{LC} < 0$으로서 $R^2 < \frac{4L}{C}$일 때이며, 이 때 특성근 $s_1$, $s_2$는 서로 다른 2개의 복소수를 갖는다.

그림 12.23은 $RLC$ 직렬 회로가 진동 시, 시간에 따른 전하량의 일반해 $q(t)$와 전류의 일반해 $i(t)$의 변화를 나타낸다.

그림으로부터 전하량의 일반해 $q(t)$와 전류의 일반해 $i(t)$는 시간이 지남에 따라서 감쇠 진동하는 것을 알 수 있다.

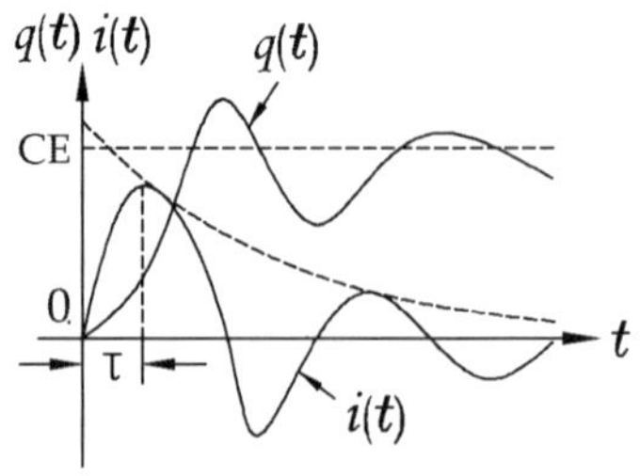


그림 12.23 진동 시, 시간에 따른 전하량과 전류 변화

**예제 12.9** $RLC$ 직렬 회로에 있어서 $R = 200[\Omega]$, $L = 1$[mH], $C = 0.1[\mu F]$일 때, 이 회로의 진동 여부는?

풀이 회로의 진동 여부 판단식에 의해서

$$\left(\frac{R}{2L}\right)^2 - \frac{1}{LC} = R^2 - 4\frac{L}{C} = 200^2 - 4\times\frac{10^{-3}}{0.1\times10^{-6}} = 0$$

따라서, 회로는 임계 진동 상태이다.

**예제 12.10** $RLC$ 직렬 회로에 있어서 $R = 10[\mathrm{k}\Omega]$, $L = 5$[mH]일 때, 회로에 전압을 인가한다고 해도 진동이 발생하지 않을 캐패시턴스 $C$[pF]의 범위는?

풀이 회로에 전압을 인가한다고 해도 진동이 발생하지 않기 위해서는 비진동과 임계진동 조건이어야 하므로, 회로의 진동 여부 판단식은

$$\left(\frac{R}{2L}\right)^2 - \frac{1}{LC} = R^2 - 4\frac{L}{C} \geq 0 \qquad \cdots\cdots ①$$

식 ①을 커패시턴스 $C$에 대해서 정리하면

$$C \geq \frac{4L}{R^2} - \frac{4\times5\times10^{-3}}{(10\times10^3)^2} - 2\times10^{-10}\,[\mathrm{F}] = 200[\mathrm{pF}]$$

따라서, 커패시턴스 $C$의 범위는

$C \geq 200$[pF]

## 5 교류 회로 응답

그림 12.24와 같은 $RL$ 직렬 회로에 있어서 $t=0$에서 $v(t) = V_m \sin\omega t$[V]의 전압을 인가할 때, 전압 방정식은

$$Ri(t) + L\frac{di(t)}{dt} = V_m \sin\omega t[\mathrm{V}] \qquad \cdots\cdots (12.96)$$

이다. 과도해 $i_t(t)$를 구하기 위하여 식 12.96의 우변을 0으로 하면

$$Ri(t) + L\frac{di(t)}{dt} = 0[\mathrm{V}] \qquad \cdots\cdots (12.97)$$

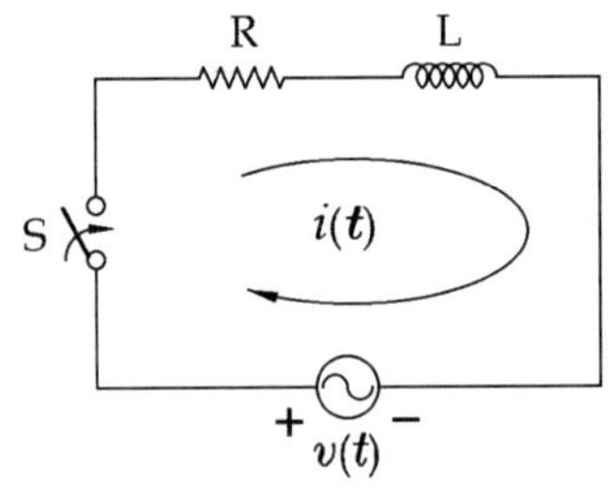


그림 12.24 교류회로 응답회로

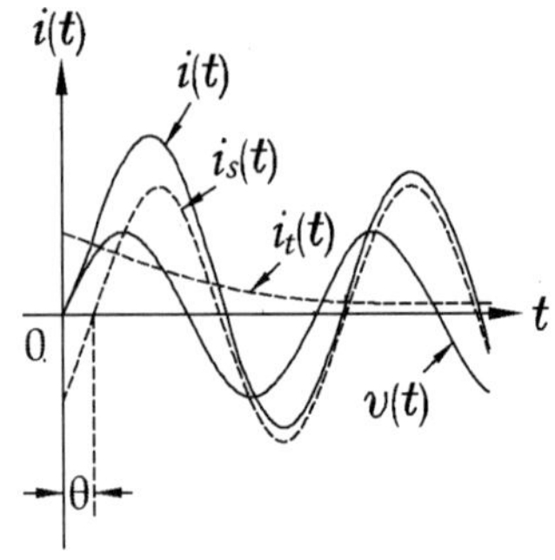


그림 12.25 교류 전원이 인가된 $RL$ 직렬 회로에서의 전류 특성

이고 변수 분리하면

$$L\frac{di(t)}{dt}=-Ri(t),\quad \frac{di(t)}{i(t)}=-\frac{R}{L}dt \qquad \cdots\cdots (12.98)$$

이다. 식 12.98의 양변을 적분하면

$$\int\frac{di(t)}{i(t)}=-\frac{R}{L}\int 1\,dt \qquad \cdots\cdots (12.99)$$

이고

$$\ln i(t)=-\frac{R}{L}t+a \qquad \cdots\cdots (12.100)$$

이다. 과도해 $i_t(t)$는

$$i_t(t)=e^{-\frac{R}{L}t+a}=e^a\cdot e^{-\frac{R}{L}t}=Ae^{-\frac{R}{L}t}[\mathrm{A}] \qquad \cdots\cdots (12.101)$$

이고 여기서, $A=e^a$이다.

$RL$ 직렬 회로에서 시정수는 $\tau=\frac{L}{R}$이므로 식 12.101은

$$i_t(t)=Ae^{-\frac{t}{\tau}}[\mathrm{A}] \qquad \cdots\cdots (12.102)$$

이며 과도해 $i_t(t)$를 자연 응답(natural response)이라고도 한다.

정상해 $i_s(t)$를 구하기 위해서 페이저를 사용하면

$$\boldsymbol{I} = \frac{\boldsymbol{V}}{\boldsymbol{Z}} = \frac{V_m \angle 0°}{Z \angle \theta} = \frac{V_m}{Z} \angle -\theta [\text{A}] \qquad \cdots\cdots (12.103)$$

이고 정상해를 순시값으로 나타내면

$$i_s(t) = \frac{V_m}{Z} \sin(\omega t - \theta) [\text{A}] \qquad \cdots\cdots (12.104)$$

이며 정상해 $i_s(t)$를 강제 응답(forced response)이라고도 한다.

여기서, $Z = \sqrt{R^2 + X_L^2}$, $\theta = \tan^{-1} \frac{X_L}{R}$ 이다. 따라서, 완전해 $i(t)$는

$$i(t) = i_s(t) + i_t(t) = \frac{V_m}{Z} \sin(\omega t - \theta) + A e^{-\frac{t}{\tau}} [\text{A}] \qquad \cdots\cdots (12.105)$$

이고 초기 조건인 $i_L(0) = i(0) = 0$ 에 의해서 계수 $A$를 구하면

$$i(0) = i_s(0) + i_t(0) = \frac{V_m}{Z} \sin(-\theta) + A e^0 = 0 [\text{A}] \qquad \cdots\cdots (12.106)$$

이므로

$$A = \frac{V_m}{Z} \sin \theta \qquad \cdots\cdots (12.107)$$

이다. 과도해 $i_t(t)$는 식 12.102에 식 12.107을 대입하면

$$i_t(t) = \frac{V_m}{Z} e^{-\frac{t}{\tau}} [\text{A}]$$

이다. 따라서, 완전해 $i(t)$는 식 12.105에 식 12.107을 대입하면

$$i(t) = \frac{V_m}{Z} \sin(\omega t - \theta) + \frac{V_m}{Z} \sin \theta \cdot e^{-\frac{t}{\tau}} [\text{A}] \qquad \cdots\cdots (12.108)$$

이고 완전해 $i(t)$를 완전 응답(complete response)이라고도 한다.

**예제 12.11** $R = 50[\Omega]$, $L = 40[\text{mH}]$인 $RL$ 직렬 회로에 있어서 $f = 60[\text{Hz}]$인 정현파를 인가할 때, 과도 전류가 발생하지 않을 정현파 전압의 위상은?

**풀이** 회로에 인가되는 정현파 전압을 페이저로 나타내면 $\boldsymbol{V} = V \angle \alpha [V]$이고, 회로의 임피던스를 페이저로 나타내면 $\boldsymbol{Z} = Z \angle \beta [\Omega]$이므로, 회로에 흐르는 전류의 정상해는

$$\boldsymbol{I}=\frac{\boldsymbol{V}}{\boldsymbol{Z}}=\frac{V\angle\alpha}{Z\angle\beta}=\frac{V}{Z}\angle(\alpha-\beta)\ [\mathrm{A}]$$

전류의 정상해를 순시값으로 나타내면

$$i_s(t)=\frac{V_m}{Z}\sin(\omega t+\alpha-\beta)[\mathrm{A}]$$

전류의 과도해 $i_t(t)$는 식 12.101에 의해서

$$i_t(t)=Ae^{-\frac{R}{L}t}[\mathrm{A}]$$

일반해 $i(t)$는

$$i(t)=i_s(t)+i_t(t)=\frac{V_m}{Z}\sin(\omega t+\alpha-\beta)+Ae^{-\frac{R}{L}t}\ [\mathrm{A}] \qquad \cdots\cdots ①$$

초기 조건 $t=0$ 일 때, $i=0$ 이므로

$$i(t)|_{t=0}=\frac{V_m}{Z}\sin(\alpha-\beta)+A^0=0\ [\mathrm{A}]$$

$$A=-\frac{V_m}{Z}\sin(\alpha-\beta) \qquad \cdots\cdots ②$$

식 ①에 식 ②를 대입하면

$$i(t)=\frac{V_m}{Z}\sin(\omega t+\alpha-\beta)-\frac{V_m}{Z}\sin(\alpha-\beta)e^{-\frac{R}{L}t}\ [\mathrm{A}] \qquad \cdots\cdots ③$$

과도 전류가 발생하지 않으려면, 식 ③에서 $\sin(\alpha-\beta)=0$ 이어야 하므로

$$\alpha=\beta=\tan^{-1}\frac{X_L}{R}=\tan^{-1}\frac{\omega L}{R}=\tan^{-1}\frac{2\pi fL}{R}$$

따라서, 정현파 전압의 위상 $\alpha$는 $R=50[\Omega]$, $L=40[\mathrm{mH}]$, $f=60[\mathrm{Hz}]$ 이므로

$$\alpha=\tan^{-1}\frac{2\times\pi\times 60\times 40\times 10^{-3}}{50}\fallingdotseq 16.78°$$

# 제 12 장 연습문제

1. $RL$ 직렬 회로에 직류 전압을 인가할 때, $t=2\tau$ 에서 회로에 흐르는 전류는 최종값의 약 몇 [%]인가?

정답 약 86.47[%]

2. $RL$ 직렬 회로에서 $t=0$ 일때 직류 전압 10[V]를 인가하면 $i(t)=100(1-e^{-25\times10^{-3}t})$[mA]인 전류가 흘렀다. 이 회로의 저항을 최초 저항값의 4배로 증가시키면, 시정수 $\tau$[sec]는?

정답 $\tau=10$[sec]

3. 저항 $R_1$, $R_2$와 인덕턴스 $L$이 직렬 접속인 회로가 있을 때, 회로의 시정수 $\tau$[sec]는?

정답 $\tau=\dfrac{L}{R_1+R_2}$[sec]

4. 그림 1과 같은 회로가 정상 상태에서 스위치 S를 A에서 B로 닫았을 때, 인덕터 $L$ 양단 간에 걸리는 전압 $v_L(t)$[V]는?

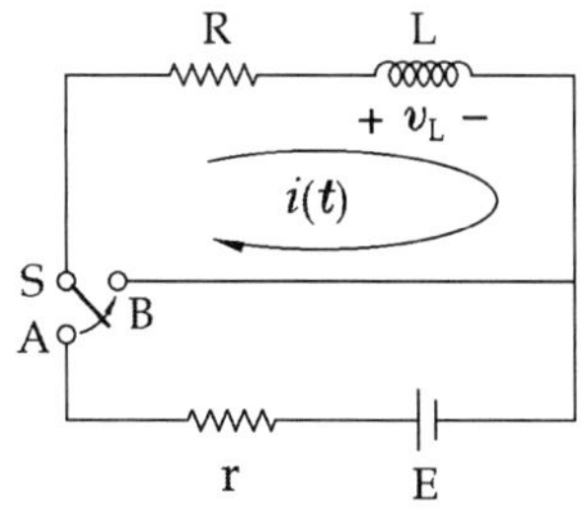


그림 1

정답 $v_L(t)=-\dfrac{RE}{R+r}e^{-\frac{R}{L}t}$[V]

5. 그림 2와 같은 회로에서 스위치 $S$를 $t=0$에서 닫을 때, $t=0$일 때의 전류 $i(t)$[A]는?
(단, $V_c(0)=30[\text{V}]$)

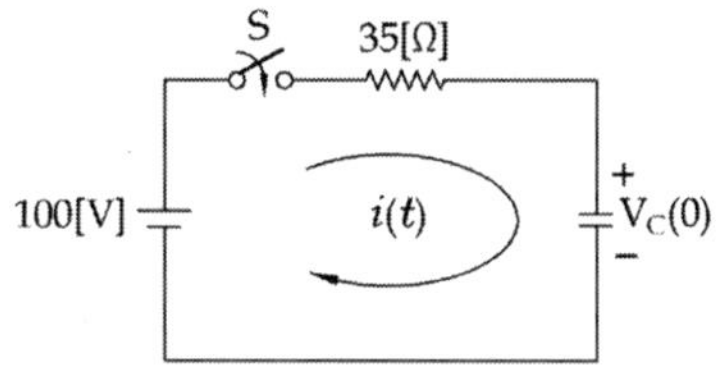


그림 2

정답 $i(t)=2[\text{A}]$

6. $R=1[\text{k}\Omega]$, $C=1[\mu\text{F}]$인 $RC$ 직렬 회로에 $E=200[\text{V}]$인 직류전압을 인가하였을 때, 시정수 $\tau$[sec]와 전류의 초기값 $i(t)$[A]는?

정답 $\tau=10^{-3}[\text{sec}]$, $i(t)=0.2[\text{A}]$

7. 그림 3과 같은 $R=100[\text{k}\Omega]$, $C=20[\mu\text{F}]$인 $RC$ 직렬 회로에서 스위치 $S$를 닫아 $E=100[\text{V}]$인 직류 전압을 인가하였다. 이때 커패시터 $C$에서의 충전 전압 $v_C(t)$가 50[V]까지 상승하는데 걸리는 시간 $t$ [sec]는?

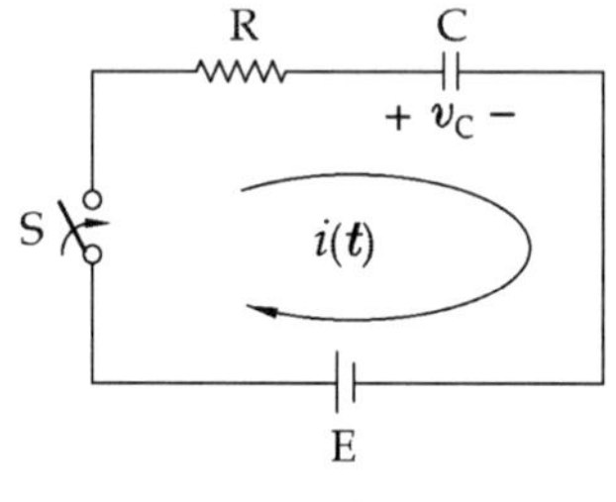


그림 3

정답 $t=1.39[\text{sec}]$

8. $RLC$ 직렬 회로에 있어서 $R=200[\Omega]$, $L=0.5[\text{mH}]$, $C=1[\mu\text{F}]$일 때, 회로의 상태는?

정답 회로는 비진동 상태이다.

9. 그림 4에서 $t = 0$ 에서 스위치 $S$ 를 닫았을 때, 이 때의 전류 $i_1(t)$, $i_2(t)$[A]는?
(단, $t < 0$ 일 때, $V_L = 0$[V], $V_c = 0$[V])

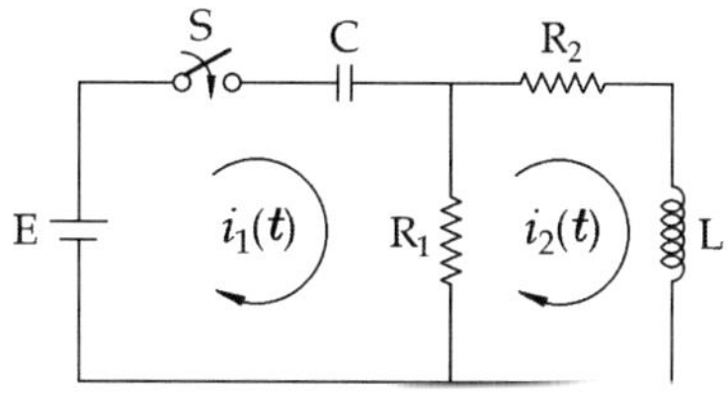


그림 4

정답 $i_1(t) = \frac{E}{R_1}$[A], $i_2(t) = 0$[A]

10. $RLC$ 직렬 회로에 있어서 $R = 400[\Omega]$, $L = 10$[mH]일 때, 회로가 진동이 발생하지 않을 커패시턴스 $C[\mu F]$의 범위는?

정답 $C \geq 0.25[\mu F]$

# Memo

# 연습문제 풀이

## 1장 교류 회로의 기초 이론

**1.** 전하량 $Q=It$로부터

$$Q=10\times 60=600[\text{C}]$$

전자 1개의 전하량 $e=1.602\times 10^{-19}[\text{C}]$이므로 도체를 통과한 전자의 수 $n=\dfrac{Q}{e}$로부터

$$n=\frac{600}{1.602\times 10^{-19}}=3.75\times 10^{21}[\text{개}]$$

**2.** 전하량 $q=\displaystyle\int_0^t i\,dt$로부터

$$\begin{aligned}q&=\int_0^{120}(6t^2+2t)dt=\left[2t^3+t^2\right]_0^{120}\\&=(2\times 120^3+120^2)-(0+0)\\&=3{,}470{,}400[\text{As}]\\&=964[\text{Ah}]\end{aligned}$$

**3.** 전력 $P=VI$로부터

$$P=VI=I^2R=10^2\times 50=5{,}000[\text{W}]$$

전력량 $W=Pt$로부터

$$W=5{,}000\times 2=10{,}000[\text{Wh}]=10[\text{kWh}]$$

**4.** 전력 $P=VI$와 $I=\dfrac{Q}{t}$로부터

$$P=\frac{QV}{t}=\frac{1{,}000\times 200}{20\times 60}=\frac{500}{3}[\text{W}]$$

**5.** 옴의 법칙 $I=\dfrac{E}{R}$로부터

$$I=\frac{E}{R_1+R_2}[\text{A}] \qquad \cdots ①$$

저항 $R_1$에 걸리는 전압 $E_1$은

$$E_1 = IR_1[\text{V}] \quad \cdots ②$$

저항 $R_1$에 걸리는 전압 $E_1$을 구하기 위해서 식 ②에 식 ①을 대입하면

$$E_1 = \frac{R_1}{R_1+R_2}E[\text{V}]$$

**6.** 직류 전원에 저항을 접속하여 흐르는 전류를 $I_1$이라고 하면

$$I_1 = \frac{E}{R_1}[\text{A}] \quad \cdots ③$$

저항을 변화시켜 30[%] 증가한 전류를 $I_2$라고 하면

$$I_2 = \frac{E}{R_2} = 1.3I_1[\text{A}] \quad \cdots ④$$

식 ④에 식 ③을 대입하면

$$I_2 = \frac{E}{R_2} = 1.3I_1 = 1.3\frac{E}{R_1}[\text{A}] \quad \cdots ⑤$$

식 ⑤로부터

$$\frac{E}{R_2} = 1.3\frac{E}{R_1}, \quad \frac{1}{R_2} = 1.3\frac{1}{R_1}, \quad R_2 = \frac{1}{1.3}R_1 \approx 0.77R_1[\Omega]$$

따라서, 전류를 30[%] 증가시키려면 저항을 약 0.77배로 변경해야 한다.

**7.** 옴의 법칙 $I=\frac{E}{R}$으로부터

$$I = \frac{50-70}{3+2} = \frac{-20}{5} = -4[\text{A}]$$

$I$가 (−)이기 때문에 전류의 방향은 원래의 방향과 반대이다.

**8.** $K.C.L$에 의해서 O점에 유입하는 전류의 합과 O점으로부터 유출되는 전류의 합은

$$I_1 + I_2 = I_3 \quad \cdots ⑥$$

$K.V.L$에 의해서 loop 1 방향으로 일주하면서 전압 상승과 전압 강하의 합은

$$4I_1 + 5I_3 = 5 \quad \cdots ⑦$$

$K.V.L$에 의해서 loop 2 방향으로 일주하면서 전압 상승과 전압 강하의 합은

$$-3I_2 - 5I_3 = -10 \quad \cdots ⑧$$

식 ⑥, ⑦, ⑧을 연립하여 풀면

$$I_1 = -\frac{10}{47}[\text{A}], \quad I_2 = \frac{65}{47}[\text{A}], \quad I_3 = \frac{55}{47}[\text{A}]$$

# 2장 수동 소자와 능동 소자

**1.** 회로에서 스위치 S를 on시켰을 때, 단자 $ab$ 간의 합성 저항 $R_{ab}$는

$$R_{ab} = \frac{6 \times 12}{6+12} + \frac{3 \times 6}{3+6} = 4 + 2 = 6[\Omega]$$

회로에서 스위치 S를 off시켰을 때, 단자 $ab$ 간의 합성 저항 $R_{ab}'$는

$$R_{ab}' = 6 + \frac{3 \times 6}{3+6} = 6 + 2 = 8[\Omega]$$

스위치 S를 off 시켰을 때, 합성 저항 $R_{ab}'$는 on시켰을 때의 합성 저항 $R_{ab}$보다 $\frac{8}{6}$배만큼 증가하므로 전류는 저항과 반대인 $\frac{6}{8}$배만큼 감소한다.

따라서, 스위치 S를 off시켰을 때의 전류계의 지시값 $I$는

$$I = 20 \times \frac{6}{8} = 15[\mathrm{A}]$$

**2.** 전력 $P = \frac{V^2}{R}$ [W]으로부터 전열선이 단선되면 저항이 감소하기 때문에

$$P' = \frac{V^2}{\frac{8}{10}R} = \frac{10}{8}\frac{V^2}{R} = 1.25P\,[\mathrm{W}]$$

단선되기 전, 전열기의 소비전력은 $P = 1[\mathrm{kW}]$ 이므로 단선 후의 소비전력 $P'$는

$$P' = 1.25 \times 1 = 1.25[\mathrm{kW}]$$

**3.** 저항 $R = \rho\frac{l}{A}$으로부터

$$A = \frac{\rho l}{R} = \frac{2.62 \times 10^{-8} \times 5}{50} = 2.62 \times 10^{-9}[\mathrm{m}^2]$$

면적 $A = \pi r^2$으로부터

$$r^2 = \frac{A}{\pi} = \frac{2.62 \times 10^{-9}}{\pi} \fallingdotseq 8.34 \times 10^{-10}[\mathrm{m}^2]$$

$$r = \sqrt{8.34 \times 10^{-10}} \fallingdotseq 2.89 \times 10^{-5}[\mathrm{m}] = 2.89 \times 10^{-3}[\mathrm{cm}]$$

**4.** 그림 2(a)는 대칭형 회로이기 때문에 단자 $ab$ 간에 전압을 인가할 때, 그림 2(b)와 같이 중앙의 O점을 분리시켜도 각 저항에서의 전류의 크기는 그림 2(a)와 동일하다. 또한, 그림 2(b)는 그림 2(c)와 등가이므로 그림 2(c)로부터 단자 $ab$ 간의 합성 저항 $R_{ab}$는

$$R_{ab} = \frac{3r \times 3r}{3r+3r} = \frac{3r}{2}[\Omega]$$

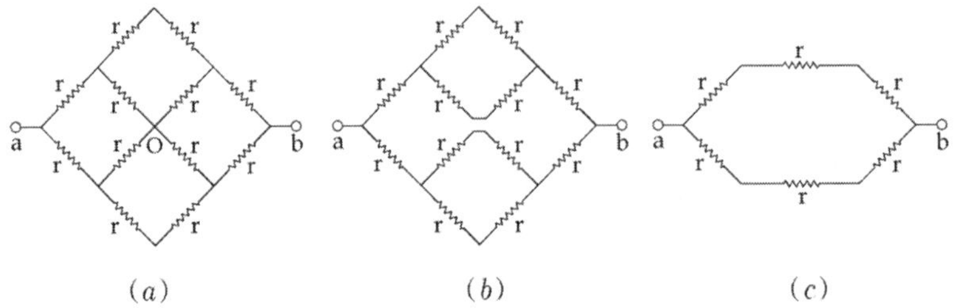

그림 2

**5.** 컨덕턴스 $G_2$에 흐르는 전류 $I_2$는

$$I_2 = I \times \frac{G_2}{G_1+G_2} = 15 \times \frac{5}{10+5} = 5[A]$$

컨덕턴스 $G_2$에서 소비되는 전력 $P_2$는

$$P_2 = I_2{}^2 R_2 = I_2{}^2 \frac{1}{G_2} = 5^2 \times \frac{1}{5} = 5[W]$$

**6.** 그림 4(a)으로부터 2개의 커패시터 20[$\mu$F]는 직렬 접속되어 있으므로 그림 4(b)와 같이 합성 커패시턴스는 $\frac{20 \times 20}{20+20} = \frac{400}{40} = 10[\mu F]$이다. 그림 4(b)에서 3개의 커패시터 10[$\mu$F], 30[$\mu$F], 10[$\mu$F]는 병렬 접속이므로 그림 4(c)와 같이 합성 커패시턴스는 $10+30+10=50[\mu F]$ 이다. 그림 4(c)에서 2개의 커패시터 50[$\mu$F]는 직렬 접속되어 있으므로 단자 $ab$간 합성 커패시턴스 $C_{ab}$는

$$C_{ab} = \frac{50 \times 50}{50+50} = \frac{2,500}{100} = 25[\mu F]$$

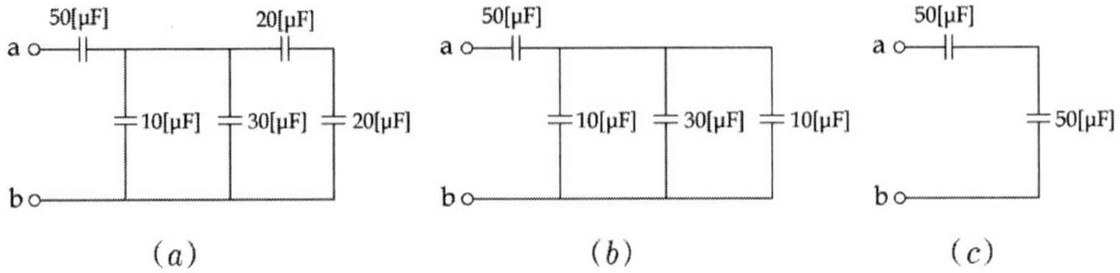

그림 4

**7.** ① 유기 전압 $e = L\dfrac{di}{dt}$ 로부터 인덕턴스 $L$은

$$L = e\frac{dt}{di} = 3 \times \frac{1}{10} = \frac{3}{10} = 0.3[\text{H}]$$

② 자속 쇄교수 $\lambda = Li = n\phi$로부터 자속 $\phi$는

$$\phi = \frac{Li}{n} = \frac{0.3 \times 10}{100} = 0.03[\text{Wb}]$$

**8.** $v = L\dfrac{di}{dt}$ 로부터

$$0 \sim 1\text{초} : v = 5 \times \frac{2-0}{1-0} = 5 \times 2 = 10[\text{V}]$$

$$1 \sim 3\text{초} : v = 5 \times \frac{-2-2}{3-1} = 5 \times (-2) = -10[\text{V}]$$

$$3 \sim 4\text{초} : v = 5 \times \frac{0-(-2)}{4-3} = 5 \times 2 = 10[\text{V}]$$

그림 5(c)에 인덕터 $L$에 걸리는 전압 파형을 나타낸다.

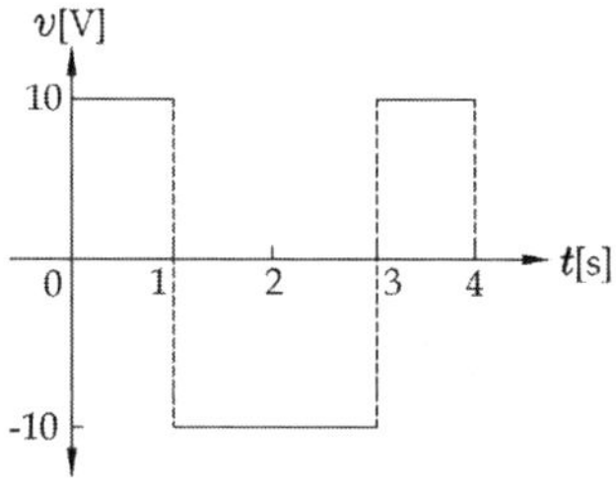


**그림 5(c)**

**9.** $i = C\dfrac{dv}{dt}$ 로부터

$$0 \sim 1\text{초} : i = 50 \times 10^{-6} \times \frac{10-0}{1-0} = 5 \times 10^{-4}[\text{A}]$$

$$1 \sim 2\text{초} : i = 50 \times 10^{-6} \times \frac{10-10}{2-1} = 0[\text{A}]$$

$$2 \sim 4\text{초} : i = 50 \times 10^{-6} \times \frac{-10-10}{4-2} = -5 \times 10^{-4}[\text{A}]$$

그림 6(c)에 커패시터 $C$에 흐르는 전류 파형을 나타낸다.

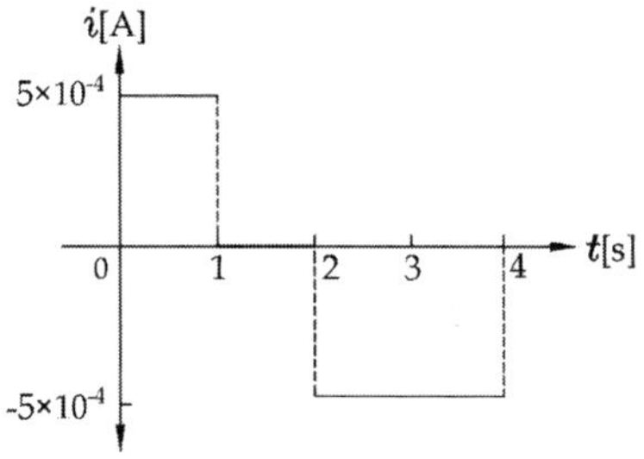


**그림 6(c)**

**10.** $K.C.L$에 의해서 O점에 유입하는 전류는 10[A]이고 O점으로부터 유출되는 전류 $I$, 5[A]이므로

$$10 = I + 5, \quad I = 5[A]$$

따라서, 저항 20[Ω] 흐르는 전류는 $I = 5[A]$ 이다.
저항 20[Ω]에 걸리는 전압 $V$는

$$V = IR = 5 \times 20 = 100[V]$$

**11.** 컨덕턴스 10[℧]에 흐르는 전류 $I$는

$$I = 15 \times \frac{10}{5+10} = 10[A]$$

컨덕턴스 10[℧]에서 소비되는 전력 $P$는

$$P = I^2 \frac{1}{G} = 10^2 \times \frac{1}{10} = 10[W]$$

## 3장 정현파 교류

**1.** ① 전압의 진폭은 최대값과 동일하므로 진폭$= 100\sqrt{2}$[V]

② 실효값 $V$는 $V = \frac{1}{\sqrt{2}} V_m = \frac{1}{\sqrt{2}} \times 100\sqrt{2} = 100[V]$

③ 평균값 $V_{av}$는 $V_{av} = \frac{2}{\pi} V_m = \frac{2}{\pi} \times 100\sqrt{2} = \frac{200\sqrt{2}}{\pi}[V]$

④ 파고율은

$$\text{파고율} = \frac{\text{최대값}}{\text{실효값}} = \frac{100\sqrt{2}}{100} = \sqrt{2}$$

⑤ 파형률은

$$\text{파형률} = \frac{\text{실효값}}{\text{평균값}} = \frac{100}{\frac{200\sqrt{2}}{\pi}} = \frac{\pi}{2\sqrt{2}}$$

⑥ 각주파수는 $\omega = 500[rad/s]$

⑦ 주파수 $f$는 $f = \frac{\omega}{2\pi} = \frac{500}{2\pi} = \frac{250}{\pi}[Hz]$

⑧ 주기 $T$는 $T = \frac{1}{f} = \frac{1}{\frac{250}{\pi}} = \frac{\pi}{250}[s]$

⑨ 편각은 30°

**2.** $v_2$를 sin 파형으로 변환하면

$$v_2 = 200\sqrt{2}\sin(240\pi t - 30° + 90°) = 200\sqrt{2}\sin(240\pi t + 60°)[V]$$

$v_1$과 $v_2$ 파형 간의 위상차 $\theta$는

$$\theta = 60 - 30 = 30°$$

위상차 $\theta = 30°$를 전기각으로 표시하면 $\theta = \frac{\pi}{6}$이고 위상차 $\theta = \omega t$로부터

$$t = \frac{\theta}{\omega} = \frac{\frac{\pi}{6}}{240\pi} = \frac{1}{1,440}[\mathrm{s}]$$

**3.** 전압의 평균값은 $V_{av} = \frac{1}{T}\int_0^T v\,dt$ 로부터 $t = 0 \sim 10[\mathrm{ms}]$에서만 적분하면 되므로

$$\begin{aligned} V_{av} &= \frac{1}{20\times 10^{-3}}\int_0^{10\times 10^{-3}} 3\times 10^5 (t-0.01)^2 dt \\ &= \frac{3\times 10^5}{20\times 10^{-3}}\int_0^{10\times 10^{-3}} (t^2 - 0.02t + 0.0001)dt \\ &= 1.5\times 10^7 \left[\frac{1}{3}t^3 - 0.01t^2 + 0.0001t\right]_0^{10\times 10^{-3}} \\ &= 1.5\times 10^7 \left[\left\{\frac{1}{3}\times(10^{-2})^3 - 0.01(10^{-2})^2 + 0.0001\times 10^{-2}\right\} - 0\right] \\ &= 5[\mathrm{V}] \end{aligned}$$

**4.** 전류의 평균값은 $I_{av} = \frac{1}{T}\int_0^T i\,dt$로부터 $t = t \sim 2t[s]$에서만 적분하면 되므로

$$I_{av} = \frac{1}{2t}\int_t^{2t} I_m dt = \frac{I_m}{2t}[t]_t^{2t} = \frac{I_m}{2t}(2t - t) = 20[\mathrm{A}]$$

전류의 최대값 $I_m$은

$$\frac{I_m}{2} = 20,\ I_m = 40[\mathrm{A}]$$

따라서, 전류의 실효값은 $I = \sqrt{\frac{1}{T}\int_0^T i^2 dt}$ 로부터 $t = t \sim 2t[s]$에서만 적분하면 되므로

$$\begin{aligned} I &= \sqrt{\frac{1}{2t}\int_t^{2t} I_m^2 dt} = \sqrt{\frac{I_m^2}{2t}\int_t^{2t} 1\,dt} = \sqrt{\frac{I_m^2}{2t}[t]_t^{2t}} \\ &= \sqrt{\frac{I_m^2}{2t}(2t - t)} = \sqrt{\frac{I_m^2}{2}} = \frac{1}{\sqrt{2}}I_m = 20\sqrt{2}[\mathrm{A}] \end{aligned}$$

**5.** 전류 파형의 평균값은 $I_{av} = \frac{1}{T}\int_0^T i\,dt$ 로부터 $i = 100t$ 이므로

$$I_{av} = \frac{1}{2}\int_0^2 100t\,dt = \frac{100}{4}[t^2]_0^2 = 25(2^2 - 0) = 100[\mathrm{A}]$$

전류 파형의 실효값은 $I = \sqrt{\frac{1}{T}\int_0^T i^2 dt}$ 로부터

$$I=\sqrt{\frac{1}{2}\int_0^2 (100t)^2 dt}=\sqrt{\frac{10,000}{2}\int_0^2 t^2 dt}=\sqrt{\frac{5,000}{3}[t^3]_0^2}$$
$$=\sqrt{\frac{5,000}{3}(2^3-0)} \fallingdotseq 115.47[\text{A}]$$

따라서, 그림 3에서 전류의 최대값은 $I_m=200[\text{A}]$ 이므로 전류의 파고율은

$$\text{파고율}=\frac{\text{최대값}}{\text{실효값}}=\frac{200}{115.47} \fallingdotseq 1.73$$

전류의 파형률은

$$\text{파형률}=\frac{\text{실효값}}{\text{평균값}}=\frac{115.47}{100} \fallingdotseq 1.15$$

**6.** ① 회로의 유도성 리액턴스 $X_L$은

$$X_L=2\pi fL=2\pi\times 60\times 106\times 10^{-3} \fallingdotseq 40[\Omega]$$

회로의 임피던스 $Z$는

$$Z=\sqrt{R^2+X_L^2}=\sqrt{30^2+40^2}=50[\Omega]$$

임피던스 각도 $\theta$는

$$\theta=\tan^{-1}\frac{X_L}{R}=\tan^{-1}\frac{40}{30} \fallingdotseq 53.13° \qquad \cdots ①$$

② 전류의 크기 $I$는

$$I=\frac{V}{Z}=\frac{200}{50}=4[\text{A}]$$

$RL$ 직렬회로에서는 전류의 위상이 전압보다 $\theta$만큼 느리기 때문에 식 ①의 $\theta$는 (−)이므로 전류의 순시값 $i=\sqrt{2}I\sin(\omega t-\theta)$는

$$i=4\sqrt{2}\sin(2\pi ft-\theta)=4\sqrt{2}\sin(2\pi\times 60\times t-53.13°)$$
$$=4\sqrt{2}\sin(377t-53.13°)[\text{A}]$$

**7.** 회로의 용량성 리액턴스 $X_C$는

$$|X_C|=\left|-\frac{1}{\omega C}\right|=\frac{1}{\omega C}=\frac{1}{2\pi fC}=\frac{1}{2\pi\times 60\times 100\times 10^{-6}} \fallingdotseq 26.53[\Omega]$$

회로에 흐르는 전류의 실효값 $I$는

$$I=\frac{V}{|X_C|}=\frac{200}{26.53} \fallingdotseq 7.54[\text{A}]$$

커패시터 $C$만의 회로에서는 전류의 위상이 전압보다 90°만큼 빠르기 때문에 전류의 순시값 $i=\sqrt{2}I\sin(\omega t+90°)$는

$$i=7.54\sqrt{2}\sin(2\pi ft+90°)=7.54\sqrt{2}\sin(2\pi\times 60\times t+90°)$$
$$=7.54\sqrt{2}\sin(377t+90°)[\text{A}]$$

**8.** 회로의 용량성 리액턴스 $X_C$는

$$|X_C| = \frac{V}{I} = \frac{100}{50\times 10^{-3}} = 2\times 10^3[\Omega]$$

회로의 커패시턴스 $C$는

$$C = \frac{1}{2\pi f|X_C|} = \frac{1}{2\pi\times 60\times 2\times 10^3} \fallingdotseq 1.33\times 10^{-6} = 1.33[\mu\text{F}]$$

**9.** 회로의 유도성 리액턴스 $X_L$은

$$X_L = \omega L = 50\times 2 = 100[\Omega] \qquad \cdots ②$$

회로의 용량성 리액턴스 $X_C$는

$$X_C = -\frac{1}{\omega C} = -\frac{1}{50\times 333\times 10^{-6}} \fallingdotseq -60[\Omega] \qquad \cdots ③$$

회로의 리액턴스 $X$는

$$X = X_L + X_C = 100 - 60 = 40[\Omega]$$

임피던스의 크기 $Z$는

$$Z = \sqrt{R^2 + X^2} = \sqrt{30^2 + 40^2} = 50[\Omega]$$

임피던스 각도 $\theta$는

$$\theta = \tan^{-1}\frac{X}{R} = \tan^{-1}\frac{40}{30} \fallingdotseq 53.13°$$

회로에 흐르는 전류의 최대값 $I_m$은

$$I_m = \frac{V_m}{Z} = \frac{100}{50} = 2[\text{A}]$$

식 ②와 ③으로부터 유도성 리액턴스가 용량성 리액턴스보다 크기 때문에, 회로는 유도성이므로 전류의 위상은 전압보다 $\theta$만큼 느리다.
따라서, 회로에 흐르는 전류의 순시값 $i$는

$$i = 2\sin(50t - 53.13°)[\text{A}]$$

**10.** 회로의 유도성 리액턴스 $X_L$은

$$X_L = \omega L = 2\pi f L = 2\pi\times 60\times 30\times 10^{-3} \fallingdotseq 11.31[\Omega]$$

임피던스의 크기 $Z$는

$$Z = \sqrt{R^2 + X_L^2} = \sqrt{20^2 + 11.31^2} \fallingdotseq 22.98[\Omega]$$

회로에 흐르는 전류의 실효값 $I$는

$$I = \frac{V}{Z} = \frac{220}{22.98} \fallingdotseq 9.57[\text{A}]$$

따라서, 저항에 걸리는 전압 $V_R$은

$$V_R = IR = 9.57 \times 20 = 191.40[\mathrm{V}]$$

인덕터에 걸리는 전압 $V_L$은

$$V_L = IX_L = 9.57 \times 11.31 \fallingdotseq 108.24[\mathrm{V}]$$

**11.** 전압 $v$는 저항 $R$과 인덕터 $L$에 동일하게 인가되기 때문에, 저항에 흐르는 전류 $i_R$은

$$i_R = \frac{v}{R} = \frac{150\sqrt{2}}{10}\sin 200\pi t = 15\sqrt{2}\sin 200\pi t[\mathrm{A}]$$

회로의 유도성 리액턴스 $X_L$은

$$X_L = \omega L = 200\pi \times 30 \times 10^{-3} \fallingdotseq 18.85[\Omega]$$

인덕터에 흐르는 전류 $i_L$은 전압보다 $\frac{\pi}{2}$만큼 느리므로

$$i_L = \frac{v}{X_L} = \frac{150\sqrt{2}}{18.85}\sin\left(200\pi t - \frac{\pi}{2}\right) \fallingdotseq 7.96\sqrt{2}\sin\left(200\pi t - \frac{\pi}{2}\right)[\mathrm{A}]$$

여기서, 삼각함수 $\sin(A-B) = \sin A\cos B - \cos A\sin B$ 이므로

$$\begin{aligned} i_L &= 7.96\sqrt{2}\left(\sin 200\pi t \cdot cos\frac{\pi}{2} - \cos 200\pi t \cdot sin\frac{\pi}{2}\right) \\ &= -7.96\sqrt{2}\cos 200\pi t\,[\mathrm{V}] \end{aligned}$$

전체 전류 $i$는

$$i = i_R + i_L = 15\sqrt{2}\sin 200\pi t - 7.96\sqrt{2}\cos 200\pi t[\mathrm{A}]$$

여기서, 삼각 함수 $A\sin\omega t + B\cos\omega t = \sqrt{A^2+B^2}\sin(\omega t+\theta)$ 이고 임피던스 각도 $\theta = \tan^{-1}\frac{B}{A}$ 이므로

$$\begin{aligned} i &= \sqrt{2}\sqrt{15^2+(-7.96)^2}\sin\left\{200\pi t + \tan^{-1}\frac{(-7.96)}{15}\right\} \\ &\fallingdotseq 16.98\sqrt{2}\sin(200\pi t - 27.95°)[\mathrm{A}] \end{aligned}$$

## 4장 복소수로 표시한 교류 회로 해석

**1.** $\frac{\boldsymbol{B}+\boldsymbol{C}}{\boldsymbol{A}}$를 구하기 위해서 복소수 $\boldsymbol{B}$ 와 $\boldsymbol{C}$를 직교좌표 형식으로 변환하면

$$\begin{aligned} \boldsymbol{B} &= 60(\cos 60° + j\sin 60°) = 60\left(\frac{1}{2} + j\frac{\sqrt{3}}{2}\right) = 30 + j30\sqrt{3} \\ \boldsymbol{C} &= 5(\cos 0° + j\sin 0°) = 5 \end{aligned}$$

따라서, $\frac{\boldsymbol{B}+\boldsymbol{C}}{\boldsymbol{A}}$는

$$\frac{\boldsymbol{B}+\boldsymbol{C}}{\boldsymbol{A}}=\frac{(30+j30\sqrt{3})+5}{15+j15}=\frac{35+j30\sqrt{3}}{15+j15}=\frac{(35+j30\sqrt{3})(15-j15)}{(15+j15)(15-j15)}$$

$$=\frac{(525+450\sqrt{3})+j(450\sqrt{3}-525)}{225+225}$$

$$\fallingdotseq\frac{1{,}304.42+j254.42}{450}=2.90+j0.57$$

$\dfrac{\boldsymbol{AB}}{\boldsymbol{C}}$를 구하기 위해서 복소수 $\boldsymbol{A}$와 $\boldsymbol{C}$를 극좌표 형식으로 변환하면 복소수 $\boldsymbol{A}$의 크기 $A$는

$$A=\sqrt{15^2+15^2}=15\sqrt{2}$$

편각 $\theta$는

$$\theta=\tan^{-1}\left(\frac{15}{15}\right)=\tan^{-1}1=45°$$

따라서, 복소수 $\boldsymbol{A}$를 극좌표 형식으로 나타내면

$$\boldsymbol{A}=15\sqrt{2}\angle 45°$$

또한, 복소수 $\boldsymbol{C}$는 극좌표 형식으로 나타내면

$$\boldsymbol{C}=5e^{j0°}=5\angle 0°$$

따라서, $\dfrac{\boldsymbol{AB}}{\boldsymbol{C}}$는

$$\frac{\boldsymbol{AB}}{\boldsymbol{C}}=\frac{(15\sqrt{2}\angle 45°)(60\angle 60°)}{5\angle 0°}=\frac{900\sqrt{2}\angle 105°}{5\angle 0°}=180\sqrt{2}\angle 105°$$

**2.** 복소수 전류 $\boldsymbol{I}$를 지수함수 형식으로 나타내면

$$\boldsymbol{I}=-50e^{j\frac{\pi}{2}}=-50\left(\cos\frac{\pi}{2}+j\sin\frac{\pi}{2}\right)=-j50=50e^{-j\frac{\pi}{2}}\text{[A]}$$

정현파 교류의 순시값으로 나타내면

$$i=50\sqrt{2}\sin\left(\omega t-\frac{\pi}{2}\right)\text{[A]}$$

**3.** 정현파 교류 전류 $i_1$을 삼각함수 $\sin(\theta_1+\theta_2)=\sin\theta_1\cos\theta_2+\cos\theta_1\sin\theta_2$인 공식에 의해서 sin 함수로 나타내면

$$i_1=50\cos\left(\omega t+\frac{\pi}{3}\right)=50\sin\left(\omega t+\frac{\pi}{3}+\frac{\pi}{2}\right)=50\sin\left(\omega t+\frac{5\pi}{6}\right)\text{[A]}$$

$i_1$과 $i_2$를 페이저 전류로 나타내면

$$\boldsymbol{I}_1=\frac{50}{\sqrt{2}}\angle\frac{5\pi}{6}\text{[A]},\qquad \boldsymbol{I}_2=\frac{20}{\sqrt{2}}\angle\frac{\pi}{6}\text{[A]}$$

합성 전류의 크기 $I$는

$$I=\sqrt{I_1^2+I_2^2+2I_1I_2\cos\left(\frac{5\pi}{6}-\frac{\pi}{6}\right)}$$

$$= \sqrt{\left(\frac{50}{\sqrt{2}}\right)^2 + \left(\frac{20}{\sqrt{2}}\right)^2 + 2\left(\frac{50}{\sqrt{2}}\right)\left(\frac{20}{\sqrt{2}}\right)\cos\left(\frac{5\pi}{6} - \frac{\pi}{6}\right)}$$

$$= \sqrt{\frac{2{,}900}{2} + 1{,}000\cos\frac{4\pi}{6}} \fallingdotseq 30.82[\text{A}]$$

**4.** 정현파 교류 전압과 전류를 페이저 형식으로 나타내면

$$\boldsymbol{V} = \frac{150}{\sqrt{2}} \angle \frac{\pi}{2}[\text{V}], \qquad \boldsymbol{I} = \frac{15}{\sqrt{2}} \angle \frac{\pi}{3}[\text{A}]$$

복소 임피던스 $\boldsymbol{Z}$는

$$\boldsymbol{Z} = \frac{\boldsymbol{V}}{\boldsymbol{I}} = \frac{\frac{150}{\sqrt{2}} \angle \frac{\pi}{2}}{\frac{15}{\sqrt{2}} \angle \frac{\pi}{3}} = \frac{150}{15} \angle \left(\frac{\pi}{2} - \frac{\pi}{3}\right) = 10 \angle \frac{\pi}{6}[\Omega]$$

극좌표 형식인 복소 임피던스를 직교좌표 형식으로 나타내면

$$\boldsymbol{Z} = 10\left(\cos\frac{\pi}{6} + j\sin\frac{\pi}{6}\right) = 5\sqrt{3} + j5[\Omega]$$

복소 임피던스 $\boldsymbol{Z}$를 저항 $R$과 $X$로 나타내면

$$\boldsymbol{Z} = 5\sqrt{3} + j5 = R + jX[\Omega]$$

이므로

$$R = 5\sqrt{3}[\Omega], \qquad X = 5[\Omega]$$

**5.** 그림 1(a)에서 복소 임피던스 $\boldsymbol{Z}$는

$$\boldsymbol{Z} = R + jX = R + j(X_L + X_C) = 30 + j(80 - 40) = 30 + j40[\Omega]$$

복소 어드미턴스 $\boldsymbol{Y}$는

$$\boldsymbol{Y} = \frac{1}{\boldsymbol{Z}} = \frac{1}{30 + j40} = \frac{30 - j40}{(30 + j40)(30 - j40)} = \frac{30}{2{,}500} - j\frac{40}{2{,}500}$$

$$= \frac{3}{250} - j\frac{4}{250}[\mho]$$

복소 어드미턴스 회로도는 그림 1(b)와 같다.

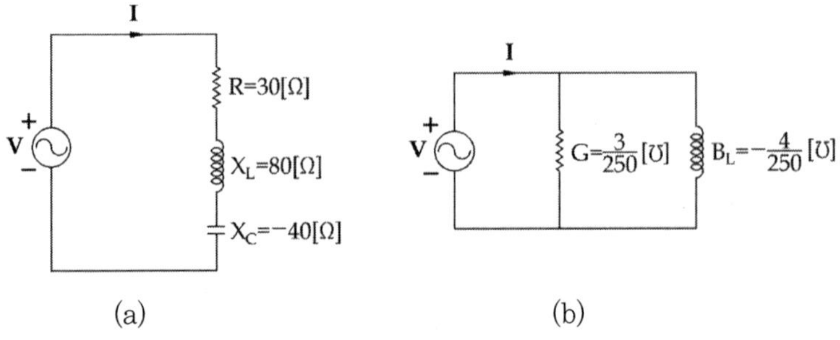


그림 1

**6.** 그림 2로부터 페이저 전압 $\boldsymbol{V}$는

$$\boldsymbol{V} = 100\angle 0° = 100(\cos 0° + j\sin 0°) = 100[\text{V}]$$

회로의 $R$, $L$, $C$에 흐르는 페이저 전류 $\boldsymbol{I}_R$, $\boldsymbol{I}_L$, $\boldsymbol{I}_C$를 구하면

$$\boldsymbol{I}_R = \frac{\boldsymbol{V}}{R} = \frac{100}{50} = 2[\text{A}]$$

$$\boldsymbol{I}_L = \frac{\boldsymbol{V}}{jX_L} = \frac{100}{j75} = -j\frac{4}{3}[\text{A}]$$

$$\boldsymbol{I}_C = \frac{\boldsymbol{V}}{jX_C} = \frac{100}{-j100} = j1[\text{A}]$$

따라서, 페이저 전류 $\boldsymbol{I}$는

$$\boldsymbol{I} = \boldsymbol{I}_R + \boldsymbol{I}_L + \boldsymbol{I}_C = 2 - j\frac{4}{3} + j1 = 2 - j\frac{1}{3}[\text{A}]$$

**7.** 그림 3으로부터 회로의 복소 임피던스 $\boldsymbol{Z}$는

$$\boldsymbol{Z} = R + jX = R + j(X_L - X_C) = 5 + j(20 - 10) = 5 + j10[\Omega]$$

복소 임피던스의 크기 $Z$는

$$Z = \sqrt{5^2 + 10^2} = \sqrt{125} = 5\sqrt{5}[\Omega]$$

페이저 전류의 최대값 $I_m$은

$$I_m = \frac{V_m}{Z} = \frac{100\sqrt{2}}{5\sqrt{5}} = 4\sqrt{10}[\text{A}]$$

**8.** 그림 4로부터 회로의 복소 임피던스 $\boldsymbol{Z}$는

$$\boldsymbol{Z} = \frac{(10 + j20)(j20 - j15)}{(10 + j20) + (j20 - j15)} = \frac{(10 + j20)j5}{10 + j25} = \frac{-100 + j50}{10 + j25}[\Omega]$$

회로의 복소 어드미턴스 $\boldsymbol{Y}$는

$$\boldsymbol{Y} = \frac{1}{\boldsymbol{Z}} = \frac{10 + j25}{-100 + j50}$$

$$= \frac{(10 + j25)(-100 - j50)}{(-100 + j50)(-100 - j50)}$$

$$= -\frac{250}{12{,}500} - j\frac{3{,}000}{12{,}500} = -\frac{1}{50} - j\frac{6}{25}[\mho]$$

**9.** 회로의 복소 임피던스 $\boldsymbol{Z}$는

$$\boldsymbol{Z} = 4 + j6 + \frac{j3 \times jX_C}{j3 + jX_C} = 4 + j6 + \frac{j^2 3X_C}{j(3 + X_C)}$$

$$= 4 + j6 + j\frac{3X_C}{3 + X_C} = 4 + j\frac{6(3 + X_C) + 3X_C}{3 + X_C}$$

$$=4+j\frac{18+9X_C}{3+X_C}$$

페이저 전압과 전류가 동상이 되기 위해서는 허수부가 0이 되어야 하므로

$$18+9X_C=0$$

따라서,

$$X_C=-2[\Omega]$$

**10.** 합성 복소 임피던스 $\boldsymbol{Z}$는

$$\boldsymbol{Z}=\boldsymbol{Z}_1+\boldsymbol{Z}_2=(6+j5)+(2-j1)=8+j4[\Omega]$$

합성 복소 임피던스의 크기 $Z$는

$$Z=\sqrt{8^2+4^2}=4\sqrt{5}[\Omega]$$

편각 $\theta$는

$$\theta=\tan^{-1}\frac{4}{8}\fallingdotseq 26.57°$$

전압의 순시값 $v$를 페이저 전압 $\boldsymbol{V}$로 표시하면

$$\boldsymbol{V}=\frac{200}{\sqrt{2}}\angle 0°[\text{V}]$$

회로에 흐르는 페이저 전류 $\boldsymbol{I}$는

$$\boldsymbol{I}=\frac{\boldsymbol{V}}{\boldsymbol{Z}}=\frac{\frac{200}{\sqrt{2}}\angle 0°}{4\sqrt{5}\angle 26.57°}=5\sqrt{10}\angle -26.57°[\text{A}]$$

따라서, 회로에 흐르는 전류의 순시값 $i$는

$$i=\sqrt{2}I\sin(377t-26.57°)=10\sqrt{5}\sin(377t-26.57°)[\text{A}]$$

**11.** 그림 7(a)에서 단자 $c-d$로부터 오른쪽을 보았을 때 합성 저항을 $R_{cd}$라고 하면 단자 $a-b$ 간의 합성 저항 $R_{ab}$는 그림 7(b)에서와 같이 2개의 1[Ω]의 저항이 직렬 접속되어 있고 저항 $R$과 $R_{cd}$가 병렬 접속된 것으로 볼 수 있다.

$$R_{ab}=2R+\frac{R\times R_{cd}}{R+R_{cd}}[\Omega] \quad \cdots ①$$

또한, 저항이 무한히 접속되어 있으므로 단자 $a-b$ 간의 합성 저항 $R_{ab}$과 단자 $c-d$로부터 오른쪽을 보았을 때 합성 저항 $R_{cd}$는 동일하다. 즉

$$R_{ab}=R_{cd} \quad \cdots ②$$

따라서, 식 ①과 ②로부터

$$R_{ab}=2R+\frac{R\times R_{ab}}{R+R_{ab}}[\Omega]$$

정리하면

$$R_{ab}^2 - 2RR_{ab} - 2R^2 = 0$$

$R = 1[\Omega]$ 이므로

$$R_{ab}^2 - 2R_{ab} - 2 = 0$$

따라서, 단자 $a-b$ 간의 합성 저항 $R_{ab}$는

$$R_{ab} = 1 + \sqrt{3}[\Omega]$$

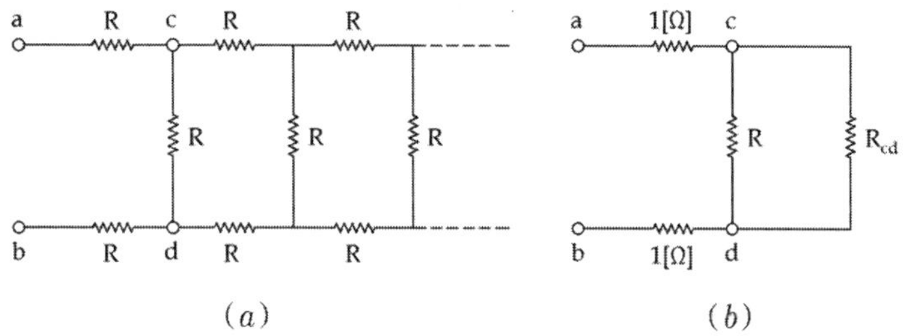


그림 7

**12.** 브리지 회로가 평형 상태라면, 5[Ω]에는 전류가 흐르지 않는 가운데, 합성 저항 $R[\Omega]$은

$$R = 3 + \frac{(1+2)\times(2+4)}{(1+2)+(2+4)} = 3 + \frac{3\times6}{3+6} = 5[\Omega]$$

회로에 흐르는 전류 $I$는

$$I = \frac{V}{R} = \frac{10}{5} = 2[\mathrm{A}]$$

## 5장 회로의 교류 전력과 에너지

**1.** 회로의 합성 저항 $R$은

$$R = 8 + \frac{3\times6}{3+6} = 8 + \frac{18}{9} = 10[\Omega]$$

전체 전류 $I$는

$$I = \frac{V}{R} = \frac{200}{10} = 20[\mathrm{A}]$$

지로 전류 $I_1$, $I_2$는

$$I_1 = I\times\frac{6}{3+6} = 20\times\frac{6}{9} = \frac{40}{3}[\mathrm{A}]$$

$$I_2 = I \times \frac{3}{3+6} = 20 \times \frac{3}{9} = \frac{20}{3}[\mathrm{A}]$$

각 저항에서의 소비 전력 $P_{R_1}$, $P_{R_2}$, $P_{R_3}$는

$$P_{R_1} = I^2 R_1 = 20^2 \times 8 = 3{,}200[\mathrm{W}]$$

$$P_{R_2} = I_1^2 R_2 = \left(\frac{40}{3}\right)^2 \times 3 = \frac{1{,}600}{3} \fallingdotseq 533.33[\mathrm{W}]$$

$$P_{R_3} = I_2^2 R_3 = \left(\frac{20}{3}\right)^2 \times 6 = \frac{800}{3} \fallingdotseq 266.67[\mathrm{W}]$$

따라서, 전력 소비가 가장 많은 저항은 $R_1$이다.

**2.** 회로에 직류 전압을 인가할 때 소비 전력 $P_{DC}$는

$$P_{DC} = \frac{V^2}{R} = \frac{200^2}{R} = 1{,}000[\mathrm{W}]$$

저항 $R$은

$$R = \frac{200^2}{1{,}000} = 40[\Omega]$$

회로에 교류 전압을 인가할 때 소비 전력 $P_{AC}$는

$$P_{AC} = I^2 R = I^2 \times 40 = 1{,}440[\mathrm{W}]$$

전류 $I$는

$$I^2 = 36[\mathrm{A}], \quad I = 6[\mathrm{A}]$$

회로의 임피던스의 크기 $Z$는

$$Z = \frac{V}{I} = \frac{300}{6} = 50[\Omega]$$

또한, 임피던스의 크기 $Z$는

$$Z = \sqrt{R^2 + X_L^2} = \sqrt{R^2 + (2\pi f L)^2}$$
$$= \sqrt{40^2 + (2\pi \times 60 \times L)^2} = \sqrt{40^2 + (120\pi L)^2} = 50[\Omega]$$

따라서, 인덕턴스 $L$은

$$(120\pi L)^2 = 50^2 - 40^2 = 900$$

$$L^2 = \frac{900}{(120\pi)^2} \fallingdotseq 6.33 \times 10^{-3}$$

$$L \fallingdotseq 0.0796[\mathrm{H}] = 79.6[\mathrm{mH}]$$

**3.** 회로에서 소비되는 유효 전력 $P$는

$$P = \frac{V^2}{R} = \frac{200^2}{R} = 2{,}000[\mathrm{W}]$$

저항 $R$은

$$R = \frac{200^2}{2{,}000} = 20[\Omega]$$

회로에서 소비되는 무효 전력 $P_r$ 은

$$P_r = -B_C V^2 = -\omega C V^2 = -2\pi f C V^2 = -120\pi C \times 200^2 = -1{,}000[\text{Var}]$$

커패시턴스 $C$ 는

$$C = \frac{1{,}000}{120\pi \times 200^2} \fallingdotseq 66.31[\mu\text{F}]$$

**4.** 회로에서 소비되는 피상 전력 $P_a$ 는

$$P_a = VI = 200 \times 30 = 6{,}000[\text{VA}]$$

회로에서 소비되는 무효 전력 $P_r$ 은

$$P_r = \sqrt{P_a^2 - P^2} = \sqrt{6{,}000^2 - 4{,}800^2} = 3{,}600[\text{Var}]$$

무효 전력 $P_r = I^2 X$를 리액턴스 $X$에 대해서 정리하면

$$X = \frac{P_r}{I^2} = \frac{3{,}600}{30^2} = 4[\Omega]$$

**5.** 역률 $\cos\theta = 0.8$이라면 유효 전력 $P$는

$$P = VI\cos\theta = VI \times 0.8 = 1{,}600[\text{W}]$$

$$VI = \frac{1{,}600}{0.8} = 2{,}000[\text{VA}]$$

그림 2로부터 무효율 $\sin\theta = 0.6$ 이므로 무효 전력 $P_r$는

$$P_r = VI\sin\theta = 2{,}000 \times 0.6 = 1{,}200[\text{Var}]$$

**6.** 회로에서 소비되는 피상 전력 $P_a$는

$$P_a = \sqrt{P^2 + P_r^2} = \sqrt{200^2 + 150^2} = 250[\Omega]$$

회로에 흐르는 전류 $I$는 $P_a = VI$로부터

$$I = \frac{P_a}{V} = \frac{250}{125} = 2[\text{A}]$$

**7.** 회로에서 소비되는 유효 전력 $P$는

$$P = \frac{V^2}{R} = \frac{200^2}{R} = 2{,}000[\text{W}]$$

저항 $R$ 은

$$R = \frac{200^2}{2{,}000} = 20[\Omega]$$

회로의 역률 $p.f$ 는

$$p.f=\frac{G}{Y}=\frac{G}{\sqrt{G^2+B_L^{\,2}}}=0.85 \qquad \cdots ①$$

식 ①을 유도성 서셉턴스 $B_L$에 대해서 정리하면

$$\sqrt{G^2+B_L^{\,2}}=\frac{G}{0.85}$$

$$B_L^{\,2}=\left(\frac{1/20}{0.85}\right)^2-\left(\frac{1}{20}\right)^2 \fallingdotseq 9.60\times10^{-4}[℧]$$

유도성 서셉턴스 $B_L$은 유도성 리액턴스 $X_L$의 역수이므로

$$B_L^{\,2}=\left(-\frac{1}{X_L}\right)^2 \fallingdotseq 9.60\times10^{-4}[℧]$$

유도성 리액턴스 $X_L$ 은

$$X_L=\frac{1}{\sqrt{9.60\times10^{-4}}}\fallingdotseq 32.27[\Omega]$$

**8.** 페이저 전압과 전류를 각각 직교좌표 형식으로 변환하면

$$\boldsymbol{V}=100(\cos 60°+j\sin 60°)=50+j50\sqrt{3}\,[\mathrm{V}]$$
$$\boldsymbol{I}=10(\cos 30°+j\sin 30°)=5\sqrt{3}+j5[\mathrm{A}]$$

① 회로의 복소 전력 $\boldsymbol{P}_a$는

$$\boldsymbol{P}_a=\boldsymbol{V}\boldsymbol{I}^*=(50+j50\sqrt{3})(5\sqrt{3}-j5)=500\sqrt{3}+j500=1{,}000\angle 30°[\mathrm{VA}]$$

② 회로의 유효 전력 $P$는

$$P=Re(\boldsymbol{V}\boldsymbol{I}^*)=500\sqrt{3}\,[\mathrm{W}]$$

③ 회로의 무효 전력 $P_r$은

$$P_r=Im(\boldsymbol{V}\boldsymbol{I}^*)=500[\mathrm{Var}]$$

④ 회로의 피상 전력 $P_a$는

$$P_a=VI=100\times10=1{,}000[\mathrm{VA}]$$

⑤ 회로의 역률 $p.f$ 는

$$p.f=\frac{P}{P_a}=\frac{500\sqrt{3}}{1{,}000}=\frac{\sqrt{3}}{2}\fallingdotseq 0.866$$

⑥ 회로의 무효율 $r.f$ 는

$$r.f=\frac{P_r}{P_a}=\frac{500}{1{,}000}=\frac{1}{2}=0.5$$

**9.** 개선 전 역률이 $\cos\theta_1=0.8$이라고 하면 $\tan\theta_1$은

$$\tan\theta_1=\frac{0.6}{0.8}$$

식 5.61로부터

$$P_{rC}=P(\tan\theta_1-\tan\theta_2),\ 300=600\left(\frac{0.6}{0.8}-\tan\theta_2\right)$$

$$\tan\theta_2=\frac{0.6}{0.8}-\frac{300}{600}=0.25,\ \theta_2=\tan^{-1}0.25\fallingdotseq 14.04°$$

따라서, 개선 후 역률 $\cos\theta_2$는

$$\cos 14.04°\fallingdotseq 0.97$$

즉, 역률이 97[%]로 개선되었다.

**10.** 회로의 피상 전력 $P_a$는

$$P_a=\sqrt{P^2+P_r^2}=\sqrt{40^2+30^2}=50[\text{VA}]$$

역률 $\cos\theta$ 는

$$\cos\theta=\frac{P}{P_a}=\frac{40}{50}=0.8$$

따라서, 역률은 80[%]이다.

**11.** 식 5.67에서 부하인 저항 $R_L$에 공급되는 전력 $P_L=I^2R_L$으로부터 회로에 흐르는 전류 $I$는

$$I=\frac{V_S}{R_S+R_L}[\text{A}]$$

부하인 저항 $R_L$이 진원의 내부 저항 $R_S$의 4배일 때 회로에 흐르는 전류 $I'$는

$$I'=\frac{V_S}{R_S+4R_S}=\frac{V_S}{5R_S}[\text{A}]$$

부하인 저항 $R_L$이 전원의 내부 저항 $R_S$의 4배일 때 부하인 저항에서 소비되는 전력 $P_L$은

$$P_L=(I')^2R_L=\left(\frac{V_S}{5R_S}\right)^2 4R_S=\frac{4V_S^2}{25R_S}[\text{W}]$$

식 5.72에 의해서 부하인 저항에 전송된 최대 전력 $P_{Lmax}$는

$$P_{L\max}=\frac{V_S^2}{4R_S}[\text{W}]$$

부하인 저항에 전송된 최대 전력 $P_{L\max}$에 대한 부하인 저항에서 소비되는 전력 $P_L$의 비율은

$$\frac{P_L}{P_{L\max}}=\frac{4V_S^2/25R_S}{V_S^2/4R_S}=\frac{16}{25}=0.64$$

따라서, 부하인 저항 $R_L$에서 소비되는 전력 $P_L$은 부하인 저항에 전송된 최대 전력 $P_{L\max}$의 0.64배 이다.

**12.** 정현파 전원 전압의 실효값은 $V_S=\dfrac{V_{mS}}{\sqrt{2}}$이므로 부하에 전송되는 최대 전력 $P_{L\max}$는 식 5.72에 의해서

$$P_{L\max} = \frac{V_S^{\ 2}}{4R_S} = \frac{\left(\frac{V_{mS}}{\sqrt{2}}\right)^2}{4R_S} = \frac{V_{mS}^{\ 2}}{8R_S}\,[\mathrm{W}]$$

## 6장 회로망 해석법

**1.** 절점 b에서 $K.C.L$을 적용하면

$$I_1 + I_3 = I_2 \qquad \cdots ①$$

루프 $l_1$과 $l_2$에서 $K.V.L$을 적용하면

$$20I_1 + 10I_2 = 40 \qquad \cdots ②$$

$$-10I_2 - 30I_3 = -20 \qquad \cdots ③$$

식 ①을 $I_3$에 대해서 정리하면

$$I_3 = I_2 - I_1 \qquad \cdots ④$$

식 ③에 식 ④를 대입하면

$$-10I_2 - 30(I_2 - I_1) = -20$$

$$30I_1 - 40I_2 = -20 \qquad \cdots ⑤$$

식 ②와 식 ⑤를 행렬로 표시하면

$$\begin{bmatrix} 20 & 10 \\ 30 & -40 \end{bmatrix} \begin{bmatrix} I_1 \\ I_2 \end{bmatrix} = \begin{bmatrix} 40 \\ -20 \end{bmatrix}$$

행렬을 $I_1$, $I_2$에 대해서 정리하면

$$\begin{bmatrix} I_1 \\ I_2 \end{bmatrix} = \begin{bmatrix} 20 & 10 \\ 30 & -40 \end{bmatrix}^{-1} \begin{bmatrix} 40 \\ -20 \end{bmatrix} = \frac{1}{\begin{vmatrix} 20 & 10 \\ 30 & -40 \end{vmatrix}} \begin{bmatrix} \Delta_{11} & \Delta_{21} \\ \Delta_{12} & \Delta_{22} \end{bmatrix} \begin{bmatrix} 40 \\ -20 \end{bmatrix}$$

$$= \frac{1}{\begin{vmatrix} 20 & 10 \\ 30 & -40 \end{vmatrix}} \begin{bmatrix} (-1)^{1+1}M_{11} & (-1)^{2+1}M_{21} \\ (-1)^{1+2}M_{12} & (-1)^{2+2}M_{22} \end{bmatrix} \begin{bmatrix} 40 \\ -20 \end{bmatrix}$$

$$= \frac{1}{20\times(-40) - (30\times 10)} \begin{bmatrix} -40 & -10 \\ -30 & 20 \end{bmatrix} \begin{bmatrix} 40 \\ -20 \end{bmatrix}$$

$$= \frac{1}{-1{,}100} \begin{bmatrix} -1{,}400 \\ -1{,}600 \end{bmatrix} = \begin{bmatrix} \frac{14}{11} \\ \frac{16}{11} \end{bmatrix}$$

따라서, $I_1 = \frac{14}{11}\,[\mathrm{A}]$, $I_2 = \frac{16}{11}\,[\mathrm{A}]$

$I_3$는 식 ④에 의해서

$$I_3 = I_2 - I_1 = \frac{16}{11} - \frac{14}{11} = \frac{2}{11}\,[\mathrm{A}]$$

**2.** 2개의 폐로에 루프 전류 $I_a$와 $I_b$를 설정하고 $K.V.L$에 의해서 2개의 폐로에서 전압 방정식을 세우면

$$20I_a + 10(I_a - I_b) = 40 \quad \cdots ⑤$$
$$10(I_b - I_a) + 30I_b = -20 \quad \cdots ⑥$$

식 ⑤와 ⑥을 $I_a$, $I_b$에 대해서 정리하면

$$30I_a - 10I_b = 40 \quad \cdots ⑦$$
$$-10I_a + 40I_b = -20 \quad \cdots ⑧$$

식 ⑦과 ⑧을 행렬로 표시하면

$$\begin{bmatrix} 30 & -10 \\ -10 & 40 \end{bmatrix}\begin{bmatrix} I_a \\ I_b \end{bmatrix} = \begin{bmatrix} 40 \\ -20 \end{bmatrix}$$

행렬을 $I_a$, $I_b$에 대해서 정리하면

$$\begin{bmatrix} I_a \\ I_b \end{bmatrix} = \begin{bmatrix} 30 & -10 \\ -10 & 40 \end{bmatrix}^{-1}\begin{bmatrix} 40 \\ -20 \end{bmatrix} = \frac{1}{\begin{vmatrix} 30 & -10 \\ -10 & 40 \end{vmatrix}}\begin{bmatrix} \Delta_{11} & \Delta_{21} \\ \Delta_{12} & \Delta_{22} \end{bmatrix}\begin{bmatrix} 40 \\ -20 \end{bmatrix}$$

$$= \frac{1}{\begin{vmatrix} 30 & -10 \\ -10 & 40 \end{vmatrix}}\begin{bmatrix} (-1)^{1+1}M_{11} & (-1)^{2+1}M_{21} \\ (-1)^{1+2}M_{12} & (-1)^{2+2}M_{22} \end{bmatrix}\begin{bmatrix} 40 \\ -20 \end{bmatrix}$$

$$= \frac{1}{30\times 40 - (-10)\times(-10)}\begin{bmatrix} 40 & 10 \\ 10 & 30 \end{bmatrix}\begin{bmatrix} 40 \\ -20 \end{bmatrix}$$

$$= \frac{1}{1,100}\begin{bmatrix} 1,400 \\ -200 \end{bmatrix} = \begin{bmatrix} \frac{14}{11} \\ \frac{-2}{11} \end{bmatrix}$$

따라서, $I_a = \frac{14}{11}$[A], $I_b = \frac{-2}{11}$[A]

지로 전류 $I_1$, $I_2$, $I_3$는

$$I_1 = I_a = \frac{14}{11}[\mathrm{A}]$$
$$I_2 = I_a - I_b = \frac{14}{11} - \left(\frac{-2}{11}\right) = \frac{16}{11}[\mathrm{A}]$$
$$I_3 = -I_b = -\left(\frac{-2}{11}\right) = \frac{2}{11}[\mathrm{A}]$$

**3.** 그림 3으로부터 점 d를 기준 전위인 0[V]로 정하면 점 a의 전위는 $V_a$, 점 b의 전위는 $V_b$, 점 c의 전위는 $V_c$라고 할 수 있다.

점 b에서 유출되는 전류의 방향을 (+)라고 하여 $K.C.L$에 의해서 전류 방정식을 구하면

$$\text{점 b} : \frac{V_b - V_a}{R_1} + \frac{V_b - V_d}{R_2} + \frac{V_b - V_c}{R_3} = 0 \quad \cdots ⑨$$

여기서, 점 a의 전위는 $V_a = 40$[V], 점 b의 전위는 $V_b$[V], 점 c의 전위는 $V_c = 20$[V], 점 d의 전위는 $V_d = 0$[V]이기 때문에, 식 ⑨는

$$점\ b:\ \frac{V_b-40}{20}+\frac{V_b-0}{10}+\frac{V_b-20}{30}=0 \qquad \cdots ⑩$$

식 ⑩으로부터 $V_b$는

$$\frac{3V_b-120+6V_b+2V_b-40}{60}=0, \quad V_b=\frac{160}{11}[V]$$

각 지로에 흐르는 전류 $I_1$, $I_2$, $I_3$는

$$I_1=\frac{V_a-V_b}{R_1}[A], \quad I_2=\frac{V_b-V_d}{R_2}[A], \quad I_3=\frac{V_c-V_b}{R_3}[A] \qquad \cdots ⑪$$

따라서, 식 ⑪에 $V_a=40[V]$, $V_b=\frac{160}{11}[V]$, $V_c=20[V]$를 대입하면

$$I_1=\frac{40-\frac{160}{11}}{20}=\frac{14}{11}[A], \quad I_2=\frac{\frac{160}{11}-0}{10}=\frac{16}{11}[A], \quad I_3=\frac{20-\frac{160}{11}}{30}=\frac{2}{11}[A]$$

**4.**

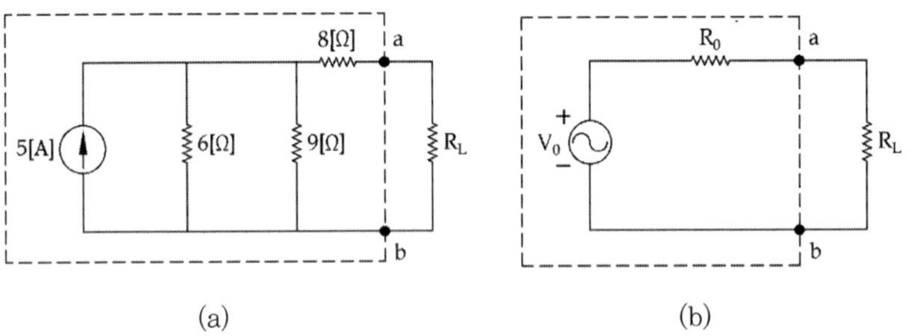


**그림 4**

그림 4(a)에서 단자 $a$, $b$를 개방한 그림 4(c)로부터 9[Ω]에 흐르는 전류 $I$는

$$I=5\times\frac{6}{6+9}=5\times\frac{6}{15}=2[A]$$

그림 4(a)에서 단자 $a$, $b$를 개방한 그림 4(c)로부터 개방 전압 $V_{ab}$는

$$V_{ab}=9\times I=9\times 2=18[V]$$

그림 4(a)에서 전류원을 제거한 그림 4(d)로부터 단자 $a$, $b$에서 전원부를 바라본 저항 $R_{ab}$는

$$R_{ab}=8+\frac{6\times 9}{6+9}=8+\frac{54}{15}=\frac{58}{5}[\Omega]$$

따라서, 그림 4(b)와 같은 테브난 등가 회로에서 등가 전압원 $V_0$와 등가 저항 $R_0$는

$$V_0=V_{ab}=18[V], \quad R_0=R_{ab}=\frac{58}{5}[\Omega]$$

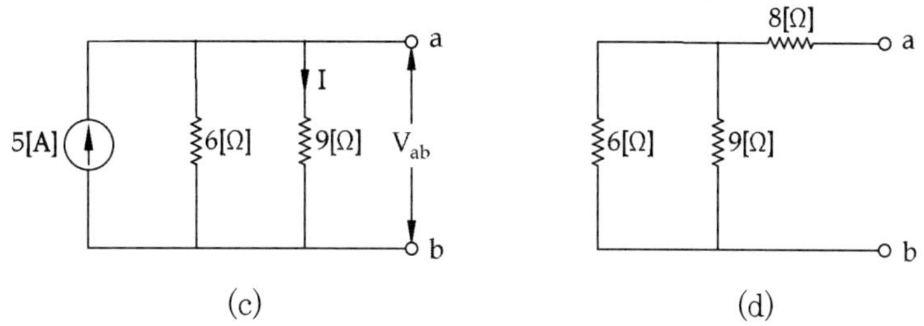

(c) (d)

그림 4

**5.** 그림 5에서 전압원을 제거하고 단자 $a$, $b$에서 전원부를 바라 본 저항 $R_{ab}$는

$$R_{ab}=2+\frac{3\times 6}{3+6}=2+2=4[\Omega]$$

단자 $a$, $b$를 개방하였을 때, 6[Ω]에 흐르는 전류 $I$는

$$I=\frac{12}{R_{ab}}=\frac{12}{4}=3[\mathrm{A}]$$

단자 $a$, $b$를 개방하였을 때, 개방 전압 $V_{ab}$는

$$V_{ab}=6\times I=6\times 3=18[\mathrm{V}]$$

**6.**

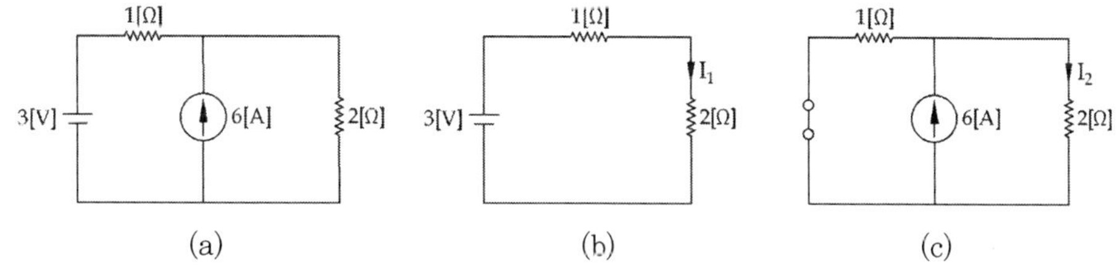

(a) (b) (c)

그림 6

그림 6(a)로부터 전류원을 제거한 그림 6(b)에서 합성 저항 $R$은

$$R=1+2=3[\Omega]$$

2[Ω]에 흐르는 전류 $I_1$은

$$I_1=\frac{3}{R}=\frac{3}{3}=1[\mathrm{A}]$$

그림 6(a)로부터 전압원을 제거한 그림 6(c)에서 2[Ω]에 흐르는 전류 $I_2$는

$$I_2=\frac{1}{1+2}\times 6=2[\mathrm{A}]$$

2[Ω]에 흐르는 전체 전류 $I$는

$$I=I_1+I_2=1+2=3[\mathrm{A}]$$

따라서, 2[Ω]에 걸리는 전압 $V$는

$$V=2\times I=2\times 3=6[\mathrm{V}]$$

**7.** ① 전류원 4[A]만 존재

그림 7(a)로부터 4[A]의 전류원만 존재하는 그림 7(b)와 같은 브리지 회로로 등가 대치할 때, 본 교재 8장 중 부하의 △-Y 변환에 의해서 그림 7(a)의 점선 내부의 회로의 저항은

$$R_1 = \frac{2\times 1}{2+1+1} = \frac{2}{4} = \frac{1}{2}[\Omega]$$

$$R_2 = \frac{2\times 1}{2+1+1} = \frac{2}{4} = \frac{1}{2}[\Omega]$$

$$R_3 = \frac{1\times 1}{2+1+1} = \frac{1}{4}[\Omega]$$

그림 7(b)로부터 1[Ω]에 흐르는 전류 $I_1$은

$$I_1 = 4\times\frac{(R_2+2)}{(R_2+2)+(R_3+1)}$$

$$= 4\times\frac{\left(\frac{1}{2}+2\right)}{\left(\frac{1}{2}+2\right)+\left(\frac{1}{4}+1\right)} = 4\times\frac{\frac{5}{2}}{\frac{5}{2}+\frac{5}{4}} = 4\times\frac{\frac{5}{2}}{\frac{15}{4}} = 4\times\frac{2}{3} = \frac{8}{3}[A]$$

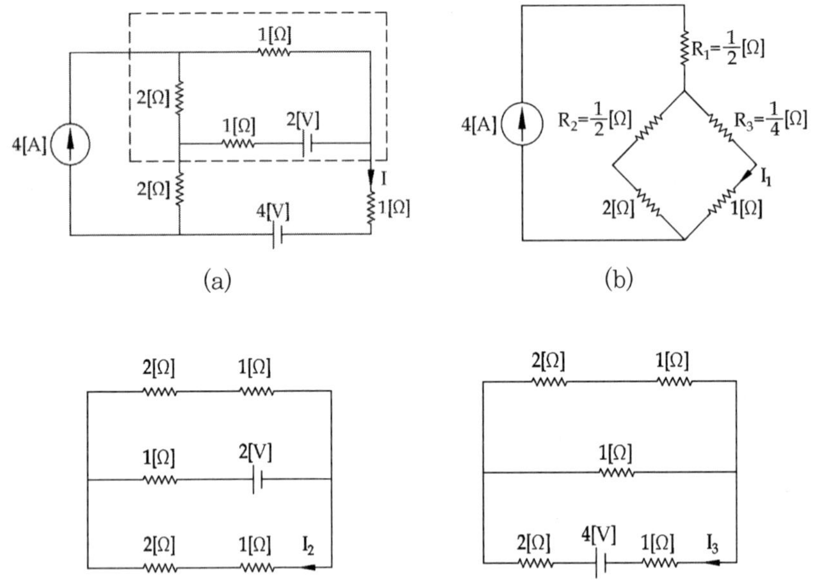


**그림 7**

② 전압원 2[V]만 존재

그림 7(c)에서 합성 저항은

$$\text{합성 저항} = 1+\frac{(2+1)(2+1)}{(2+1)+(2+1)} = 1+\frac{9}{6} = \frac{5}{2}[\Omega]$$

그림 7(c)에서 전체 전류는

$$전체\ 전류 = \frac{2[V]}{합성\ 저항} = \frac{2}{\frac{5}{2}} = \frac{4}{5}[A]$$

1[Ω]에 흐르는 전류 $I_2$는

$$I_2 = 전체\ 전류 \times \frac{-(2+1)}{(2+1)+(2+1)} = \frac{4}{5} \times \left(-\frac{3}{6}\right) = -\frac{2}{5}[A]$$

③ 전압원 4[V]만 존재

그림 7(d)에서 합성 저항은

$$합성\ 저항 = 2+1+\frac{(2+1)\times 1}{(2+1)+1} = 3+\frac{3}{4} = \frac{15}{4}[\Omega]$$

그림 7(d)에서 전체 전류인 동시에, 1[Ω]에 흐르는 전류 $I_3$은

$$I_3 = \frac{4[V]}{합성\ 저항} = \frac{4}{\frac{15}{4}} = \frac{16}{15}[A]$$

따라서, 그림 7(a)로부터 전류 $I$는

$$I = I_1 + I_2 + I_3 = \frac{8}{3} - \frac{2}{5} + \frac{16}{15} = \frac{10}{3}[A]$$

**8.** 그림 8(a)를 밀만의 정리를 사용하여 그림 8(b), (c), (d)와 같이 등가 변환할 때, 그림 8(b)로부터 각 지로에 흐르는 전류 $I_1$과 $I_2$는

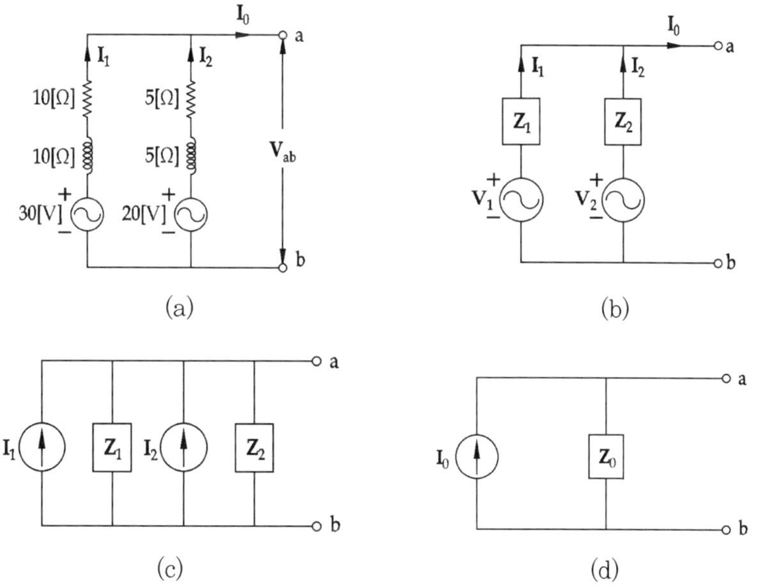


그림 8

$$I_1 = \frac{V_1}{Z_1} = \frac{30}{10+j10} = \frac{30(10-j10)}{(10+j10)(10-j10)} = \frac{300-j300}{100+100} = \frac{3-j3}{2}[A]$$

$$I_2 = \frac{V_2}{Z_2} = \frac{20}{5+j5} = \frac{20(5-j5)}{(5+j5)(5-j5)} = \frac{100-j100}{25+25} = 2-j2[\text{A}]$$

전체 전류 $I_0$는

$$I_0 = I_1 + I_2 = \frac{3-j3}{2} + 2 - j2 = \frac{7-j7}{2}[\text{A}]$$

전체 임피던스 $Z_0$는

$$Z_0 = \frac{Z_1 \times Z_2}{Z_1 + Z_2} = \frac{(10+j10)(5+j5)}{(10+j10)+(5+j5)} = \frac{50-50+j(50+50)}{15+j15} = \frac{j100}{15+j15}$$

$$= \frac{j100(15-j15)}{(15+j15)(15-j15)} = \frac{1{,}500+j1{,}500}{225+225}$$

$$= \frac{1{,}500+j1{,}500}{450} = \frac{10+j10}{3}[\Omega]$$

따라서, 그림 8(d)로부터 단자 a, b 사이의 전압 $V_{ab}$는

$$V_{ab} = Z_0 I_0 = \left(\frac{10+j10}{3}\right)\left(\frac{7-j7}{2}\right) = \frac{70+70+j(70-70)}{6} = \frac{140}{6} = \frac{70}{3}[\text{V}]$$

**9.** 그림 9로부터 절점 a, b 사이의 전위차 $V_{ab}$ 는

$$V_{ab} = \frac{I_0}{Y_0} = \frac{I_1+I_2+I_3}{Y_1+Y_2+Y_3} = \frac{Y_1V_1+Y_2V_2+Y_3V_2}{Y_1+Y_2+Y_3}$$

$$= \frac{G_1V_1+G_2V_2+G_3V_3}{G_1+G_2+G_3} = \frac{\frac{V_1}{R_1}+\frac{V_2}{R_2}+\frac{V_3}{R_3}}{\frac{1}{R_1}+\frac{1}{R_2}+\frac{1}{R_3}} = \frac{\frac{15}{5}+\frac{5}{10}+\frac{0}{20}}{\frac{1}{5}+\frac{1}{10}+\frac{1}{20}} = 10[\text{V}]$$

따라서, $R_3 = 20[\text{V}]$에 흐르는 전류 $I_3$는

$$I_3 = \frac{V_{ab}}{R_3} = \frac{10}{20} = \frac{1}{2} = 0.5[\text{A}]$$

**10.** 그림 10(a)로부터 중첩의 정리에 의해서 전압원과 전류원을 제거하여 $R_2 = 15[\Omega]$에 흐르는 전류 $I_1$을 구하기 위해서

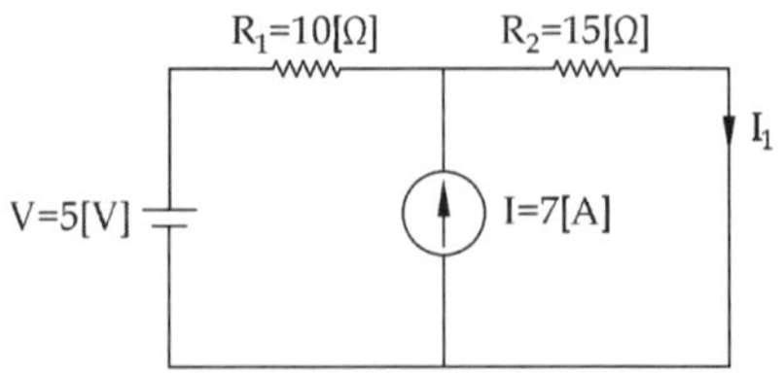


(a)

① 전압원 5[V]만 존재

그림 10(b)에서 합성 저항 $R$은

$$R = R_1 + R_2 = 10 + 15 = 25[\Omega]$$

$R_2 = 15[\Omega]$에 흐르는 전류 $I_1'$는

$$I_1' = \frac{V}{R} = \frac{5}{25} = \frac{1}{5}[\text{A}]$$

② 전류원 7[A]만 존재

그림 10(c)에서 $R_2 = 15[\Omega]$에 흐르는 전류 $I_1''$는

$$I_1'' = \frac{R_1}{R_1 + R_2} I = \frac{10}{10+15} \times 7$$

$$= \frac{10}{25} \times 7 = \frac{70}{25} = \frac{14}{5}[\text{A}]$$

따라서, 그림 10(a)로부터 전류 $I_1$은

$$I_1 = I_1' + I_2'' = \frac{1}{5} + \frac{14}{5} = \frac{15}{5} = 3[\text{A}]$$

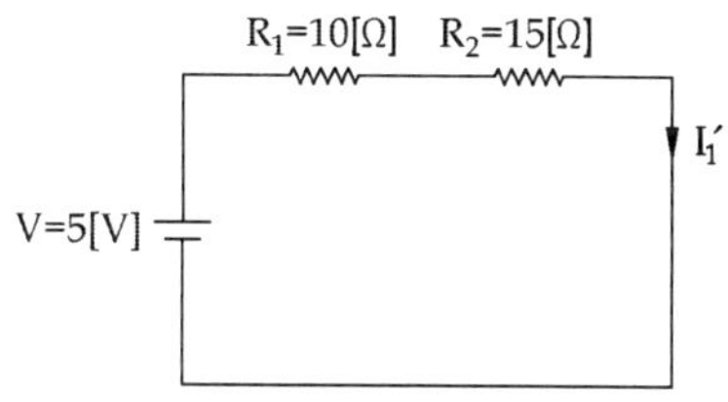


(b)

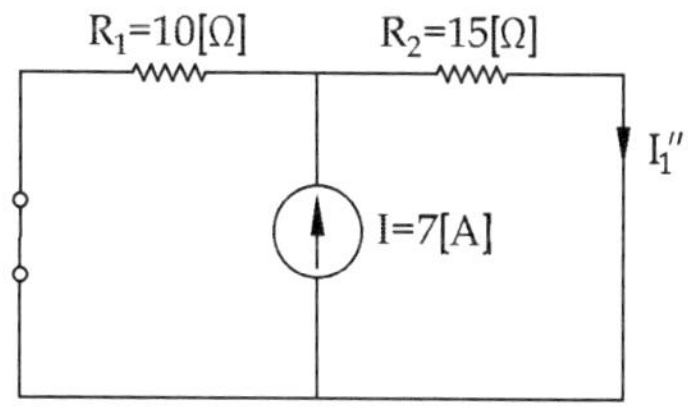


(c)

그림 10

## 7장 공진 회로

**1.** 공진 시 회로의 임피던스는 $Z = R$이기 때문에 공신 전류 $I_r$은

$$I_r = \frac{V}{R} = \frac{10}{5} = 2[\text{A}]$$

각 소자 전압인 $V_R$, $V_L$, $V_C$는

$$V_R = I_r R = 2 \times 5 = 10[\text{V}]$$
$$V_L = I_r X_L = 2 \times 200 = 400[\text{V}]$$
$$V_C = I_r X_C = 2 \times 200 = 400[\text{V}]$$

따라서, $\frac{V_R}{V}$, $\frac{V_L}{V}$, $\frac{V_C}{V}$는

$$\frac{V_R}{V} = \frac{10}{10} = 1, \quad \frac{V_L}{V} = \frac{400}{10} = 40, \quad \frac{V_C}{V} = \frac{400}{10} = 40$$

**2.** $Q = \frac{\omega_r L}{R}$로부터 저항 $R$은

$$R = \frac{\omega_r L}{Q} = \frac{2\pi f_r L}{Q} = \frac{2\pi \times 10^3 \times 50 \times 10^{-3}}{200} \fallingdotseq 1.57[\Omega]$$

**3.** 직렬 공진 시 공진 주파수 $f_r$은

$$f_r=\frac{1}{2\pi\sqrt{LC}}=\frac{1}{2\pi\sqrt{100\times10^{-3}\times200\times10^{-6}}}\fallingdotseq35.59[\text{Hz}]$$

**4.** 공진 주파수 $f_r$은

$$f_r=\frac{1}{2\pi\sqrt{LC}}=\frac{1}{2\pi\sqrt{5\times10^{-3}\times50\times10^{-6}}}\fallingdotseq318.31[\text{Hz}]$$

양호도 $Q$는

$$Q=\frac{\omega_r L}{R}=\frac{2\pi f_r L}{R}=\frac{2\pi\times318.31\times5\times10^{-3}}{0.2}\fallingdotseq50$$

반전력 대폭 $\Delta f$는

$$\Delta f=\frac{f_r}{Q}=\frac{318.31}{50}\fallingdotseq6.37[\text{Hz}]$$

따라서, 반전력 주파수 $f_1$, $f_2$는

$$f_1=f_r-\frac{\Delta f}{2}=318.31-\frac{6.37}{2}\fallingdotseq315.13[\text{Hz}]$$

$$f_2=f_r+\frac{\Delta f}{2}=318.31+\frac{6.37}{2}\fallingdotseq321.50[\text{Hz}]$$

**5.** 반공진 시 어드미턴스 $\boldsymbol{Y}_a$는

$$\begin{aligned}\boldsymbol{Y}_a&=\boldsymbol{Y}_1+\boldsymbol{Y}_2=\frac{1}{\boldsymbol{Z}_1}+\frac{1}{\boldsymbol{Z}_2}=\frac{1}{R+jX_L}+jX_C\\&=\frac{(R-jX_L)}{(R+jX_L)(R-jX_L)}+jX_C\\&=\frac{R}{R^2+X_L^2}+j\left(X_C-\frac{X_L}{R^2+X_L^2}\right)[\mho]\end{aligned}$$

반공진 조건은 $B=0$이므로

$$Y_a=\frac{R}{R^2+X_L^2}[\mho]$$

인덕터의 내부 저항 $R$은 매우 작기 때문에 $X_L^2\gg R^2$ 이므로

$$Y_a=\frac{R}{X_L^2}=\frac{R}{\omega_a^2L^2}[\mho]$$

반공진 각주파수 $\omega_a=\frac{1}{\sqrt{LC}}$ 이므로 반공진 시 어드미턴스 $Y_a$는

$$Y_a=\frac{R}{\left(\frac{1}{\sqrt{LC}}\right)^2L^2}=\frac{RC}{L}[\mho]$$

**6.** 공진 주파수 $f_r = \dfrac{1}{2\pi\sqrt{LC}}$ 인 식으로부터 공진 시 커패시턴스 $C$는

$$C = \frac{1}{4\pi^2 f_r^2 L} = \frac{1}{4\pi^2 \times (10^3)^2 \times 300 \times 10^{-3}} \fallingdotseq 84.43[\mu\text{F}]$$

양호도 $Q$는

$$Q = \frac{1}{R}\sqrt{\frac{L}{C}} = \frac{1}{5}\sqrt{\frac{300 \times 10^{-3}}{84.43 \times 10^{-9}}} \fallingdotseq 377$$

**7.** 직렬 공진 시 양호도 $Q$는

$$Q = \frac{f_r}{\Delta f} = \frac{100 \times 10^3}{1 \times 10^3} = 100$$

양호도 $Q$의 또 다른 표시법인 $Q = \dfrac{X_L}{R}$ 인 식으로부터 $X_L = QR$ 이므로

$$X_L = 100 \times 50 = 5{,}000[\Omega]$$

유도성 리액턴스 $X_L = 2\pi f_r L$ 인 식으로부터 $L = \dfrac{X_L}{2\pi f_r}$ 이므로

$$L = \frac{5{,}000}{2\pi \times 100 \times 10^3} \fallingdotseq 7.96 \times 10^{-3} = 7.96[\text{mH}]$$

양호도 $Q$의 또 다른 표시법인 $Q = \dfrac{1}{R}\sqrt{\dfrac{L}{C}}$ 인 식으로부터 $C = \dfrac{L}{Q^2 R^2}$ 이므로

$$C = \frac{7.96 \times 10^{-3}}{100^2 \times 50^2} \fallingdotseq 3.184 \times 10^{-10} = 318.4[\text{pF}]$$

**8.** 공진 주파수 $f_r = \dfrac{1}{2\pi\sqrt{LC}}$ 인 식으로부터 $C = \dfrac{1}{4\pi^2 f_r^2 L}$ 이므로

$$C = \frac{1}{4\pi^2 \times (5 \times 10^3)^2 \times 25 \times 10^{-3}} \fallingdotseq 4.053 \times 10^{-8}[\text{F}] = 40.53[\text{nF}]$$

**9.** 회로의 전체 어드미턴스 $\boldsymbol{Y}$는

$$\begin{aligned}
\boldsymbol{Y} = \boldsymbol{Y}_1 + \boldsymbol{Y}_2 &= \frac{1}{\boldsymbol{Z}_1} + \frac{1}{\boldsymbol{Z}_2} = \frac{1}{R + j\omega L} + j\omega C \\
&= \frac{R - j\omega L}{(R + j\omega L)(R - j\omega L)} + j\omega C \\
&= \frac{R - j\omega L}{R^2 + \omega^2 L^2} + j\omega C \\
&= \frac{R}{R^2 + \omega^2 L^2} + j\left(\omega C - \frac{\omega L}{R^2 + \omega^2 L^2}\right)[\mho]
\end{aligned}$$

전류가 최소로 되려면 어드미턴스의 허수부가 0이 되어야 하고 그 때의 반공진 각주파수를 $\omega_a$ 라고 하면

$$\omega_a C = \frac{\omega_a L}{R^2 + \omega_a^2 L^2}$$

용량성 리액턴스 $X_C$는

$$X_C = \left| -\frac{1}{\omega_a C} \right| = \frac{1}{\omega_a C} = \frac{R^2 + \omega_a^2 L^2}{\omega_a L} [\Omega] \quad \cdots ①$$

식 ①에 $R = 10[\Omega]$, $X_L = \omega_a L = 20[\Omega]$을 대입하면

$$X_C = \frac{10^2 + 20^2}{20} = 25[\Omega]$$

**10.** 반공진 시 각주파수 $\omega_a$는

$$\omega_a = \frac{1}{\sqrt{LC}} = \frac{1}{\sqrt{25 \times 10^{-3} \times 40 \times 10^{-6}}} = 1{,}000[\text{rad/s}]$$

## 8장 3상 회로

**1.**

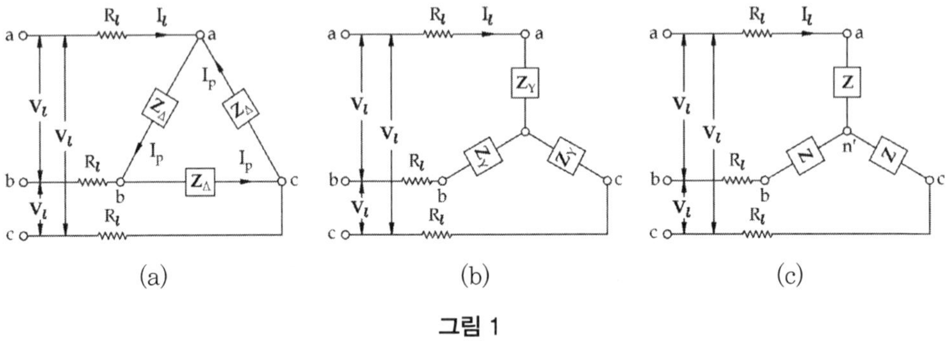


(a) (b) (c)

그림 1

그림 1(a)와 같은 △결선의 부하 임피던스 $\boldsymbol{Z}_\Delta$를 그림 1(b)와 같은 Y결선의 부하 임피던스 $\boldsymbol{Z}_Y$로 등가변환하면

$$\boldsymbol{Z}_Y = \frac{1}{3}\boldsymbol{Z}_\Delta = \frac{1}{3}(6 + j12) = 2 + j4[\Omega]$$

그림 1(c)의 전체 임피던스 $\boldsymbol{Z}$는 선로의 저항 $R_l = 2[\Omega]$과 $Y$결선의 부하 임피던스 $\boldsymbol{Z}_Y$의 합이므로

$$\boldsymbol{Z} = R_l + \boldsymbol{Z}_Y = 2 + (2 + j4) = 4 + j4[\Omega]$$

그림 1(c)에서 단자 $a$와 부하의 중성점 $n'$ 사이에 걸리는 전압은 $V_{an'} = \frac{V_l}{\sqrt{3}} = \frac{150}{\sqrt{3}}$[V] 이므로

선전류 $I_l$은

$$I_l = \frac{V_{an'}}{Z} = \frac{\frac{150}{\sqrt{3}}}{\sqrt{4^2+4^2}} = \frac{150}{4\sqrt{6}} \fallingdotseq 15.31[\text{A}]$$

그림 1(a)와 같은 △결선에 있어서 부하의 상전류 $I_p$는

$$I_p = \frac{1}{\sqrt{3}} I_l = \frac{1}{\sqrt{3}} \times 15.31 \fallingdotseq 8.84[\text{A}]$$

**2.**

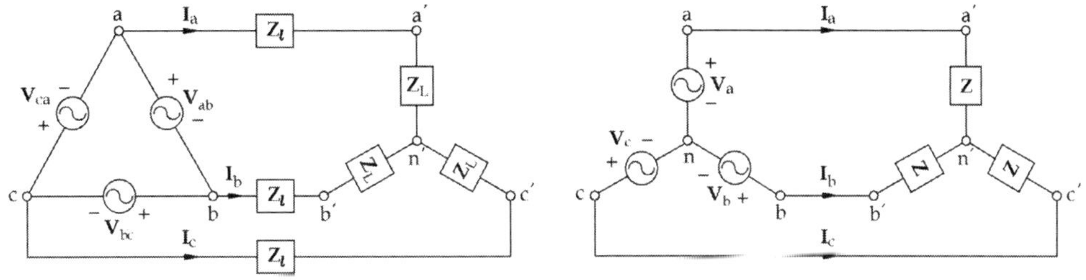

(a) (b)

**그림 2**

그림 2(a)로부터 △결선인 평형 3상회로에서 상전압은

$$\boldsymbol{V}_{ab} = 100\angle 0°[\text{V}], \quad \boldsymbol{V}_{bc} = 100\angle -120°[\text{V}], \quad \boldsymbol{V}_{ca} = 100\angle 120°[\text{V}]$$

△결선인 전원을 그림 2(b)와 같이 Y결선으로 등가 변환하면, 식 8.17에 의해서

$$\boldsymbol{V}_a = \frac{1}{\sqrt{3}} \boldsymbol{V}_{ab}\angle -30° = \frac{1}{\sqrt{3}}(100\angle 0°)(1\angle -30°) \fallingdotseq 57.74\angle -30°[\text{V}]$$

$$\boldsymbol{V}_b = \frac{1}{\sqrt{3}} \boldsymbol{V}_{bc}\angle -30° = \frac{1}{\sqrt{3}}(100\angle -120°)(1\angle -30°) \fallingdotseq 57.74\angle -150°[\text{V}]$$

$$\boldsymbol{V}_c = \frac{1}{\sqrt{3}} \boldsymbol{V}_{ca}\angle -30° = \frac{1}{\sqrt{3}}(100\angle 120°)(1\angle -30°) \fallingdotseq 57.74\angle 90°[\text{V}]$$

그림 2(a)에서 선로 임피던스 $\boldsymbol{Z}_l$과 부하 임피던스 $\boldsymbol{Z}_L$을 합쳐서 그림 2(b)와 같은 전체 임피던스 $\boldsymbol{Z}$는

$$\begin{aligned}\boldsymbol{Z} &= \boldsymbol{Z}_l + \boldsymbol{Z}_L = 5\angle 30° + 25\angle 45° \\ &= 5(\cos 30° + j\sin 30°) + 25(\cos 45° + j\sin 45°) \\ &= (4.33 + j2.5) + (17.68 + j17.68) \\ &= 22.01 + j20.18 = \sqrt{22.01^2 + 20.18^2}\angle \tan^{-1}\frac{20.18}{22.01} \\ &\fallingdotseq 29.86\angle 42.52°[\Omega]\end{aligned}$$

그림 2(b)로부터 선전류는

$$\boldsymbol{I}_a = \frac{\boldsymbol{V}_a}{\boldsymbol{Z}} = \frac{57.74\angle -30°}{29.86\angle 42.52°} \fallingdotseq 1.93\angle -72.52°[\text{A}]$$

$$I_b = \frac{V_b}{Z} = \frac{57.74\angle -150°}{29.86\angle 42.52°} \fallingdotseq 1.93\angle -192.52°[\text{A}]$$

$$I_c = \frac{V_c}{Z} = \frac{57.74\angle 90°}{29.86\angle 42.52°} \fallingdotseq 1.93\angle 47.48°[\text{A}]$$

그림 2(a)로부터 부하 임피던스 $Z_L$에서의 단자 전압은

$$V_{a'} = Z_L I_a = (25\angle 45°)(1.93\angle -72.52°) = 48.25\angle -27.52°[\text{V}]$$
$$V_{b'} = Z_L I_b = (25\angle 45°)(1.93\angle -192.52°) = 48.25\angle -147.52°[\text{V}]$$
$$V_{c'} = Z_L I_c = (25\angle 45°)(1.93\angle 47.78°) = 48.25\angle 92.78°[\text{V}]$$

**3.**

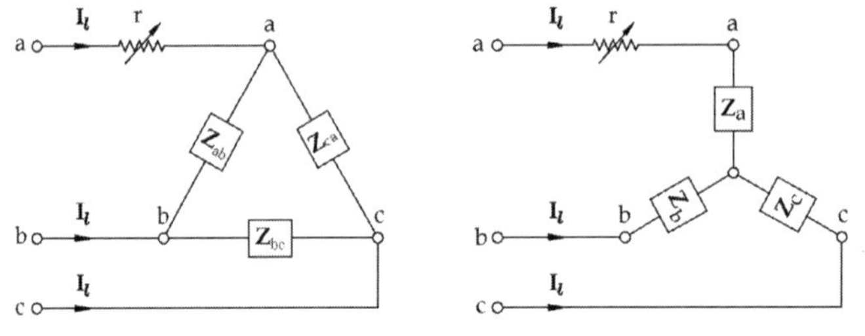


(a) (b)

**그림 3**

그림 3(a)와 같이 △결선인 부하 임피던스를 그림 3(b)와 같은 Y결선으로 등가 변환하려면, 식 8.19에 의해서

$$Z_a = \frac{Z_{ca}Z_{ab}}{Z_{ab}+Z_{bc}+Z_{ca}} = \frac{50\times 50}{50+100+50} = \frac{2{,}500}{200} = 12.5[\Omega]$$

$$Z_b = \frac{Z_{ab}Z_{bc}}{Z_{ab}+Z_{bc}+Z_{ca}} = \frac{50\times 100}{50+100+50} = \frac{5{,}000}{200} = 25[\Omega]$$

$$Z_c = \frac{Z_{bc}Z_{ca}}{Z_{ab}+Z_{bc}+Z_{ca}} = \frac{100\times 50}{50+100+50} = \frac{5{,}000}{200} = 25[\Omega]$$

각 선전류가 동일하기 위해서는 각 선저항이 동일해야 하므로 $r+12.5=25[\Omega]$을 만족해야 한다. 따라서, 저항 $r$은

$$r = 25-12.5 = 12.5[\Omega]$$

**4.** 그림 4(a)와 같이 Y결선인 부하 임피던스를 식 8.18에 의해서 그림 4(b)와 같은 △결선으로 등가 변환하면

$$Z_{ab} = \frac{Z_aZ_b+Z_bZ_c+Z_cZ_a}{Z_c} = \frac{3\times 4+4\times 5+5\times 3}{5} = \frac{47}{5}[\Omega]$$

$$Z_{bc} = \frac{Z_aZ_b+Z_bZ_c+Z_cZ_a}{Z_a} = \frac{3\times 4+4\times 5+5\times 3}{3} = \frac{47}{3}[\Omega]$$

$$Z_{ca} = \frac{Z_aZ_b+Z_bZ_c+Z_cZ_a}{Z_b} = \frac{3\times 4+4\times 5+5\times 3}{4} = \frac{47}{4}[\Omega]$$

**5.** 부하가 $Y$결선 시, 선전류 $\boldsymbol{I}_l$과 선간 전압 $\boldsymbol{V}_l$은 식 8.5, 8.6으로부터

$$\boldsymbol{I}_l = \boldsymbol{I}_p[\mathrm{A}], \qquad \boldsymbol{V}_l = \sqrt{3}\,\boldsymbol{V}_p\angle 30°[\mathrm{V}]$$

위의 식을 상전압 $\boldsymbol{V}_p$에 대해 정리하면

$$\boldsymbol{V}_p = \frac{1}{\sqrt{3}}\boldsymbol{V}_l\angle -30° = \frac{1}{\sqrt{3}}(300\sqrt{3}\angle 0°)(1\angle -30°) = 300\angle -30°[\mathrm{V}]$$

따라서, 부하에서 한 상의 임피던스 $\boldsymbol{Z}$는

$$\boldsymbol{Z} = \frac{\boldsymbol{V}_p}{\boldsymbol{I}_p} = \frac{300\angle -30°}{50\angle -30°} = 6\angle 0° = 6(\cos 0° + j\sin 0°) = 6[\Omega]$$

**6.** 각 상의 임피던스의 크기 $Z$는

$$Z = \sqrt{7^2 + 24^2} = 25[\Omega]$$

부하 한 상에서의 상전압 $V_p$는

$$V_p = ZI_p = 25 \times 12 = 300[\mathrm{V}]$$

부하가 $Y$결선 시, 선간 전압 $V_l$은 식 8.6으로부터

$$V_l = \sqrt{3}\,V_p = 300\sqrt{3}[\mathrm{V}]$$

**7.** 부하 한 상에 걸리는 상전압 $V_p$는 식 8.13에 의해서

$$V_p = \frac{1}{\sqrt{3}}V_l = \frac{1}{\sqrt{3}} \times 380 = \frac{380}{\sqrt{3}}[\mathrm{V}]$$

임피던스의 크기 $Z$는

$$Z = \sqrt{10^2 + 15^2} = \sqrt{325} = 5\sqrt{13}[\Omega]$$

따라서, 부하의 $Y$결선 시 선전류 $I_l$은 식 8.12에 의해서

$$I_l = I_p = \frac{V_p}{Z} = \frac{\frac{380}{\sqrt{3}}}{5\sqrt{13}} \fallingdotseq 12.17[\mathrm{A}]$$

**8.** 임피던스의 크기 $Z$는

$$Z = \sqrt{12^2 + 16^2} = 20[\Omega]$$

전원과 부하가 △-△ 결선이므로 상전류 $I_p$는

$$I_p = \frac{V_p}{Z} = \frac{220}{20} = 11[\mathrm{A}]$$

선전류 $I_l$은 식 8.11에 의해서

$$I_l = \sqrt{3}\,I_p = 11\sqrt{3}[\mathrm{A}]$$

**9.** 그림 6은 3개의 저항 $R$이 △결선되어 있는 가운데, 저항 1개에 흐르는 상전류 $I_p$는

$$I_p = \frac{V_l}{R}[\text{A}]$$

선전류 $I_l$은 식 8.15에 의해서

$$I_l = \sqrt{3}\, I_p = \sqrt{3}\frac{V_l}{R}[\text{A}]$$

**10.** 불평형 3상 전압의 정상분 $\boldsymbol{V}_1$은 식 8.59에 의해서

$$\boldsymbol{V}_1 = \frac{1}{3}(\boldsymbol{V}_a + a\,\boldsymbol{V}_b + a^2\boldsymbol{V}_c)[\text{V}]$$

여기서, $a = -\frac{1}{2} + j\frac{\sqrt{3}}{2}$, $a^2 = -\frac{1}{2} - j\frac{\sqrt{3}}{2}$ 이므로

$$\begin{aligned}\boldsymbol{V}_1 &= \frac{1}{3}\left\{(6+j10) + \left(-\frac{1}{2}+j\frac{\sqrt{3}}{2}\right)(10-j8) + \left(-\frac{1}{2}-j\frac{\sqrt{3}}{2}\right)(-4+j12)\right\} \\ &= \frac{1}{3}\{(3+10\sqrt{3}) + j(8+7\sqrt{3})\} \\ &\fallingdotseq \frac{1}{3}(20.32 + j20.12) \fallingdotseq 6.77 + j6.71[\text{V}]\end{aligned}$$

**11.** 그림 7로부터 선간 전압을 페이저로 나타내면 $\boldsymbol{V}_a = 80[\text{V}]$, $\boldsymbol{V}_b = -40 - j30[\text{V}]$, $\boldsymbol{V}_c = -40 + j30$ $[\text{V}]$이고 선간 전압의 정상분 $\boldsymbol{V}_1$은 식 8.59에 의해서

$$\boldsymbol{V}_1 = \frac{1}{3}(\boldsymbol{V}_a + a\,\boldsymbol{V}_b + a^2\boldsymbol{V}_c)[\text{V}]$$

여기서, $a = -\frac{1}{2} + j\frac{\sqrt{3}}{2}$, $a^2 = -\frac{1}{2} - j\frac{\sqrt{3}}{2}$ 이므로

$$\begin{aligned}\boldsymbol{V}_1 &= \frac{1}{3}\left\{80 + \left(-\frac{1}{2}+j\frac{\sqrt{3}}{2}\right)(-40-j30) + \left(-\frac{1}{2}-j\frac{\sqrt{3}}{2}\right)(-40+j30)\right\} \\ &= \frac{1}{3}(120+30\sqrt{3}) \fallingdotseq 57.32[\text{V}]\end{aligned}$$

선간 전압의 역상분은 식 8.61에 의해서

$$\begin{aligned}\boldsymbol{V}_2 &= \frac{1}{3}(\boldsymbol{V}_a + a^2\boldsymbol{V}_b + a\,\boldsymbol{V}_c) \\ &= \frac{1}{3}\left\{80 + \left(-\frac{1}{2}-j\frac{\sqrt{3}}{2}\right)(-40-j30) + \left(-\frac{1}{2}+j\frac{\sqrt{3}}{2}\right)(-40+j30)\right\} \\ &= \frac{1}{3}(120-30\sqrt{3}) \fallingdotseq 22.68[\text{V}]\end{aligned}$$

선간 전압의 불평형률은 식 8.62에 의해서

$$\text{불평형률} = \frac{|\boldsymbol{V}_2|}{|\boldsymbol{V}_1|} \times 100 = \frac{22.68}{57.32} \times 100 \fallingdotseq 39.57[\%]$$

# 9장 유도결합회로

**1.** 2차측 코일에 형성되는 유도기전력 $v_2$는

$$v_2 = M\frac{di}{dt} = 10 \times 10^{-3} \times \frac{20}{2} = 0.1[\mathrm{V}]$$

**2.** 그림 1에서 전류 $i$가 한쪽 극점으로 유입되고 다른 쪽 극점으로는 유출되어 자속이 상쇄되는 경우이므로, 식 9.31에 의해서 단자 $a$, $b$ 간의 합성 인덕턴스 $L_0$는

$$L_0 = L_1 + L_2 - 2M + L[\mathrm{H}]$$

**3.** 그림 2(a)는 전류 $I$가 극점이 표시된 단자로 모두 유입되어 자속이 합쳐지는 경우이고 합성 인덕턴스는 40[mH]이므로 식 9.29에 의해서

$$L_1 + L_2 + 2M = 40 \qquad \cdots ①$$

그림 2(b)는 전류 $I$가 한쪽 극점으로 유입되고 다른 쪽 극점으로는 유출되어 자속이 상쇄되는 경우이고 합성 인덕턴스는 20[mH]이므로 식 9.31에 의해서

$$L_1 + L_2 - 2M = 20 \qquad \cdots ②$$

상호 인덕턴스 $M$을 구하기 위해서, 식 ①에서 ②를 빼면

$$4M = 20, \quad M = 5[\mathrm{mH}]$$

**4.** 1, 2차측 코일을 직렬 접속하였을 때, 합성 인덕턴스는 120[mH]이므로 식 9.29에 의해서

$$L_1 + L_2 + 2M = 120 \qquad \cdots ③$$

극성을 반대로 접속하었을 때, 합성 인덕턴스는 10[mH]이므로 식 9.31에 의해서

$$L_1 + L_2 - 2M = 10 \qquad \cdots ④$$

2차측 자기 인덕턴스 $L_2$를 구하기 위해서 식 ③과 ④를 더하면

$$2L_2 = 130 - 2L_1 = 130 - 40 = 90, \quad L_2 = 45[\mathrm{mH}] \qquad \cdots ⑤$$

상호 인덕턴스 $M$을 구하기 위해서 식 ③에 식 ⑤를 대입하면

$$20 + 45 + 2M = 120, \quad 2M = 120 - 65 = 55, \quad M = 27.5[\mathrm{mH}]$$

결합 계수 $k$는 식 9.55에 의해서

$$k = \frac{M}{\sqrt{L_1 L_2}} = \frac{27.5 \times 10^{-3}}{\sqrt{(20 \times 10^{-3})(45 \times 10^{-3})}} \fallingdotseq 0.917$$

**5.** ① 코일의 자기 인덕턴스 $L_1$, $L_2$는 각각 식 9.6과 9.13에 의해서

$$L_1 = \frac{n_1 \phi_1}{i_1} = \frac{50 \times 6 \times 10^{-4}}{1} = 0.03[\mathrm{H}]$$

$$L_2 = \frac{n_2\phi_2}{i_2} = \frac{500 \times 6 \times 10^{-3}}{1} = 3[\mathrm{H}]$$

② 코일의 상호 인덕턴스 $M$은 식 9.7에 의해서

$$M = \frac{n_2\phi_{12}}{i_1} = \frac{500 \times 5.5 \times 10^{-4}}{1} = 0.275[\mathrm{H}]$$

③ 결합 계수 $k$는 식 9.55에 의해서

$$k = \frac{M}{\sqrt{L_1L_2}} = \frac{0.275}{\sqrt{0.03 \times 3}} \fallingdotseq 0.917$$

**6.** 1차측 코일에 흐르는 전류의 순시값 $i_1$은

$$i_1 = \sqrt{2}\, 4\sin 2\pi ft[\mathrm{A}]$$

2차측 코일에 유도되는 전압의 순시값 $v_2$는

$$v_2 = M\frac{di_1}{dt} = M\frac{d}{dt}(\sqrt{2}\, 4\sin 2\pi ft) = \sqrt{2}\, M \times 4 \times 2\pi f\cos 2\pi ft$$
$$= \sqrt{2}\, M \times 4 \times 2\pi \times 60\cos(2\pi \times 60t) = \sqrt{2}\, M \times 480\pi\cos 120\pi t[\mathrm{V}] \quad \cdots ⑥$$

식 ⑥에 식 9.54인 $M = k\sqrt{L_1L_2}$를 대입하면

$$v_2 = \sqrt{2}\, k\sqrt{L_1L_2} \times 480\pi\cos 120\pi t[\mathrm{V}] \quad \cdots ⑦$$

식 ⑦에 $L_1 = 0.05[\mathrm{H}]$, $L_2 = 0.02[\mathrm{H}]$, $k = 0.9$를 대입하면

$$v_2 = \sqrt{2}\, 0.9\sqrt{0.05 \times 0.02} \times 1{,}507\cos 120\pi t$$
$$\fallingdotseq \sqrt{2}\, 42.89\cos 120\pi t[\mathrm{V}]$$

따라서, 2차측 코일에 유도되는 전압의 실효값 $V_2$는

$$V_2 = 42.89[\mathrm{V}]$$

**7.** 그림 5(a)는 1, 2차측 전류 방향이 서로 같고 극점으로 두 전류가 들어가 자속이 합쳐지는 경우이므로 그림 5(b)와 같이 무유도 결합회로로 변환이 가능하다.
그림 5(b)로부터 병렬 접속 부분에 있어서 합성 임피던스 $\boldsymbol{Z}_p$는

$$\boldsymbol{Z}_p = \frac{\{R_1 + j\omega(L_1 - M)\}\{R_2 + j\omega(L_2 - M)\}}{\{R_1 + j\omega(L_1 - M)\} + \{R_2 + j\omega(L_2 - M)\}}$$
$$= \frac{\{5 + j200(0.1 - 0.04)\}\{10 + j200(0.01 - 0.04)\}}{\{5 + j200(0.1 - 0.04)\} + \{10 + j200(0.01 - 0.04)\}}$$
$$= \frac{(5 + j12)(10 - j6)}{15 + j6} = \frac{122 + j90}{15 + j6} = \frac{(122 + j90)(15 - j6)}{(15 + j6)(15 - j6)}$$
$$= \frac{2{,}370}{261} + j\frac{618}{261} = 9.08 + j2.37[\Omega]$$

전체 임피던스 $\boldsymbol{Z}$는

$$\boldsymbol{Z} = \boldsymbol{Z}_0 + \boldsymbol{Z}_p + j\omega M$$
$$= (3 + j4) + (9.08 + j2.37) + j(200 \times 0.04)$$

$$= 12.08 + j14.37[\Omega] \quad \cdots ⑧$$

식 ⑧을 극좌표 형식으로 변환하기 위해서 전체 임피던스 $\boldsymbol{Z}$의 크기와 각도를 구하면

$$Z = |\boldsymbol{Z}| = \sqrt{12.08^2 + 14.37^2} \fallingdotseq 18.77[\Omega]$$

$$\theta = \tan^{-1}\frac{14.37}{12.08} \fallingdotseq 49.95°$$

전체 임피던스 $\boldsymbol{Z}$를 극좌표 형식으로 변환하면

$$\boldsymbol{Z} = 18.77\angle 49.95°[\Omega]$$

따라서, 전체 전류 $\boldsymbol{I}$는

$$\boldsymbol{I} = \frac{\boldsymbol{V}}{\boldsymbol{Z}} = \frac{100\angle 0°}{18.77\angle 49.95°} = 5.33\angle -49.95°[A]$$

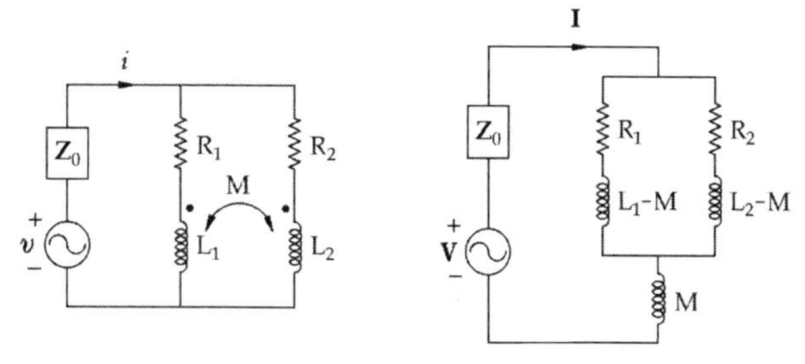


(a) (b)

그림 5

**8.** 그림 6은 전류 $I$가 한쪽 극점으로 유입되고 다른 쪽 극점으로는 유출되어 자속이 상쇄되는 경우이므로, 식 9.31에 의해서

$$\begin{aligned}\boldsymbol{Z}_{ab} &= R_1 + R_2 + R_3 + j\omega(L_1 + L_2 - 2M) \\ &= 3 + 6 + 10 + j1{,}000(5 + 10 - 2\times 8)\times 10^{-3} \\ &= 19 - j1[\Omega]\end{aligned}$$

**9.** 이상변압기의 권선비 $n$은 식 9.72에 의해서

$$n = \frac{n_1}{n_2} = \frac{1}{2}$$

구동점 임피던스 $\boldsymbol{Z}_{ab}$는 식 9.73에 의해서

$$\boldsymbol{Z}_{ab} = n^2\boldsymbol{Z}_L = \left(\frac{1}{2}\right)^2 \times 1{,}000 = 250[\Omega]$$

**10.** 결합 계수 $k$가 0.9일 때의 상호 인덕턴스 $M$은 식 9.54에 의해서

$$M = k\sqrt{L_1L_2} = 0.9\sqrt{(20\times 10^{-3})(80\times 10^{-3})} = 36[\text{mH}]$$

결합 계수 $k$가 0.9일 때의 합성 인덕턴스의 최대값 $L_0^{+}$는 식 9.29에 의해서

$$L_0^+ = L_1 + L_2 + 2M = (20 + 80 + 2 \times 36) \times 10^{-3} = 172[\text{mH}]$$

결합 계수 $k$가 0.5일 때의 상호 인덕턴스 $M$은 식 9.54에 의해서

$$M = k\sqrt{L_1 L_2} = 0.5\sqrt{(20 \times 10^{-3})(80 \times 10^{-3})} = 20[\text{mH}]$$

결합 계수 $k$가 0.5일 때의 합성 인덕턴스의 최소값 $L_0^-$는 식 9.31에 의해서

$$L_0^- = L_1 + L_2 - 2M = (20 + 80 - 2 \times 20) \times 10^{-3} = 60[\text{mH}]$$

**11.** 이상변압기의 권선비 $n$은 식 9.62에 의해서

$$n = \frac{n_1}{n_2} = \frac{50}{100} = \frac{1}{2} = 0.5$$

권선비 $n$은

$$n = \sqrt{\frac{L_1}{L_2}}$$

$L_1$에 대해서 정리하면

$$L_1 = n^2 L_2 = 0.5^2 \times 250 \times 10^{-3} = 62.5[\text{mH}]$$

상호 인덕턴스 $M$은 식 9.62에 의해서

$$n = \frac{L_1}{M}$$

$M$에 대해서 정리하면

$$M = \frac{L_1}{n} = \frac{62.5 \times 10^{-3}}{0.5} = 125[\text{mH}]$$

구동점 임피던스 $\boldsymbol{Z}_{ab}$는 식 9.72에 의해서

$$\boldsymbol{Z}_{ab} = n^2 \boldsymbol{Z}_L = 0.5^2 \times (3 + j6) = 0.75 + j1.5[\Omega]$$

## 10장 4단자망

**1.** 그림 1에서 임피던스 파라미터 $\boldsymbol{Z}_{11}$은 식 10.7로부터 출력단 개방 시, 입력 임피던스이므로

$$\boldsymbol{Z}_{11} = \left.\frac{\boldsymbol{V}_1}{\boldsymbol{I}_1}\right|_{\boldsymbol{I}_2 = 0} = \boldsymbol{Z}_1 + \boldsymbol{Z}_3[\Omega]$$

임피던스 파라미터 $\boldsymbol{Z}_{12}$는 입력단 개방 시, 역방향 전달 임피던스이므로

$$\boldsymbol{Z}_{12} = \left.\frac{\boldsymbol{V}_1}{\boldsymbol{I}_2}\right|_{\boldsymbol{I}_1 = 0} = \frac{\boldsymbol{Z}_3 \boldsymbol{I}_2}{\boldsymbol{I}_2} = \boldsymbol{Z}_3[\Omega]$$

임피던스 파라미터 $Z_{21}$은 출력단 개방 시, 순방향 전달 임피던스이므로

$$Z_{21} = \left.\frac{V_2}{I_1}\right|_{I_2=0} = \frac{Z_3 I_1}{I_1} = Z_3[\Omega]$$

임피던스 파라미터 $Z_{22}$는 입력단 개방 시, 출력 임피던스이므로

$$Z_{22} = \left.\frac{V_2}{I_2}\right|_{I_1=0} = Z_2 + Z_3[\Omega]$$

**2.** 단자 1-1′에서 바라본 구동점 임피던스 $Z_{11}$은 출력단 개방 시, 입력 임피던스이므로

$$Z_{11} = \left.\frac{V_1}{I_1}\right|_{I_2=0} = 2+4 = 6[\Omega]$$

**3.** 그림 3에서 $A$ 파라미터는 식 10.23으로부터 출력단 개방 시, 역방향 전압이득이므로

$$A = \left.\frac{V_1}{V_2}\right|_{I_2=0} = \frac{V_1}{\frac{Z_3}{Z_2+Z_3}V_1} = \frac{Z_2+Z_3}{Z_3} = 1+\frac{Z_2}{Z_3}$$

$B$ 파라미터는 출력단 단락 시, 역방향 전달 임피던스이므로

$$B = \left.\frac{V_1}{I_2}\right|_{V_2=0} = \frac{V_1}{\frac{V_1}{\frac{Z_1Z_2}{Z_1+Z_2}} \times \frac{Z_1}{Z_1+Z_2}} = \frac{V_1}{\frac{(Z_1+Z_2)V_1}{Z_1Z_2} \times \frac{Z_1}{Z_1+Z_2}} = Z_2$$

$C$ 파라미터는 출력단 개방 시,역방향 전달 어드미턴스이므로

$$C = \left.\frac{I_1}{V_2}\right|_{I_2=0} = \frac{I_1}{I_1 \times \frac{Z_1}{Z_1+Z_2+Z_3} \times Z_3} = \frac{Z_1+Z_2+Z_3}{Z_1Z_3}$$

$D$ 파라미터는 출력단 단락 시, 역방향 전류이득이므로

$$D = \left.\frac{I_1}{I_2}\right|_{V_2=0} = \frac{I_1}{I_1 \times \frac{Z_1}{Z_1+Z_2}} = \frac{Z_1+Z_2}{Z_1} = 1+\frac{Z_2}{Z_1}$$

**4.** 그림 4에서 어드미턴스 파라미터 $Y_{11}$은 식 10.12로부터 출력단 단락 시, 입력 어드미턴스이므로

$$Y_{11} = \left.\frac{I_1}{V_1}\right|_{V_2=0} = Y_1 + Y_2 = 3+5 = 8[\mho]$$

어드미턴스 파라미터 $Y_{12}$는 입력단 단락 시, 역방향 전달 어드미턴스이므로

$$Y_{12} = \left.\frac{I_1}{V_2}\right|_{V_1=0} = \frac{-Y_2V_2}{V_2} = -Y_2 = -5[\mho]$$

어드미턴스 파라미터 $Y_{21}$은 출력단 단락 시, 순방향 전달 어드미턴스이므로

$$Y_{21}=\left.\frac{I_2}{V_1}\right|_{V_2=0}=\frac{-Y_2V_1}{V_1}=-Y_2=-5[\mho]$$

어드미턴스 파라미터 $Y_{22}$는 입력단 단락 시, 출력 어드미턴스이므로

$$Y_{22}=\left.\frac{I_2}{V_2}\right|_{V_1=0}=Y_2+Y_3=5+4=9[\mho]$$

**5.** 그림 5로부터 입력단과 출력단에서의 전압 방정식 $V_1$, $V_2$는

$$\begin{aligned}V_1&=(Z_1+Z_3)I_1+Z_3I_2[\text{V}]\\ V_2&=Z_3I_1+(Z_2+Z_3)I_2[\text{V}]\end{aligned}\qquad\cdots ①$$

식 ①을 행렬로 나타내면

$$\begin{bmatrix}V_1\\V_2\end{bmatrix}=\begin{bmatrix}Z_1+Z_3 & Z_3\\ Z_3 & Z_2+Z_3\end{bmatrix}\begin{bmatrix}I_1\\I_2\end{bmatrix}$$

임피던스 파라미터는

$$\begin{bmatrix}Z_{11} & Z_{12}\\ Z_{21} & Z_{22}\end{bmatrix}=\begin{bmatrix}Z_1+Z_3 & Z_3\\ Z_3 & Z_2+Z_3\end{bmatrix}$$

여기서, 임피던스 행렬의 행렬식 $|Z|$는

$$\begin{aligned}|Z|&=(Z_1+Z_3)(Z_2+Z_3)-Z_3^2=Z_1Z_2+Z_2Z_3+Z_3Z_1\\&=4\times2+2\times6+6\times4=44\end{aligned}$$

따라서, 어드미턴스 파라미터는 식 10.5에 의해서

$$Y_{11}=\frac{Z_{22}}{|Z|}=\frac{Z_2+Z_3}{|Z|}=\frac{2+6}{44}=\frac{2}{11}[\mho]$$

$$Y_{12}=Y_{21}=-\frac{Z_{12}}{|Z|}=-\frac{Z_3}{|Z|}=-\frac{6}{44}=-\frac{3}{22}[\mho]$$

$$Y_{22}=\frac{Z_{11}}{|Z|}=\frac{Z_1+Z_3}{|Z|}=\frac{4+6}{44}=\frac{5}{22}[\mho]$$

**6.** 그림 6과 같은 $L$형 회로에서 $ABCD$ 파라미터를 표 10.1에 의해서 구하면

$$A=1+\frac{10}{5}=3,\quad B=10,\quad C=\frac{1}{5},\quad D=1$$

영상 임피던스 $Z_{01}$, $Z_{02}$는 식 10.61에 의해서

$$Z_{01}=\sqrt{\frac{AB}{CD}}=\sqrt{\frac{3\times10}{\frac{1}{5}\times1}}=5\sqrt{6}[\Omega]$$

$$Z_{02}=\sqrt{\frac{BD}{AC}}=\sqrt{\frac{10\times1}{3\times\frac{1}{5}}}=\frac{5\sqrt{6}}{3}[\Omega]$$

**7.** 영상 임피던스 $Z_{01}$, $Z_{02}$는 식 10.61에 의해서

$$Z_{01} = \sqrt{\frac{AB}{CD}}\,[\Omega], \qquad Z_{02} = \sqrt{\frac{BD}{AC}}\,[\Omega]$$

영상 임피던스 $Z_{01}$와 $Z_{02}$가 동일하려면

$$Z_{01} = Z_{02} = \sqrt{\frac{AB}{CD}} = \sqrt{\frac{BD}{AC}}\,[\Omega]$$

따라서, 영상 임피던스 $Z_{01}$와 $Z_{02}$가 동일하기 위한 조건은

$$A = D$$

**8.** 그림 7과 같은 $L$형 회로에서 $ABCD$ 파라미터를 표 10.1에 의해서 구하면

$$A = 1 + \frac{Z_1}{Z_2}, \quad B = Z_1, \quad C = \frac{1}{Z_2}, \quad D = 1$$

따라서, 영상 전달정수 $\theta$는 식 10.86에 의해서

$$\theta = \cosh^{-1}\sqrt{AD} = \cosh^{-1}\sqrt{1 + \frac{Z_1}{Z_2}}$$

**9.** cos 파형으로 나타낸 영상 전달정수 $\theta$는 식 10.85에 의해서

$$\cosh\theta = \sqrt{AD}$$

영상 임피던스 $Z_{01}$, $Z_{02}$는 식 10.61에 의해서

$$Z_{01} = \sqrt{\frac{AB}{CD}}\,[\Omega], \qquad Z_{02} = \sqrt{\frac{BD}{AC}}\,[\Omega]$$

영상 임피던스 $Z_{02}$를 $Z_{01}$으로 나누면

$$\frac{Z_{02}}{Z_{01}} = \frac{\sqrt{\frac{BD}{AC}}}{\sqrt{\frac{AB}{CD}}} = \frac{D}{A}$$

따라서, $D$ 파라미터는

$$D = \sqrt{\frac{Z_{02}}{Z_{01}}}\cosh\theta = \sqrt{\frac{25}{100}} \times \cosh 0 = \sqrt{\frac{1}{4}} = \frac{1}{2}$$

**10.** 그림 8과 같은 $L$형 회로에서 $ABCD$ 파라미터를 표 10.1에 의해서 구하면

$$\begin{bmatrix} A & B \\ C & D \end{bmatrix} = \begin{bmatrix} 1 & Z_1 \\ \frac{1}{Z_2} & 1 + \frac{Z_1}{Z_2} \end{bmatrix} = \begin{bmatrix} 1 & 5 \\ \frac{1}{5} & 1 + \frac{5}{5} \end{bmatrix} = \begin{bmatrix} 1 & 5 \\ \frac{1}{5} & 2 \end{bmatrix}$$

영상 파라미터 $\theta$는 식 10.86에 의해서

$$\theta = \cosh^{-1}\sqrt{AD} = \cosh^{-1}\sqrt{1 \times 2} \fallingdotseq 0.881$$

## 11장 비정현 주기파

**1.** 그림 1은 원점에 대칭이므로 기함수파이며 푸리에 급수를 구할 때 $a_0$, $a_n$은 필요하지 않고 $b_n$만 필요하다.

$f(t)$의 일반식은 $0 \le t < \frac{T}{2}$일 때 $f(t) = \frac{20}{T}t$ 이고 반주기마다 파형이 반복되므로 $b_n$은 식 11.29에 의해서

$$\begin{aligned}
b_n &= \frac{4}{T}\int_0^{T/2} f(t) \cdot \sin n\omega t\, dt \\
&= \frac{4}{T}\int_0^{T/2} \frac{20}{T}t \cdot \sin n\omega t\, dt = \frac{80}{T^2}\int_0^{T/2} t \cdot \sin n\omega t\, dt \\
&= \frac{80}{T^2}\left\{\left[-\frac{t\cos n\omega t}{n\omega}\right]_0^{T/2} + \int_0^{T/2} \frac{\cos n\omega t\, dt}{n\omega}\right\} \\
&= \frac{80}{T^2}\left\{\left[-\frac{t\cos n\omega t}{n\omega}\right]_0^{T/2} + \left[-\frac{\sin n\omega t}{(n\omega)^2}\right]_0^{T/2}\right\} \\
&= \frac{80}{T^2}\left\{-\frac{1}{n\omega}\left(\frac{T}{2} \cdot \cos n\omega\frac{T}{2} - 0\cos 0\right) - \frac{1}{n^2\omega^2}\left(\sin n\omega\frac{T}{2} - \sin 0\right)\right\} \\
&= \frac{40}{T}\left(-\frac{1}{n\omega}\cos n\omega\frac{T}{2}\right) \\
&= \frac{40}{T}\left\{-\frac{(-1)^n}{n\omega}\right\}
\end{aligned}$$

따라서, $f(t)$를 푸리에 급수로 전개하면, 식 11.25에 의해서

$$\begin{aligned}
f(t) &= \sum_{n=1}^{\infty} \frac{40}{T}\left\{-\frac{(-1)^n}{n\omega}\right\}\sin n\omega t \\
&= \frac{40}{\omega T}\left\{\sin \omega t - \frac{1}{2}\sin 2\omega t + \frac{1}{3}\sin 3\omega t - \cdots - \frac{(-1)^n}{n}\sin n\omega t + \cdots -\right\}
\end{aligned}$$

단, $n = 0, 1, 2, \cdots$

**2.** 그림 2는 $y$축에 대칭이므로 우함수파인 동시에 반주기마다 크기가 같고 부호가 반대인 반파 대칭파이기 때문에, 푸리에 급수를 구할 때 우함수파와 반파 대칭파의 특성을 동시에 갖고 있기 때문에 $a_n$만 필요하다.

$0 \le x < \frac{\pi}{2}$일 때 $f(x) = 1$이고 반주기마다 파형이 반복되므로, $a_n$은 식 11.15와 같은 $\frac{1}{4}$주기 적분값에 2배를 하면

$$\begin{aligned}
a_n &= \frac{4}{\pi}\int_0^{\pi/2} f(x)\cos nx\, dx = \frac{4}{\pi}\int_0^{\pi/2} 1 \cdot \cos nx\, dx \\
&= \frac{4}{\pi}\left[\frac{\sin nx}{n}\right]_0^{\pi/2} = \frac{4}{n\pi}\left(\sin\frac{n\pi}{2} - \sin 0\right)
\end{aligned}$$

여기서, $n=1,\ 5,\ 9,\ \cdots$일 때, $a_n$은 $a_n = \dfrac{4}{n\pi}$

$n=3,\ 7,\ 11,\ \cdots$일 때, $a_n$은 $a_n = -\dfrac{4}{n\pi}$

따라서, $f(x)$를 푸리에 급수로 전개하면

$$f(x) = \sum_{n=1}^{\infty} a_n \cos nx = \frac{4}{\pi}\left(\cos x - \frac{1}{3}\cos 3x + \frac{1}{5}\cos 5x - \frac{1}{7}\cos 7x + \cdots\right)$$

**3.** 비정현 주기파의 실효값 $V$는 각 고조파 실효값 제곱의 합에 대한 제곱근이므로

$$V = \sqrt{V_1^2 + V_2^2 + V_3^2} = \sqrt{50^2 + 30^2 + 20^2} \fallingdotseq 61.64[\mathrm{V}]$$

**4.** 제 3고조파 전류의 실효값 $I_3$는

$$I_3 = \frac{V_3}{Z_3} = \frac{V_3}{\sqrt{R^2 + (3X_L)^2}} = \frac{80}{\sqrt{2^2 + 6^2}} = \frac{80}{\sqrt{40}} = 4\sqrt{10}\,[\mathrm{A}]$$

**5.** 회로에 인가되는 전압을 $v(t) = v_1(t) + v_3(t) = 50\sqrt{2}\sin\omega t + 20\sqrt{2}\sin 3\omega t[\mathrm{V}]$라고 하면, 중첩의 정리에 의해서

① $v_1(t)$만이 인가될 때, 전류의 실효값 $I_1$은

$$I_1 = \frac{V_1}{Z_1} = \frac{V_1}{\sqrt{R^2 + X_L^2}} = \frac{50}{\sqrt{10^2 + 5^2}} \fallingdotseq 4.47[\mathrm{A}]$$

임피던스 각도 $\theta_1$은

$$\theta_1 = \tan^{-1}\frac{5}{10} \fallingdotseq 26.57°$$

② $v_3(t)$만이 인가될 때, 전류의 실효값 $I_3$는

$$I_3 = \frac{V_3}{Z_3} = \frac{V_3}{\sqrt{R^2 + (3X_L)^2}} = \frac{20}{\sqrt{10^2 + 15^2}} \fallingdotseq 1.11[\mathrm{A}]$$

임피던스 각도 $\theta_3$는

$$\theta_3 = \tan^{-1}\frac{15}{10} \fallingdotseq 56.31°$$

따라서, 회로에 흐르는 전류의 순시값 $i$는

$$\begin{aligned} i &= \sqrt{2}I_1\sin(\omega t - \theta_1) + \sqrt{2}I_3\sin(3\omega t - \theta_3) \\ &= \sqrt{2}\,4.47\sin(\omega t - 26.57°) + \sqrt{2}\,1.11\sin(3\omega t - 56.31°)\,[\mathrm{A}] \end{aligned}$$

**6.** 회로에 인가되는 전압을 $v(t) = v_1(t) + v_2(t) + v_3(t) = 200\sin 50\pi t + 100\sin 100\pi t + 50\sin 200\pi t$ [V]라고 하면, 중첩의 정리에 의해서

① $v_1(t)$만이 인가될 때, 인덕터 $L$에서의 리액턴스 $X_{L1}$은

$$X_{L1} = \omega L = 50\pi \times \frac{1}{10\pi} = 5[\Omega]$$

회로의 임피던스 $\boldsymbol{Z}_1$은

$$\boldsymbol{Z}_1 = 20 + \frac{j50}{10+j5} = 20 + \frac{j50(10-j5)}{(10+j5)(10-j5)} = 20 + \frac{250+j500}{100+25} = 22 + j4[\Omega]$$

전류의 최대값 $I_{m1}$은

$$I_{m1} = \frac{V_{m1}}{Z_1} = \frac{200}{\sqrt{22^2+4^2}} \fallingdotseq 8.94[\text{A}]$$

임피던스 각도 $\theta_1$은

$$\theta_1 = \tan^{-1}\frac{4}{22} \fallingdotseq 10.30°$$

② $v_2(t)$만이 인가될 때, 인덕터 $L$에서의 리액턴스 $X_{L2}$는

$$X_{L2} = \omega L = 100\pi \times \frac{1}{10\pi} = 10[\Omega]$$

회로의 임피던스 $\boldsymbol{Z}_2$는

$$\boldsymbol{Z}_2 = 20 + \frac{j100}{10+j10} = 20 + \frac{j100(10-j10)}{(10+j10)(10-j10)}$$
$$= 20 + \frac{1{,}000+j1{,}000}{100+100} = 25 + j5[\Omega]$$

전류의 최대값 $I_{m2}$는

$$I_{m2} = \frac{V_{m2}}{Z_2} = \frac{100}{\sqrt{25^2+5^2}} \fallingdotseq 3.92[\text{A}]$$

임피던스 각도 $\theta_2$는

$$\theta_2 = \tan^{-1}\frac{5}{25} \fallingdotseq 11.31°$$

③ $v_3(t)$만이 인가될 때, 인덕터 $L$에서의 리액턴스 $X_{L3}$는

$$X_{L3} = \omega L = 200\pi \times \frac{1}{10\pi} = 20[\Omega]$$

회로의 임피던스 $\boldsymbol{Z}_3$는

$$\boldsymbol{Z}_3 = 20 + \frac{j200}{10+j20} = 20 + \frac{j200(10-j20)}{(10+j20)(10-j20)}$$
$$= 20 + \frac{4{,}000+j2{,}000}{100+400} = 28 + j4[\Omega]$$

전류의 최대값 $I_{m3}$는

$$I_{m3} = \frac{V_{m3}}{Z_3} = \frac{50}{\sqrt{28^2+4^2}} \fallingdotseq 1.77[\text{A}]$$

임피던스 각도 $\theta_3$는

$$\theta_3 = \tan^{-1}\frac{4}{28} \fallingdotseq 8.13°$$

따라서, 회로에 흐르는 전류의 순시값 $i$는

$$\begin{aligned} i(t) &= I_{m1}\sin(50\pi t - \theta_1) + I_{m2}\sin(100\pi t - \theta_2) + I_{m3}\sin(200\pi t - \theta_3) \\ &= 8.94\sin(50\pi t - 10.30°) + 3.92\sin(100\pi t - 11.31°) \\ &\quad + 1.77\sin(200\pi t - 8.13°)[\mathrm{A}] \end{aligned}$$

**7.** 회로에서 소비되는 전력 $P$는 식 5.41에 의해서

$$P = VI\cos\theta[\mathrm{W}]$$

여기서, $V$는 전압의 실효값, $I$는 전류의 실효값이므로 유효 전력 $P$는

$$\begin{aligned} P &= \frac{150}{\sqrt{2}} \cdot \frac{50}{\sqrt{2}}\cos(45° - 0°) + \frac{100}{\sqrt{2}} \cdot \frac{20}{\sqrt{2}}\cos(0° + 30°) \\ &\quad + \frac{50}{\sqrt{2}} \cdot \frac{10}{\sqrt{2}}\cos(60° - 0°) \\ &= \frac{7,500}{2} \times \frac{\sqrt{2}}{2} + \frac{2,000}{2} \times \frac{\sqrt{3}}{2} + \frac{500}{2} \times \frac{1}{2} \\ &\fallingdotseq 3,642.68[\mathrm{W}] \end{aligned}$$

**8.** 저항에서 소비되는 평균 전력 $P$는 식 5.7에 의해서

$$\begin{aligned} P &= I_0^2R + I_1^2R + I_2^2R \\ &= 20^2 \times 20 + \left(\frac{40\sqrt{2}}{\sqrt{2}}\right)^2 \times 20 + \left(\frac{15\sqrt{2}}{\sqrt{2}}\right)^2 \times 20 \\ &= 44,500[\mathrm{W}] = 44.5[\mathrm{kW}] \end{aligned}$$

**9.** 왜형률은 식 11.54에 의해서

$$\text{왜형률} = \frac{\sqrt{V_3^2 + V_5^2}}{V_1} \qquad \cdots ①$$

기본파의 20[%]인 제 3고조파 전압은 $\frac{V_3}{V_1} = 0.2$, 기본파의 10[%]인 제 5고조파 전압은 $\frac{V_5}{V_1} = 0.1$ 이므로 식 ①은

$$\text{왜형률} = \sqrt{\left(\frac{V_3}{V_1}\right)^2 + \left(\frac{V_5}{V_1}\right)^2} = \sqrt{0.2^2 + 0.1^2} \fallingdotseq 0.22$$

**10.** 왜형률은 식 11.54에 의해서

$$\text{왜형률} = \frac{\sqrt{I_3^2 + I_5^2}}{I_1} = \frac{\sqrt{\left(\frac{20}{\sqrt{2}}\right)^2 + \left(\frac{10}{\sqrt{2}}\right)^2}}{\frac{30}{\sqrt{2}}} = \frac{\sqrt{5}}{3} \fallingdotseq 0.75$$

## 12장 회로의 과도 현상

**1.** $RL$ 직렬 회로에 직류 전압을 인가할 때, 전류 $i(t)$는 식 12.17에 의해서

$$i(t)=\frac{E}{R}(1-e^{-\frac{1}{\tau}t})\,[\mathrm{A}]$$

$t=2\tau$일 때, 회로에 흐르는 전류는

$$i(t)|_{t=2\tau}=\frac{E}{R}(1-e^{-\frac{2\tau}{\tau}})=\frac{E}{R}(1-e^{-2})=0.8647\frac{E}{R}\,[\mathrm{A}]$$

따라서, $t=2\tau$에서 회로에 흐르는 전류는 최종값의 약 86.47[%] 이다.

**2.** $RL$ 직렬 회로에 직류 전압을 인가할 때, 전류 $i(t)$는 식 12.13에 의해서

$$i(t)=\frac{E}{R}(1-e^{-\frac{R}{L}t})\,[\mathrm{A}] \qquad \cdots ①$$

직류 전압 10[V]를 인가하여 전류 $i(t)=100(1-e^{-25\times10^{-3}t})$ [mA]가 흘렀다면, 식 ①의 지수함수의 지수와 비교하여

$$-\frac{R}{L}=-25\times10^{-3}$$

시정수 $\tau$는 식 12.16에 의해서

$$\tau=\frac{L}{R}=\frac{1}{25\times10^{-3}}=40\,[\mathrm{sec}] \qquad \cdots ②$$

식 ②에 의해서 시정수 $\tau$는 저항 $R$과 반비례하므로 저항값이 4배로 증가하면 시정수는 $\frac{1}{4}$로 감소한다. 따라서, 시정수 $\tau$는

$$\tau=\frac{40}{4}=10\,[\mathrm{sec}]$$

**3.** 저항 $R_1$, $R_2$이 직렬 접속이기 때문에 합성 저항은 $R_1+R_2$이므로, $RL$ 직렬 회로에서 시정수 $\tau$는 식 12.16에 의해서

$$\tau=\frac{L}{R}=\frac{L}{R_1+R_2}\,[\mathrm{sec}]$$

**4.** 스위치 $S$를 $A$에서 $B$로 닫았을 때, 전압 방정식은 식 12.20에 의해서

$$Ri(t)+L\frac{di(t)}{dt}=0\,[\mathrm{V}]$$

회로에 흐르는 전류 $i(t)$는 식 12.21에 의해서

$$i(t)=Ae^{-\frac{R}{L}t}\,[\mathrm{A}] \qquad \cdots ③$$

식 ③으로부터 스위치 $S$를 $A$에서 $B$로 닫기 전인 $t=0_-$ 일 때 회로에 흐르는 전류 $i(t)|_{t=0_-}$는

$$i(t)|_{t=0_-} = Ae^0 = A\,[\mathrm{A}] \qquad \cdots ④$$

그림 1에서 스위치 $S$를 $A$에서 $B$로 닫기 전인 $t=0$일 때 회로에 흐르는 전류 $i(t)|_{t=0}$는

$$i(t)|_{t=0} = \frac{E}{R+r}\,[\mathrm{A}] \qquad \cdots ⑤$$

여기서, 식 ⑤의 저항 성분 중 유도성 리액턴스인 $X_L$이 0인 이유는 회로에 직류 전압을 인가하였기 때문에 $X_L=0$이다.

식 ④와 ⑤는 동일하므로

$$A = \frac{E}{R+r} \qquad \cdots ⑥$$

식 ③에 식 ⑥을 대입하면

$$i(t) = \frac{E}{R+r}e^{-\frac{R}{L}t}\,[\mathrm{A}]$$

따라서, 인덕터 $L$양단 간에 걸리는 전압 $v_L(t)$는

$$v_L(t) = L\frac{di(t)}{dt} = L\frac{d}{dt}\left(\frac{E}{R+r}e^{-\frac{R}{L}t}\right) = \frac{LE}{R+r}\left(-\frac{R}{L}\right)e^{-\frac{R}{L}t} = -\frac{RE}{R+r}e^{-\frac{R}{L}t}\,[\mathrm{V}]$$

여기서, $v_L(t)$가 '−'라는 것은 스위치 $S$를 $A$에서 $B$로 닫은 직후에는 인덕터 $L$이 수동 소자로 작용하여 인덕터에서 전압 강하가 발생하다가, 전류 $i(t)$가 감소함에 따라서 렌츠의 법칙에 의해 인덕터 $L$이 능동 소자로 변화하여 인덕터에서 전압 상승이 발생하기 때문이다.

**5.** 스위치 $S$를 $t=0$에서 닫을 때, $t=0$일 때의 전류 $i(t)$는

$$i(t) = \frac{E-V_c(0)}{R} = \frac{100-30}{35} = 2\,[\mathrm{A}]$$

**6.** $R-C$ 직렬 회로에서 시정수 $\tau$는 식 12.43에 의해서

$$\tau = RC = 10^3\times10^{-6} = 10^{-3}\,[\mathrm{sec}]$$

회로에 흐르는 전류 $i(t)$는 식 12.39에 의해서

$$i(t) = \frac{E}{R}e^{-\frac{1}{RC}t}\,[\mathrm{A}]$$

$t=0$일 때, 전류의 초기값 $i(t)$는

$$i(t) = \frac{E}{R}e^0 = \frac{200}{10^3} = 0.2\,[\mathrm{A}]$$

**7.** 커패시터 $C$에서의 충전 전압 $v_C(t)$는 식 12.47에 의해서

$$v_C(t) = E(1-e^{-\frac{1}{RC}t})\,[\mathrm{V}] \qquad \cdots ⑦$$

식 ⑦에 $R=100[\mathrm{k\Omega}]$, $C=20[\mu\mathrm{F}]$, $E=100[\mathrm{V}]$, $v_C(t)=50[\mathrm{V}]$를 대입하면

$$50=100\times\left(1-e^{-\frac{1}{100\times10^3\times20\times10^{-6}}t}\right)$$

$$e^{-0.5t}=\frac{100-50}{100}=\frac{1}{2} \quad \cdots ⑧$$

식 ⑧의 양변에 ln을 취하면

$$\ln e^{-0.5t}=\ln\frac{1}{2}, \quad -0.5t=\ln\frac{1}{2}$$

따라서, 커패시터 $C$에서의 충전 전압 $v_C(t)$가 50[V]까지 상승하는데 걸리는 시간 $t$는

$$t \fallingdotseq 1.39[\mathrm{sec}]$$

**8.** 회로의 진동 여부 판단식에 의해서

$$\left(\frac{R}{2L}\right)^2-\frac{1}{LC}=R^2-4\frac{L}{C}=200^2-4\times\frac{0.5\times10^{-3}}{1\times10^{-6}}>0$$

따라서, 회로는 비진동 상태이다.

**9.** 그림 4로부터 $t=0$에서 스위치 $S$를 닫으면, $C$는 단락 상태, $L$은 개방 상태이므로

$$i_1(t)\big|_{t=0}=\frac{E}{R_1}[\mathrm{A}], \quad i_2(t)\big|_{t=0}=0[\mathrm{A}]$$

따라서, $i_1(t)$, $i_2(t)$는

$$i_1(t)=\frac{E}{R_1}[\mathrm{A}], \quad i_2(t)=0[\mathrm{A}]$$

**10.** 회로가 진동이 발생하지 않기 위해서는 비진동과 임계 진동 조건이어야 하므로 회로의 진동 여부 판단식은

$$\left(\frac{R}{2L}\right)^2-\frac{1}{LC}=R^2-4\frac{L}{C}=400^2-4\times\frac{10\times10^{-3}}{C}\geq 0$$

$$400^2\geq 4\times\frac{10\times10^{-3}}{C} \quad \cdots ⑨$$

식 ⑨를 $C$에 대해서 정리하면

$$C\geq\frac{4\times10\times10^{-3}}{400^2}=0.25\times10^{-6}[\mathrm{F}]=0.25[\mu\mathrm{F}]$$

따라서, 회로가 진동이 발생하지 않을 커패시턴스 $C[\mu\mathrm{F}]$의 범위는

$$C\geq 0.25[\mu\mathrm{F}]$$

# 회로이론


**발 행** / 2025년 2월 25일

**저 자** / 유 도 현

**펴 낸 이** / 정 창 희

**펴 낸 곳** / 동일출판사





**주 소** / 서울시 강서구 곰달래로31길7 (2층)

**전 화** / (02) 2608-8250

**팩 스** / (02) 2608-8265

**등록번호** / 제109-90-92166호

**ISBN** 978-89-381-1707-6 93560

**값 / 26,000원**